O LIVRO DA BIOLOGIA

O LIVRO DA BIOLOGIA

GLOBO LIVROS

DK LONDRES

EDITOR DE ARTE
Duncan Turner

EDITORES SÊNIORES
Helen Fewster, Camilla Hallinan

EDITORES
Alethea Doran, Annelise Evans, Joy Evatt,
Lydia Halliday, Tim Harris, Jess Unwin

ILUSTRAÇÕES
James Graham

TEXTO ADICIONAL
Tom Le Bas, Marcus Weeks

CONSULTORES ADICIONAIS
Kim Bryan, Professor Fred D. Singer

GERENTE DE CRIAÇÃO DE CAPA
Sophia MTT

DESIGNER DE CAPA
Stephanie Cheng Hui Tan

EDITOR DE PRODUÇÃO
Gillian Reid

CONTROLADOR DE PRODUÇÃO SÊNIOR
Meskerem Berhane

EDITOR-CHEFE DE ARTE
Michael Duffy

EDITOR-CHEFE
Angeles Gavira Guerrero

DIRETOR EDITORIAL ASSOCIADO
Liz Wheeler

DIRETOR DE ARTE
Karen Self

DIRETOR DE DESIGN
Phil Ormerod

DIRETOR EDITORIAL
Jonathan Metcalf

GLOBO LIVROS

EDITOR RESPONSÁVEL
Lucas de Sena Lima

ASSISTENTE EDITORIAL
Renan Castro

TRADUÇÃO
Maria da Anunciação Rodrigues

CONSULTORIA
Lucia Maria de Oliveira

PREPARAÇÃO DE TEXTO
Erika Nakahata

REVISÃO DE TEXTO
Lorrane Fortunato
Vanessa Sawada

EDITORAÇÃO ELETRÔNICA
Equatorium Design

Publicado originalmente na Grã-Bretanha em 2019 por Dorling Kindersley Limited, 80 Strand, London, WC2R 0RL.

Copyright © 2019, Dorling Kindersley Limited, parte da Penguin Random House

Copyright © 2021, Editora Globo S/A

Todos os direitos reservados. Nenhuma parte desta edição pode ser utilizada ou reproduzida – em qualquer meio ou forma, seja mecânico ou eletrônico, fotocópia, gravação etc. – nem apropriada ou estocada em sistema de banco de dados sem a expressa autorização da editora.

1ª edição, 2022 — 2ª reimpressão, 2024
Impressão: Coan

FOR THE CURIOUS
www.dk.com

CIP-BRASIL. CATALOGAÇÃO NA PUBLICAÇÃO
SINDICATO NACIONAL DOS EDITORES DE LIVROS, RJ

L762

    O livro da biologia / colaboradores Mary Argent-Katwala ... [et al.] ; ilustração James Graham ; tradução Maria da Anunciação Rodrigues. - 1. ed - Rio de Janeiro : Globo Livros, 2022.
    336 p.

Tradução de: The biology book
Inclui índice
ISBN 978-65-5987-049-3

    1. Biologia - Miscelânea. I. Argent-Katwala, Mary. II. Graham, James. III. Rodrigues, Maria da Anunciação.

22-76232   CDD: 570
                                                                                                      CDU: 57

Meri Gleice Rodrigues de Souza - Bibliotecária - CRB-7/6439

COLABORADORES

MARY ARGENT-KATWALA, CONSULTORA

Mary Argent-Katwala é ph.D. em citobiologia molecular pelo Instituto de Pesquisa do Câncer da Universidade de Londres, no Reino Unido, e mestre em ciências naturais biológicas pela Universidade de Cambridge. Ela é uma experiente estrategista em assistência médica nos setores público e privado.

MICHAEL BRIGHT

Graduado na Universidade de Londres, Michael Bright é um biólogo corporativo e membro da Sociedade Real de Biologia. Trabalhou na Unidade de História Natural da BBC, em Bristol, no Reino Unido, e hoje é escritor *freelance* e *ghostwriter*.

ROBERT DINWIDDIE

Robert Dinwiddie estudou ciências naturais na Universidade de Cambridge e escreveu ou colaborou em mais de cinquenta livros educativos de ciências, entre eles *Bite-size science*, pela editora DK, *Science*, *Human* e *A little course in Astronomy*.

JOHN FARNDON

Cinco vezes finalista do Prêmio de Livro Científico Juvenil da Sociedade Real, John Farndon escreveu cerca de mil obras sobre muitos temas, como *Wildlife Atlas*, *Como a Terra funciona*, *The Complete Book of the Brain* e *Project Body*.

TIM HARRIS

Ex-editor adjunto da revista *Birdwatch*, Tim Harris colaborou em muitos livros de referência sobre ciências e natureza. Estudou os glaciares noruegueses na universidade e viajou pelo mundo em busca de vida selvagem incomum.

GRETEL GUEST, CONSULTORA

Gretel Guest é ph.D. em biologia vegetal pela Universidade da Geórgia (EUA) e leciona biologia na Faculdade Comunitária Técnica de Durham, na Carolina do Norte. É autora de capítulos e criadora de conteúdo online de vários livros didáticos de biologia e colaborou em edições recentes de *Biology*, de Sylvia S. Mader.

DEREK HARVEY

Naturalista com interesse especial por biologia evolutiva, Derek Harvey estudou zoologia na Universidade de Liverpool. Ele ensinou uma geração de biólogos e liderou expedições para Costa Rica, Madagascar e Australásia.

TOM JACKSON

Tom Jackson estudou zoologia na Universidade de Bristol, no Reino Unido. Trabalhou em zoológicos e atuou como conservacionista, passando depois a escrever para adultos e crianças sobre história natural e temas científicos.

STEVE PARKER

Membro científico sênior da Sociedade Zoológica de Londres, Steve Parker é bacharel em zoologia e escreveu ou atuou como consultor de mais de cem livros e sites sobre ciências da vida. Especializou-se em escrever e dar palestras que tratam de comportamento animal, ecologia e questões de conservação.

ROBERT SNEDDEN

Robert Snedden trabalhou com publicações por mais de quarenta anos, pesquisando e escrevendo livros de ciência e tecnologia sobre uma gama de temas — de ética médica, biologia celular e corpo humano a exploração espacial, computadores e internet.

SUMÁRIO

10 INTRODUÇÃO

VIDA

18 Uma janela para o corpo
Fisiologia experimental

20 Como os homens pouco trataram de anatomia após a época de Galeno
Anatomia

26 Animais são máquinas
Os animais não são como os humanos

27 Posso fazer ureia sem rins
É possível criar substâncias bioquímicas

28 O verdadeiro átomo biológico
A natureza celular da vida

32 Todas as células vêm de células
Como as células são produzidas

34 A vida não é um milagre
Produção de vida

38 Células menores habitam células maiores
Células complexas

42 Um mosaico flexível de porteiros
Membranas plasmáticas

ALIMENTO E ENERGIA

48 A vida é um processo químico
Metabolismo

50 As plantas têm a capacidade de corrigir o ar ruim
Fotossíntese

56 As qualidades das laranjas e dos limões
Nutrientes essenciais

58 A conversão de víveres em virtudes
Digestão

60 Sacarosos, oleosos e albuminosos
Grupos alimentares

61 Não há como basear a vida em um elemento melhor
Os primórdios da química orgânica

62 Vida sem oxigênio livre
Fermentação

64 As células são fábricas químicas
Enzimas como catalisadores biológicos

66 Eles têm de se encaixar como chave e fechadura
Como as enzimas funcionam

68 A via metabólica que libera energia do alimento
Respiração

70 A fotossíntese é o pré-requisito absoluto para toda a vida
Reações de fotossíntese

TRANSPORTE E REGULAÇÃO

76 Ele se movia, por assim dizer, num círculo
Circulação do sangue

80 O sangue passa por muitas sinuosidades
Capilares

81 O coração é apenas um músculo
O músculo coronário

82 As plantas se embebem e perspiram
A transpiração das plantas

84 Mensageiros químicos levados pela corrente sanguínea
Os hormônios provocam respostas

86 As condições constantes poderiam ser chamadas de equilíbrio
Homeostase

90 Ar combinado ao sangue
Hemoglobina

92 Óleos no maquinário rangente da vida
Os hormônios ajudam a regular o corpo

98 Os mestres químicos de nosso meio interno
Rins e excreção

100 Sem auxina, sem crescimento
Reguladores do crescimento vegetal

102 A planta põe seus fluidos em movimento
Translocação nas plantas

CÉREBRO E COMPORTAMENTO

108 Os músculos se contraíram em convulsões tônicas
Tecidos excitáveis

109 A faculdade de sensação, percepção e vontade
O cérebro controla o comportamento

110 Três cores principais: vermelho, amarelo e azul
Visão da cor

114 Nós falamos pelo hemisfério esquerdo
Fala e cérebro

116 A faísca ativa a força neuromuscular
Impulsos nervosos elétricos

118 Instinto e aprendizado andam de mãos dadas
Comportamento inato e adquirido

124 Células com formas delicadas e elegantes
Células nervosas

126 Mapas cerebrais do homem
Organização do córtex cerebral

130 O impulso dentro do nervo libera substâncias químicas
Sinapses

132 Uma teoria completa de como o músculo se contrai
Contração muscular

134 A memória faz de nós o que somos
Armazenamento de memória

136 O objeto é agarrado com duas patas
Animais e ferramentas

SAÚDE E DOENÇA

142 Doenças não são mandadas pelos deuses
A base natural das doenças

143 O veneno depende da dose
Drogas e doenças

144 A última palavra será dos micróbios
Teoria microbiana

152 O primeiro objetivo deve ser a destruição de todo germe séptico
Antissepsia

154 Remova-o, mas ele brotará de novo
Metástase do câncer

156 Há quatro tipos diferentes de sangue humano
Grupos sanguíneos

158 **Um micróbio para destruir outros micróbios**
Antibióticos

160 **Uma notícia ruim embalada em proteína**
Os vírus

164 **Não haverá mais varíola**
Vacinação para prevenir doenças

168 **Os anticorpos são a pedra de toque da teoria imunológica**
Resposta imune

CRESCIMENTO E REPRODUÇÃO

176 **Os animaizinhos do esperma**
A descoberta dos gametas

178 **Alguns organismos dispensam a reprodução sexuada**
Reprodução assexuada

180 **Uma planta, como um animal, tem partes orgânicas**
Polinização

184 **Das formas mais gerais se desenvolvem as menos gerais**
Epigênese

186 **A união de óvulo e espermatozoide**
Fertilização

188 **A célula-mãe se divide igualmente entre os núcleos-filhos**
Mitose

190 **A semelhança do filho com os pais depende disso**
Meiose

194 **Primeira prova da autonomia da vida**
Células-tronco

196 **Genes do controle principal**
Desenvolvimento embriológico

198 **A criação da maior felicidade**
Fertilização in vitro

202 **Dolly, o primeiro clone de um animal adulto**
Clonagem

HEREDITARIEDADE

208 **Ideias de espécie, herança e variação**
As leis da hereditariedade

216 **A base física da hereditariedade**
Cromossomos

220 **O elemento X**
Determinação do sexo

221 **O DNA é o princípio transformador**
A química da hereditariedade

222 **Um gene, uma enzima**
O que são genes?

226 **Eu poderia transformar em um elefante um ovo de caramujo em desenvolvimento**
Genes "saltadores"

228 **Duas escadas espirais entrelaçadas**
A dupla hélice

232 **O DNA incorpora o código genético de todos os organismos vivos**
O código genético

234 **Uma operação de cortar, colar e copiar**
Engenharia genética

240 **A sequência da besta**
Sequenciamento de DNA

242 **O primeiro esboço do livro da vida humana**
O Projeto Genoma Humano

244 **Tesoura genética: uma ferramenta para reescrever o código da vida**
Edição genética

DIVERSIDADE DA VIDA E EVOLUÇÃO

250 **O primeiro passo é conhecer as próprias coisas**
Nomear e classificar a vida

254 **Relíquias de um mundo primitivo**
Espécies extintas

256 **Os animais vêm se alterando profundamente com o tempo**
A vida evolui

258 **Os mais fortes vivem e os mais fracos morrem**
Seleção natural

264 **Mutações resultam em formas novas e constantes**
Mutação

266 **A seleção natural propaga mutações favoráveis**
Síntese moderna

272 **Mudança drástica ocorre em uma população isolada**
Especiação

274 **Toda classificação verdadeira é genealógica**
Cladística

276 **A propriedade da evolução que lembra um relógio**
O relógio molecular

277 **Somos máquinas sobreviventes**
Genes egoístas

278 **A extinção coincide com o impacto**
Extinções em massa

ECOLOGIA

284 **Todos os corpos têm alguma dependência uns dos outros**
Cadeias alimentares

286 **Animais de um continente não são achados em outro**
Biogeografia vegetal e animal

290 **A interação de habitat, formas de vida e espécies**
Sucessão de comunidades

292 **Uma competição entre espécies de presa e predador**
Relações predador-presa

294 **A matéria viva está em constante movimento, decomposição e reconstrução**
Reciclagem e ciclos naturais

298 **Um vai ocupar o espaço do outro**
Princípio da exclusão competitiva

299 **As unidades básicas da natureza na Terra**
Ecossistemas

300 **Redes pelas quais a energia flui**
Níveis tróficos

302 **O nicho de um organismo é seu ofício**
Nichos

304 **A guerra humana à natureza é inevitavelmente uma guerra contra si próprio**
Impacto humano sobre ecossistemas

312 **A divisão da área por dez divide a fauna por dois**
Biogeografia insular

314 **Gaia é o superorganismo composto de toda a vida**
A hipótese de Gaia

316 **OUTROS GRANDES NOMES DA BIOLOGIA**

324 **GLOSSÁRIO**

328 **ÍNDICE**

335 **CRÉDITOS DAS CITAÇÕES**

336 **AGRADECIMENTOS**

INTRODU

ÇÃO

INTRODUÇÃO

A biologia pode ser definida, nos termos mais simples, como o estudo de toda a vida e dos seres vivos. Com a física, a química, a geociência e a astronomia, é uma das divisões das assim chamadas ciências naturais, nascidas da curiosidade humana sobre a composição e o funcionamento do mundo ao nosso redor e de um desejo profundo de encontrar explicações racionais para fenômenos naturais.

Como as outras ciências naturais, a biologia teve início nas civilizações antigas, e talvez até antes, à medida que as pessoas criavam, para sobreviver, um conjunto de saberes sobre seu meio: conhecimentos sobre quais plantas são boas – ou letais – para comer e onde podem ser achadas, e sobre o comportamento dos animais, para ajudar a caçá-los – ou a evitá-los. A observação criou a base para estudos mais detalhados, conforme as sociedades evoluíram e se sofisticaram, e nas civilizações antigas da China, do Egito e em especial da Grécia desenvolveu-se uma abordagem metódica para investigar o mundo natural.

O mundo ao nosso redor
No século IV a.C., o filósofo grego Aristóteles iniciou um estudo sistemático do mundo dos seres vivos, descrevendo-os e classificando-os. O médico grego Hipócrates estabeleceu alguns princípios básicos da medicina a partir de suas investigações sobre o corpo humano. Apesar de mais descritivas que analíticas – e, na visão moderna, com frequência erradas –, as descobertas dos dois e as teorias que eles inferiram de suas observações forneceram as bases do estudo de toda a vida por quase 2 mil anos.

Então, na Baixa Idade Média (1250–1500), eruditos islâmicos empenhados em preservar e desenvolver os conhecimentos de pensadores antigos elaboraram uma sofisticada abordagem científica de pesquisa. Esse novo método inspirou a revolução científica do Renascimento europeu e a era do Iluminismo. Surgiram assim as ciências como as conhecemos, com a biologia como uma divisão distinta.

Ramos da biologia
A abordagem científica moderna no estudo dos seres vivos deixou de ser só descritiva, passando a investigar como as coisas funcionam. Em biologia, isso levou a ênfase a mudar da anatomia – a estrutura física dos organismos – para a fisiologia, que tem foco maior na explicação do funcionamento dos organismos e do processo da própria vida. Dadas a abundância e a diversidade da vida em nosso planeta, não é de surpreender que ramos diferentes da disciplina tenham se desenvolvido.

A divisão mais óbvia é definida pelos seres vivos específicos estudados, o que resultou em três ramos distintos: a zoologia, o estudo dos animais; a botânica, das plantas; e a microbiologia, dos organismos microscópicos. Várias subdivisões, como bioquímica, citologia e genética, foram reconhecidas conforme as investigações avançaram e se especializaram. Há também uma

Gosto de definir a biologia como a história da Terra e de toda a sua vida — passada, presente e futura.
Rachel Carson

INTRODUÇÃO

miríade de aplicações práticas das ciências biológicas na medicina e assistência à saúde, na agricultura e produção de alimentos e, mais recentemente – e de modo mais premente –, na compreensão e mitigação dos danos ambientais causados pela ação humana.

Princípios centrais

Hoje podem-se identificar quatro linhas na biologia moderna, dando um entendimento melhor aos princípios básicos dos campos de estudo. São elas: a teoria celular, princípio de que todos os seres vivos são compostos de unidades fundamentais chamadas células; a evolução, princípio de que os seres vivos podem mudar e o fazem para sobreviver; a genética, princípio de que o ácido desoxirribonucleico (DNA) em todos os seres vivos codifica a estrutura celular e é transmitido às gerações seguintes; e a homeostase, princípio de que os seres vivos regulam seu meio interno para manter o equilíbrio.

Há um evidente grau de sobreposição entre essas áreas, além de uma série de subdivisões em cada uma. Neste livro, essas quatro áreas da biologia estão subdivididas em nove capítulos, cada um cobrindo um aspecto da biologia, um princípio subjacente

[…] quanto mais aprendemos sobre as criaturas vivas, em especial nós mesmos, mais estranha a vida se torna.
Lewis Thomas

ou um ramo específico. Isso ajuda a traçar um quadro das principais ideias e de sua importância, e também a colocá-las em seu contexto histórico, mostrando como evoluíram as linhas de pensamento.

Ao ler este livro, vale lembrar que muitas das descobertas e dos *insights* mais significativos da biologia foram conquistados por amadores, em especial nos primórdios da ciência. Hoje o mundo especializado da biologia é, com demasiada frequência, visto como território de acadêmicos e experts de jaleco branco, além da compreensão das pessoas comuns. As grandes ideias da biologia são, porém, como as de tantas outras disciplinas, obscurecidas muitas vezes por termos técnicos ou dificultadas pela falta de conhecimento sobre seus princípios básicos. Este livro busca apresentar essas ideias em linguagem simples, livre de jargões, para satisfazer o desejo que a maioria de nós sente por uma compreensão melhor e talvez também para estimular a sede por mais conhecimentos.

O fascínio pelo mundo dos seres vivos é um traço humano desde a Pré-História e pode ser visto hoje na popularidade de filmes e séries de TV que documentam a enorme variedade da vida em nosso planeta. Como parte desse mundo, ficamos muitas vezes extasiados com o mistério da própria vida, tentando descobrir nosso lugar na ordem natural.

A biologia é o resultado de nossas tentativas de explorar esse mundo e explicar seus processos. Mas, além de satisfazer o conhecimento, ela também pode oferecer soluções práticas a alguns dos problemas que enfrentamos como espécie: fornecer alimento a uma população sempre crescente, combater doenças virulentas e até prevenir danos ambientais catastróficos. A esperança deste livro é dar um vislumbre das ideias que moldaram nosso conhecimento desse vibrante e importante tema. ∎

VIDA

INTRODUÇÃO

Além de fazer **dissecações anatômicas**, o médico Galeno corta **partes do corpo de animais vivos** para investigar seu funcionamento.

c. 160 D.C.

Em *Discurso do método*, René Descartes descreve os **animais como máquinas** sem a inteligência e os sentimentos exclusivos dos humanos.

1637

O médico e fisiologista Theodor Schwann mostra que **todos os organismos vivos**, não só as plantas, **são feitos de células**.

1839

1543

André Vesálio publica *De humani corporis fabrica*, com **ilustrações detalhadas** de sua pesquisa sobre **anatomia humana**.

1828

O químico Friedrich Wöhler **sintetiza** uma substância **orgânica**, a ureia, **a partir de substâncias inorgânicas**.

Como a biologia é, em termos gerais, a ciência dos seres vivos, um importante campo de pesquisa seu é a exploração do que constitui a vida, o que distingue os organismos vivos das substâncias não orgânicas. Essenciais para isso são duas disciplinas relacionadas – a anatomia (estudo das estruturas dos organismos) e a fisiologia (como essas estruturas funcionam e se comportam).

Exame metódico

Historicamente, a anatomia e a fisiologia humanas evoluíram com as ciências médicas, mas um dos primeiros a realizar um estudo metódico de plantas e animais foi o filósofo Aristóteles, no século IV a.C. Seus achados, porém, eram apenas descritivos e envolviam pouca anatomia detalhada. Só em c. 160 d.C., quando o médico Galeno fez experimentos com órgãos de animais vivos, obtiveram-se algumas noções sobre seu funcionamento. O trabalho de Galeno lançou as bases da biologia e fisiologia experimentais, e suas conclusões foram aceitas até o Renascimento, quando médicos e cirurgiões descobriram e corrigiram erros derivados da extrapolação de evidências de dissecações animais. A anatomia, em especial humana, era uma ciência popular na época, e publicações como *De humani corporis fabrica*, de André Vesálio, e os desenhos de Leonardo da Vinci exerceram enorme influência.

O Século das Luzes

A ênfase na anatomia e fisiologia humanas continuou durante o Iluminismo, ou Século das Luzes, levando a uma distinção errônea entre vida animal e humana. O funcionamento do Universo e da vida animal e vegetal era entendido em termos mecanicistas, sujeito às recém-formuladas leis da física. Cientistas e filósofos, como René Descartes, afirmavam que os animais não tinham raciocínio e sentimentos, sendo na verdade simples máquinas – uma visão dominante até o século XIX, quando os textos de Darwin propuseram que os humanos não são distintos dos outros animais.

Havia, porém, um sentimento persistente de que os organismos vivos não podiam ser totalmente explicados em termos mecânicos e de que existiria uma misteriosa "força vital" na matéria orgânica. A ideia prevalecente era de que a matéria orgânica só poderia ser

Stanley Miller e Harold Urey fazem **experimentos que reproduzem** as condições que criaram as **primeiras moléculas orgânicas** na Terra a partir de substâncias inorgânicas.

O **modelo de mosaico fluido** para a **estrutura da membrana plasmática** (membrana celular) é proposto por Seymour Singer e Garth Nicolson.

1952

1972

1850

1967

2010

A ideia de **geração espontânea** das células é **refutada** pela teoria da **reprodução de células por divisão**, de Rudolf Virchow.

Lynn Margulis desenvolve a teoria de que as complexas **células eucarióticas se desenvolveram** num processo de **endossimbiose**.

O biotecnólogo Craig Venter lidera uma equipe que produz a **primeira forma de vida sintética**, uma bactéria chamada *Mycoplasma laboratorium* (ou **Synthia 1.0**).

---

criada por organismos vivos. Isso foi desmentido pela produção de uma substância orgânica a partir de ingredientes inorgânicos por Friedrich Wöhler.

As pesquisas sobre a estrutura dos organismos foram muito ajudadas pelo desenvolvimento do microscópio, no século XVII, que permitiu a Robert Hooke descobrir em 1665 o que ele chamou de "células" das plantas – observadas depois também por Antonie van Leeuwenhoek e outros. Isso levou à ideia de que essas células eram os componentes básicos dos organismos, as menores unidades dos seres vivos. Matthias Schleiden e Theodor Schwann concluíram, de modo independente, que todos os organismos, não só as plantas, são compostos de células e que podem ser unicelulares ou multicelulares.

Pesquisas posteriores sobre a estrutura e o comportamento das células levaram Rudolf Virchow a concluir, em 1850, que as células se reproduzem por divisão e que células novas só surgem naturalmente de células existentes – refutando a antiga ideia de geração espontânea.

Estruturas celulares

Partindo da ideia da natureza celular dos organismos, os cientistas descobriram que há muitas formas celulares diferentes, de organismos unicelulares a animais e plantas multicelulares, e que as próprias células podiam ser simples ou complexas. Segundo a teoria desenvolvida por Lynn Margulis, essas células complexas, eucarióticas, evoluíram bilhões de anos atrás a partir de células procarióticas mais simples que engoliram outras,

absorvendo algumas de suas características e desenvolvendo uma estrutura mais complexa. Nos anos 1970, biólogos como Seymour Singer e Garth Nicolson examinaram a estrutura celular, em especial a membrana envoltória, o que levou à teoria de que é essa membrana que controla a entrada e a saída de substâncias nas células.

Com o aumento do conhecimento e da compreensão sobre estruturas celulares, surgiu a ideia de usar substâncias não vivas para criar matéria viva, de modo a entender melhor como a vida apareceu bilhões de anos atrás a partir de matéria não viva. Após os primeiros experimentos nessa área, de Stanley Miller e Harold Urey, em 1952, seguiu-se a criação da primeira forma de vida sintética, uma bactéria, por uma equipe de biotecnólogos em 2010. ■

UMA JANELA PARA O CORPO
FISIOLOGIA EXPERIMENTAL

Cortar um par de **nervos laríngeos** de um porco vivo o faz **parar de guinchar**.

Desativar outros nervos que saem do cérebro de um porco **não tem o mesmo efeito**.

A desativação experimental de partes do corpo mostra o que elas fazem.

EM CONTEXTO

FIGURA CENTRAL
Galeno de Pérgamo (129–c. 216 d.C.)

ANTES
c. 500 a.C. Na Grécia Antiga, o médico e vivisseccionista Alcméon de Crotona descobre que o nervo óptico é essencial à visão.

c. 350 a.C. O filósofo Aristóteles realiza dissecações para investigar como as partes dos animais se interligam.

c. 300–260 a.C. Os médicos Herófilo e Erasístrato dissecam cadáveres humanos e fazem vivissecções em criminosos.

DEPOIS
c. 1530–1564 André Vesálio disseca cadáveres humanos e contesta ideias de Galeno.

1628 O médico inglês William Harvey publica sua explicação sobre a circulação do sangue, derrubando muitas ideias de Galeno.

Alguns dos primeiros avanços em biologia ocorreram em campos hoje chamados anatomia (o estudo da estrutura de organismos vivos) e fisiologia (o estudo do funcionamento dos organismos vivos). No Mediterrâneo, os médicos e filósofos naturais gregos iniciaram pesquisas nessas áreas por volta de 500 a.C. Suas investigações incluíam dissecações de corpos de humanos e animais mortos e vivissecções (o corte de seres vivos) em animais. Por um período limitado, eles também fizeram algumas vivissecções em humanos, mas, por princípios religiosos e tabus, todo corte experimental de humanos, vivos ou mortos, cessou por volta de 250 a.C.

Experimentos de Galeno
Embora os gregos tenham obtido algum progresso na compreensão da anatomia e fisiologia com suas dissecações e vivissecções, os avanços médicos mais importantes da Antiguidade clássica ocorreram no século II d.C., com os

VIDA

Ver também: Anatomia 20-25 ▪ Circulação do sangue 76-79 ▪ Rins e excreção 98-99 ▪ O cérebro controla o comportamento 109 ▪ Fala e cérebro 114-115

experimentos de Galeno de Pérgamo, médico do imperador Marco Aurélio em Roma.

À diferença dos experimentos de seus antecessores, os de Galeno eram feitos só em animais – em especial macacos, mas também porcos, cabras, cães, bois e até um elefante –, embora ele também tratasse pessoas com ferimentos graves, o que lhe ensinou muito sobre anatomia humana.

Um método usado por ele para entender como o organismo funciona era extrair ou desativar certas partes do corpo de animais e observar os efeitos. Em uma vivissecção – feita num porco amarrado e guinchando –, ele cortou dois dos nervos laríngeos, que levam sinais do cérebro à laringe, ou caixa da voz. O porco continuou a se debater, mas sem emitir sons. O corte de outros nervos que saíam do cérebro do porco não produziu o mesmo efeito. Isso provou a função desses nervos laríngeos. Mostrando que o cérebro usa nervos para controlar músculos envolvidos na fala, o experimento

> Quantas coisas têm sido aceitas com base na palavra de Galeno?
> **André Vesálio**
> Anatomista flamengo (1514–1564)

deu apoio à opinião de Galeno de que o cérebro é a sede da ação voluntária, que inclui a escolha de palavras (nos humanos) e outras vocalizações (nos animais).

A seguir, Galeno verificou que ao cortar os nervos laríngeos de alguns outros animais a vocalização também desaparecia. Outras vivissecções incluíram amarrar os ureteres – tubos que ligam os rins à bexiga – de um animal. Os resultados provaram que a urina se forma nos rins – não na bexiga, como se pensava – e é então levada pelos ureteres para a bexiga. Entre

outros avanços, Galeno foi também o primeiro a verificar que o sangue se move por meio de vasos sanguíneos, embora não tenha entendido por completo como funciona o sistema circulatório.

Questionamentos

Em geral, Galeno é considerado o maior anatomista e fisiologista experimental da era clássica, e suas ideias sobre biologia e medicina foram influentes na Europa por mais de 1.400 anos. Porém, muitas de suas observações, baseadas em dissecações animais, foram aplicadas de modo indevido a humanos. Por exemplo, o especialista árabe Ibn al-Nafis provou em 1242 que a explicação de Galeno sobre o arranjo dos vasos sanguíneos no cérebro humano (baseada na dissecação de bovinos) estava errada. Apesar disso, a adesão desmedida às suas crenças persistiu por gerações de médicos na Europa e prejudicou o progresso nessa área até a época do anatomista flamengo Vesálio, no século XVI. ▪

Galeno

Cláudio Galeno nasceu em 129 d.C., em Pérgamo, no oeste da atual Turquia. Dedicado de início à filosofia, aos 16 anos passou à carreira médica, estudando primeiro na escola de medicina de Pérgamo e depois em Alexandria, no Egito. Aos 28 anos, voltou para casa e tornou-se cirurgião-chefe de um grupo de gladiadores, obtendo muita experiência ao tratar de ferimentos. Em 161 d.C., foi para Roma, onde ficou conhecido pelas curas realizadas. Em c. 168 d.C., tornou-se médico pessoal do imperador Marco Aurélio. Nessa época, escreveu muitos tratados sobre vários temas, como filosofia, fisiologia e anatomia, mas menos de um terço se conservou, em traduções e comentários de eruditos islâmicos.

Algumas fontes aventam que Galeno morreu em Roma em 199 d.C., mas outras afirmam ter sido na Sicília em c. 216 d.C.

Obras principais

Sobre os usos de partes do corpo humano
Sobre as faculdades naturais
Sobre o uso do pulso

COMO OS HOMENS POUCO TRATARAM DE ANATOMIA APÓS A ÉPOCA DE GALENO

ANATOMIA

ANATOMIA

EM CONTEXTO

FIGURA CENTRAL
André Vesálio (1514-1564)

ANTES
c. 1600 a.C. O Papiro de Edwin Smith, do Egito Antigo, identifica vários órgãos do corpo humano.

Século II d.C. Galeno lança as bases da anatomia ao fazer dissecações detalhadas de animais.

DEPOIS
1817 O naturalista francês Georges Cuvier agrupa os animais segundo a estrutura corporal.

Anos 1970 A invenção da ressonância magnética e da tomografia computadorizada permite análises não invasivas detalhadas da anatomia de humanos e animais vivos.

É provável que desde tempos pré-históricos as pessoas distinguissem as características básicas do corpo animal e humano. E muitos médicos da Grécia e da Roma antigas sabiam que entender a anatomia humana era crucial para um tratamento eficaz. Só no século XVI, porém, ficou claro que o único modo de conhecer a anatomia humana em detalhe era estudar o próprio corpo humano.

Isso parece óbvio hoje, mas o fato de o médico flamengo André Vesálio usar essa abordagem, no século XVI, estudando o corpo pela dissecação de cadáveres humanos, foi revolucionário. Os médicos da época não acreditavam nisso. Eles achavam que podiam obter nas obras do médico romano antigo Galeno a maior parte do que precisavam conhecer. Mas Vesálio, insistindo em confiar apenas em observações consistentes da realidade, mudou totalmente nosso conhecimento do corpo humano.

O trabalho detalhado de Vesálio também começou a identificar como a anatomia humana difere da dos animais – e o que elas têm em comum. O foco em detalhes de

Em nossa época, nada foi tão destruído e então totalmente restaurado como a anatomia.
André Vesálio

variações anatômicas levou ao desenvolvimento da ciência da anatomia comparada, permitindo classificar os animais em grupos de espécies relacionadas. E acabou fornecendo a base para a teoria da evolução, do naturalista britânico Charles Darwin.

O tabu da dissecação

Um dos problemas dos primeiros anatomistas humanos era o tabu da dissecação de cadáveres. O anatomista grego Alcméon, do século V a.C., tentou contorná-lo dissecando animais. No século seguinte, a cidade de Alexandria foi uma exceção; lá, os anatomistas podiam dissecar cadáveres humanos. Herófilo, por exemplo, fez

André Vesálio

Vesálio (Andries van Wesel) nasceu em 1514, em Bruxelas, então parte do Sacro Império Romano-Germânico. Seu avô era médico do imperador Maximiliano. Vesálio estudou artes em Leuven (hoje na Bélgica) e medicina em Paris, na França, e em Pádua, na Itália. Assumiu a cadeira de cirurgia e anatomia da Universidade de Pádua no dia em que se graduou, em 1537, aos 23 anos. Suas brilhantes aulas de anatomia logo ficaram tão famosas que um juiz local lhe assegurou o fornecimento de corpos de criminosos enforcados. Vesálio se juntou a alguns dos melhores artistas da Itália para publicar *De fabrica*, obra em sete volumes sobre anatomia que derrubou mitos. Logo depois, deixou de lecionar e tornou-se médico de Carlos V, do Sacro Império, e mais tarde do rei Filipe II da Espanha. Em 1564, morreu na ilha grega de Zacinto, ao voltar de uma viagem à Terra Santa.

Obra principal

1543 *De humani corporis fabrica (Sobre a estrutura do corpo humano)*

Ver também: Fisiologia experimental 18-19 ▪ A natureza celular da vida 28-31 ▪ Circulação do sangue 76-79 ▪ Nomear e classificar a vida 250-253 ▪ Espécies extintas 254-255 ▪ Seleção natural 258-263

assim muitas observações cruciais. Ele afirmou corretamente que o cérebro, e não o coração, era a sede da inteligência humana, e identificou o papel dos nervos. Herófilo foi longe demais até para os alexandrinos, porém, quando dissecou criminosos vivos.

Sabedoria recebida

Galeno se baseou muito na obra de Herófilo ao criar os influentes tratados *Sobre o procedimento anatômico* e *Sobre os usos de partes do corpo humano*, para os quais usou também os resultados de suas próprias dissecações e vivissecções de animais. Uma de suas descobertas mais importantes foi que as artérias são cheias de sangue em movimento, e não ar, como se pensava. Ele também aprendeu muito como médico-chefe de gladiadores, posto que lhe permitiu ver de perto terríveis ferimentos de combate.

Sua obra era tão detalhada e abrangente que a reputação de Galeno se manteve incontestada por 1.400 anos. Mesmo na época de Vesálio, os professores liam os textos de Galeno para ensinar os alunos, enquanto ao fundo cirurgiões barbeiros dissecavam os corpos de criminosos executados e assistentes apontavam as características descritas. Assumia-se sempre que Galeno estava certo, mesmo que o texto não correspondesse ao que os estudantes viam no cadáver.

Vesálio questionou Galeno desde o início da carreira. Ele começou sua educação médica em Paris, com anatomistas que tinham plena fé em Galeno, e a falta de aulas práticas de anatomia o frustrava. Vesálio concluiu a graduação em Pádua, onde começou a dissecar cadáveres humanos para aprender anatomia por si mesmo, em vez de confiar nos textos de Galeno. Ele tinha olhar agudo para detalhes e fez desenhos anatômicos muito precisos dos sistemas nervoso e sanguíneo. Seu folheto de 1539, em que mostrava o sistema sanguíneo em detalhes, trouxe benefícios práticos imediatos a médicos que precisavam saber de onde tirar o sangue – na época, a sangria era central à prática médica. A reputação de Vesálio cresceu, e ele se tornou professor de cirurgia e anatomia ao se graduar. Um juiz de Pádua lhe assegurou o fornecimento de cadáveres – os corpos dos criminosos enforcados. Com isso, ele pôde fazer repetidas »

Esta imagem do século XVI mostra Vesálio dissecando o corpo de uma mulher na Universidade de Pádua. Suas dissecações atraíam multidões de estudantes e outros espectadores.

[...] a criatura construída com maior perfeição, dentre todas.
André Vesálio

dissecações para pesquisa e demonstrações de aula.

Ao todo, Vesálio achou mais de 200 erros nos textos de Galeno, para grande indignação dos que o consideravam além de críticas. Ele descobriu, por exemplo, que o esterno humano (osso do peito) tinha três segmentos, e não sete como dizia Galeno. Vesálio mostrou que a tíbia e a fíbula (ossos da perna) são mais compridas que o úmero (osso da parte superior do braço), que segundo Galeno era o segundo osso mais longo do corpo (após o fêmur, na coxa). Demonstrou também que a mandíbula é um só osso, e não dois como Galeno escrevera. Os erros de Galeno não se deviam a trabalho malfeito. Ele não pudera dissecar corpos humanos e tivera de confiar nas dissecações de animais como bois e macacos do gênero *Macaca*. Isso explica a maioria de seus equívocos – por exemplo, o úmero é mesmo o segundo maior osso desses macacos. Vesálio estava tão decidido a alertar seus alunos das diferenças que, em suas aulas, pendurava os esqueletos de um humano e de um macaco, para que pudessem ver as variações.

De fabrica

Em 1542, Vesálio reuniu suas descobertas num guia detalhado e abrangente sobre anatomia humana. Fazendo dissecações às vezes em casa, às vezes no ateliê de um artista, ele trabalhou por um ano para que fossem criadas ilustrações xilogravadas de cada parte da anatomia humana.

> Pela dissecação de um animal vivo [podemos] aprender sobre a função de cada parte, ou pelo menos obter informações que podem nos levar a deduzir essa função.
> **André Vesálio**

Vesálio queria que as imagens fossem tão detalhadas e precisas quanto suas dissecações. Fazia os cortes de modo que os aspectos que queria mostrar pudessem ser vistos com clareza. Às vezes, isso significava amarrar cordas nos cadáveres para garantir que ficassem no melhor ângulo para serem desenhados.

Não se sabe quem eram os artistas ou o artista, mas as ilustrações são magistrais. Alguns dos primeiros esboços podem ter sido feitos pelo próprio Vesálio, pois era um artista talentoso. Antigamente os historiadores pensavam que eram de autoria do italiano nascido na Alemanha, Jan Stephan van Calcar, mas é provável que ele só tenha ilustrado o primeiro folheto de Vesálio, *Tabulae anatomica* (1538). Em autênticas obras-primas renascentistas, cada figura anatômica posa graciosamente como uma estátua antiga numa paisagem clássica, parecendo uma pessoa viva. Vesálio apresentava a anatomia não como o produto de um rude açougue, mas como uma ciência nobre. Quem quer que observasse essas dissecações veria a beleza intricada da estrutura do corpo, não sanguinolência e selvageria.

Uma equipe de habilidosos artesãos entalhava imagens em blocos de madeira de pereira a partir dos desenhos dos artistas, para imprimir o livro. Vesálio levou esses blocos pelos Alpes, de Veneza a Basileia, na Suíça, em 1543, para preparar a impressão de sua grande obra *De humani corporis fabrica* (Sobre a estrutura do corpo humano), em geral abreviado como *De fabrica*.

De fabrica provocou uma revolução científica. Ele deu aos médicos pela primeira vez um retrato muito preciso e detalhado da anatomia humana. E colocou a observação direta, em vez dos ensinamentos dos livros e do pensamento abstrato, na vanguarda da ciência. Mais ainda, lançou as bases para que a medicina se tornasse uma ciência, não só uma prática.

As técnicas de Vesálio e os detalhes de suas observações mostraram às gerações seguintes de anatomistas um novo modo de descobrir como os corpos de humanos e animais funcionam – contribuíram, por exemplo, para que o médico inglês William Harvey explicasse o sistema circulatório oitenta anos depois. Harvey estudou em Pádua e inspirou-se não só nas imagens de vasos sanguíneos de Vesálio, como na ideia de fazer experimentos com corpos reais. Ele também se baseou na descrição das válvulas de sentido único no coração de um cavalo, que apareceram em *Anatomia del cavallo* (1598), um marco na anatomia veterinária, do médico-veterinário italiano Carlo Ruini.

Novos modos de ver

Com os séculos, novos aspectos anatômicos foram descobertos, em especial após a invenção do microscópio, que revelou minúsculos detalhes anatômicos. Em 1661, o biólogo italiano Marcello Malpighi localizou os capilares e por volta da mesma época o médico dinamarquês Thomas Bartholin descobriu o sistema linfático. Outros avanços viriam com o desenvolvimento das técnicas de escaneamento, que propiciaram um apurado estudo anatômico de pessoas vivas.

As melhorias tecnológicas aos poucos têm tornado o corpo humano um território que pode ser mapeado com o mesmo ímpeto dos exploradores ao chegar a novas terras. ∎

Esta ilustração de *De humani corporis fabrica*, de Vesálio, representa os principais grupos de músculos externos do corpo humano. Tais detalhes só foram possíveis porque ele dissecou cadáveres humanos.

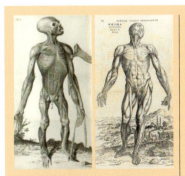

Estes desenhos anatômicos de um orangotango (esq.) e um humano mostram as proporções similares dos membros das duas espécies.

Anatomia comparada

As observações de Vesálio sobre as diferenças e similaridades entre as anatomias humana e animal levaram ao desenvolvimento da anatomia comparada. Essa disciplina revelaria relações inesperadas entre as espécies. Por exemplo, o médico inglês Edward Tyson (1651–1708), muitas vezes considerado o fundador da anatomia comparada, mostrou que grandes símios e humanos têm mais em comum anatomicamente que humanos e macacos. A anatomia comparada foi usada na classificação dos animais conhecida hoje. Em 1817, Georges Cuvier dividiu-os em quatro grandes grupos segundo a estrutura corporal: vertebrados, moluscos, articulados e radiados. Quatro décadas depois, Charles Darwin mostrou como variações na anatomia revelavam um processo gradual de mudança que era central a sua teoria da evolução por seleção natural. Isso confirmou a humanidade como apenas uma parte do grande espectro da anatomia animal que evoluiu ao longo do tempo.

ANIMAIS SÃO MÁQUINAS
OS ANIMAIS NÃO SÃO COMO OS HUMANOS

EM CONTEXTO

FIGURA CENTRAL
René Descartes (1596–1650)

ANTES
c. 350 a.C. Aristóteles afirma em *História dos animais* que os embriões surgem por um tipo de contágio.

DEPOIS
1739 O filósofo escocês David Hume diz que os animais são dotados de pensamento e razão.

1802 O clérigo britânico William Paley defende a existência de Deus, dizendo que o mecanismo intricado dos animais, como um relógio, implica haver um "relojoeiro".

1962 Pesquisadores fornecem evidências de uma memória processual (de longo prazo), usada ao desempenhar tarefas inconscientemente.

1984 O filósofo americano Donald Davidson insiste que os animais não pensam, pois não têm fala nem crenças.

No século XVII, a aristocracia francesa se encantou com os autômatos – engenhosos brinquedos mecânicos que cantavam e zuniam. O filósofo francês René Descartes declarou que os animais também eram um tipo de autômato. O princípio filosófico central de Descartes, chamado dualismo cartesiano, sustentava que o corpo humano é apenas uma máquina dirigida pela mente. Além disso, ele afirmava que os humanos têm mente e os animais não. No tratado *Discurso do método*, de 1637 – mais conhecido por "Penso, logo existo" –, Descartes disse que tudo na natureza, à parte a mente humana, pode ser explicado por mecânica e matemática. Os animais, alegava, não passavam de máquinas com peças e movimentos físicos. Seu argumento decisivo era que, como os animais não falam, não têm alma.

Consciência animal
A ideia de que há uma diferença básica entre humanos e animais não se sustenta mais dadas as evidências científicas. Antes se pensava que o uso de ferramentas era exclusivo dos humanos, mas há muito ele foi observado em animais como chimpanzés e corvos. De modo similar, acreditava-se que o fato de reconhecer-se ou não em um espelho provava a consciência; a maioria das espécies, mas não todas, falha no teste. Hoje se sabe que há vários outros modos pelos quais os animais podem ter consciência de si. ∎

Não há nada que conduza mentes fracas para mais longe do caminho da virtude que imaginar que as almas das bestas são da mesma natureza que a nossa.
René Descartes

Ver também: O cérebro controla o comportamento 109 ▪ Comportamento inato e adquirido 118-123 ▪ Animais e ferramentas 136-137

VIDA

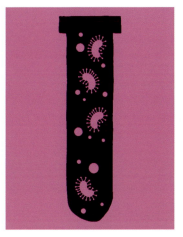

POSSO FAZER UREIA SEM RINS
É POSSÍVEL CRIAR SUBSTÂNCIAS BIOQUÍMICAS

EM CONTEXTO

FIGURA CENTRAL
Friedrich Wöhler (1800–1882)

ANTES
c. 200 Galeno diz que a vida é criada por meio do pneuma, um material sutil no ar.

1807 O químico sueco Jöns Jacob Berzelius aventa uma diferença fundamental entre substâncias orgânicas e inorgânicas.

DEPOIS
1858 O químico alemão Friedrich Kekulé propõe a teoria da estrutura química, dizendo que os átomos de carbono têm quatro ligações e podem se unir formando uma cadeia.

1877 O fisiologista alemão Felix Hoppe-Seyler estabelece a bioquímica como disciplina acadêmica com seu livro *Química fisiológica*.

1903 O químico finlandês Gustaf Komppa produz cânfora – o primeiro produto sintetizado organicamente.

No século III a.C., filósofos gregos como Aristóteles afirmavam que plantas e animais eram imbuídos de "força vital", um componente imperceptível que lhes dava vida. Porém, essa teoria do vitalismo foi derrubada em um piscar de olhos por uma descoberta acidental do químico alemão Friedrich Wöhler.

Síntese artificial

Em 1828, Wöhler tentava produzir cianato de amônio no laboratório e acidentalmente sintetizou ureia, uma substância orgânica bem conhecida presente na urina. Segundo a teoria prevalecente do vitalismo, compostos orgânicos como a ureia só podiam ser feitos por seres vivos, por meio da "força vital" – mas Wöhler a criou a partir de matéria inorgânica, no que é hoje chamado "síntese de Wöhler".

Essa importante descoberta não só refutou o vitalismo como lançou as bases da química orgânica moderna. Até o início do século XIX, os cientistas definiam a química orgânica como o estudo de compostos derivados de fontes biológicas, em oposição à química inorgânica, referente aos compostos não orgânicos. Hoje, a química orgânica trata de todos os compostos baseados em carbono, mesmo os de origem não biológica, e o estudo dos processos que ocorrem em organismos vivos pertence à bioquímica. ■

Friedrich Wöhler obteve a primeira síntese artificial de uma molécula biológica ao criar ureia, e anunciou: "Posso fazer ureia, sem precisar, assim, ter rins".

Ver também: Metabolismo 48-49 ▪ Drogas e doenças 143

O VERDADEIRO ÁTOMO BIOLÓGICO
A NATUREZA CELULAR DA VIDA

EM CONTEXTO

FIGURA CENTRAL
Theodor Schwann
(1810–1882)

ANTES
1665 Robert Hooke dá o nome de "célula" aos minúsculos compartimentos que vê na cortiça ao microscópio.

1832 O botânico belga Barthélemy Dumortier regista ter visto a divisão de células em plantas e a chama de "fissão binária".

DEPOIS
1852 O fisiologista polaco-alemão Robert Remak publica evidências de que células derivam de outras células por divisão celular.

1876 Com base em estudos de células de plantas com flor, o botânico polaco-alemão Eduard Strasburger propõe que os núcleos só surgem da divisão de núcleos existentes.

Q uando o cientista, arquiteto e microscopista pioneiro inglês Robert Hooke cunhou o termo "célula", em 1665, observava unidades semelhantes a caixas vazias e mortas em uma amostra de cortiça muito ampliada. Examinando algo parecido com favos de mel uniformes e repetidos sob as lentes do instrumento, ele se impressionou com sua similaridade a uma fileira de quartos de monges em um mosteiro, também chamados "células".

Outros usuários de microscópios começaram a notar unidades parecidas com caixas em todos os tipos de amostras vivas, de folhas e caules de plantas à água de lagos e

VIDA

Ver também: Como as células são produzidas 32-33 ▪ Produção de vida 34-37 ▪ Células complexas 38-41 ▪ Membranas plasmáticas 42-43 ▪ Teoria microbiana 144-151 ▪ Epigênese 184-185 ▪ Mitose 188-189

As observações de "animálculos" por Leeuwenhoek foram recebidas com ceticismo quando ele escreveu à Sociedade Real de Londres sobre suas descobertas em 1673.

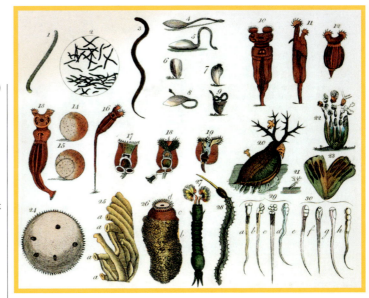

ao sangue de animais. Nos anos 1670 e 1680, o cientista holandês Antonie van Leeuwenhoek descreveu, em especial, o achado de células em saliva (algumas das quais eram bactérias), sangue humano e sêmen. Ele viu então que a água de um lago era cheia de formas minúsculas de vida em movimento, às quais chamou "animálculos". Leeuwenhoek foi o primeiro a observar organismos unicelulares em um microscópio. Porém, como Hooke e seus contemporâneos do século XVII, não compreendeu a importância desses minúsculos constituintes da vida.

Um mundo microscópico

No fim dos anos 1790, o botânico Johann Heinrich Friedrich Link se encantou, em uma viagem a Portugal, com ervas que floresciam em terra seca. Examinando sua microestrutura, notou que cada célula tinha sua própria parede, que em condições secas se afastava das de células vizinhas. Até então, imaginava-se que as células

partilhassem paredes. Nos anos 1820–1830, o fisiologista francês Henri Dutrochet estudou muitas amostras da natureza pelo microscópio, algumas coletadas de ervas e pequenos lagos de seu jardim. Ele concluiu que tanto em plantas como em animais, a célula é a principal unidade anatômica e estrutural, além de fisiológica, e escreveu: "Tudo acaba derivando da célula".

No início do século XIX, Theodor Schwann, professor universitário especializado em construir equipamentos experimentais, ficou intrigado com a descoberta de células em tantos organismos vivos. Ao examinar amostras de humanos

Desenho das células de cortiça feito por Hooke (de sua histórica obra *Micrographia*, de 1665). O livro continha ilustrações de vida microscópica com detalhes nunca vistos antes.

e outros animais, notou estruturas celulares que se repetiam. Ao mesmo tempo, Matthias Schleiden, cientista colega de Schwann na universidade em Berlim, na Alemanha, estudava células vegetais. Schleiden era professor de botânica e, como Schwann, um pesquisador sério e hábil. Os dois combinaram suas observações, e Schleiden falou a Schwann sobre um corpo escuro esférico destacado, ou núcleo, que vira na maioria das amostras de células de plantas.

Schwann ainda não tinha achado evidências claras de núcleo, ou mesmo de estrutura celular geral, em seus estudos de tecidos animais. Isso era compreensível. Nas plantas, o núcleo celular é evidente e a camada externa da célula tem uma parede mais ou menos grossa e semirrígida que muitas vezes lhe dá uma forma geométrica fácil de notar no microscópio – foi isso o que »

A NATUREZA CELULAR DA VIDA

As células animais e vegetais têm membrana plasmática. Nas células vegetais, porém, há uma parede celular dura ao redor da membrana, que dá à célula sua forma regular.

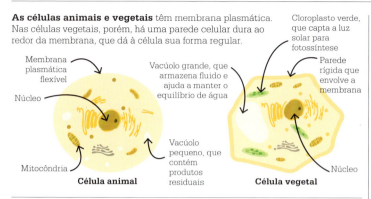

Robert Hooke viu quando deu às células esse nome. Nas células animais, o núcleo é menos óbvio e não há paredes celulares grossas. As membranas externas das células são finas e flexíveis, permitindo formatos mais amorfos e mutáveis, menos facilmente reconhecíveis ao microscópio.

O núcleo é em geral a mais destacada das organelas celulares – as muitas estruturas internas especializadas que realizam tarefas particulares na célula. Em 1833, o botânico escocês Robert Brown descreveu em pormenores e nomeou o núcleo, mas foi Schleiden um dos primeiros a reconhecer seu importante papel no funcionamento celular, propondo que novas células são criadas a partir do núcleo de células existentes. Isso ocorreu em parte após observar as pequenas células (e, como se verificou depois, de divisão rápida) de um tecido de endosperma – uma reserva de alimento de amido em sementes. Ele imaginou que o núcleo gerava mais núcleos como uma planta produz novos botões, e que uma célula se formaria então ao redor de cada um por algum tipo de cristalização ou geração espontânea.

Em 1838, Schleiden publicou suas ideias no artigo "Contribuições a nosso conhecimento de fitogênese" – sendo "fitogênese" o estudo das origens e desenvolvimento das plantas. Ele descreveu como cada parte da planta é composta de células e propôs que os primeiros estágios de vida de um organismo e seu desenvolvimento posterior se baseavam todos em células.

Em uma refeição com Schleiden em 1838, Schwann se impressionou com a semelhança entre animais e plantas, ao discutir o papel do núcleo celular na produção de novas células. Em seus experimentos com animais, como girinos e embriões de porcos, ele se lembrava de ter visto objetos parecidos com núcleos celulares no notocórdio, uma estrutura que se forma cedo no desenvolvimento de embriões de vertebrados e se torna a espinha do animal.

Schwann desenvolveu métodos para distinguir as membranas e núcleos celulares e começou a estudar tecidos animais, como fígado, rins e pâncreas, em início de desenvolvimento. Ele chegou à conclusão de que as células são as unidades básicas da vida – em animais e em plantas. Verificou ainda que, quando o animal cresce, as células iniciais se desenvolvem

Aperfeiçoamento do microscópio

James Smith construiu este microscópio em 1826 com as lentes acromáticas de Lister para limitar os efeitos de aberrações ópticas.

No início do século XVII, o primeiro microscópio composto foi desenvolvido por fabricantes holandeses de lentes. Ainda nesse século, Robert Hooke construiu seu próprio microscópio e, em 1665, publicou desenhos de suas observações do mundo microscópico na obra *Micrographia*.

No fim dos anos 1820, frustrado com a qualidade das imagens de microscópio, o óptico e naturalista britânico Joseph Jackson Lister (pai de Joseph Lister, pioneiro da cirurgia antisséptica) buscou a ajuda de James Smith, da empresa de instrumentos ópticos William Tulley. Combinando lentes de diversos tipos de vidro, como *crown* e *flint*, Lister e Smith puderam reduzir muito as aberrações ópticas (distorções e falta de foco). Em 1830, Lister começou a fazer as próprias lentes e a ensinar suas técnicas a outros fabricantes de instrumentos ópticos. Seus microscópios aperfeiçoados estimularam um rápido progresso no estudo da vida microscópica.

VIDA

> A causa da nutrição e do crescimento reside não no organismo como um todo, mas em partes elementares separadas – as células.
> **Theodor Schwann**

em tipos especializados com funções distintas, um processo chamado diferenciação.

Teoria celular

Em 1839, Schwann formulou suas teorias sobre células animais e vegetais em *Investigações microscópicas sobre a similaridade de estrutura e crescimento de animais e plantas*. Dando total crédito a Schleiden, Schwann propôs que todos os seres vivos são feitos de células e que a célula é a unidade fundamental da vida – os dois princípios que se tornaram a base da teoria celular. Schwann também é conhecido por ter classificado os tecidos animais adultos em cinco grupos distintos, descrevendo as estruturas celulares de cada categoria. Os grupos eram: células separadas independentes (como no sangue), células compactadas independentes (como nas unhas, pele e penas), células cujas paredes se combinaram (como nos ossos, dentes e cartilagens), células alongadas que formaram fibras (como no tecido fibroso e em ligamentos) e células formadas pela fusão de paredes e cavidades (músculos, tendões e nervos).

Um terceiro princípio

A noção de que as células são as unidades básicas estruturais e funcionais de todos os seres vivos foi logo aceita por outros cientistas. Em 1858, um terceiro princípio da teoria celular foi apresentado por Rudolf Virchow, que afirmou que "todas as células vivas surgem de células vivas preexistentes". Ele contestou a ideia prevalecente de que novas células e material vivo poderiam se formar de modo espontâneo por processos como germinação ou cristalização. Ao microscópio, Virchow observou células vivas inteiras se dividindo e formando outras, um processo hoje chamado divisão celular. ∎

Theodor Schwann

Nascido em Neuss, na Alemanha, em 1810, Theodor Schwann foi o quarto filho de Leonard, um ourives e impressor. Ele se formou em medicina em 1834, mas escolheu ser assistente de pesquisa de seu professor, o renomado fisiologista alemão Johannes Müller. Ajudado por recentes melhorias no microscópio, Schwann observou o papel das leveduras na fermentação, o que contribuiu para a teoria microbiana das doenças desenvolvida por Louis Pasteur. Outros estudos de Schwann incluíram o envolvimento de enzimas na digestão, pesquisas sobre funções dos músculos e nervos e a definição das bases da embriologia. Aos 30 anos, Schwann já havia concluído suas realizações históricas. Ele se manteve atuante como inventor experimental e professor talentoso e foi celebrado nos anos finais por seus métodos totalmente científicos. Morreu em Colônia, em 1882.

Obra principal

1839 *Investigações microscópicas sobre a similaridade de estrutura e crescimento de animais e plantas*

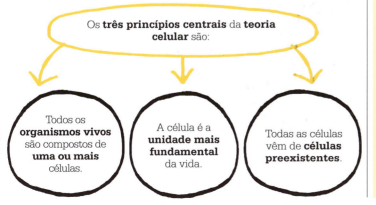

Os **três princípios centrais** da **teoria celular** são:
- Todos os **organismos vivos** são compostos de **uma ou mais** células.
- A célula é a **unidade mais fundamental** da vida.
- Todas as células vêm de **células preexistentes**.

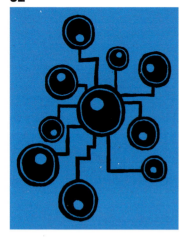

TODAS AS CÉLULAS VÊM DE CÉLULAS
COMO AS CÉLULAS SÃO PRODUZIDAS

EM CONTEXTO

FIGURA CENTRAL
Rudolf Virchow (1821–1902)

ANTES
1665 O cientista inglês Robert Hooke descreve como "células" as câmaras microscópicas que vê em cortiça.

1838–1839 Matthias Schleiden e Theodor Schwann declaram que as células são os componentes básicos de plantas e animais.

1852 Robert Remak questiona a teoria de que as células surgem do blastema.

DEPOIS
1858 Numa série de palestras, Rudolf Virchow afirma que todas as doenças remontam às células.

1882 Walther Flemming usa a palavra "mitose" para descrever a divisão celular e descobre os cromossomos.

1911 O biólogo americano Thomas Morgan mostra que os cromossomos contêm genes.

Em 1855, o fisiologista polaco-alemão Rudolf Virchow contestou a ideia em geral aceita da geração espontânea, uma teoria segundo a qual organismos vivos poderiam ter origem em material não vivo. Virchow declarou que todas as células surgem de outras preexistentes – ou *omnis cellula e cellula*, como disse em seu epigrama latino. Isso depois se provou verdadeiro e tornou-se o terceiro princípio da teoria celular, revolucionando o conhecimento sobre as funções do corpo e a ocorrência de doenças.

Hoje, os cientistas entendem que a reprodução das células acontece em organismos eucarióticos – ou seja, animais, plantas e fungos. A maioria das células sofre divisão, chamada mitose, em que uma célula-mãe se divide em duas células-filhas. Isso permite que o número total de células aumente e o organismo cresça, substitui células perdidas naturalmente (como as hemácias, também chamadas de glóbulos vermelhos) e cria as novas células necessárias para reparar danos.

Foi preciso um longo tempo para que os cientistas percebessem a real importância das células nos seres vivos. Isso se deu em parte à lenta evolução da tecnologia dos microscópios. Como os limites das células vegetais são mais fáceis de observar que os das células animais, os três princípios da teoria celular (seres vivos são feitos de células, as células são as unidades básicas da vida e todas as células vêm de células) foram apresentados primeiro em relação às plantas. Em 1835, o botânico alemão Hugo von Mohl

As realizações de Rudolf Virchow incluíram as primeiras descrições de muitas doenças e o desenvolvimento do primeiro método sistemático de autópsia.

VIDA 33

Ver também: A natureza celular da vida 28-31 ▪ Células complexas 38-41 ▪ Teoria microbiana 144-151 ▪ Metástase do câncer 154-155 ▪ A descoberta dos gametas 176-177 ▪ Mitose 188-189 ▪ Cromossomos 216-219

> O filósofo grego antigo **Aristóteles** é o primeiro a articular a **teoria da geração espontânea**.

> Suas descobertas o convenceram de que **as células não se formam** por **geração espontânea**.

> **Todas as células vivas vêm de outras células vivas.**

> **Virchow realizou estudos** do sangue, de coágulos sanguíneos e de inflamações nas veias.

> Virchow propõe que **células novas** surgem quando **células existentes se dividem**.

---

observou em algas verdes que novas células eram formadas pela divisão de células. Três anos depois, o fisiologista alemão Matthias Schleiden generalizou isso para todas as plantas e, em 1839, seu colega alemão Theodor Schwann estendeu o princípio aos animais.

Gênese celular

Schwann reconheceu a importância das células para os organismos vivos, mas a explicação que deu à sua criação estava errada. Ele imaginou que novas células se cristalizavam a partir de uma "substância básica amorfa", o blastema. Na verdade, essa era uma forma de geração espontânea, com novas células surgindo em um "fluido nutritivo". Seguindo esse raciocínio, o patologista austríaco Karl Rokitansky supôs que desequilíbrios químicos no sangue às vezes faziam o blastema gerar células anormais, que eram a causa das doenças.

A partir de 1844, Virchow realizou estudos microscópicos do sangue, de coágulos sanguíneos e flebites (inflamações de paredes venosas) no Hospital Charité, em Berlim. Suas observações o convenceram de que células novas não se cristalizavam do modo descrito por Schwann. Então, em 1852, Robert Remak, que trabalhava no laboratório de Virchow, afirmou acreditar que células novas surgiam da divisão de outras preexistentes. A ideia era revolucionária e três anos depois o próprio Virchow a articulou em um ensaio – mas foi acusado de plágio por não dar o crédito a Remak.

Doenças e estruturas celulares

Virchow afirmou que todas as doenças podiam ser rastreadas até as células – ou seja, algumas células ficam doentes, e não o corpo todo – e doenças diferentes afetam células diversas. Ele foi o primeiro a aventar que o câncer poderia se originar da ativação de células dormentes e observou que uma doença sanguínea que nomeou leucemia se ligava a aumentos anormais de leucócitos (glóbulos brancos). Sua pesquisa e teorias o levaram a ser conhecido hoje como "pai da patologia moderna".

O trabalho feito por Virchow e os avanços em microscopia que lhe permitiram descobrir que os núcleos celulares contêm estruturas filiformes, hoje conhecidas como cromossomos, abriram caminho para entender o DNA – uma sequência de eventos de profundo impacto na biologia, na genética e na medicina modernas. ▪

O limite de Hayflick

Em 1962, Leonard Hayflick mostrou que as células normais são mortais, dividindo-se 40 a 60 vezes antes de envelhecerem e morrerem. Usando amostras humanas e animais, ele refutou a crença estabelecida na imortalidade da célula, defendida primeiro por Alexis Carrel em 1912. O número de divisões celulares possíveis é chamado de limite de Hayflick e se relaciona com o comprimento dos telômeros em cada ponta dos cromossomos. Os telômeros são "tampas" que protegem as pontas dos cromossomos e previnem que se fundam uns com os outros. Numa célula normal, cada vez que o DNA é replicado, pequenas seções dos telômeros deixam de ser copiadas e se perdem. Isso acaba levando a célula a não conseguir se dividir mais com sucesso. Em sua maioria, as células cancerosas, porém, são exceções. Elas contêm a enzima telomerase, que impede que os telômeros encolham. Os cientistas pesquisam modos de desenvolver inibidores de telomerase, que poderiam limitar a vida de células cancerosas.

A VIDA NÃO É UM MILAGRE
PRODUÇÃO DE VIDA

EM CONTEXTO

FIGURAS CENTRAIS
Stanley Miller (1930–2007),
Harold Urey (1893–1981)

ANTES
1828 Friedrich Wöhler produz ureia – pela primeira vez uma substância orgânica (de organismos vivos) é sintetizada.

1859 Louis Pasteur mostra que a vida não pode ser gerada de modo espontâneo a partir do ar ou de matéria não viva.

1924, 1929 Alexander Oparin e J. B. S. Haldane defendem a abiogênese.

DEPOIS
1968 Leslie Orgel propõe que a vida se iniciou com o RNA.

1993 Michael Russell postula que a vida começa de modo metabólico ao redor de fontes hidrotermais.

2010 A equipe de Craig Venter cria um organismo sintético.

A vida é o maior milagre da Terra, e talvez do Universo. Até onde podemos dizer, toda vida na Terra descende do acoplamento incrivelmente casual de substâncias químicas complexas no início da história do planeta – uma união que criou uma estrutura orgânica notável que podia não só crescer como se reproduzir. Os cientistas há muito se perguntam como esse acidente ocorreu e se poderia ser reproduzido em laboratório, criando vida do zero.

Nos anos 1920, alguns cientistas questionaram a refutação de Pasteur à geração espontânea de vida. O bioquímico soviético Alexander

Ver também: É possível criar substâncias bioquímicas 27 ▪ A natureza celular da vida 28-31 ▪ O código genético 232-233 ▪ O Projeto Genoma Humano 242-243

> A **vida** na Terra poderia ter surgido **espontaneamente** de **materiais inorgânicos**?

> Há **amônia**, **metano** e **hidrogênio** na atmosfera de Júpiter e é provável que fossem **abundantes** nos **primórdios da Terra**.

> O experimento de Miller e Urey **criou aminoácidos** pela descarga de **eletricidade** em uma mistura de **amônia**, **metano** e **hidrogênio**.

> Então, pelo menos **substâncias químicas orgânicas** podem ser criadas espontaneamente **a partir de substâncias químicas inorgânicas**.

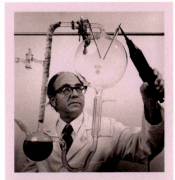

Stanley Miller

Nascido em Oakland, nos EUA, em 1930, Stanley Miller se graduou em química em Berkeley, em 1951. No mesmo ano, ouviu uma palestra do laureado pelo Nobel Harold Urey sobre as origens do sistema solar e sobre como as substâncias orgânicas poderiam ter se formado na Terra primitiva. Inspirado, Miller convenceu Urey a iniciar com ele o famoso experimento de 1953. Miller lecionou química no Instituto de Tecnologia da Califórnia (Caltech), na Universidade de Colúmbia e, a partir de 1960, na Universidade da Califórnia. Ele continuou a estudar a síntese de substâncias orgânicas e, em 1973, obteve 33 aminoácidos ao repetir o experimento de 1953. Miller foi um pioneiro da exobiologia (estudo da biologia no espaço) e importante instigador da busca por vida em Marte, com a esperança de confirmar teorias sobre as origens da vida na Terra. Morreu em 2007.

Obras principais

1953 "A Production of Amino Acids under Possible Primitive Earth Conditions"
1986 "Current Status of the Prebiotic Synthesis of Small Molecules"

Oparin e o geneticista britânico J. B. S. Haldane propuseram em separado a abiogênese, a ideia de que a vida se originou de matéria não viva num ambiente inorgânico. Uma questão crucial era se as substâncias orgânicas complexas que são a base da vida poderiam sozinhas se auto-organizar.

Produção de material orgânico

Em um famoso experimento em 1953, os químicos americanos Stanley Miller e Harold Urey testaram a teoria Oparin-Haldane. Eles queriam reproduzir a "sopa primordial" que se acreditava ser a atmosfera da Terra em seus primórdios e testar se, como Oparin sugerira, raios frequentes em uma atmosfera tão densa poderiam ter fornecido energia suficiente para unir as moléculas certas.

Miller e Urey puseram em um frasco de vidro selado todos os gases que acreditavam existir na atmosfera primitiva da Terra – amônia, metano, hidrogênio – e vapor de água, e dispararam faíscas elétricas repetidamente na mistura. Após um dia, a água no frasco ficou rosa. Uma semana depois, tornou-se uma infusão grossa de um vermelho profundo. Ao analisá-la, Miller encontrou cinco aminoácidos – os componentes elementares, baseados em carbono, das proteínas e o fundamento de todos os organismos vivos conhecidos. Em 2007, usando técnicas modernas, novas análises do equipamento do experimento original mostraram que Miller tinha na verdade obtido pelo menos 13 aminoácidos.

Miller e Urey provaram que substâncias orgânicas podiam ser criadas de modo inorgânico. Experimentos similares criaram carboidratos e mostraram que reações químicas simples podem até encadear proteínas. »

PRODUÇÃO DE VIDA

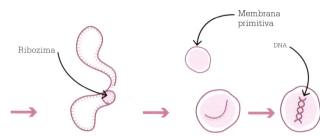

Na teoria "mundo de RNA", o RNA faz a ligação crucial entre a sopa química primordial e as primeiras células. Sabemos que o RNA pode se replicar, carregar informação genética e catalisar reações químicas, mas descobrir como as membranas plasmáticas se formaram seria um avanço revolucionário.

1. Os nucleotídeos, moléculas básicas de RNA e DNA, flutuam na sopa primordial.

2. Alguns nucleotídeos se unem em ordem aleatória, formando cadeias do RNA primitivo.

3. Uma cadeia de RNA se replica quando seus nucleotídeos atraem outros: uma cadeia dupla se forma e depois se quebra em duas cópias.

4. Algumas cadeias se dobram em uma estrutura chamada ribozima, que catalisa reações químicas. Algumas ribozimas produzem nucleotídeos, então se replicam melhor.

5. Cadeias de RNA super-replicante se envolvem em membranas primitivas, formando o primeiro DNA.

Assim, a criação das substâncias básicas necessárias à vida não é de modo algum especial. É provável que ocorra agora mesmo em muitos locais do Universo. Os cientistas estimam que os cometas lançaram na Terra primordial milhões de toneladas de substâncias orgânicas. Porém, há um salto enorme das proteínas para algo que possa se reproduzir e outro também enorme para a primeira célula viva, com substâncias químicas dentro de uma unidade autônoma, limitada por uma membrana.

Nuvens interestelares de gás e poeira, como estas na Nebulosa de Órion, podem conter substâncias orgânicas, e vários tipos delas foram achados em meteoritos na Terra.

RNA e replicação

O DNA (ácido desoxirribonucleico) é a molécula química dentro das células que contém o código genético da vida. Em 1953, mesmo ano do experimento Miller-Urey, os biólogos moleculares James Watson, americano, e Francis Crick, britânico, descobriram a estrutura em dupla hélice do DNA. O funcionamento de seu código foi decifrado na década seguinte.

O RNA (ácido ribonucleico) é a versão de cadeia única do DNA. Ele se quebra em pequenos fragmentos copiados de uma cadeia do DNA, levando instruções genéticas a um dos ribossomos – fábricas de proteínas a partir de aminoácidos – da célula. Em 1968, o químico britânico Leslie Orgel propôs que a vida na Terra poderia ter se iniciado com uma simples molécula de RNA que podia se replicar. Orgel se juntou a Crick para pesquisar a ideia, focando em enzimas. As enzimas são proteínas essenciais que aceleram (catalisam) reações bioquímicas em organismos vivos. Se o RNA pudesse produzir enzimas, poderia usá-las para estimular a formação de moléculas para criar novas cadeias de RNA. Em 1982, o bioquímico americano Thomas Cech encontrou algumas enzimas de RNA, chamadas ribozimas, que podiam se separar da cadeia de RNA para desempenhar suas tarefas.

Em 1986, o físico americano Walter Gilbert cunhou a expressão "mundo de RNA" para designar o mundo inicial em que as moléculas de RNA se cortavam e colavam entre si, formando sequências, ou códigos, cada vez mais úteis. Em 2000, o biólogo molecular americano Thomas Steitz atestou que o RNA ativa e controla os ribossomos. Isso parecia confirmar que a vida começou com o RNA, já que o ribossomo é um componente antigo das células e vital à produção de proteínas. Porém, ainda não havia evidência de que o RNA – ou DNA – pudesse se reproduzir por si mesmo, fora de uma célula viva. Desde os anos 1980, os cientistas tentaram criar RNA que possa se replicar sozinho. Aos poucos, eles conseguiram que cadeias de RNA produzissem cópias cada vez maiores. Em 2011, Philipp Holliger já tinha criado uma cadeia de RNA que podia copiar 48% do comprimento total dela. Após décadas de esforços, porém, o RNA autorreplicante ainda é algo distante. Alguns cientistas testaram a síntese de ácidos nucleicos simples, como o ANP (ácido peptonucleico), para o caso de serem a chave da origem da vida, mas até agora essas substâncias não foram achadas.

Energia para criar vida

Uma escola de pensamento rival afirma que a capacidade de usar energia veio antes. A ideia foi impulsionada pela descoberta de fontes hidrotermais em 1977. Essas chaminés vulcânicas no fundo oceânico ejetam inúmeros minerais e muito calor – algo talvez similar ao ambiente vulcânico inicial da Terra. Em 1993, Michael Russell propôs que as primeiras moléculas orgânicas complexas se formaram nesses locais quentes, dentro de pequenos dutos de pirita de ferro (sulfeto de ferro, que pode ser crucial ao funcionamento das enzimas) ao redor das fontes.

Stanley Miller assinalou em 1988 que as fontes hidrotermais eram quentes demais para manter

A origem da vida parece ser quase um milagre, tantas são as condições a satisfazer para pô-la em ação.
Francis Crick

Bactérias que gostam de calor crescem ao redor de vulcões como na Grande Fonte Prismática, no Parque Nacional de Yellowstone, EUA, então podem ter vivido em habitats similares na Terra primitiva.

organismos vivos. Mas, em 2000, Deborah Kelley descobriu grandes números de fontes mais frias. Segundo a teoria, a vida começou em lugares como esses, onde calor e energia podem produzir moléculas orgânicas como RNA em poros de rochas. Por fim, as moléculas poderiam criar suas próprias membranas e escapar da rocha porosa para mar aberto.

Codificação de um organismo

Nos anos 1990, enquanto muitos se engajavam no projeto de um catálogo do código genético humano completo, ou genoma, uma equipe liderada por Craig Venter explorava se poderia criar não só substâncias orgânicas, mas organismos vivos. Sua ideia era usar engenharia genética para tirar do RNA todos os genes não vitais à replicação. Eles recriaram o genoma da bactéria *Mycoplasma mycoides*. Em 2010, inseriram o genoma em uma bactéria relacionada, no lugar de seu próprio material genético. Essa nova bactéria se reproduziu, criando muitas cópias, como qualquer bactéria viva. Alegou-se que a equipe de Venter tinha criado a primeira forma sintética de vida do mundo. Ela foi chamada Synthia 1.0 e teve os nomes dos 46 membros da equipe e três citações famosas codificadas em seu RNA, para garantir que sempre fosse identificada como artificial.

Em 2016, mais genes foram retirados, criando Synthia 3.0, uma bactéria com o menor genoma dentre os organismos de vida livre. Com apenas 473 genes, sobreviveu e se reproduziu. Porém, ela não é na verdade uma forma sintética de vida, pois seu genoma foi replicado com a ajuda de uma bactéria viva. Apesar disso, o projeto lançou uma "revolução da biologia sintética", em que cientistas criam organismos totalmente sintéticos: alguns tentam fazer membranas artificiais; outros, personalizar o design dos genes. O sonho é produzir organismos que possam fazer qualquer coisa, de limpar a poluição a criar plásticos ecológicos. Mas ainda há um longo caminho para entender como a vida começou, e mais ainda para criar nova vida do zero. ∎

CÉLULAS MENORES HABITAM CÉLULAS MAIORES
CÉLULAS COMPLEXAS

EM CONTEXTO

FIGURA CENTRAL
Lynn Margulis (1938–2011)

ANTES
1665 Robert Hooke usa a palavra "célula" para designar estruturas microscópicas que vê em cortiça.

1838 Matthias Schleiden e Theodor Schwann propõem que toda vida é feita de células.

1937 Edouard Chatton divide a vida em dois grupos de estruturas celulares: procariontes e eucariontes.

DEPOIS
1977 Carl Woese e George Fox propõem um terceiro novo domínio de organismos – as arqueias.

2015 Evidências mostram ser muito provável que os ancestrais dos eucariontes (organismos com células complexas) evoluíram das arqueias.

A vida, mesmo em suas formas mais simples, é extraordinariamente complexa, e deve ter havido incontáveis etapas evolutivas das primeiras células na Terra até essa complexidade. Cerca de 4 bilhões de anos atrás, os primeiros passos para a vida podem ter sido dados quando moléculas orgânicas simples se uniram, formando macromoléculas (moléculas grandes) de longas cadeias. Um traço básico da vida é sua capacidade de reproduzir-se, e essas primeiras moléculas devem ter se reproduzido replicando-se em uma série de reações químicas de ocorrência natural. As moléculas que eram replicadoras mais eficazes

Ver também: A natureza celular da vida 28-31 ▪ Como as células são produzidas 32-33 ▪ Membranas plasmáticas 42-43 ▪ Respiração 68-69 ▪ Cadeias alimentares 284-285

Células procarióticas e eucarióticas típicas

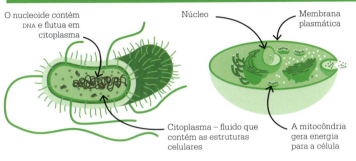

O nucleoide contém DNA e flutua em citoplasma

Núcleo

Membrana plasmática

Citoplasma – fluido que contém as estruturas celulares

A mitocôndria gera energia para a célula

Os procariontes são organismos unicelulares minúsculos, como as bactérias. As células não têm organelas envoltas por membrana. O DNA se acha em uma região chamada nucleoide, que flutua livremente no citoplasma.

Os eucariontes incluem organismos como animais, plantas e fungos. Suas células têm organelas envoltas por membrana, como o núcleo, o qual contém DNA. São muito maiores que as células procarióticas.

---

produziam mais cópias de si mesmas e prevaleceram sobre sistemas menos capazes. A evolução da membrana protetora ao redor do material genético forneceu enormes vantagens e deu origem às primeiras células procarióticas (organismos de uma célula com estruturas celulares, ou organelas, não envoltas por membrana), similares à moderna bactéria. A atmosfera da Terra continha pouco oxigênio na época. Esses primeiros organismos eram muito simples, alimentavam-se de abundantes moléculas orgânicas e produziam energia por fermentação, um processo que não exigia oxigênio.

Procariontes e oxigênio

As células procarióticas iniciais se separaram em duas linhagens distintas chamadas eubactérias e arqueobactérias. Cerca de 3,5 bilhões de anos atrás, algumas eubactérias desenvolveram a capacidade de converter luz solar em energia química. Elas eram as ancestrais das atuais cianobactérias, um grupo de bactérias fotossintéticas (antes chamadas algas verde-azuladas). Por cerca de mais um bilhão de anos, esses fotossintetizadores dominaram cada vez mais o mundo vivo, liberando oxigênio como resíduo. Os níveis de oxigênio subiram muito na atmosfera da Terra e em seus oceanos rasos iniciais, com um profundo efeito. O oxigênio é muito reativo e pode destruir estruturas biológicas delicadas. Para lidar com o problema, vários procariontes desenvolveram mecanismos, o mais bem-sucedido dos quais foi a respiração – o processo de produzir energia convertendo oxigênio em moléculas de água. »

Origem dos eucariontes

A evolução da respiração cerca de 2,5 bilhões de anos atrás pode ter causado o desenvolvimento das

O núcleo

A diferença fundamental entre procariontes e eucariontes é que as células eucarióticas têm organelas envoltas por membrana, como o núcleo, e as procarióticas não. Na verdade, o traço que distingue as células eucarióticas é a presença do núcleo, que contém os genes da célula, codificados em moléculas de DNA.

A origem do núcleo ainda é debatida. Os biólogos discordam quanto ao que veio antes, o núcleo ou as mitocôndrias. Alguns cientistas propõem que sejam as mitocôndrias, pois, como geram energia, teriam sido essenciais para a evolução dos eucariontes.

Lynn Margulis propôs que o núcleo em sua forma atual evoluiu após a aquisição das demais organelas. Outras teorias sustentam que o núcleo evoluiu primeiro nos procariontes e que isso permitiu sua fusão com os ancestrais bacterianos que se tornaram mitocôndrias.

A vida é bacteriana, e os organismos que não são bactérias evoluíram dos que eram.
Lynn Margulis

CÉLULAS COMPLEXAS

> Não considero minhas ideias controversas. Eu as considero corretas.
> **Lynn Margulis**

células eucarióticas. Todas as formas avançadas de vida contêm células eucarióticas, com sua estrutura interna mais complexa e a presença de organelas envolvidas por membrana. Essas organelas incluem o núcleo celular, que contém o material genético da célula; as mitocôndrias, onde a respiração celular acontece; e, em células vegetais, os cloroplastos, onde ocorre a fotossíntese. Explicar a origem das células eucarióticas é um grande desafio para os biólogos. A complexidade da célula eucariótica excede muito até a da mais sofisticada procariótica, e uma célula eucariótica típica é cerca de mil vezes maior em volume.

Teoria endossimbiótica

Em 1883, o botânico francês Andreas Schimper observou que os cloroplastos de plantas verdes se dividiam e reproduziam de modo que lembra muito a reprodução de cianobactérias de vida livre. Ele propôs que as plantas verdes evoluíram de uma associação, ou simbiose, entre dois organismos.

O biólogo russo Konstantin Mereschkowski – um dos primeiros a notar similaridades na estrutura de cloroplastos de plantas e cianobactérias – conhecia a obra de Schimper. Inspirado em seus estudos sobre a relação simbiótica entre fungos e algas em líquens, Mereschkowski desenvolveu a ideia de que organismos complexos podiam surgir de parcerias entre organismos menos complexos. Em 1905, ele publicou sua ideia de que os cloroplastos descendiam de cianobactérias engolidas por uma célula hospedeira e criaram uma relação simbiótica com ela, e de que as plantas deviam a capacidade de fotossíntese às cianobactérias. Essa teoria de que organismos complexos surgem da união de outros menos complexos é chamada endossimbiose.

Nos anos 1920, o biólogo americano Ivan Wallin propôs uma origem endossimbiótica para as mitocôndrias (organelas responsáveis por gerar energia). Ele sugeriu que as mitocôndrias eram de início bactérias aeróbicas (que requerem oxigênio para sobreviver).

Essas teorias foram muito rejeitadas nas décadas seguintes, mas em 1959 os botânicos americanos Ralph Stocking e Ernest Gifford descobriram que os cloroplastos e mitocôndrias tinham seu próprio DNA, diferente do encontrado no núcleo da célula. Foi a primeira evidência concreta de que os ancestrais dessas organelas poderiam ter existido como células de vida livre.

Ideias não ortodoxas

A pesquisa de DNA ainda era um campo muito novo no início dos anos 1960 e a descoberta de DNA em cloroplastos e mitocôndrias foi questionada. Em 1965, a bióloga americana Lynn Margulis abordou o tema em sua tese de doutorado e demonstrou de modo convincente a presença de DNA nos cloroplastos de uma alga unicelular. Ela publicou um artigo no *Journal of Theoretical Biology* em 1967, no qual apresentou a ideia de que algumas das organelas fundamentais das células eucarióticas, como mitocôndrias e cloroplastos, eram antes procariontes de vida livre. Margulis formulou a teoria não só da origem das organelas celulares como da evolução dos eucariontes.

A endossimbiose estava longe de ser aceita quando Margulis publicou seu primeiro livro, *Origin of Eukaryotic Cells*, em 1970. Ela

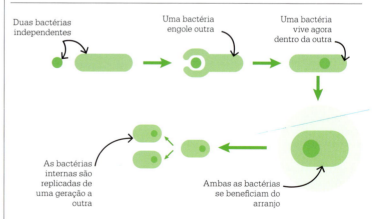

A teoria da endossimbiose propõe que as células eucarióticas evoluíram de células procarióticas iniciais que foram engolidas por outras e desenvolveram uma relação simbiótica. As mitocôndrias se formaram quando foram ingeridas bactérias aeróbicas, e os cloroplastos, com a ingestão de bactérias fotossintéticas.

VIDA 41

Lynn Margulis apresentou evidências da teoria endossimbiótica, que o biólogo Richard Dawkins descreveu como "uma das grandes realizações da biologia evolutiva do século XX".

teria ainda de vencer a suposição corrente à época de que a evolução ocorria a passos curtos – a endossimbiose representava um grande salto evolutivo. Havia também muitos biólogos que achavam heterodoxa a ideia de que o DNA podia ser encontrado fora do núcleo, mesmo com a evidência de DNA em cloroplastos e mitocôndrias ganhando força.

Endossimbiose em série

A teoria de Margulis sobre a evolução das células eucarióticas é com frequência chamada de teoria endossimbiótica serial. Ela propõe que as células eucarióticas surgem pela fusão de vários tipos diferentes de células procarióticas. Segundo Margulis, pequenas bactérias capazes de respiração aeróbica parasitaram células procarióticas maiores, anaeróbicas (não baseadas em oxigênio), atravessando suas paredes celulares. Na maioria das ocorrências isso resultou na morte da célula invadida, mas em casos simplesmente suficientes as duas células sobreviveram e coexistiram. A parasita, com sua habilidade de lidar com o oxigênio, permitiu à hospedeira sobreviver em ambientes antes inabitáveis. A hospedeira forneceu o combustível para a respiração aeróbica e obteve acesso às capacidades de produção de energia da bactéria. Com o aumento da dependência entre elas, as pequenas parasitas respiradoras evoluíram como mitocôndrias – as primeiras organelas eucarióticas. Quase todas as células eucarióticas contêm mitocôndrias, mas só as das plantas e alguns organismos unicelulares têm cloroplastos. Isso indica que eles evoluíram depois que as mitocôndrias já estavam bem estabelecidas. Margulis apresentou a hipótese de que algumas das novas parcerias mitocondriais consumiram cianobactérias, mas outras devem ter escapado de ser digeridas e evoluíram como cloroplastos.

Evidências de apoio

Em 1967, foi publicado um artigo que deu suporte à teoria endossimbiótica de Margulis. Em 1966, Kwang Jeon estudava uma colônia de amebas unicelulares atingidas por uma infecção bacteriana que matou a maioria delas. Vários meses depois, ele observou que as sobreviventes seguiam saudáveis, com as bactérias ainda vivas dentro delas. Mais surpreendente, quando ele usou antibióticos para matar as bactérias, as amebas hospedeiras também morreram – elas tinham se tornado dependentes do organismo invasor. Jeon descobriu que isso ocorria porque as bactérias produziam uma proteína de que as amebas agora precisavam para sobreviver. As duas espécies tinham formado uma relação simbiótica e evoluído para uma nova espécie de ameba. ∎

Arqueias ancestrais

Em 2015, um novo grupo de arqueias – organismos unicelulares antes chamados arqueobactérias – foi descoberto em sedimentos de mar profundo no oceano Atlântico. Chamado *Lokiarchaeota*, abreviado como "Loki", esse grupo parecia ser o parente mais próximo já descoberto dos eucariontes – organismos complexos cujas células têm núcleo com membrana. O genoma (material genético) dos Loki contém diversos genes já conhecidos apenas nos eucariontes. Entre eles, há genes com um papel essencial nas funções eucarióticas, como os ligados ao citoesqueleto, uma estrutura que ajuda as células a manter sua forma.

O papel desses genes de eucariontes nos Loki é um mistério, mas se ajusta a uma teoria controversa de que os eucariontes evoluíram de uma arqueia ancestral – os Loki foram descritos como o "elo perdido" entre eucariontes e procariontes antigos.

O grupo *Lokiarchaeota* foi descoberto na Dorsal Mesoatlântica, perto de um sistema de fontes hidrotermais conhecido como Castelo de Loki.

UM MOSAICO FLEXÍVEL DE PORTEIROS
MEMBRANAS PLASMÁTICAS

EM CONTEXTO

FIGURAS CENTRAIS
Seymour Singer (1924–2017),
Garth Nicolson (1943–)

ANTES
1839 Theodor Schwann e Matthias Schleiden propõem que todas as plantas e animais são compostos de células.

1952 Alan Hodgkin, Andrew Huxley e Bernard Katz propõem que inversões de potencial na membrana plasmática bombeiam íons (átomos com carga elétrica) de sódio para dentro da célula.

1959 O químico americano J. D. Robertson conclui que as membranas plasmáticas consistem em uma camada dupla lipídica entre duas camadas de proteína.

DEPOIS
2007 Ken Jacobson explica que alguns fosfolipídios se juntam em "balsas" que ajudam a transportar materiais através da membrana plasmática.

Toda célula viva é cercada por uma membrana que mantém seu conteúdo unido. Por muito tempo, pensou-se que as membranas plasmáticas eram à prova de quase toda substância, à exceção da água.

Descoberta dos lipídios

Nos anos 1880, a física autodidata Agnes Pockels observou, ao se lavar, o modo como películas superficiais, em especial oleosas, mantêm unida a superfície da água. Cada película oleosa tem um lado que repele a água (hidrofóbico) exposto ao ar e um lado com afinidade à água (hidrófilo), que flutua na água mais densa. Nos anos 1890, o biólogo britânico Ernest Overton explorou como a membrana plasmática impedia que o conteúdo vazasse, ao mesmo tempo permitindo aos nutrientes entrar. Overton e o farmacologista alemão Hans Meyer propuseram de modo independente que a membrana plasmática era uma camada envoltória oleosa – hidrófila por fora e hidrofóbica por dentro – chamada lipídio.

Em 1925, os fisiologistas holandeses Evert Gorter e François Grendel revelaram que membranas dissolvidas cobrem uma área duas vezes maior que as não dissolvidas, então a membrana devia ter uma dupla camada de lipídios.

Na verdade, ela se revelou similar a um sanduíche com duas camadas, cada uma hidrófila por fora e hidrofóbica por dentro, tornando a célula impermeável. Cada camada é feita de fosfolipídios em forma de girinos, com cabeças de fosfato hidrofílico e caudas de lipídio hidrofóbico. Em 1935, o fisiologista Hugh Davson e o bioquímico James Danielli, ambos britânicos, notaram que havia também proteínas na membrana, mas assumiram que eram só estruturais.

O modelo de mosaico fluido

Como Seymour Jonathan Singer e Garth Nicolson mostraram em 1972, a

A célula é uma estrutura complexa, com uma membrana que a envolve, núcleo e nucléolo.
Charles Darwin

VIDA

Ver também: A natureza celular da vida 28-31 ▪ Produção de vida 34-37 ▪ Células complexas 38-41 ▪ Metabolismo 48-49 ▪ Respiração 68-69 ▪ Reações de fotossíntese 70-71 ▪ A transpiração das plantas 82-83 ▪ Translocação nas plantas 102-103

membrana não é só uma bolsa, mas uma borda flexível e sofisticada, que controla a passagem de substâncias para satisfazer as necessidades da célula. Singer e Nicolson juntaram descobertas anteriores e propuseram o modelo de mosaico para a membrana plasmática. As camadas lipídicas duplas que protegem e envolvem a célula formam um fluido dinâmico, pontilhado por um mosaico complexo e móvel de diferentes estruturas. Sua fluidez permite à membrana se inclinar, alterar e adaptar à mudança de condições.

Na membrana, partículas de colesterol impedem que os fosfolipídios se separem com o calor ou que se grudem com o frio, mantendo a fluidez. No modelo de Singer e Nicolson, cadeias de glicoproteínas se projetam da membrana: eles notaram depois que elas fornecem marcadores de identidade à célula, ou antígenos. Hoje sabemos que as glicoproteínas são complexos dentro das membranas, e não unidades individuais. Os lipídios com cauda saliente de carboidrato (glicolipídios),

A membrana plasmática é um fluido oleoso que se flexiona e altera, com um mosaico de componentes ativos suspensos no interior e nas superfícies – alguns ajudam moléculas a atravessar a membrana; outros transportam catalisadores e sensores que controlam processos celulares.

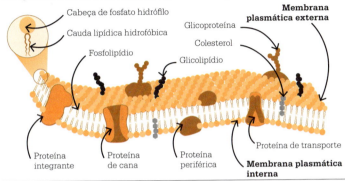

estabilizam a membrana e ajudam a identificação da célula pelo sistema imune. Proteínas integradas na membrana controlam quais partículas a atravessam. Proteínas periféricas auxiliam a respiração celular, que usa oxigênio para liberar energia.

Métodos de transporte

Moléculas de oxigênio e dióxido de carbono podem se difundir através da membrana porque são minúsculas e não têm carga elétrica. É preciso grandes quantidades delas para fornecer energia. Algumas moléculas grandes e com carga atravessam proteínas de canal por osmose. Proteínas de transporte bombeiam moléculas através da membrana contra o gradiente de concentração, então a célula gasta um pouco de energia. O modelo de Singer e Nicolson mudou, mas ainda explica a estrutura e a função da membrana plasmática. ▪

A planta depende de osmose para encher as células de água até enrijecer.. Com paredes fortes, suas células não se rompem por receber água demais, ao contrário das dos animais. Sem água, as células encolhem, e as plantas murcham.

A osmose

Para que a célula sobreviva, materiais devem entrar e sair pela membrana plasmática. Eles fazem isso por simples difusão, transporte ativo por proteínas e osmose. A osmose é o movimento das moléculas de água através da membrana, de uma área com maior percentual de água para outra de menor percentual. A membrana deve ser permeável o bastante para permitir que a água a atravesse e para bloquear qualquer substância dissolvida nela. Então só a água atravessa. Uma solução concentrada contém menos moléculas de água que uma diluída; a água sempre se move de áreas diluídas para soluções concentradas. Esse simples movimento é vital às células vivas. Quando a concentração é a mesma dentro da célula e no fluido ao seu redor, diz-se que é isotônica e não há movimento. Quando o fluido exterior à célula é mais diluído (hipotônico), a água é puxada para dentro da célula, que incha. Se o fluido fora da célula é mais concentrado (hipertônico), a água flui para fora e a célula encolhe.

ALIMEN
E ENERG

TO
IA

INTRODUÇÃO

O fisiologista Santorio Santorio **pesa a si mesmo**, sua comida e bebida, e suas excreções, **por cerca de 30 anos**.

ANOS 1580

James Lind observa que certos **gêneros de alimentos contêm nutrientes** essenciais para manter a saúde.

1747

Os **três principais** grupos de **alimentos** (carboidratos, gorduras e proteínas) são **identificados** por William Prout.

1827

ANOS 1600

Medindo a **massa de um salgueiro** e as quantidades de solo e água, Jan van Helmont demonstra que as **plantas obtêm massa** a partir da **água**.

1783

Lazzaro Spallanzani explica que a **digestão** não é uma mera operação mecânica, mas um **processo químico**.

1840

O químico orgânico pioneiro Justus Liebig mostra que o alimento, assim como os **organismos vivos**, é composto de **substâncias** orgânicas **que contêm carbono**.

Um tema de interesse especial no estudo dos organismos vivos é o modo como os nutrientes sustentam a vida e como os organismos os processam para obter energia para suas funções necessárias.

Entender esses processos envolve mais que o simples exame da anatomia dos organismos, exigindo uma abordagem mais experimental para o estudo de sua fisiologia – o modo como funcionam. Um pioneiro desse método de biologia experimental foi Santorio Santorio, que a partir dos anos 1580 realizou um experimento que durou cerca de 30 anos: ele pesou meticulosamente a si mesmo, toda a sua comida e bebida, a urina e fezes que excretava, observando a diferença entre essas quantidades. Ele concluiu que alguma "perspiração insensível" deveria provocar a discrepância. Seu experimento levou a mais estudos sobre o modo como os animais extraem energia do alimento, um processo comparado depois, por Antoine Lavoisier, à queima de combustível no ar.

Nutrição e crescimento

No início do século XVII, Jan van Helmont adotou um método similar ao estudar os processos de nutrição e crescimento das plantas – ele mediu a massa de um salgueiro e o solo e água onde estava, observando que a árvore crescia absorvendo água. Nos anos 1770 e 1780, experimentos de Jean Senebier mostraram que as plantas também usam dióxido de carbono (CO_2) para crescer, e Jan Ingenhousz e Joseph Priestley revelaram que elas emitem oxigênio como subproduto. Mais importante, porém, foi a demonstração por Ingenhousz de que a luz solar também é um fator do processo, criando uma base para a ideia de fotossíntese.

Descobertas revolucionárias como essas foram feitas nos séculos XVII e XVIII, um período de avanços científicos inéditos. Em 1747, compreendendo em parte os processos de nutrição e crescimento, James Lind acabou demonstrando que certos nutrientes são essenciais à vida e à saúde e que diferentes componentes dos alimentos têm funções nutricionais específicas. William Prout identificou depois três grupos de alimentos necessários (gorduras, carboidratos e proteínas), classificados por propriedades químicas. Com base nessa ideia, Justus Liebig mostrou que todos os alimentos são compostos de

ALIMENTO E ENERGIA   47

Louis Pasteur descobre que **células de levedura** podem **produzir fermentação** na ausência de oxigênio.

A ação de **enzimas** específicas que provocam diferentes **reações químicas** é descrita por Emil Fischer.

Melvin Calvin mostra que a **fotossíntese** das plantas envolve um ciclo de reações que **tiram dióxido de carbono** do ar, **produzindo nutrientes**.

ANOS 1580

1894

ANOS 1960

1876

Wilhelm Kühne explica que as reações químicas do **metabolismo requerem catalisadores** produzidos pelo organismo, chamados por ele de **enzimas**.

1937

Hans Krebs descreve como as **reações metabólicas** em um organismo seguem uma ordem química, formando uma **sequência cíclica de reações**.

---

substâncias orgânicas, que se distinguem por sua composição química, em especial uma combinação de carbono e hidrogênio. A definição dessas substâncias marcou o início da química orgânica.

Metabolismo
As reações químicas foram reconhecidas como um fator importante no processo de extrair energia do alimento. Até o fim do século XVIII, pensava-se que a digestão, o modo como o alimento é quebrado para fornecer nutrição às células, era um processo em grande parte mecânico. Em 1783, Lazzaro Spallanzani mostrou que o trato digestivo dos animais não só quebra o alimento fisicamente como libera sucos digestivos que o reduzem quimicamente a moléculas.

A comida e a bebida se tornaram um tema específico para os biólogos no século XIX, e problemas na indústria do vinho levaram Louis Pasteur a investigar o processo de fermentação. Ele descobriu que células vivas de levedura produzem nutrientes em um processo de respiração anaeróbica ("vida sem oxigênio"), o que causou um debate entre ele e Liebig, que defendia que a fermentação é só uma reação química. A discussão foi decidida alguns anos depois por Eduard Buchner, que explicou que são as enzimas da levedura – vivas ou não – que deflagram o processo de fermentação.

O termo "enzima" tinha sido cunhado por Wilhelm Kühne, que observara que as reações químicas nas células conhecidas como metabolismo só podem ocorrer em presença de catalisadores – substâncias que provocam o processo, mas permanecem inalteradas. Os organismos produzem catalisadores específicos, que Kuhne chamou de enzimas, para acelerar certas reações. Um estudo posterior de Emil Fischer explicou o processo por um modelo chave-fechadura, com cada enzima como uma fechadura em que um substrato em especial se encaixa.

Pesquisas do século XX permitiram entender melhor como funciona o metabolismo. Hans Krebs desenvolveu a teoria de que ele depende de uma "via química" entre as células, que forma um ciclo de reações. Melvin Calvin estudou o processo de fotossíntese, descobrindo uma sequência cíclica de reações nas células vegetais para fazer substâncias alimentares. ∎

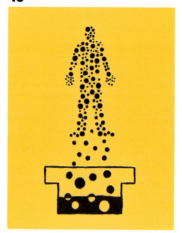

A VIDA É UM PROCESSO QUÍMICO
METABOLISMO

EM CONTEXTO

FIGURA CENTRAL
Santorio Santorio (1561–1636)

ANTES
Século IV a.C. Aristóteles explica que é liberado calor quando os animais ingerem alimento.

Século XIII Ibn al-Nafis propõe que o corpo vive em estado de constante mudança de energia e nutrição.

DEPOIS
1784 Antoine Lavoisier mostra quanto oxigênio e dióxido de carbono são consumidos na respiração humana.

1837 O fisiologista alemão Heinrich Magnus demonstra que a respiração ocorre em todo o corpo.

1937 O bioquímico britânico nascido na Alemanha Hans Krebs descobre o ciclo metabólico do ácido cítrico (hoje chamado ciclo de Krebs).

O metabolismo é a química que mantém vivos os organismos. É tanto a soma total das reações químicas no organismo quanto o modo com que ele converte alimento em energia e materiais, e elimina restos. As bases estatísticas para entender o metabolismo foram lançadas pelo médico italiano Santorio Santorio no início do século XVII.

Mensuração científica
Tanto Aristóteles quanto o médico árabe do século XIII Ibn al-Nafis propuseram uma relação entre a ingestão de alimento pelo corpo, a energia e a produção de calor. Santorio, porém, notou que, sem mensuração, isso permanecia uma noção vaga, e nos anos 1580 iniciou um estudo que manteve por mais de 30 anos. Ele construiu uma cadeira em que podia se pesar, assim como tudo o que comia, bebia e eliminava por urina e fezes. Santorio fez registros precisos de cada mudança no peso de seu corpo. Ele descobriu que, para cada meio quilo que comia, eliminava menos de 250 gramas e concluiu que a diferença era "perspiração insensível". Ou seja, peso perdido como calor e umidade na superfície do corpo ou pela boca no ato de respirar. Ele descobriu que isso variava de acordo com condições do ambiente e de sua saúde, e com o que comia. Realizou testes similares em outras pessoas e, em 1614, sintetizou sua

A cadeira de pesar de Santorio era suspensa no braço curto de uma balança romana – instrumento com um braço graduado longo, no qual um peso é movido até se equilibrar.

Ver também: Fisiologia experimental 18-19 ▪ A natureza celular da vida 28-31 ▪ Nutrientes essenciais 56-57 ▪ Respiração 68-69 ▪ Hemoglobina 90-91

ALIMENTO E ENERGIA   49

Santorio se pesava logo antes e depois de **comer**.

→ **Ele se pesava** antes e depois de **evacuar e urinar**.

↓

O **peso do alimento** ingerido era **duas vezes o perdido na excreção**.

← **A diferença entre os pesos é a "perspiração insensível" da superfície corporal e da respiração.**

Santorio Santorio

Nascido em 1561, Santorio estudou medicina na Universidade de Pádua, na Itália, a principal escola médica da época. Após graduar-se em 1582, atuou como médico por vários anos. Conheceu Galileu em Veneza e os dois se corresponderam. Muito inventivo, Santorio criou um antigo termômetro clínico e o *pulsilogium*, o primeiro dispositivo preciso para medir o pulso. Inventou também um medidor de vento e outro para calcular a velocidade de correntes de água.

Santorio é mais famoso pelas pesquisas pioneiras em fisiologia experimental, em especial os experimentos com a cadeira de pesar que criou. Tornou-se professor de medicina teórica em Pádua em 1611, mas demitiu-se após os alunos reclamarem que se dedicava demais à sua pesquisa. Voltou à prática médica em Veneza, onde se tornou presidente da Corporação de Médicos. Morreu em 1636.

Obra principal

1614 *De statica medicina* (Sobre a mensuração médica)

---

pesquisa em *De statica medicina* (Sobre a mensuração médica). Nela, enfatizou a necessidade de bom equilíbrio entre ingestão e perspiração insensível para a saúde. Foi o primeiro estudo sobre metabolismo.

Reações químicas

Antoine Lavoisier se convenceu de que os processos químicos subjacentes à queima – combustão – e à respiração são na verdade os mesmos. Experimentos seus e de outros cientistas mostraram que, quando um animal respira, consome oxigênio e cria como resíduo dióxido de carbono – exatamente como quando as coisas queimam, ele pensou com acerto. Em 1784, criou um dispositivo chamado calorímetro de gelo para realizar um experimento. A quantidade de gelo derretido no calorímetro revelaria a quantidade de calor produzida pela combustão e respiração em uma câmara selada. Ele colocou carvão em brasa na câmara e mais tarde um porquinho-da-índia vivo. Ambos consumiram oxigênio e emitiram calor. O carvão em brasa produziu calor rápido; a cobaia, mais devagar – mas ficou claro que a combustão e a respiração geravam calor do mesmo modo.

Lavoisier se perguntou se o consumo de oxigênio pelo corpo variava, e pediu a um assistente que usasse uma máscara que controlaria o fornecimento de oxigênio e mediria a quantidade de gás inalada. Ele descobriu que o corpo usa mais oxigênio ao se exercitar que ao descansar e mais ao comer e no frio.

Hoje sabemos que, quando os animais inalam oxigênio, uma combustão chamada respiração celular aquece seus corpos, usando como combustível a comida. O oxigênio chega às células do corpo com a glicose do alimento. As células queimam a glicose e liberam sua energia; seu hidrogênio se liga ao oxigênio produzindo água e seu carbono se liga ao oxigênio criando dióxido de carbono tóxico – que tem de ser exalado.

Reações químicas interligadas estão no cerne do metabolismo e no modo com que todos os seres vivos quebram as substâncias e as reconstroem para manter a vida. O metabolismo faz a diferença entre vida e morte. ■

AS PLANTAS TÊM A CAPACIDADE DE CORRIGIR O AR RUIM

FOTOSSÍNTESE

FOTOSSÍNTESE

EM CONTEXTO

FIGURA CENTRAL
Jan Baptista van Helmont
(1580–1644)

ANTES
1450 Nicolau de Cusa diz que pesando uma planta em um vaso vemos com o tempo que a massa só deriva da água.

DEPOIS
1754 O químico britânico Joseph Black isola "ar fixo", hoje chamado dióxido de carbono.

1884 O citologista vegetal polaco-alemão Eduard Strasburger chama de cloroplastos os corpos que fazem clorofila nas folhas.

1893 O termo "fotossíntese" é cunhado pelo botânico americano Charles Barnes.

1965 Os fisiologistas vegetais Mabrouk el-Sharkawy, egípcio, e John Hesketh, americano, mostram que diferenças de anatomia nas folhas afetam a taxa de fotossíntese.

As plantas verdes, algas e cianobactérias usam água, aproveitam a energia do sol e coletam dióxido de carbono para crescer. Esse processo é chamado fotossíntese, termo derivado do grego *phos*, "luz", e *sunthesis*, "unir". O resíduo da fotossíntese é o oxigênio, liberado pelas plantas na atmosfera.

Os organismos fotossintéticos são chamados fotoautótrofos porque usam a energia da luz para criar moléculas orgânicas a partir de matéria inorgânica – em especial dióxido de carbono e água. As moléculas orgânicas são açúcares, usados como alimento. As plantas também obtêm nutrientes de rochas desgastadas e plantas e animais decompostos no solo.

Os fotoautótrofos são a base de toda a cadeia alimentar, em que a energia flui de um organismo a outro por meio da alimentação. As plantas e outros fotoautótrofos alimentam quase todos os organismos não fotossintéticos do planeta. Todos os organismos que pastam fotoautótrofos diretamente são herbívoros; animais que comem herbívoros ou seus predadores imediatos indiretamente consomem

> É mais que uma figura de linguagem dizer que as plantas criam vida a partir do ar.
> **Michael Pollan**
> Escritor científico americano

fotoautótrofos. Sem as plantas realizando a fotossíntese, a vida como a conhecemos não existiria. Porém, só no século XVII os cientistas começaram a investigar como as plantas suprem seu crescimento.

Água

No início dos anos 1600, o médico e químico holandês-belga Jan Baptista van Helmont inspirou-se no estudioso alemão Nicolau de Cusa para fazer um experimento, buscando testar a ideia aceita na época de que a planta cresce e ganha massa a partir do solo onde é plantada. Helmont pesou e plantou um salgueiro pequeno, de 2,2 kg, em um vaso grande com 91 kg de solo

Jan Baptista van Helmont

Nascido em Bruxelas, nos Países Baixos espanhóis (hoje Bélgica), em 1580, Van Helmont obteve o doutorado em medicina em 1599 na Universidade Católica de Louvain. Ele se tornou um respeitado médico e viajou pela Europa para aperfeiçoar suas habilidades. Após se casar com uma nobre, Helmont dedicou a vida à pesquisa química, acreditando que a experimentação era crucial à compreensão do mundo natural. Ele foi um apoiador moderado de Paracelso e rejeitou a teoria de Aristóteles dos quatro elementos essenciais em favor de dois – ar e água. Helmont escreveu sobre sua pesquisa em muitos tratados científicos, que só conseguiram ser totalmente publicados por seu filho em 1648, quatro anos após sua morte. Helmont é considerado por alguns o pai da química do ar, por suas investigações sobre reações químicas de gases.

Obras principais

1613 *Sobre a cura magnética de ferimentos*
1642 *Nova teoria das febres*
1648 *Origem da medicina*

ALIMENTO E ENERGIA

Ver também: Células complexas 38-41 ▪ Metabolismo 48-49 ▪ Nutrientes essenciais 56-57 ▪ Os primórdios da química orgânica 61 ▪ Reações de fotossíntese 70-71 ▪ A transpiração das plantas 82-83 ▪ Cadeias alimentares 284-285 ▪ Reciclagem e ciclos naturais 294-297

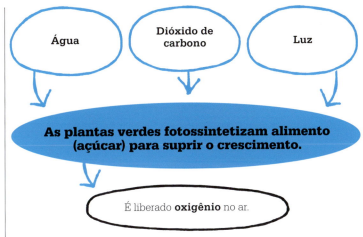

Água — Dióxido de carbono — Luz

As plantas verdes fotossintetizam alimento (açúcar) para suprir o crescimento.

É liberado **oxigênio** no ar.

cuidadosamente pesado. Após regá-la com constância por cinco anos, Helmont pesou a árvore e o solo de novo. O salgueiro tinha ganhado 74 kg e o solo perdera só 57g. Helmont concluiu que as plantas precisam apenas de água, não solo, para crescer e ganhar massa, ou seja, que tudo era produto de simples água.

A conclusão de Helmont só era correta em parte: ele não estava ciente do papel do solo ao fornecer nutrientes minerais para o crescimento da planta. Ele foi o primeiro a mostrar que as plantas precisam de água para crescer, encontrando assim o primeiro reagente da fotossíntese. Ele também realizou muitos experimentos com vapores emitidos em reações químicas e cunhou o termo "gás". Mais tarde se descobriu que um deles, que chamou de "*gas sylvestre*", era o "ar fixo", ou dióxido de carbono.

Oxigênio

No fim do século XVIII, o naturalista, químico, pastor e educador britânico Joseph Priestley estudou "ares", ou

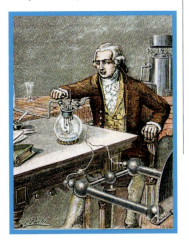

gases. Ele concordava com a hipótese da época de que o ar podia ser contaminado por algo chamado flogisto, uma substância invisível e nociva liberada pela combustão – a queima de material inflamável.

Em um de seus muitos testes, descritos em vários volumes com o título *Experimentos e observações com diferentes tipos de ar*, dos anos 1770, Priestley descobriu que o ar não era uma só substância, mas uma mistura de gases. Ele isolou vários deles, um dos quais chamou em 1774 de "ar deflogisticado", pois parecia limpar o ar contaminado por flogisto, por exemplo, ar liberado em um frasco pela queima de uma vela.

Priestley também observou em 1774 que um camundongo colocado sozinho sob uma redoma de vidro fechada morreria, mas viveria se um broto de hortelã fosse posto no

Antoine Lavoisier demonstrou em 1778 que a combustão envolve reações com oxigênio (que ele nomeou em 1779), desmentindo a teoria do flogisto, mas nem todos os cientistas concordavam.

recipiente com ele. Priestley concluiu que a planta liberava ar bom e "restaurava" o ar "danificado" sob a redoma, permitindo ao camundongo viver. O fato de as plantas liberarem oxigênio foi então comprovado. No mesmo ano, o químico francês Antoine Lavoisier repetiu o teste de Priestley e isolou o mesmo gás.

Luz e folhas verdes

Em 1779, inspirado pelo trabalho de Priestley, o químico holandês Jan Ingenhousz pesquisou o que as plantas requerem para crescer, testando sua produção de ar deflogisticado e o efeito da luz sobre elas.

Ingenhousz fez mais de 500 experimentos, detalhados em seu livro *Experimentos com vegetais* (1779). Ele usou uma planta aquática para poder observar com facilidade quaisquer bolhas de gás que liberasse. Para mostrar que o gás das bolhas era deflogisticado, ele as coletou e usou o gás para acender uma chama. Ingenhousz demonstrou que as bolhas só »

FOTOSSÍNTESE

O experimento de Senebier para provar que as plantas absorviam dióxido de carbono (CO_2) usou redomas para controlar o conteúdo do ar ao redor de cada planta. A planta na redoma A não cresce se o CO_2 é extraído do ar, mas o ar na redoma B contém CO_2 e a planta mantém o crescimento.

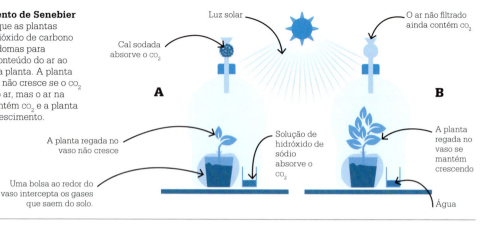

emergiam quando a planta era exposta à luz, não ao calor. A necessidade de luz pela planta foi a linha de evidência seguinte na compreensão da fotossíntese.

Ele também descreveu como só folhas e caules verdes liberavam oxigênio; que mais oxigênio é liberado com luz forte e que as plantas contaminam o ar à noite com "ar fixo" (dióxido de carbono).

Dióxido de carbono

O naturalista, botânico e pastor suíço Jean Senebier dispensou a ideia de que as plantas absorviam ar ruim e flogisto, liberando ar bom (oxigênio). Em 1782, Senebier descreveu um experimento elegante

[...] este é um mundo verde, com animais comparativamente escassos e pequenos, e dependentes das folhas. Nós vivemos das folhas.
Patrick Geddes
Ecólogo escocês (1854–1932)

com duas redomas, cada uma com uma planta, uma fonte de água e luz solar (ver acima). Uma redoma ficava aberta ao ar circundante e da outra, fechada, era retirado o ar fixo (dióxido de carbono). Ambas tinham um recipiente com a mesma quantidade de água, mas a água da redoma fechada tinha hidróxido de sódio, para absorver todo dióxido de carbono em seu interior. A planta que tinha acesso ao ar com dióxido de carbono continuou a crescer, mas a planta privada de dióxido de carbono não.

A capacidade da planta de coletar o carbono em forma inorgânica como gás de dióxido de carbono e transformar os átomos de carbono em compostos orgânicos é chamada de "fixação do carbono".

Senebier concluiu que as plantas verdes absorvem dióxido de carbono, sob luz solar, para usá-lo como alimento para suprir o crescimento. Ele também confirmou que as folhas liberam oxigênio, embora tenha assumido de modo incorreto que esse ar puro "é o produto da transformação do ar fixo".

O químico suíço Théodore de Saussure propôs em 1804 que a água deve também contribuir para o aumento de massa da planta, após pesar e medir plantas em recipientes e os gases circundantes. Ele descobriu que o dióxido de carbono absorvido por uma planta ao crescer pesava menos que o total da massa orgânica mais o oxigênio que ela produzia, então a água devia responder pela diferença.

Grãos verdes

Os farmacêuticos franceses Joseph-Bienaimé Caventou e Pierre-Joseph Pelletier extraíram e estudaram vários alcaloides de vegetais, descobrindo compostos intrigantes como cafeína, estricnina e quinina. Em 1817, isolaram o pigmento verde em plantas e nomearam a substância clorofila, do grego *chloros*, "verde", e *phyllon*, "folha".

O botânico alemão Hugo von Mohl estudou células de plantas verdes ao microscópio e, em 1837, descreveu a clorofila como grãos (*chlorophyllkörnern*), embora não tenha entendido sua função.

Energia

Em meados do século XIX, os ingredientes e produtos básicos do processo pelo qual a planta aumenta sua massa já tinham sido determinados. Julius Robert von Mayer, um médico e físico alemão,

ALIMENTO E ENERGIA

A cor outonal da folhagem resulta do fato de os cloroplastos pararem de produzir clorofila, que mascara outros pigmentos da folha, como carotenoides laranja, amarelos e vermelhos.

observou que o processo era na verdade de conversão de energia. Ele foi um dos vários cientistas cujo trabalho contribuiu para a primeira lei da termodinâmica, a lei da conservação da energia. Mayer a descreveu em 1841; ela afirma que a energia não pode ser destruída nem criada. Em 1845, Mayer propôs que as plantas fazem a conversão de energia luminosa em energia química, ou "diferença". Na fotossíntese, a energia solar inicia uma série de reações químicas que usam os átomos de carbono do ar para fazer moléculas de açúcar que abastecem a planta.

O papel da clorofila

O açúcar simples produzido no processo de fotossíntese é então convertido pela planta em glicose para suas necessidades imediatas de energia. As moléculas de glicose restantes são ordenadas em grandes cadeias ramificadas, formando amido. O amido é a molécula de armazenagem da planta e serve como reservatório de energia. Tanto a glicose como o amido são formas diferentes de carboidrato.

As plantas absorvem uma forma de energia, a luz; e produzem outra energia, uma diferença química.
Julius Robert von Mayer

Em 1862–1864, o botânico alemão Julius von Sachs usou iodo para dar coloração a grânulos de amido em folhas e mostrou que o amido só era criado na luz. Em 1865, usando os mais recentes microscópios, descreveu como o amido só se formava dentro de grãos de clorofila. Isso confirmou que os depósitos de clorofila devem ser o local da fotossíntese.

Um engenhoso experimento do fisiologista alemão Theodor Engelmann, em 1882, mostrou que os depósitos de clorofila das células vegetais emitem oxigênio. Ele usou um prisma para projetar um espectro de luz num filamento de alga verde sob o microscópio. Acrescentou à lâmina bactérias com afinidade pelo oxigênio, e elas se aglutinaram com as partes de alga sob luz vermelha e azul, indicando que a clorofila absorvia a luz dessas cores para produzir oxigênio. O comprimento de onda da luz verde não é absorvido pela clorofila, mas refletido, de modo que nossos olhos veem a luz verde.

Só no século xx os avanços da química molecular tornaram possível o passo seguinte – descobrir as reações químicas da fotossíntese. ∎

Cianobactérias

As cianobactérias unicelulares fotossintéticas vivem na água e, como as plantas, contêm clorofila e usam dióxido de carbono, água e luz solar para produzir oxigênio, açúcar e outras moléculas orgânicas.

Cerca de 3,5 bilhões de anos atrás, a atmosfera primitiva da Terra tinha muito pouco oxigênio, mas há fósseis de cianobactérias da época. Acredita-se que elas introduziram o oxigênio – o resíduo da fotossíntese – na atmosfera e mudaram a trajetória evolutiva do planeta. Em uma atmosfera oxigenada, os organismos podiam usar o oxigênio para tirar mais energia do alimento e suprir corpos maiores, multicelulares.

As cianobactérias (antes chamadas algas verde-azuladas) são também fixadoras do nitrogênio: elas tomam o nitrogênio direto do ar e o incorporam em moléculas orgânicas como proteínas e ácidos nucleicos. Essa capacidade as torna fotoautótrofas muito nutritivas na base da cadeia alimentar.

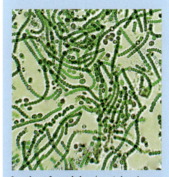

As cianobactérias (aqui do gênero *Nostoc*) são comuns em águas doces e marinhas e têm células bastante grandes comparadas a outras bactérias.

AS QUALIDADES DAS LARANJAS E DOS LIMÕES
NUTRIENTES ESSENCIAIS

O consumo regular de **frutas cítricas** logo elimina os **sintomas de escorbuto** em marinheiros doentes.

Outros **supostos remédios**, como vinagre, não melhoravam em nada as condições de **marinheiros afetados por escorbuto**.

O corpo precisa de uma substância presente nas frutas cítricas para realizar uma função vital – sem ela, o escorbuto se desenvolve.

EM CONTEXTO

FIGURA CENTRAL
James Lind (1716–1794)

ANTES
c. 3800 a.C. O esqueleto de uma criança com formação óssea anormal indica que, na época, havia escorbuto no Egito.

c. 1550 a.C. O escorbuto é descrito pela primeira vez no papiro egípcio Ebers.

1500 d.C. Marinheiros da frota do explorador português Pedro Álvares Cabral recebem laranjas e limões e alguns se curam do escorbuto.

1614 O cirurgião militar inglês John Woodall observa que comer frutas cítricas pode curar o escorbuto.

DEPOIS
1912 O bioquímico polonês Casimir Funk lista quatro "vitaminas" vitais na comida que podem prevenir certas doenças.

1928 Albert Szent-Györgyi isola o ácido ascórbico (vitamina C).

Na época das Cruzadas na Europa, do século XI ao XIII, os médicos e chefes militares conheceram uma doença debilitante que parecia atingir os exércitos em jornadas longas em terra. A doença foi chamada de escorbuto e se caracterizava por fadiga, sangramento nas gengivas, ossos porosos e formações ósseas anormais. Por fim, podia matar. Depois, entre os séculos XIV e XVIII, o Renascimento e a era das navegações viram uma expansão do comércio e a ascensão de grandes potências marítimas. O escorbuto era a maior causa de doença e morte entre marinheiros em longas viagens no mar, que duravam vários meses ou até anos.

As causas do escorbuto
Embora as bases científicas do escorbuto ainda tivessem de ser estabelecidas, vários navegantes e médicos percebiam que ele se relacionava à dieta inadequada dos marinheiros. Esta se limitava às provisões levadas a bordo no início da viagem, como biscoitos e carne

ALIMENTO E ENERGIA 57

Ver também: Grupos alimentares 60 ▪ Enzimas como catalisadores biológicos 64-65 ▪ Como as enzimas funcionam 66-67 ▪ Respiração 68-69

No século XVIII, portos como Moorea, na Polinésia Francesa, permitiam ao explorador James Cook reabastecer sua frota com produtos frescos, como frutas cítricas, para combater o escorbuto.

Hoje sabemos que o nutriente essencial para prevenir o escorbuto é a vitamina C – várias enzimas metabólicas precisam dela para funcionar de modo adequado. A vitamina C foi isolada como uma molécula em 1928. Já se conhecia a ligação entre outros nutrientes e os males causados por sua falta, que passaram a ser chamados de deficiência nutricional. Hoje cerca de 40 nutrientes essenciais são conhecidos, entre eles 13 vitaminas (pequenas moléculas orgânicas) e 16 minerais – elementos como cálcio e ferro. Embora o experimento de Lind tenha provado que comer frutas cítricas podia curar e evitar o escorbuto, só quatro décadas depois a Marinha Real Britânica seguiu seus conselhos. Em 1795, ela começou a fornecer suco de limão a tripulações de viagens longas para prevenir a doença. ∎

salgada. Os marinheiros não tinham acesso a comida fresca. Embora algumas pessoas tivessem notado que o escorbuto podia ser prevenido comendo legumes e frutas frescas, em especial as cítricas, as instituições navais e médicas ignoravam o conselho, em parte porque os médicos tinham outras (equivocadas) ideias. Uma dessas teorias propunha que o escorbuto era um mal digestivo que podia ser prevenido tomando laxantes.

Experimentos sobre escorbuto

Em 1747, o cirurgião naval James Lind realizou a primeira pesquisa séria sobre curas para o escorbuto. No HMS *Salisbury*, Lind separou 12 marinheiros com escorbuto em seis pares e deu a cada par uma dose diária de seis alegados remédios – entre eles cidra, ácido sulfúrico diluído, vinagre, água do mar, duas laranjas e um limão, e um laxante feito com uma pasta temperada. Em poucos dias, os marinheiros que comeram laranjas e limões mostraram melhora, e os demais continuaram doentes. Lind concluiu que uma substância específica das frutas cítricas podia curar o escorbuto e talvez prevenir sua ocorrência. O experimento de Lind foi um dos primeiros testes clínicos da medicina moderna, e levou à ideia dos nutrientes essenciais, substâncias necessárias ao corpo para funcionar bem – mas, como não são produzidas por ele mesmo, devem ser incluídas em nossa dieta.

Doenças de deficiência nutricional

Além do escorbuto, duas doenças clássicas de deficiência nutricional são o beribéri, causado pela falta de tiamina (vitamina B1) e o raquitismo, em geral provocado pela deficiência de vitamina D. A farinha de trigo e o arroz contêm tiamina de origem natural, mas ela se perde na moagem e processamento. O beribéri é mais comum em regiões onde o arroz branco processado, sem tiamina, é a base da dieta. A deficiência de vitamina D é um risco quando a dieta não tem alimentos ricos em vitamina D, como peixes gordurosos, gema do ovo e cereais matinais fortificados, em especial se a pessoa se expuser pouco ao sol: seus raios permitem ao corpo produzir alguma vitamina D. Outras doenças por deficiência conhecidas são a anemia por falta de vitamina B12, um risco para os veganos, já que a vitamina B12 só está presente em produtos animais, e a deficiência de iodo, que pode causar aumento da glândula tireoide, entre outros problemas.

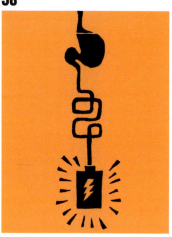

A CONVERSÃO DE VÍVERES EM VIRTUDES
DIGESTÃO

EM CONTEXTO

FIGURA CENTRAL
Lazzaro Spallanzani
(1729–1799)

ANTES
c. 180 d.C. Galeno conclui, ao dissecar animais, que a comida é "assimilada" no estômago e convertida em sangue no fígado.

1543 André Vesálio publica *De humani corporis fabrica*, com uma anatomia detalhada do trato gastrointestinal.

1648 O médico flamengo Jan Baptista van Helmont descreve processos químicos do corpo e papéis prováveis na digestão.

DEPOIS
1823 O químico britânico William Prout descobre que os fluidos gástricos contêm ácido hidroclorídrico.

1836 O médico alemão Theodor Schwann isola e nomeia a enzima digestiva pepsina.

O processo da digestão, em que o alimento é quebrado em moléculas que podem ser transportadas ao redor do corpo pela corrente sanguínea e absorvidas pelas células, era muito misterioso até o século XVIII. O grande avanço nesse conhecimento ocorreu quando o biólogo italiano Lazzaro Spallanzani descobriu que os fluidos gástricos contêm substâncias específicas cruciais à decomposição do alimento.

Antes de Spallanzani, os médicos sustentavam teorias conflitantes sobre o processo. Alguns achavam que o calor dentro do corpo "cozia" o alimento, produzindo energia. Uma escola de pensamento ligava a digestão à fermentação, e outra afirmava que os pedaços de alimento eram só moídos em um processo mecânico de trituração. O vitalismo era uma teoria ainda mais velha, defendida por Aristóteles, da Grécia Antiga, e que persistiu até o século XIX. Segundo essa teoria, os processos corporais eram impulsionados por uma força de vida espiritual, e algo tão miraculoso como a digestão não poderia ser explicado só em termos físicos.

A digestão tem três estágios, começando na boca com a mastigação e enzimas digestivas na saliva. No estômago, enzimas e ácido gástrico continuam o processo, que prossegue com enzimas nos intestinos.

As moléculas de alimento passam pela parede do intestino delgado e são absorvidas na corrente sanguínea

Os produtos residuais saem do intestino grosso como fezes por meio do ânus

O alimento é mastigado na boca

A saliva é produzida para iniciar a quebra da comida e ajudar a deglutição

O alimento é engolido e passa pelo esôfago

Os fluidos gástricos quebram o alimento no estômago, transformando-o em um líquido chamado quimo

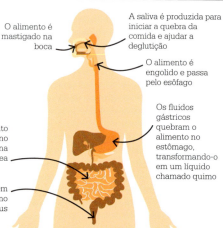

ALIMENTO E ENERGIA

Ver também: Anatomia 20-25 ▪ Metabolismo 48-49 ▪ Nutrientes essenciais 56-57 ▪ Grupos alimentares 60 ▪ Os primórdios da química orgânica 61 ▪ Fermentação 62-63 ▪ Respiração 68-69 ▪ Circulação do sangue 76-79

Nos séculos XVI e XVII, os físicos André Vesálio, flamengo, e William Harvey, inglês, fizeram grandes avanços em anatomia, e no início do século XVIII os médicos já conheciam mais sobre o trato gastrointestinal devido a dissecações de animais e de cadáveres humanos. Eles tinham ciência dos sucos digestivos e sabiam que eram acídicos, mas a maioria ainda pensava que a digestão era um processo mecânico e não químico.

Sucos gástricos

No fim dos anos 1770, Spallanzani realizou experimentos meticulosos e rigorosos que provaram que a digestão é um processo químico. Ele melhorou o projeto experimental do entomologista francês René-Antoine Ferchault de Réaumur, que tentara comprovar que a digestão podia acontecer in vitro – em um ambiente artificial fora do corpo –, como se esperaria se ela fosse só química. Os métodos de Spallanzani incluíam dar a corvos alimentos colocados em minúsculos cilindros perfurados presos a longos cordões.

Se eu decidir provar algo, não sou um cientista de verdade. Tenho de aprender a seguir para onde os fatos me levam. Tenho de aprender a derrotar meus preconceitos.
Lazzaro Spallanzani

Após certo tempo, os cilindros foram recuperados, descobrindo-se que a comida dentro deles estava em parte digerida.

Spallanzani também extraiu fluido gástrico (que chamou de sucos gástricos) do estômago de animais para testar a digestão in vitro. Mantendo com cuidado o fluido à temperatura corporal, ele pôde observar diretamente a decomposição química de diferentes alimentos. Ele notou que matéria vegetal, frutas e pão eram digeridos mais rápido que carne, e que o processo in vitro levava mais tempo que no estômago. Isso indicava que os sucos gástricos eram renovados pela parede estomacal quando preciso, aumentando a eficiência do processo. Ele também destacou a importância da mastigação e da saliva na boca: quebrar a comida em pedaços menores aumenta a superfície exposta aos sucos gástricos, e a própria saliva contém substâncias digestivas.

Os achados de Spallanzani abriram caminho para mais descobertas sobre digestão no século XIX, a exemplo de evidências do cirurgião do exército americano William Beaumont, em 1833, quando ele observou, testou e isolou sucos gástricos de um paciente com um ferimento à bala no estômago. Em 1897, o fisiologista russo Ivan Pavlov publicou suas descobertas sobre o mecanismo do sistema nervoso que provoca a secreção de fluidos gástricos, levando à sua famosa obra sobre reflexos condicionados em animais. ∎

Lazzaro Spallanzani

Nascido em 1729 em uma família eminente de Scandiano, no nordeste italiano, Lazzaro Spallanzani foi de início convencido pelo pai a seguir carreira em direito. Na universidade, porém, ele deixou os estudos legais em favor de outros interesses, como física e ciências naturais.

Com pouco mais de 30 anos, Spallanzani já era sacerdote católico e professor da Universidade de Módena. Em 1769, aceitou um posto na Universidade de Pavia, onde ficou até morrer, em 1799. Suas realizações o tornaram conhecido em toda a Europa e o levaram a ser membro de prestigiosas sociedades científicas.

Além de sua obra sobre digestão, Spallanzani fez importantes pesquisas sobre reprodução animal: foi o primeiro a realizar fertilização in vitro, usando rãs. Seus experimentos com morcegos anteciparam a descoberta da ecolocação nos anos 1930.

Obra principal

1780 *Dissertação sobre a fisiologia de animais e vegetais*

SACAROSOS, OLEOSOS E ALBUMINOSOS
GRUPOS ALIMENTARES

EM CONTEXTO

FIGURA CENTRAL
William Prout (1785–1850)

ANTES
1753 James Lind demonstra que comer frutas cítricas pode prevenir o escorbuto.

1816 O fisiologista francês François Magendie mostra que o nitrogênio na comida é essencial para a boa saúde.

DEPOIS
1842 Justus von Liebig identifica a importância das proteínas.

1895 O médico holandês Christiaan Eijkman descobre que o que depois será chamado de vitamina B protege contra a doença do beribéri.

1912 O bioquímico polonês Casimir Funk descobre as vitaminas.

Anos 1950 Fisiologistas e nutricionistas começam a explicar como o excesso de gordura e açúcar pode causar doenças coronárias.

No início do século XIX, estava claro que a vida depende de processos químicos e que certas substâncias no alimento têm papel central na saúde. Nos anos 1820, as pesquisas do médico britânico William Prout sobre a química da digestão levaram à descoberta dos principais grupos alimentares. Analisando o conteúdo do intestino de animais como coelhos e pombos, Prout viu que só continham umas poucas substâncias básicas, feitas de carbono, hidrogênio e oxigênio. E, quando encontrou ácido clorídrico no estômago de vários animais, ficou convencido da natureza química da digestão.

Em 1827, Prout publicou o primeiro de três artigos sobre o que chamou de "substâncias alimentares". Ele dividiu os alimentos em três "princípios": sacarosos (carboidratos), oleosos (gorduras) e albuminosos (proteínas). Essa foi a primeira exposição clara dos três principais grupos alimentares.

Hoje se sabe que os carboidratos são açúcares e amidos feitos de carbono, hidrogênio e oxigênio; eles fornecem a energia básica para as células. As gorduras e os óleos (lipídios) – também feitos de carbono, hidrogênio e oxigênio – são usados pelo corpo para reserva de energia, de vitaminas, produção de hormônios e proteção para os órgãos. As proteínas têm muitas funções – da construção de músculos à defesa contra infecções. Elas possuem cerca de 20 aminoácidos, formados por carbono, hidrogênio, nitrogênio, oxigênio e enxofre. ■

Carne vermelha, peixe, ovos, queijo, nozes e brócolis são ricos em proteínas, essenciais ao crescimento do corpo dos animais e à sua capacidade de recuperação.

Ver também: É possível criar substâncias bioquímicas 27 ▪ Produção de vida 34-37 ▪ Nutrientes essenciais 56-57 ▪ Digestão 58-59 ▪ Os primórdios da química orgânica 61

ALIMENTO E ENERGIA

NÃO HÁ COMO BASEAR A VIDA EM UM ELEMENTO MELHOR
OS PRIMÓRDIOS DA QUÍMICA ORGÂNICA

EM CONTEXTO

FIGURA CENTRAL
Justus von Liebig (1803–1873)

ANTES
1756 O químico britânico Joseph Black descobre o "ar fixo" (hoje chamado dióxido de carbono).

1803 O químico britânico John Dalton propõe que o "ar fixo" – produzido por animais que respiram e absorvido por plantas – contém um átomo de carbono e dois de oxigênio.

DEPOIS
1858 Os químicos Archibald Couper e Friedrich Kekulé propõem que um átomo de carbono pode formar ligações químicas com até quatro outros átomos de carbono.

Fim dos anos 1940 Robert Woodward sintetiza substâncias alimentares naturais e outros compostos orgânicos a partir de precursores inorgânicos simples, mostrando que os produtos naturais podem ser sintetizados.

As substâncias naturais se dividem em dois grupos principais: matérias inorgânicas, como os minerais nas rochas, e substâncias orgânicas – encontradas em seres vivos ou derivadas deles, como os alimentos.

Após o químico alemão Friedrich Wöhler ter mostrado, em 1828, que a ureia – um componente orgânico da urina dos mamíferos – podia ser feita em laboratório pela reação de substâncias inorgânicas, houve uma onda de estudos sobre a natureza da matéria orgânica.

Avanços nas pesquisas

Em 1831, Justus von Liebig aperfeiçoou técnicas que permitiram determinar de modo exato quanto carbono, oxigênio e hidrogênio havia em compostos orgânicos. Em seguida, ele passou a pesquisar áreas como química dos alimentos, nutrição vegetal e animal e respiração. Nesses trabalhos, ficou claro que a química tanto de substâncias alimentares quanto de seres vivos se baseia muito em moléculas com átomos de carbono.

O carbono [está presente] em mais tipos de moléculas que [...] todos os outros tipos de moléculas combinados.
Neil deGrasse Tyson
Astrofísico americano

Mais tarde, químicos descobriram que a enorme diversidade das substâncias orgânicas se deve a uma propriedade única dos átomos de carbono: eles podem se ligar a até quatro outros átomos, inclusive átomos de carbono. Isso permite nos seres vivos a formação de macromoléculas grandes e complexas, baseadas em estruturas de cadeias ou anéis de carbono. Elas constituem quatro grupos principais: proteínas, carboidratos, lipídios e ácidos nucleicos. Resumindo, a vida como existe na Terra nunca poderia ter se desenvolvido sem carbono. ■

Ver também: É possível criar substâncias bioquímicas 27 ■ Produção de vida 34-37 ■ Fotossíntese 50-55 ■ Grupos alimentares 60 ■ Fermentação 62-63 ■ Reações de fotossíntese 70-71

VIDA SEM OXIGÊNIO LIVRE
FERMENTAÇÃO

EM CONTEXTO

FIGURA CENTRAL
Louis Pasteur (1822–1895)

ANTES
1680 Antonie van Leeuwenhoek é o primeiro a observar microrganismos unicelulares em água de um lago no microscópio.

1837 Theodor Schwann, o engenheiro francês Charles Cagniard de la Tour e o farmacêutico alemão Friedrich Traugott Kützing descobrem de modo independente que a levedura é um organismo vivo que se reproduz por gemulação.

DEPOIS
1881 O médico e bacteriologista alemão Robert Koch isola microrganismos que causam doenças infecciosas.

1897 Eduard Buchner demonstra que é a ação das enzimas na levedura que causa a fermentação, não a própria célula de levedura.

Louis Pasteur ganhou renome de início como químico, e quando se tornou decano de ciências na Universidade de Lille, na França, um produtor local de vinho procurou-o para investigar o problema de azedamento no processo de fermentação. Na época – anos 1850 –, acreditava-se em geral que a fermentação era um processo apenas químico, não biológico. Alguns, porém, discordavam.

Vários cientistas, em especial Theodor Schwann, observaram que a levedura era um componente intrínseco do processo de fermentação, que converte açúcar em álcool, e que ela era um organismo vivo que em geral se reproduz por um tipo de divisão celular chamada gemulação. Schwann também mostrou que, assim como a levedura é essencial para iniciar a fermentação, o processo termina quando a levedura deixa de se reproduzir. A inferência era clara: a conversão de açúcar em álcool na fermentação é parte de um processo biológico dependente da ação de um organismo vivo. Com isso em mente, Pasteur decidiu identificar o que fazia o vinho, a cerveja e o vinagre estragarem. Seus experimentos confirmaram a tese de Schwann e mostraram ainda que nesse processo orgânico as células da levedura viva

---

A **fermentação** é um **processo biológico orgânico**.

→ A **levedura**, um organismo vivo, é **responsável** por esse **processo**.

↓

A **fermentação** é vida sem **oxigênio**. ← O **oxigênio não é necessário** para a fermentação.

ALIMENTO E ENERGIA 63

Ver também: Os primórdios da química orgânica 61 ▪ Enzimas como catalisadores biológicos 64-65 ▪ Como as enzimas funcionam 66-67 ▪ Teoria microbiana 144-151

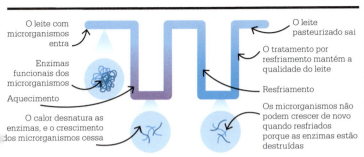

O leite com microrganismos entra

Enzimas funcionais dos microrganismos

Aquecimento

O calor desnatura as enzimas, e o crescimento dos microrganismos cessa

O leite pasteurizado sai

O tratamento por resfriamento mantém a qualidade do leite

Resfriamento

Os microrganismos não podem crescer de novo quando resfriados porque as enzimas estão destruídas

A pasteurização do leite foi usada comercialmente pela primeira vez em 1882. Ela envolve aquecer o leite para destruir microrganismos nocivos, aumentando o tempo de armazenagem e prevenindo o surgimento de doenças como febre tifoide e tuberculose.

obtêm energia de nutrientes como o açúcar, ao convertê-lo em álcool e dióxido de carbono. Pasteur também constatou que a fermentação pode ocorrer na ausência de oxigênio, ou, como definiu, "vida sem ar".

Pasteurização

Após comprovar a natureza orgânica da fermentação, Pasteur ficou fascinado com o mundo dos microrganismos. Crucial para as indústrias de vinho e cerveja, sua pesquisa sobre fermentação revelou que diferentes tipos de microrganismos causam diversos processos de fermentação, nem todos desejáveis. Leveduras específicas são responsáveis pela produção do álcool no vinho, por exemplo, mas a presença de outras leveduras o faz azedar. Para prevenir fermentações indesejáveis em vinhos e cervejas, ou aquela que faz o leite azedar, Pasteur sugeriu um rápido aquecimento e resfriamento dos líquidos para matar os microrganismos responsáveis e

impedir sua reprodução, um processo que ficou conhecido como pasteurização.

Apesar das descobertas de Pasteur, o cientista alemão Justus von Liebig se opunha à ideia de que microrganismos estavam envolvidos na fermentação e insistia que ela era apenas inorgânica. A "disputa Liebig-Pasteur" só foi resolvida em 1897, quando o químico alemão Eduard Buchner descobriu que extrato de levedura sem células vivas podia causar a conversão do glicose em etanol. Ele concluiu que as enzimas nas células de levedura, e não a própria levedura viva, produzem a fermentação. ■

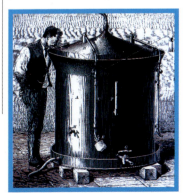

O aparelho usado por Louis Pasteur para resfriamento e fermentação, quando trabalhou com cerveja. A pesquisa posterior de Pasteur sobre microrganismos levou-o a inventar a pasteurização.

Louis Pasteur

Filho de um curtidor, Pasteur nasceu em 1822 e cresceu na região francesa do Jura. Após estudar em Besançon, ele entrou na École Normale Supérieure, em Paris, onde obteve o doutorado em física e química em 1847. Pasteur foi nomeado professor de química na Universidade de Strasbourg em 1848 e, a seguir, ocupou postos na Universidade de Lille, na École Normale Supérieure e na Universidade Sorbonne. Em Lille iniciou a pesquisa sobre fermentação que despertou seu interesse por microrganismos e levou à pasteurização do leite e às primeiras vacinas. Em 1859, Pasteur participou de uma competição pelo melhor experimento para refutar a teoria da geração espontânea. Vencedor, em sua proposta ele ferveu caldo de carne em um frasco do tipo "pescoço de cisne", bloqueando a entrada de micróbios vindos do ar. Quando morreu, em 1895, Pasteur foi homenageado com um funeral de estado na Catedral de Notre-Dame.

Obra principal

1878 *Micróbios organizados, seu papel na fermentação, putrefação e contágio*

AS CÉLULAS SÃO FÁBRICAS QUÍMICAS
ENZIMAS COMO CATALISADORES BIOLÓGICOS

EM CONTEXTO

FIGURA CENTRAL
Wilhelm Kühne (1837–1900)

ANTES
1752 O cientista francês René-Antoine Ferchault de Réaumur pesquisa o papel dos sucos gástricos na digestão dos alimentos.

1857 Louis Pasteur introduz a teoria microbiana da fermentação, ligando o processo a organismos vivos.

DEPOIS
1893 O químico alemão Wilhelm Ostwald classifica as enzimas entre os catalisadores.

1894 O químico alemão Emil Fischer propõe o modelo chave-fechadura para explicar como as enzimas interagem com suas moléculas-alvo.

1926 O químico americano James Sumner obtém cristais da enzima urease e demonstra que é uma proteína.

Uma quantidade enorme de atividade bioquímica ocorre nas células vivas enquanto obtêm a energia de que precisam. Essa atividade se chama metabolismo. Trata-se do processo de mudança química e física envolvido na manutenção da vida, o qual inclui cura e renovação dos tecidos, obtenção de energia dos alimentos e quebra de resíduos. A maioria dessas reações não ocorre de forma espontânea. Elas só são possíveis por catálise – a ação dos catalisadores. Essas substâncias mudam a taxa de uma reação sem ser elas mesmas alteradas, de modo a poder catalisar outras reações.

Hoje se sabe que as enzimas são catalisadores biológicos, que facilitam as reações químicas essenciais que sustentam todos os seres vivos. Sem enzimas, as reações de que a vida depende ocorreriam a uma taxa lenta demais para mantê-la.

Em 1833, os químicos franceses Anselme Payen e Jean-François Persoz foram os primeiros a isolar uma enzima (que chamaram de "fermento"). Eles realizaram um experimento em que obtiveram uma substância capaz de converter amido em açúcar. Eles a extraíram de cevada em germinação e lhe deram o nome de diastase, mas hoje é chamada amilase. Dois anos depois, em 1835, o químico sueco Jöns Jakob Berzelius cunhou o termo "catalisador" para designar substâncias que promoviam reações químicas sem serem alteradas. No ano seguinte, o fisiologista alemão Theodor Schwann descobriu a pepsina ao investigar processos digestivos; foi a primeira enzima derivada de tecido animal. Em mais uns poucos anos, outros químicos encontraram mais enzimas.

A produção de bebidas alcoólicas por fermentação é praticada há milênios, mas só no século XIX se descobriu que o

[Catalisadores] formam novos compostos em composições que eles não entram.
Jöns Jakob Berzelius

Ver também: Metabolismo 48-49 ▪ Digestão 58-59 ▪ Os primórdios da química orgânica 61 ▪ Fermentação 62-63 ▪ Como as enzimas funcionam 66-67

processo é causado por organismos vivos. No fim dos anos 1850, Louis Pasteur, que estudava a fermentação do açúcar em álcool por levedura, concluiu que ela era causada por "fermentos" dentro das células de levedura. Ele pensava que essas substâncias só podiam funcionar dentro de organismos vivos. O bioquímico alemão Justus von Liebig questionou a visão de Pasteur, acreditando que a fermentação era um processo apenas químico, que não requeria a participação de microrganismos.

Substâncias não vivas

Em 1876, Wilhelm Kühne descobriu a tripsina, que é produzida no pâncreas e quebra as proteínas no intestino delgado. Ele foi o primeiro cientista a usar a palavra "enzima", que passou a designar substâncias não vivas como a pepsina e a amilase, enquanto "fermento" se referia à atividade química associada a organismos vivos. Então, em uma série de experimentos realizados em 1897, o químico alemão Eduard Buchner investigou a capacidade de extratos de levedura, em vez de células vivas de levedura, de fermentar açúcar. Ele descobriu que a fermentação ocorria mesmo quando não havia células vivas de levedura presentes, colocando fim à ideia de que a fermentação exigia um organismo vivo. Ele nomeou a enzima que permitia a fermentação de zimase. (Hoje se sabe que ela é, na verdade, um conjunto de várias enzimas.)

As enzimas são em geral nomeadas segundo a molécula sobre a qual agem, com o sufixo "ase" acrescentado ao nome do substrato. Por exemplo, a lactase quebra a lactose, o açúcar do leite. Esse sistema de nomeação foi sugerido pelo microbiologista francês Émile Duclaux em 1899. ▪

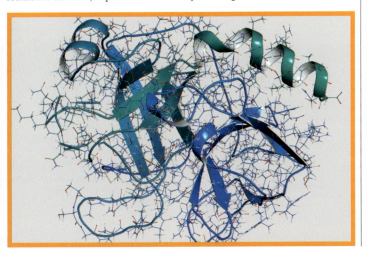

A enzima tripsina (vista aqui em modelo) se liga a moléculas dos aminoácidos arginina e lisina para quebrar as proteínas no intestino e ajudar a digestão.

Wilhelm Kühne

Nascido em uma família rica em Hamburgo, na Alemanha, em 1837, Wilhelm Kühne entrou na Universidade de Göttingen aos 17 anos para estudar química, anatomia e neurologia. Após se graduar, obteve o doutorado com uma tese sobre diabetes induzido em rãs. Estudou depois fisiologia em várias universidades europeias e sucedeu Hermann von Helmholtz na cadeira de fisiologia da Universidade de Heidelberg, na Alemanha, em 1871.

Enquanto esteve lá, Kühne focou bastante sua pesquisa na fisiologia de músculos e nervos (em especial o nervo óptico), além da química da digestão, destacando-se sua descoberta da enzima tripsina, digestora de proteínas. Kühne continuou em Heidelberg até aposentar-se, em 1899, e morreu na mesma cidade, no ano seguinte.

Obra principal

1877 "Sobre o comportamento de vários fermentos organizados ditos não formados"

ELES TÊM DE SE ENCAIXAR COMO CHAVE E FECHADURA
COMO AS ENZIMAS FUNCIONAM

EM CONTEXTO

FIGURA CENTRAL
Emil Fischer (1852–1919)

ANTES
1828 O químico alemão Friedrich Wöhler demonstra que substâncias orgânicas podem ser feitas em laboratório.

1857 O microbiologista francês Louis Pasteur publica os resultados de suas pesquisas sobre o papel da levedura na fermentação alcoólica.

DEPOIS
1897 O químico alemão Eduard Buchner demonstra que as enzimas atuam sem a presença de células vivas.

1965 O biólogo britânico David Chilton Phillips usa cristalografia de raios X para descobrir a estrutura da lisozima.

1968 O biólogo suíço Werner Arber e o pós-doutorando Stuart Linn isolam a primeira enzima de restrição, uma poderosa ferramenta da engenharia genética.

No fim do século XIX, a existência de enzimas como catalisadores biológicos estava consolidada. Mas como elas funcionam? Determinada enzima só interage, em geral, com certa substância, chamada substrato. O químico alemão Emil Fischer foi um dos primeiros a estudar o fenômeno. Sua pesquisa sobre a estrutura de diferentes tipos de molécula de açúcar e as enzimas que causam sua fermentação o levou à notável observação de que "a enzima e o glicosídeo [o precursor natural da glicose] devem se ajustar como chave e fechadura". As enzimas são moléculas grandes e os substratos com que interagem em geral são muito menores. Essa diferença de tamanho faz com que seu contato ocorra em uma parte muito específica da enzima, chamada sítio ativo – mas cada enzima pode ter mais de um sítio ativo. O modelo de Fischer de 1894 propunha que o substrato se ajusta a um sítio ativo de modo similar ao encaixe de uma chave na fechadura, resultando na formação de um complexo enzima-substrato em que a reação acontece. Depois disso, o complexo se quebra, liberando os produtos finais da reação e deixando a enzima como era antes.

Enzimas como proteínas

A explicação de Fischer para a especificidade das ações das enzimas se mostrou útil e duradoura. Descobertas posteriores, porém, revelaram que a descrição da enzima como uma fechadura rígida para um substrato particular poderia não representar a história completa.

Em 1926, o bioquímico americano James Sumner obteve cristais puros da enzima urease, que quebra a urina em amônia e dióxido de carbono, e descobriu que se consistiam totalmente de proteínas. Ele imaginou que todas as enzimas

Basicamente, toda proteína sofre algum tipo de mudança quando se liga a outra proteína; na maior parte das vezes uma mudança bem importante.
Daniel Koshland

ALIMENTO E ENERGIA

Ver também: É possível criar substâncias bioquímicas 27 ▪ Metabolismo 48-49 ▪ Fermentação 62-63 ▪ Enzimas como catalisadores biológicos 64-65 ▪ Engenharia genética 234-239

O modelo chave-fechadura, apresentado por Fischer, mostra que as enzimas têm formas complementares às moléculas de substrato. Estas se ligam ao sítio ativo da enzima e ocorre uma reação que deixa a enzima inalterada ao terminar.

Duas pequenas moléculas de substrato

Enzima

As moléculas se ajustam ao sítio ativo da enzima

As moléculas se separam da enzima, às vezes como um produto maior

A enzima fica inalterada

Enzima e substratos — **A reação acontece** — **Separação**

poderiam ser proteínas. A teoria de Sumner causou controvérsia de início, mas foi aceita em 1930, quando seu colega bioquímico americano John Northrop conseguiu cristalizar as enzimas digestivas pepsina e tripsina, descobrindo que eram também proteínas. Por volta da mesma época, o geneticista britânico J. B. S. Haldane propôs que as ligações formadas entre uma enzima e seu substrato distorciam este último e assim catalisavam a reação. Ele escreveu: "A chave não se ajusta com perfeição à fechadura, mas exerce certa tensão sobre ela". Em 1946, o químico americano Linus Pauling disse que a atividade catalítica da enzima envolvia uma região ativa em sua superfície, que era complementar em estrutura à molécula do substrato, não como era em condições normais, mas como era sob tensão.

Teoria do encaixe induzido

Em 1958, Daniel Koshland levou além a hipótese chave-fechadura com sua teoria do encaixe induzido. Ele propôs que o sítio ativo de uma enzima não era um modelo exato para o substrato, como uma fechadura rígida em que uma chave de forma específica se ajusta. Quando o substrato entra em contato com o sítio ativo, produz uma mudança estrutural na enzima, fazendo os grupos catalíticos da enzima se alinharem com os do substrato, de modo que a reação ocorra. O modelo de Koshland se parecia mais com uma mão entrando em uma luva que estica ao se ajustar do que com uma chave em uma fechadura.

As enzimas só atuam sob pH e temperatura corretos. Em humanos, funcionam melhor sob pH 2 no estômago e pH 7,5 nos intestinos e em geral à temperatura normal do corpo (37 °C). ∎

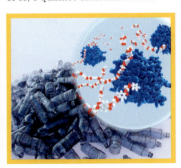

A **PETase** (em azul na imagem) é uma enzima bacteriana que quebra plásticos PET (polietileno tereftalato). Seu uso pode ser importante na luta contra a poluição por plásticos.

Inibidores enzimáticos

As moléculas que podem desacelerar ou parar a ação catalítica de uma enzima são chamadas inibidores enzimáticos. Dois tipos comuns são os inibidores competitivos e não competitivos.

Os inibidores competitivos se parecem com o substrato e competem com ele pelo sítio ativo da enzima. Se os sítios ativos estão ocupados por inibidores e indisponíveis para o substrato, a reação é retardada. Já os inibidores não competitivos alteram a enzima de modo que a impedem de aceitar o substrato. O inibidor não competitivo interage com a enzima, mas em geral não no sítio ativo. O efeito disso é uma mudança no formato da enzima e, assim, do sítio ativo, de maneira que o substrato não pode mais interagir com a enzima e formar um complexo enzima-substrato. Isso impede que a reação ocorra.

A VIA METABÓLICA QUE LIBERA ENERGIA DO ALIMENTO
RESPIRAÇÃO

EM CONTEXTO

FIGURA CENTRAL
Hans Adolf Krebs (1900–1981)

ANTES
1784 O químico francês Antoine Lavoisier mostra que o calor do corpo se liga à inalação de oxigênio e exalação de dióxido de carbono no processo químico da respiração.

1929 O bioquímico alemão Karl Lohmann descobre o trifosfato de adenosina (ATP), o portador de energia nas células.

DEPOIS
1946 O bioquímico teuto-americano Fritz Lipmann descobre a coenzima A, que alimenta o ciclo do ácido cítrico.

1948 Os bioquímicos americanos Eugene Kennedy e Albert Lehninger descobrem que as reações de respiração ocorrem nas mitocôndrias (minúsculas subunidades especializadas no interior das células).

O processo bioquímico da respiração acontece em todas as células vivas. Com a ajuda do oxigênio, é o modo com que a energia é extraída do alimento para acionar todos os outros processos químicos necessários à vida.

O termo "respiração" foi cunhado no século XVIII pelos químicos que descobriram e primeiro estudaram os gases no ar. Eles viram que os animais exalavam mais dióxido de carbono e menos oxigênio que inalavam – e que à noite as plantas faziam o mesmo. Supunha-se que a glicose (ou açúcar) do alimento era o combustível para essa mudança nos gases. Na primeira metade dos anos 1930, descobriu-se como a glicose era quebrada em uma substância mais simples conhecida como piruvato. Esse processo, chamado glicólise, libera uma pequena quantidade de energia e não requer oxigênio. Os cientistas hoje o conhecem como fermentação, um processo metabólico antigo que era usado pelos primeiros organismos antes até de a Terra ter uma atmosfera rica em oxigênio.

Uma via metabólica

Em 1937, Hans Krebs, um químico alemão que trabalhava em Sheffield, no Reino Unido, publicou as etapas pelas quais o piruvato, o produto da glicólise, é oxidado. Na respiração, a oxidação é a perda de elétrons e a liberação de energia. Essa energia pode ser então coletada por outras moléculas da célula. Krebs descobriu isso ao longo de vários anos permitindo que tecidos de músculo e fígado de pombos absorvessem oxigênio e analisando então as substâncias químicas presentes. Ele previu que diversos compostos orgânicos com quatro ou seis átomos de carbono – conhecidos como ácidos orgânicos de quatro e seis carbonos – poderiam resultar da oxidação gradual de piruvato. Verificou que algumas dessas substâncias estavam presentes em

Sem o ATP, até a menor ação de nosso corpo seria retardada ou pararia.
Jonathan Weiner
Escritor americano

ALIMENTO E ENERGIA

Ver também: Os animais não são como os humanos 26 ▪ É possível criar substâncias bioquímicas 27 ▪ A natureza celular da vida 28-31 ▪ Enzimas como catalisadores biológicos 64-65 ▪ Como as enzimas funcionam 66-67 ▪ Reações de fotossíntese 70-71

variadas quantidades e que suas proporções mudavam de acordo com o oxigênio absorvido pelo tecido. Krebs usou esse fato para construir uma via metabólica que era um ciclo fechado, começando e terminando com ácido cítrico; por isso, é chamado de ciclo do ácido cítrico.

O ciclo do ácido cítrico é essencial à respiração celular. O piruvato entra no ciclo como acetil-CoA. CoA é a abreviatura de coenzima A, uma substância que reduz o piruvato a um grupo acetila e dióxido de carbono. Esse grupo acetila, que tem duas moléculas de carbono, entra no ciclo, onde reage com a molécula de quatro carbonos, oxaloacetato, produzindo uma molécula de seis carbonos chamada citrato. O ciclo segue então uma série de reações de oxidação que liberam elétrons e energia. Os elétrons e a energia são capturados por outras moléculas em uma série de reações de redução. Após oito etapas, o ciclo volta ao oxaloacetato e as moléculas da via passam de átomos de seis carbonos para quatro, mais duas moléculas de dióxido de carbono. A energia liberada por essas

O ciclo do ácido cítrico (CAC) – ou ciclo de Krebs – é uma série de reações químicas responsáveis pela geração da energia necessária aos organismos complexos. O combustível desse ciclo é o alimento, transformado na forma pirúvica de glicose, que é então convertida em dióxido de carbono e moléculas intermediárias de alta energia.

Legenda
- Energia liberada e capturada por moléculas intermediárias de alta energia

reações é então capturada por moléculas intermediárias de alta energia. Essas moléculas são mantidas como energia armazenada para uso da célula em etapas posteriores da respiração. As enzimas que catalisam as reações do ciclo do ácido cítrico também a aceleram ou retardam, com base nas necessidades de energia da célula. O trabalho de Krebs sobre o ciclo é crucial para entendermos o metabolismo e a produção de energia. ∎

Hans Adolf Krebs

Nascido em 1900, em Hildesheim, na Alemanha, Hans Adolf Krebs formou-se em medicina aos 25 anos. Interessado em pesquisa, assumiu um posto como bioquímico em Berlim. Em 1932, quando trabalhava na Universidade de Freiburg, publicou sua descoberta da via metabólica da formação de ureia, que estabeleceu sua reputação científica. Krebs descendia de judeus e deixou a Alemanha em 1933 para fugir dos nazistas. Foi trabalhar na Universidade de Sheffield, no Reino Unido, e lá descobriu o ciclo do ácido cítrico. O reconhecimento demorou, mas em 1947 foi eleito para a Real Sociedade Britânica e em 1953 recebeu o Prêmio Nobel de Fisiologia ou Medicina, com Fritz Lipmann. Trabalhando com o bioquímico britânico-americano Hans Kornberg, Krebs descobriu depois o ciclo do glioxilato em 1957. Morreu em Oxford, em 1981.

Obras principais

1937 *Metabolism of Ketonic Acids in Animal Tissues*
1957 *Energy Transformation in Living Matter: A Survey*

A FOTOSSÍNTESE É O PRÉ-REQUISITO ABSOLUTO PARA TODA A VIDA
REAÇÕES DE FOTOSSÍNTESE

EM CONTEXTO

FIGURA CENTRAL
Melvin Calvin (1911–1997)

ANTES
1905 O fisiologista vegetal britânico Frederick Blackman explica que fatores como luz e temperatura afetam a taxa de fotossíntese.

DEPOIS
1958 O botânico americano Robert Emerson descreve os comprimentos de onda de luz curtos e longos que, na fotossíntese dependente de luz, ativam dois centros diferentes de conversão de energia.

1966 Os bioquímicos Marshall Hatch e Roger Slack, na Austrália, descobrem uma via alternativa de quatro carbonos durante a reação escura em algumas plantas, como a cana-de-açúcar.

1992 Rudolph Marcus recebe o Prêmio Nobel de Química pela descoberta da cadeia de transporte de elétrons.

No fim do século XIX, sabia-se que as células de plantas verdes aproveitam a energia da luz na fotossíntese. Mas quais processos químicos usam água, dióxido de carbono e luz do sol para criar energia química sob a forma de açúcar e com oxigênio como resíduo? Por muito tempo se pensou que o dióxido de carbono e a água se combinavam para produzir açúcar, com o dióxido de carbono emanando oxigênio. Em 1931, o microbiologista holandês-americano Cornelis van Niel propôs que o oxigênio na verdade derivava da divisão das moléculas da água e que a reação dependia da luz. Em 1939, o bioquímico britânico Robert Hill confirmou a teoria de Niel e mostrou que o dióxido de carbono deve ser quebrado, ou reduzido, em açúcar em uma reação separada – um processo hoje chamado fixação do carbono.

O cloroplasto é uma organela das células vegetais. Ele contém clorofila verde em pilhas de discos (*grana*), formadas por membranas plasmáticas internas dobradas.

O ciclo de Calvin
A partir de 1945, o bioquímico americano Melvin Calvin chefiou uma equipe pioneira no uso de

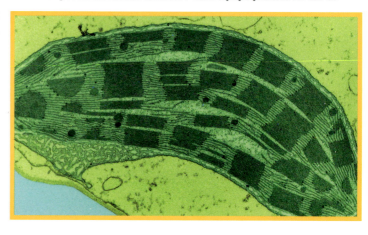

ALIMENTO E ENERGIA

Ver também: Células complexas 38-41 ▪ Fotossíntese 50-55 ▪ Os primórdios da química orgânica 61 ▪ Enzimas como catalisadores biológicos 64-65 ▪ A transpiração das plantas 82-83 ▪ Translocação nas plantas 102-103 ▪ Reciclagem e ciclos naturais 294-297

No cloroplasto, reações dependentes da luz usam clorofila para aproveitar a energia solar. O resultado é a divisão da água em hidrogênio e gás de oxigênio (O_2) e a criação de moléculas de alta energia. Estas ativam o ciclo de Calvin na matriz líquida do cloroplasto, gerando açúcar após a quebra de múltiplas moléculas de dióxido de carbono (CO_2).

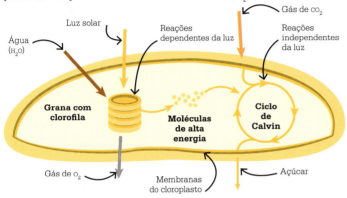

Reações dependentes da luz

Em 1956–1965, Rudolph Marcus descreveu a cadeia de transporte de elétrons, uma série de moléculas de proteína que transferem elétrons com facilidade na etapa da fotossíntese dependente da luz, liberando energia. Quando a luz atinge os cloroplastos nas células vegetais, cada molécula de clorofila absorve energia luminosa e perde elétrons. Os elétrons soltos fluem de proteína em proteína na cadeia de transporte e isso, junto à atividade de enzimas próximas, cria moléculas de alta energia. Estas se movem então mais para o fundo do espaço líquido do cloroplasto, ou matriz, ativando as reações do ciclo de Calvin não dependentes da luz.

Como perderam elétrons na etapa dependente da luz, as moléculas de clorofila precisam de um novo conjunto de elétrons para funcionar de novo. A pesquisa de Robert Hill ajudou a mostrar que, no cloroplasto, as moléculas de água doam elétrons à clorofila e se quebram em íons de hidrogênio e átomos de oxigênio. Os íons de hidrogênio são usados para fazer moléculas de alta energia e os átomos de oxigênio escapam como gás residual pelos estômatos (poros) das folhas. ▪

carbono-14 radiativo para rastrear todo o caminho do carbono na planta durante a fotossíntese, em uma pesquisa revolucionária. Ele provou que a fixação do carbono ocorre em uma "reação escura" (não dependente de luz), que é uma cascata de reações. Sua descoberta foi chamada de ciclo de Calvin, ou de Calvin-Benson, incluindo o nome de um de seus colaboradores, Andrew Benson. O processo de produção de açúcar a partir de dióxido de carbono é chamado de ciclo porque envolve uma série de reações químicas complexas, em que a última molécula formada no ciclo inicia a produção da primeira molécula, e assim por diante.

As primeiras reações (etapa de fixação do carbono) do ciclo de Calvin removem, ou fixam, átomos de carbono, um por vez, do dióxido de carbono do ar. É preciso seis turnos do ciclo, um para cada átomo de carbono, para captar carbono suficiente para criar uma molécula de açúcar que possa ser usada pela planta. Assim que seis átomos de carbono são fixados, eles sofrem mais reações (etapa de redução do carbono), formando moléculas de açúcar de três carbonos. Uma molécula deixa o cloroplasto para alimentar a planta. As outras moléculas de açúcar continuam no ciclo, na etapa de regeneração do carbono, e se reorganizam em moléculas de seis carbonos, que fornecem a energia para fixar outros átomos de carbono do ar.

O ciclo de Calvin é um processo que requer muita energia; Calvin mostrou que deve ser alimentado por moléculas de alta energia produzidas na etapa da fotossíntese dependente da luz. Porém, ao receber em 1961 o Prêmio Nobel de Química, ele reconheceu que ainda não se sabia o que acontece exatamente após a luz solar excitar a clorofila, e que poderia ser um "processo de transferência de elétrons".

Misturando água e minerais de baixo com luz solar e CO_2 de cima, as plantas verdes ligam a terra ao céu.
Fritjof Capra
Físico austríaco-americano

TRANSP
E
REGULA

ORTE

ÇÃO

INTRODUÇÃO

William Harvey demonstra que um volume fixo de **sangue circula** pelo corpo humano.

1628

A demonstração da natureza muscular do **coração** por Nicolas Steno confirma a teoria de que ele **bombeia o sangue ao redor do corpo**.

ANOS 1660

Partindo do achado de Arnold Berthold de que uma substância química dos testículos é responsável pela masculinidade, descobre-se que os **hormônios** secretados por outras glândulas **causam certas respostas**.

1849

1661

Usando um microscópio, Marcello Malpighi observa uma **rede ramificada** de diminutos **vasos sanguíneos**, os capilares.

1727

Stephen Hales descreve o **fluxo** linear da **água** e dos **nutrientes nas plantas**, com a água fluindo das raízes até as folhas e o ar.

ANOS 1850

Claude Bernard descobre que os organismos regulam as **condições internas** para **compensar** mudanças em **condições externas**.

Durante a revolução científica dos séculos XVII e XVIII, houve significativos avanços na compreensão do modo com que os organismos processam os nutrientes essenciais à vida (ver p 46-71). Ao mesmo tempo, os cientistas investigaram como esses nutrientes são transportados às partes do organismo onde são necessários.

Talvez o meio mais óbvio seja o sistema sanguíneo, fluindo no corpo dos animais. Em geral se assumia que esse era um fluxo de uma só mão, com o sangue sendo produzido e depois usado pelos órgãos, mas isso foi contestado pela demonstração de William Harvey em 1628 de que na verdade um volume fixo de sangue circula pelo corpo, em um sistema fechado.

A descoberta de vasos sanguíneos microscópicos, chamados capilares, por Marcello Malpighi em 1661, levou à ideia de que era por suas finas paredes que substâncias vitais podiam ser absorvidas pelas células vizinhas. Na mesma década, Nicolas Steno demonstrou que o coração é um órgão muscular e que sua função é bombear o sangue ao redor do corpo.

A finalidade do sangue

Esses estudos comprovaram que o propósito da circulação do sangue era transportar nutrientes essenciais a todas as partes do corpo. A questão inevitável era saber com exatidão como esses nutrientes eram carregados pelo sangue. Uma das grandes descobertas nessa pesquisa foi a de que a hemoglobina, encontrada nas hemácias, tem um papel vital no transporte de oxigênio dos pulmões até onde é necessário no corpo. Os estudos de Felix Hoppe-Seyler sobre a composição química da hemoglobina, nos anos 1860 e início dos 1870, revelaram que ela contém ferro, o qual absorve o oxigênio em um processo de oxidação.

Relacionada a essa pesquisa sobre o transporte de nutrientes havia a questão de como os produtos residuais do metabolismo são removidos do corpo. Só em 1917, porém, Arthur Cushney identificou o papel dos rins na filtragem do sangue para remoção dos resíduos, que podem ser então eliminados sob a forma de urina.

Descobriu-se, porém, que os nutrientes não eram as únicas substâncias transportadas ao redor do corpo de humanos e animais.

TRANSPORTE E REGULAÇÃO 75

Em estudos sobre o modo com que o **sangue carrega nutrientes vitais**, Felix Hoppe-Seyler identifica a hemoglobina como um fator central no **transporte de oxigênio**.

O **papel dos rins** na eliminação de **resíduos metabólicos** é comprovado por Arthur Cushney.

Ernst Münch explica **como o alimento** é **distribuído nas plantas** e onde é produzido pela **fotossíntese** para outras partes.

1871

1917

1930

1910

ANOS 1920

Edward Sharpey-Schafer explica que **hormônios diferentes** ajudam a **regular funções específicas** do corpo.

Frits Went identifica um **regulador do crescimento** nas **plantas** que é análogo aos hormônios nos animais.

Outras substâncias são secretadas por certos órgãos, causando reações químicas como resposta. Uma das primeiras a serem identificadas, em 1849, foi a testosterona – produzida pelos testículos –, que Arnold Berthold descobriu ser responsável pela masculinidade física e comportamental. Essas substâncias, chamadas hormônios, são produzidas por várias glândulas, e cada hormônio tem uma composição química diversa, provocando uma resposta específica no corpo.

Regulação interna
Nos anos 1850, surgiu uma teoria sem relação aparente com a pesquisa de Berthold sobre hormônios. Claude Bernard observou que os corpos tendem a manter condições internas estáveis (como a temperatura), apesar das mudanças no ambiente externo, em um processo chamado homeostase. Isso indicava a existência de algum mecanismo de autorregulação para garantir as condições ideais para vida. Só cerca de 50 anos depois, em 1910, Edward Sharpey-Schafer explicou que essa regulação é controlada pelos hormônios, que atuam como comunicadores químicos, provocando as respostas necessárias dos órgãos para manter a estabilidade.

Pesquisas similares sobre os sistemas de transporte das plantas se iniciaram no século XVIII, mostrando uma diferença básica em relação aos animais. Enquanto nos animais o sangue circula, Stephen Hales descobriu que nas plantas o fluxo análogo é linear: a água segue das raízes às folhas, de onde evapora. E – como nos animais – o fluxo que transporta nutrientes nas plantas também leva outras substâncias, entre elas as descobertas por Frits Went nos anos 1920, que têm uma função similar aos hormônios nos animais, provocando respostas químicas que regulam o crescimento vegetal.

O fluxo de água e nutrientes é basicamente um sistema de mão única, mas não explica como o alimento produzido pela fotossíntese chega às partes da planta incapazes de realizá-la, como as raízes. Ernst Münch acabou resolvendo o enigma, mostrando que açúcares e outros produtos da fotossíntese são transportados na seiva, que flui pelo sistema de vasos do floema até as partes da planta onde o alimento é necessário. ∎

ELE SE MOVIA, POR ASSIM DIZER, NUM CÍRCULO
CIRCULAÇÃO DO SANGUE

EM CONTEXTO

FIGURA CENTRAL
William Harvey (1578–1657)

ANTES
Século II a.C. Galeno acredita que o sangue sai do coração e do fígado e é consumido pelo corpo.

Século XIII d.C. Ibn al-Nafis aventa que o sangue circula entre os pulmões e o coração.

DEPOIS
1658 Jan Swammerdam descobre hemácias ao microscópio.

1840 Descobre-se que a hemoglobina transporta o oxigênio no sangue.

1967 O primeiro transplante bem-sucedido de coração humano a humano é realizado na África do Sul pelo cirurgião Christiaan Barnard.

Em 1628, o médico inglês William Harvey conseguiu confirmar o modo com que o sangue circula, fluindo em um circuito duplo do coração aos pulmões, de volta ao coração e ao redor do resto do corpo. Esse importante traço da anatomia humana – e animal – foi mal compreendido por séculos. O exame científico de cadáveres era considerado tabu e a forma e função dos órgãos humanos eram uma espécie de mistério. As melhores pesquisas derivavam da dissecação de animais e vislumbres do interior do corpo vivo obtidos por cirurgiões que tratavam ferimentos graves. Era inevitável

TRANSPORTE E REGULAÇÃO 77

Ver também: Fisiologia experimental 18-19 ▪ Anatomia 20-25 ▪ Capilares 80 ▪ O músculo coronário 81 ▪ Hemoglobina 90-91

O **volume de sangue** no corpo permanece o mesmo, então ele deve **circular pelo corpo**.

O sangue **entra no coração** por meio de **veias** e o deixa por meio de **artérias**.

O coração tem **duas metades separadas**, então a **circulação sanguínea** deve formar **dois circuitos**.

A **circulação pulmonar** liga o **coração** aos **pulmões**.

A circulação sistêmica transporta o sangue ao redor do corpo.

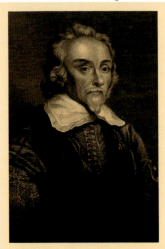

William Harvey

Nascido em 1578 em Kent, na Inglaterra, William Harvey se graduou na Universidade de Cambridge aos 15 anos. Estudou depois no exterior, em especial em Pádua, na Itália, onde aprendeu medicina com o anatomista italiano Hieronymus Fabricius. Com apenas 31 anos, tornou-se médico-chefe do Hospital St. Bartholomew, em Londres. Seis anos depois, foi nomeado palestrante lumleiano do Colégio Real de Medicina e em 1618 tornou-se médico do rei Jaime I. Após a publicação de sua obra mais famosa, em 1628, sua popularidade diminuiu, porque a classe médica relutava em aceitar sua teoria radical sobre o coração – reconhecida em 1661, quatro anos após sua morte.

Obras principais

1628 *Exercício anatômico sobre o movimento do coração e do sangue nos seres vivos*
1651 *Exercícios sobre a geração dos animais*

---

que essas fontes de evidência fornecessem dados incompletos o, em alguns casos, levassem a erros significativos.

Veias e artérias

Nos anos 1600, a medicina ocidental ainda se baseava muito na obra de Galeno, médico grego que trabalhou em Roma no século II d.C. Galeno foi cirurgião de gladiadores e pôde observar a anatomia interna humana ao tratar de pacientes com ferimentos graves sofridos na arena.

Os conhecimentos médicos do Egito Antigo consideravam a rede de vasos do corpo como canais para o ar; pensava-se que o sangue só enchia esses vasos quando danificados. Galeno descartou essa ideia, dizendo que os vasos sempre continham sangue. Ele distinguiu veias e artérias por suas diferentes características: as artérias são mais firmes e localizadas em áreas mais profundas do corpo, e as veias são mais frágeis e em geral estão mais perto da superfície. Galeno afirmava que o sangue venoso era gerado no fígado e alimentava o corpo, permitindo-lhe crescer e curar-se, e que o sangue arterial era cheio de pneuma, um "espírito vital" obtido do ar. O pneuma, argumentava, passava do sangue arterial para o suprimento venoso por poros minúsculos no septo » intraventricular – a parede muscular entre os lados esquerdo e direito do coração. O sangue arterial era criado no coração e transferido na direção oposta; continha produtos residuais, que eram expelidos na expiração.

O polímata persa do século XI Ibn Sina (conhecido no Ocidente como Avicena) escreveu importantes obras médicas, mas sua discussão sobre circulação reafirmava as imprecisões do modelo de Galeno. Então, em 1242, o médico sírio Ibn al-Nafis escreveu um comentário aos textos de Ibn Sina sobre anatomia e fez a primeira descrição acurada da circulação pulmonar, afirmando que o sangue do lado direito do coração fluía pelos pulmões e então de volta ao coração.

Velhas ideias derrubadas

Quatro séculos após Ibn al-Nafis, William Harvey publicou *Exercitatio anatomica de motu cordis et sanguinis in animalibus* (Exercício anatômico sobre o movimento do coração e do sangue nos seres vivos), em geral chamado *De motu cordis*. A obra se inspirava nos achados de seu professor na escola médica, o anatomista italiano Hieronymus Fabricius, que descrevera as válvulas das veias: pares de abas em ângulo nas paredes da veia, que permitiam ao sangue passar só em um sentido, para o coração. Para Harvey, esse fluxo direcional indicava fortemente a circulação do sangue.

Uma das premissas centrais da teoria de Galeno era de que o sangue é consumido pelo corpo, mas Harvey rejeitou-a. Ele calculou que o coração, o qual via como uma bomba muscular, empurra por volta de 57 ml de sangue ao se contrair, a cada batida. A cerca de 72 batidas por minuto, se Galeno estivesse certo, o corpo teria de produzir – e consumir – até 4 litros por minuto. Isso não parecia possível. Na verdade, os cálculos de Harvey estavam subestimados; o coração bombeia todo o volume de sangue – cerca de 5 litros – a cada minuto.

Um sistema de duas partes

Harvey investigou ainda a anatomia dos vasos sanguíneos e fez vivissecções de enguias e outros peixes para ver o

> O coração dos animais é a base de sua vida, o soberano de tudo em seu interior [...] do qual todo crescimento depende.
> **William Harvey**
> *Sobre o movimento do coração e do sangue, 1628*

bombeamento do coração nos últimos momentos de vida. Ele também amarrou as veias e artérias de animais vivos para comprovar como o sangue entrava e saía do coração. Amarrar artérias fazia o órgão inchar com o sangue e fechar veias o esvaziava.

Por fim, Harvey concluiu que o volume de sangue é constante e que ele viaja pelo corpo em um sistema fechado e de duas seções, com artérias levando o sangue a partir do coração e veias trazendo-o de volta. A seção que hoje chamamos de circulação pulmonar é um circuito que liga o coração aos pulmões. Harvey ignorava que o sangue transporta gases, mas no século XIX já se sabia que o corpo tira oxigênio do ar e o transporta na corrente sanguínea, enquanto o dióxido de carbono acumulado em seu trajeto é expelido. Esses processos acontecem nos pulmões e são chamados trocas gasosas.

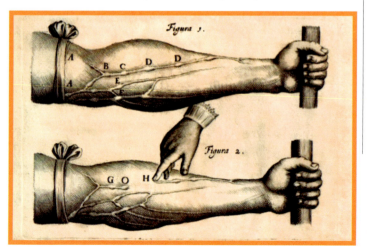

A Prancha 1 de *Sobre o movimento do coração e do sangue*, de Harvey, ilustra a rede de veias do braço. A Figura 2, embaixo, mostra como uma veia se esvazia de sangue quando ele é bloqueado em seu trajeto rumo ao coração.

TRANSPORTE E REGULAÇÃO

De volta ao coração, o sangue oxigenado viaja então pelo resto do corpo por meio do que hoje chamamos circulação sistêmica. O sangue é expelido pela contração do ventrículo esquerdo, a maior câmara do coração, e impelido para a aorta, a maior artéria. As artérias (com exceção das pulmonares) sempre transportam sangue oxigenado. Elas têm uma estrutura rígida que inclui uma camada de músculo liso, de modo a resistir às altas pressões exigidas para empurrar 5 litros de líquido ao redor de todo o corpo por meio de seus 100 mil km de vasos.

Harvey descreveu como as artérias alimentam de sangue os tecidos do corpo diretamente e como, dali, ele é coletado pelas veias e volta ao lado direito do coração, onde entra no circuito pulmonar. Porém, não conseguiu explicar como o sangue era transferido do sistema arterial para o venoso. Em 1661, usando o recém-inventado microscópio, o biólogo italiano Marcello Malpighi observou redes intricadas de vasos microscópicos – os capilares, que criam a conexão entre as artérias e as veias. Cada rede é conhecida como um leito capilar.

As veias são vasos mais frágeis que as artérias, e o sangue dentro delas fica sob pressão menor. O sangue arterial é forçado para diante pelas pulsações do coração, mas a passagem do sangue venoso de volta ao coração é ajudada pela contração de músculos esqueléticos durante o movimento normal do corpo, que comprime os vasos. A descrição de Harvey do sistema circulatório com dois circuitos teve efeitos de longo alcance. Ajudou nas intervenções médicas, como no uso de ligaduras para deter sangramentos, mas também demonstrou que os cientistas podiam mudar a doutrina médica – paralisada havia séculos. ■

[O sangue] se move em um círculo, do centro às extremidades e de volta das extremidades ao centro.
William Harvey
Sobre o movimento do coração e do sangue, 1628

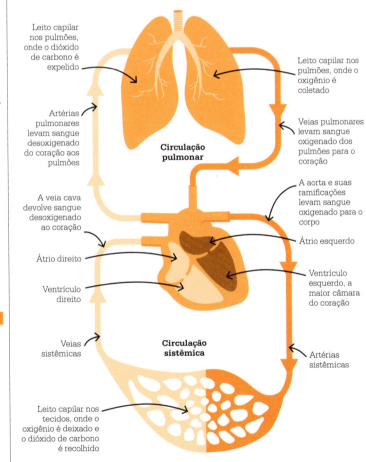

A circulação pulmonar move o sangue oxigenado e desoxigenado entre o coração e os pulmões. A circulação sistêmica leva sangue rico em oxigênio do coração para o resto do corpo e sangue pobre em oxigênio (rico em dióxido de carbono) de volta ao coração.

O SANGUE PASSA POR MUITAS SINUOSIDADES
CAPILARES

EM CONTEXTO

FIGURA CENTRAL
Marcello Malpighi (1628–1694)

ANTES
1559 O médico italiano Matteo Colombo observa que a veia pulmonar leva sangue dos pulmões ao coração, e não ar como se pensava.

1658 O biólogo holandês Jan Swammerdam é o primeiro a escrever sobre a observação de hemácias.

DEPOIS
1696 O anatomista holandês Frederik Ruysch mostra que os vasos sanguíneos estão presentes em quase todos os tecidos e órgãos.

1839 Theodor Schwann demonstra que os capilares têm paredes feitas de células finas.

1922 O professor dinamarquês August Krogh descreve como o oxigênio, nutrientes e outras substâncias passam dos capilares para os tecidos ao redor.

Em 1628, o médico inglês William Harvey apresentou a primeira explicação ampla sobre o coração e o sistema circulatório. Ele descreveu como o sangue sai do coração em artérias e volta por veias, mas suas ideias não estavam completas. Sem microscópios poderosos o bastante, Harvey não podia explicar como ou onde o sangue passa das artérias às veias.

Harvey morreu em 1657. Pouco depois, em 1660–1661, o elo que faltava foi descoberto pelo professor de medicina italiano Marcello Malpighi. Ele detectou minúsculos vasos sanguíneos – os capilares – ao estudar os pulmões e bexiga de rãs com o último modelo de microscópio. Malpighi seguiu as artérias de uma rã conforme repetidamente se dividiam e se tornavam "túbulos", transmitindo o sangue a minúsculas veias. Ele escreveu: "Pude ver com clareza que o sangue se divide e flui por meio de vasos tortuosos e que não é lançado em espaços, mas sempre conduzido por túbulos e distribuído pelas múltiplas curvaturas dos vasos".

Em 1666, Malpighi foi um dos primeiros microscopistas a observar hemácias. Porém, só depois de muitos anos os cientistas mostrariam que é a hemoglobina nas hemácias que transporta o oxigênio e que os capilares atuam como os vasos de troca do corpo. Os capilares permeiam todos os tecidos do corpo – nutrientes, gases (oxigênio e dióxido de carbono) e resíduos passam para um lado e para o outro entre o sangue e os tecidos, através de finas paredes de capilares compostas de uma só camada de células endoteliais. ∎

[…] eles escapam até ao olhar mais cuidadoso devido a seu tamanho reduzido.
Marcello Malpighi

Ver também: Fisiologia experimental 18-19 ▪ Anatomia 20-25 ▪ Circulação do sangue 76-79 ▪ O músculo coronário 81

TRANSPORTE E REGULAÇÃO 81

O CORAÇÃO É APENAS UM MÚSCULO
O MÚSCULO CORONÁRIO

EM CONTEXTO

FIGURA CENTRAL
Nicolas Steno (1638–1686)

ANTES
c. 180 d.C. Galeno afirma que o fígado produz sangue.

1628 William Harvey declara que a função principal do coração é fazer o sangue circular pelo corpo.

DEPOIS
1881 O médico tcheco-austríaco Samuel Siegfried Karl von Basch inventa uma forma primitiva de medidor de pressão sanguínea.

1900 O médico holandês Willem Einthoven começa a trabalhar no eletrocardiograma (ECG).

1958 Os suecos Åke Senning, cirurgião cardíaco, e Rune Elmqvist, engenheiro, desenvolvem o primeiro marca-passo cardíaco totalmente implantável.

1967 Christiaan Barnard realiza o primeiro transplante de coração.

As pessoas sentem o coração acelerar não só por atividade física como devido a grandes emoções. Dessas experiências surgiram ideias de que o coração abrigava a essência individual. O biólogo e geólogo dinamarquês Niels Stensen (em latim, Nicolas Steno) se dedicou a questionar essas velhas doutrinas.

No início dos anos 1660, Steno ficou interessado em especial pelo estudo dos músculos. Ele sustentava que, ao se contrair, o músculo muda de forma, mas não de volume, e imaginou descrições geométricas para seus movimentos. Decidiu então testar a noção antiga de que o coração era a fonte de uma força intangível, ou "espírito vital".

Steno estudou corações de animais e já conhecia vários músculos do corpo, suas fibras e vasos e nervos associados. Ele descobriu que o coração também continha essas partes – e um pouco mais. Em 1662, anunciou que o coração é um músculo comum, não o centro de calor e força vital do corpo, como se

Nicolas Steno não só foi o primeiro cientista a verificar que o coração é um músculo como mostrou que ele consiste em duas bombas separadas.

pensava. Em 1651, William Harvey imaginara que o coração pulsante era "excitado pelo sangue". As observações de Steno sobre a estrutura e função dos músculos contestaram essas crenças e foram vistas como um ponto de virada no entendimento da contração dos músculos e de como o coração bate. ∎

Ver também: Fisiologia experimental 18-19 ▪ Anatomia 20-25 ▪ Circulação do sangue 76-79 ▪ Capilares 80

AS PLANTAS SE EMBEBEM E PERSPIRAM
A TRANSPIRAÇÃO DAS PLANTAS

EM CONTEXTO

FIGURA CENTRAL
Stephen Hales (1677–1761)

ANTES
1583 Andrea Cesalpino, um médico e botânico italiano, propõe que as plantas recolhem água por absorção.

1675 Marcello Malpighi observa e desenha vasos de xilema, que nomeia como *tracheae*, porque lhe lembram as vias aéreas de insetos.

DEPOIS
1891 O botânico polaco-alemão Eduard Strasburger mostra que o movimento da água para cima é um processo físico que ocorre em vasos de xilema não vivos.

1898 O naturalista britânico Francis Darwin, filho de Charles Darwin, descreve como a perda de água por transpiração é controlada (na maioria das plantas) pelo fechamento dos estômatos à noite.

A evaporação de água das plantas foi observada por naturalistas há séculos, mas o clérigo inglês Stephen Hales foi o primeiro a fornecer evidências do processo hoje chamado transpiração. Ele já tinha estudado a pressão sanguínea humana e realizado uma série de engenhosos e meticulosos experimentos por vários anos para testar se as plantas também tinham um sistema circulatório.

Hales descreveu seus experimentos e conclusões em 1727 em *Vegetable staticks*, um livro revolucionário sobre química atmosférica e fisiologia vegetal.

[...] diz-se que uma planta na beira de um deserto luta pela vida contra a seca, embora mais propriamente se devesse dizer que ela depende da umidade.
Charles Darwin
A origem das espécies (1859)

Hales provou que a água "perspira", ou evapora, das folhas, puxando água, ou seiva, para cima a partir das raízes, depois que ela é absorvida do solo, em uma direção linear, e não circulando pela planta.

A água entra nas raízes
Em um experimento, Hales colocou um tubo de vidro em um tronco de videira cortado e observou como "a força da seiva" – hoje chamada pressão radicular – dirigia a seiva para cima conforme as raízes se "embebiam" de água do solo após a chuva. Só nos anos 1830 o fisiologista francês Henri Dutrochet descreveu o processo de osmose (do grego *ōsmos*, "empurrar"), pelo qual a água se move do solo ao redor para dentro da raiz.

Na osmose, a água se move para uma solução com alta concentração de substâncias dissolvidas (solutos) através de uma membrana semipermeável para equilibrar a concentração de solutos dos dois lados da membrana.

As raízes da planta têm pelos com paredes semipermeáveis com a espessura de uma célula. Reações químicas nesses pelos atraem íons (átomos com carga positiva) de minerais do solo, concentrando-os

TRANSPORTE E REGULAÇÃO 83

Ver também: Membranas plasmáticas 42-43 ▪ Fotossíntese 50-55 ▪ Capilares 80 ▪ Translocação nas plantas 102-103

A transpiração, ou evaporação da água pelos estômatos (poros) das folhas, acontece do mesmo modo que ao se tomar água por um canudo, puxando a seiva para cima contra a força da gravidade. Isso só ocorre à luz do dia, quando os estômatos se abrem.

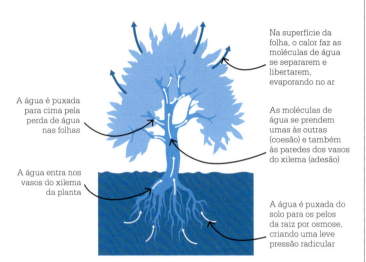

A água é puxada para cima pela perda de água nas folhas

A água entra nos vasos do xilema da planta

Na superfície da folha, o calor faz as moléculas de água se separarem e libertarem, evaporando no ar

As moléculas de água se prendem umas às outras (coesão) e também às paredes dos vasos do xilema (adesão)

A água é puxada do solo para os pelos da raiz por osmose, criando uma leve pressão radicular

nas raízes. A água segue os minerais por osmose. Uma vez nas raízes, ela entra no que Hales chamou de "vasos capilares da seiva" – feitos de células longas, mortas e em forma de canudo e renomeados como xilema no século XIX – e sobe pela planta.

A água segue para as folhas

Hales tinha descrito a "forte atração" dos vasos do xilema, mas não conhecia as forças que permitem à água se manter coesa ao subir pela planta. A "teoria da coesão-tensão" foi explicada por Henry Dixon e John Joly em 1894 e aperfeiçoada por vários outros no início do século XX. Como em um ímã, a ponta positiva de uma molécula de água é atraída pela ponta negativa de outra próxima. Essa característica coesiva, ou aderente, leva à criação de cadeias de moléculas de água. As moléculas de água também são atraídas pelos lados do vaso – chamado adesão. (Se você pegar um copo de vidro com água e incliná-lo só um pouco, a água vai correr para baixo pelo lado do copo.) A qualidade adesiva da água ajuda seu movimento para cima no caule da planta.

Hales percebeu que a "ampla perspiração das folhas" puxava água para cima do caule e que o fluxo da seiva varia com o nível de luz, o tempo e o número de folhas.

Segundo a teoria da coesão-tensão, quando as cadeias de moléculas de água chegam a uma folha, cada molécula é atraída para um estômato (poro na folha) e evapora. Isso cria uma pressão negativa (tensão), puxando a próxima molécula de água para cima, em um processo contínuo chamado corrente de transpiração. ∎

As plantas criam chuva

Em terra, cerca de 90% da água da atmosfera passa pelas plantas. Árvores, arbustos e ervas puxam água do solo para cima por meio das raízes. Um pouco da água é quebrada na fotossíntese, mas a maior parte é usada para ajudar a transportar nutrientes minerais, para manter as células túrgidas e esfriar a planta por evaporação. Na superfície da folha, o calor da luz solar faz as ligações químicas das cadeias de moléculas de água se quebrarem, e elas evaporam no ar como gás, ou vapor de água. Ao subir e esfriar na atmosfera, o vapor se condensa de novo em gotas de água, formando nuvens. Quando as gotas se tornam grandes o bastante, caem como chuva (precipitação). Assim, as plantas são uma parte essencial do ciclo da água na Terra. Como o suor evaporando na pele, a transpiração remove o calor do topo das árvores, quando a água se converte da forma líquida à gasosa, e assim também resfria o clima local.

As florestas tropicais, como esta em Bornéu, mostram o resultado de muitas árvores grandes transpirando: névoas se formam e liberam água de volta no solo, em um ciclo contínuo.

MENSAGEIROS QUÍMICOS LEVADOS PELA CORRENTE SANGUÍNEA
OS HORMÔNIOS PROVOCAM RESPOSTAS

EM CONTEXTO

FIGURA CENTRAL
Arnold Berthold (1803–1861)

ANTES
1637 O filósofo francês René Descartes propõe que os animais funcionam como máquinas, sujeitos às leis da física.

1815 O fisiologista francês Jean Pierre Flourens mostra o papel das diversas partes do cérebro no controle do comportamento.

DEPOIS
1901 O químico nipo-americano Jōkichi Takamine isola o hormônio adrenalina (embora o termo "hormônio" só seja cunhado quatro anos depois).

1910 O fisiologista britânico Edward Sharpey-Schafer demonstra que os hormônios têm um papel vital na regulação das funções corporais.

1921 O médico canadense Frederick Banting isola o hormônio insulina e o usa para tratar diabetes.

Os hormônios são os mensageiros químicos do corpo. Liberados na corrente sanguínea pelas glândulas endócrinas – entre elas a pituitária, a pineal e as adrenais, além de pâncreas, tireoide, testículos e ovários –, eles são levados a outras partes do corpo, onde cada um produz um efeito. Os hormônios são encontrados em todos os organismos multicelulares – plantas, fungos e animais – e influenciam ou controlam uma vasta gama de atividades fisiológicas, como crescimento, desenvolvimento, puberdade, regulação dos níveis de açúcar no sangue e apetite. O sistema endócrino – e o sistema nervoso nos animais – é um dos principais métodos de comunicação interna nos seres vivos.

No início do século XIX, os biólogos pensavam que o desenvolvimento de características sexuais era controlado por meio do

O experimento de Arnold Berthold envolveu a remoção dos órgãos sexuais masculinos (testículos) de seis pintinhos. No grupo 1, não fez mais nada. No grupo 2, enxertou os testículos dos pintinhos no próprio abdômen de cada um. No grupo 3, transplantou os testículos de um pintinho castrado no outro.

Grupo 1	Grupo 2	Grupo 3
Castração	Castração e reimplante de testículos	Castração e transplante de testículos

Sem características masculinas secundárias	Desenvolvimento masculino normal	Desenvolvimento masculino normal

TRANSPORTE E REGULAÇÃO

Ver também: Digestão 58-59 ▪ Circulação do sangue 76-79 ▪ Homeostase 86-89 ▪ Os hormônios ajudam a regular o corpo 92-97 ▪ Impulsos nervosos elétricos 116-117

Esses mensageiros químicos, ou hormônios, como podemos chamá-los, têm de ser levados […] ao órgão que afetam por meio da corrente sanguínea.
Ernest Starling, 1905

sistema nervoso. Em 1849, o fisiologista alemão Arnold Berthold, curador da coleção zoológica da Universidade de Göttingen, realizou um experimento em que removeu os testículos de seis pintinhos. Com isso, eles não desenvolveram características sexuais secundárias masculinas. Porém, quando ele transplantou testículos de outro pintinho para o abdômen de dois dos que foram castrados, eles desenvolveram normalmente as características sexuais secundárias masculinas.

Quando Berthold dissecou os pintinhos, descobriu que os testículos transplantados não tinham formado ligações nervosas. Sua conclusão foi que aquilo que causa o desenvolvimento sexual tinha de viajar pela corrente sanguínea e não pelos nervos.

Starling e Bayliss

Apesar dos achados de Berthold, a crença de que a comunicação entre os órgãos só ocorria por sinais elétricos conduzidos pelo sistema nervoso persistiu. Em 1902, porém, o fisiologista britânico Ernest Starling e seu cunhado William Bayliss, trabalhando juntos em seus laboratórios em Londres, investigaram os nervos do pâncreas e do intestino delgado. Eles estavam testando a teoria do fisiologista russo Ivan Pavlov de que as secreções do pâncreas eram controladas por sinais nervosos que viajavam da parede do intestino delgado para o cérebro e então de volta ao pâncreas.

Após cortar todos os nervos ligados aos vasos que supriam o pâncreas e o intestino delgado, Starling e Bayliss introduziram ácido no intestino delgado e viram que o pâncreas produziu suas secreções como sempre. A seguir, eles testaram sua própria hipótese de que o ácido fazia o intestino delgado liberar certa substância na corrente sanguínea. Eles cortaram um pouco de material do revestimento do intestino delgado, acrescentaram ácido, filtraram o fluido resultante e o injetaram em um cão anestesiado. Em poucos segundos, eles detectaram secreções do pâncreas, provando que o vínculo desencadeador entre o intestino delgado e o pâncreas não era levado pelo sistema nervoso.

O primeiro hormônio

O mensageiro químico liberado pelo intestino delgado recebeu o nome de secretina, a primeira substância a ser chamada de hormônio. Starling e Bayliss verificaram que a secretina é liberada pelo revestimento do intestino delgado na corrente sanguínea em resposta à chegada de fluido ácido do estômago. Ela viaja pela corrente até o pâncreas, onde estimula a secreção de bicarbonato, que neutraliza o ácido. Eles descobriram que esse hormônio é um estimulante universal – a secretina de uma espécie estimula o pâncreas de qualquer outra. ▪

Arnold Berthold

O segundo mais novo de seis irmãos, nascido em Soest, na Alemanha, em 1803, Berthold estudou medicina na Universidade de Göttingen e apresentou sua tese de doutorado em 1823. Ele esteve em várias universidades europeias antes de voltar a Göttingen como professor de medicina em 1835 e tornar-se curador de sua coleção zoológica cinco anos depois. As áreas de pesquisa de Berthold eram variadas. Além dos experimentos revolucionários com pintinhos, ele descobriu um antídoto para o envenenamento por arsênico e estudou a miopia, a gravidez e a formação das unhas. Morreu em Göttingen em 1861. Desde 1980, a Sociedade Alemã de Endocrinologia concede a Medalha Berthold em sua honra.

Obra principal

1849 *Transplantation der Hoden (Transplante de testículos)*

AS CONDIÇÕES CONSTANTES PODERIAM SER CHAMADAS DE EQUILÍBRIO
HOMEOSTASE

EM CONTEXTO

FIGURA CENTRAL
Claude Bernard (1813–1878)

ANTES
1614 Santorio Santorio investiga os processos químicos que sustentam a vida.

1849 Arnold Berthold descobre que nem todas as atividades do corpo são controladas pelo sistema nervoso.

DEPOIS
1910 Edward Sharpey-Schafer demonstra o papel crucial dos hormônios na regulação das funções corporais.

1926 Walter Cannon é o primeiro fisiologista a usar o termo "homeostase".

Para manter a vida, as células que formam os organismos são banhadas em um fluido que supre nutrientes e leva embora resíduos. Tanto em animais simples como em complexos, o corpo trabalha para conservar a estabilidade do ambiente fluido de que todas as suas células precisam para sobreviver. Os processos que juntos mantêm e regulam um meio interno estável dentro dos organismos vivos são chamados de homeostase.

A homeostase é um dos conceitos centrais da biologia. A estrutura e a função dos animais são ajustadas para manter a homeostase. As células individuais garantem com suas atividades a própria sobrevivência e, ao mesmo tempo, a de organismos complexos, ao formar tecidos. As contribuições combinadas de células, tecidos e

TRANSPORTE E REGULAÇÃO 87

Ver também: Circulação do sangue 76-79 ▪ Os hormônios provocam respostas 84-85 ▪ Os hormônios ajudam a regular o corpo 92-97 ▪ Contração muscular 132-133

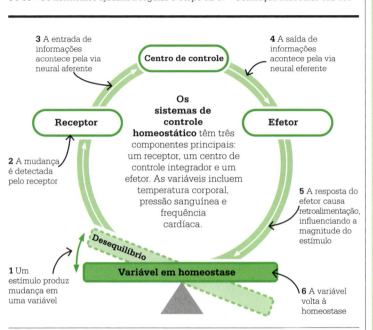

3 A entrada de informações acontece pela via neural aferente

4 A saída de informações acontece pela via neural eferente

Centro de controle

Receptor

Efetor

Os sistemas de controle homeostático têm três componentes principais: um receptor, um centro de controle integrador e um efetor. As variáveis incluem temperatura corporal, pressão sanguínea e frequência cardíaca.

2 A mudança é detectada pelo receptor

5 A resposta do efetor causa retroalimentação, influenciando a magnitude do estímulo

Desequilíbrio

Variável em homeostase

1 Um estímulo produz mudança em uma variável

6 A variável volta à homeostase

sistemas de órgãos asseguram a manutenção essencial de um meio interno estável em que as células possam prosperar.

O fisiologista francês Claude Bernard foi um dos principais pesquisadores a estabelecer a importância da experimentação nas ciências da vida. Ele abraçou a teoria celular de Theodor Schwann, chamando a célula de "átomo vital" e percebeu que a relação entre as células e seu ambiente é fundamental para entender a fisiologia. Em 1854, Bernard apresentou o conceito de *milieu intérieur* ("meio interno") para designar os mecanismos que mantêm o meio interno de um animal em equilíbrio mesmo quando o meio externo está em constante mudança.

De início, o meio interno de que Bernard se ocupou significava »

Este aparelho foi projetado e usado por Claude Bernard em experimentos para estudar os efeitos do calor em animais – apenas um aspecto de suas muitas pesquisas sobre homeostase.

Claude Bernard

Nascido em 1813 perto de Villefranche, na França, quando menino Bernard ajudava o pai a cuidar de suas vinhas. Depois de estudar medicina em Paris entre 1834 e 1843, ele começou a trabalhar com François Magendie, o principal fisiologista experimental da época. Em 1854, Bernard foi eleito para a Academia de Ciências da França. Quando Magendie morreu, no ano seguinte, Bernard o sucedeu como professor pleno no Collège de France, em Paris. O imperador Napoleão III mandou construir um laboratório para ele no Museu de História Natural em 1864. Bernard se separou de sua mulher em 1869 porque ela desaprovava fortemente sua prática de vivissecção. Após sua morte, em 1878, o governo francês financiou seu funeral, a primeira vez no país em que um cientista recebeu essa honra.

Obra principal

1865 *Uma introdução ao estudo da medicina experimental*

o sangue, mas depois ele estendeu esse significado, incluindo o fluido intersticial que cerca as células. Ele sabia que a temperatura do sangue era ativamente regulada. Bernard especulou que isso poderia ser controlado pelo menos em parte por uma alteração no diâmetro dos vasos sanguíneos e observou que na pele eles se contraíam no frio e dilatavam no calor. Ele também descobriu que os níveis de açúcar no sangue eram mantidos pela armazenagem e liberação de glicogênio pelo fígado, e investigou o papel do pâncreas na digestão.

Perto do fim da vida, Bernard reuniu suas pesquisas na proposta de que o objetivo dos processos corporais era manter um meio interno constante. Isso acontecia por meio de uma miríade de reações interligadas que compensavam mudanças no ambiente externo. Ele escreveu: "O organismo vivo não existe na verdade no *milieu extérieur*, mas no *milieu intérieur* líquido".

O conceito de Bernard de *milieu intérieur* regulado por mecanismos fisiológicos se opunha à crença então ainda muito defendida de uma "força vital" que opera além dos limites da física e da química. Ele afirmava que os princípios que sustentam a ciência biológica não são diferentes dos da física e da química. Apesar de

O corpo vivo, embora precise do ambiente que o cerca, é relativamente independente dele.
Claude Bernard

Bernard ser, na época, o mais famoso cientista na França, sua hipótese de que o meio interno ficava estável a despeito das condições externas foi amplamente ignorada nos cinquenta anos seguintes.

Autorregulação

Nos primeiros anos do século XX, o conceito de Bernard de meio interno foi afinal retomado por fisiologistas como William Bayliss e Ernest Starling, os descobridores da secretina, o primeiro hormônio a ser identificado. Starling descreveu a regulação do meio interno como "a sabedoria do corpo". Hoje se sabe que o sistema endócrino, que produz hormônios, é um fator crucial da homeostase. O pâncreas, por exemplo, produz o hormônio insulina, que é essencial para regular os níveis de açúcar no sangue.

O fisiologista americano Walter Cannon levou as ideias de Bernard além. Em 1926, ele cunhou o termo "homeostase" para descrever o processo de autorregulação pelo qual um organismo mantém a temperatura corporal estável e controla outras

Os humanos e outros animais podem viver em diversas condições ambientais devido a sua capacidade de regular a temperatura interna.

condições vitais, como níveis de oxigênio, água, sal, açúcar, proteínas e gorduras no sangue. O prefixo *homeo*, que significa "similar" – em vez de *homo*, "o mesmo" – refletiu a concepção de Bernard de que as condições internas podem variar dentro de certos limites.

Uma das descobertas mais importantes de Cannon foi o papel desempenhado pelo sistema nervoso simpático – a parte do sistema envolvida nas respostas involuntárias – na manutenção da homeostase. Ele supôs com acerto que o sistema nervoso simpático trabalha em conjunto com as glândulas adrenais para manter a homeostase em emergências. Cannon deu origem à expressão "lutar ou fugir" para descrever a reação do corpo a situações estressantes, que fazem as glândulas adrenais liberarem o hormônio adrenalina na corrente sanguínea. A liberação de

TRANSPORTE E REGULAÇÃO

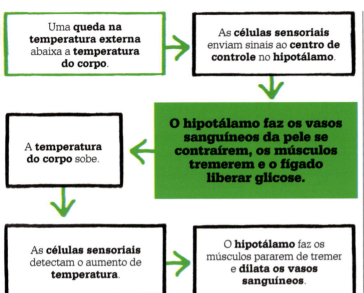

adrenalina causa vários efeitos. Nos músculos esqueléticos dos membros, relaxa os vasos sanguíneos, produzindo aumento do fluxo de sangue. Isso garante muito mais eficiência na chegada dos açúcares do sangue, que fornecem energia, e na remoção dos produtos residuais. Ao mesmo tempo, a adrenalina faz os vasos sanguíneos da pele se contraírem e promove a coagulação, dois efeitos destinados a minimizar perdas de sangue em ferimentos. A adrenalina também causa a quebra do glicogênio e a liberação de glicose do fígado na corrente sanguínea, e estimula a respiração, maximizando a liberação de oxigênio dos pulmões no sangue.

Em 1946, o fisiologista sueco Ulf von Euler identificou que o principal neurotransmissor (ou mediador de impulsos) do sistema nervoso simpático em mamíferos era a noradrenalina, não a adrenalina, como Cannon pensava.

Sistema de três componentes

Manter estáveis as condições de homeostase requer um sistema com três componentes: um receptor, um centro de controle e um efetor. Eles trabalham juntos em um circuito de retroalimentação negativa, que funciona opondo-se ou reiniciando o estímulo que provoca a ação. Essa ideia foi apresentada por Cannon, que descreveu os ajustes do corpo para manter as perturbações dentro de limites estreitos.

Os receptores sensoriais são células estimuladas por mudanças no ambiente – por exemplo, células nervosas que detectam variações de temperatura, ou células nos vasos que detectam mudanças na pressão sanguínea. Um estímulo causa o envio de um sinal do receptor a um centro de controle, que define uma resposta apropriada. Um dos centros de controle mais importantes é o hipotálamo, uma região do cérebro que supervisiona tudo, de temperatura corporal a frequência cardíaca, pressão sanguínea e ciclos de sono e vigília. Caso seja adequado, o centro de controle comunica a um efetor, que realiza as mudanças necessárias para restaurar o equilíbrio. Esse efetor pode ser músculos que fazem tremer com o frio, ou uma glândula do sistema endócrino que libera um hormônio para regular os níveis de cálcio no sangue. Quando o equilíbrio é restaurado, as células sensoriais comunicam a mudança ao hipotálamo, que desativa os efetores.

A regulação dos níveis de açúcar no sangue descoberta por Bernard é um bom exemplo de circuito de retroalimentação negativa. A presença de glicose na corrente sanguínea estimula o pâncreas a produzir insulina, que envia um sinal ao fígado para que armazene a glicose excessiva na forma de glicogênio. Quando as concentrações de glicose no sangue caem, o pâncreas para de produzir insulina e o fígado para de produzir glicogênio. Os níveis de glicose no sangue são assim mantidos em um intervalo específico condizente com as necessidades do corpo. O mecanismo de retroalimentação negativa é acionado pelos altos níveis de glicose e desativado quando eles vão a níveis mais baixos. ∎

O que acontece em nosso corpo é direcionado a um fim útil.
Walter Cannon

AR COMBINADO AO SANGUE
HEMOGLOBINA

O sangue tem **cor vermelha** devido a uma **proteína chamada hemoglobina**, rica em ferro.

As **moléculas de oxigênio** que entram no sangue **se ligam ao ferro** na hemoglobina.

A **hemoglobina** pode transportar **70 vezes mais oxigênio** do que se o gás fosse **dissolvido no plasma sanguíneo**.

A hemoglobina leva o oxigênio ao redor do corpo, para onde ele é necessário.

EM CONTEXTO

FIGURA CENTRAL
Felix Hoppe-Seyler
(1825–1895)

ANTES
Século II d.C. Galeno descreve como um componente vital do ar, chamado pneuma, entra nos pulmões e se mistura ao sangue.

1628 William Harvey mostra que o sangue se move em um sistema circulatório duplo, um circuito ligado aos pulmões e o outro, ao corpo.

DEPOIS
1946 Descobre-se que uma estrutura anormal de hemoglobina causa a talassemia.

1959 Max Perutz descobre a estrutura molecular da hemoglobina usando cristalografia de raios X.

Hoje Mais de mil variantes da molécula de hemoglobina já são conhecidas desde 2013 na população humana.

O sangue é o sistema primário de transporte do corpo, levando hormônios, nutrientes e materiais residuais, mas sua função mais importante é transportar oxigênio. No século XIX começou-se a entender como o sangue faz isso, graças ao trabalho de cientistas como o fisiologista e bioquímico alemão Felix Hoppe-Seyler. Nos humanos, 55% do volume do sangue é formado por um líquido amarelado chamado plasma, que é na maior parte água. Muitos dos conteúdos levados pelo sangue estão dissolvidos no plasma. O oxigênio, porém, não se dissolve bem em água. Plaquetas e leucócitos, importantes para a função imune, respondem por 2%.

As hemácias (também chamadas eritrócitos) correspondem ao volume restante do sangue e levam o oxigênio dos pulmões para onde é preciso. Uma pista para o método pelo qual elas realizam tal tarefa é

TRANSPORTE E REGULAÇÃO

Ver também: É possível criar substâncias bioquímicas 27 ▪ Circulação do sangue 76-79 ▪ Capilares 80 ▪ Grupos sanguíneos 156-157

sua cor vermelha, causada pela hemoglobina, uma proteína grande em seu interior. Como Hoppe-Seyler e outros descobriram, a hemoglobina é a verdadeira portadora do oxigênio no corpo. Essa capacidade específica foi revelada em 1840 pelo químico alemão Friedrich Ludwig Hünefeld. Quando outro alemão, o fisiologista Otto Funke, criou uma forma cristalina de hemoglobina nos anos 1850, Hoppe-Seyler conseguiu mostrar que essa matéria cristalina poderia absorver e liberar oxigênio, demonstrando sua função no sangue.

Como a hemoglobina trabalha

Antes que a hemoglobina inicie seu trabalho, o ar é inspirado para dentro do corpo e canalizado para minúsculas bolsas de ar nos pulmões, chamadas alvéolos. Lá o oxigênio (O_2) passa através do revestimento fino das bolsas de ar para o sangue e as hemácias.

A hemoglobina é um grande pacote de glóbulos de proteína arranjados em quatro subunidades. Cada subunidade tem um íon de ferro no centro. (Na verdade, é esse íon que dá ao sangue a cor vermelha.) Cada molécula de hemoglobina capta quatro moléculas de oxigênio – uma ligada a cada íon de ferro –, e uma hemácia contém em seu interior cerca de 270 milhões de moléculas de hemoglobina.

Hoje sabemos que a hemoglobina pode levar cerca de 70 vezes mais oxigênio do que se o gás fosse dissolvido no plasma sanguíneo e que o volume típico de 5 litros de sangue humano carrega 1 litro de oxigênio em qualquer momento. A oxi-hemoglobina, a forma totalmente saturada de hemoglobina, dá ao sangue oxigenado que flui pelas artérias uma cor vermelho-morango brilhante. O sangue desoxigenado nas veias é mais escuro, em parte devido à presença de carbamino-hemoglobina. Esse composto ajuda o corpo a se livrar do resíduo de dióxido de carbono (CO_2) produzido pelas células, mas só um quarto do CO_2 é devolvido aos pulmões desse modo, onde se espalha no ar e é exalado. A maior parte do CO_2 do corpo é dissolvida no plasma sanguíneo como íons de bicarbonato.

Em 1959, Max Perutz mostrou a estrutura de quatro unidades da hemoglobina usando raios X, o que lhe valeu o Prêmio Nobel de Química em 1962. Hoje se conhecem mais de mil variantes diferentes de hemoglobina humana, algumas das quais causam doenças como anemia falciforme e talassemia. Estas levam com frequência à anemia, uma diminuição danosa da quantidade total de hemácias ou da hemoglobina no sangue. ▪

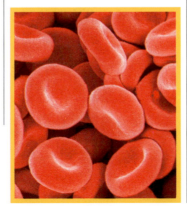

As hemácias humanas, vistas aqui em uma foto de microscópio, circulam no corpo por cerca de 100 a 120 dias. Elas são então quebradas, e o ferro é reutilizado para fazer novas hemácias.

Felix Hoppe-Seyler

Considerado um dos fundadores da bioquímica e da biologia molecular, Ernst Felix Hoppe nasceu em Freyburg, na Alemanha, em 1825. Órfão aos nove anos, foi adotado pelo cunhado, Georg Seyler, membro de uma poderosa família ligada aos Illuminati da Baviera (uma sociedade secreta de filantropos). Após se formar como médico, Hoppe-Seyler tornou-se pesquisador em Tübingen e depois em Strasbourg. Além do trabalho com hemoglobina, realizou importantes estudos sobre clorofila, a substância das plantas verdes responsável por captar a energia solar no processo de fotossíntese. Também se credita a Hoppe-Seyler o isolamento de várias proteínas complexas (que na época ele chamava de proteidas). Em 1877, fundou a publicação *Zeitschrift für Physiologische Chemie* e foi seu editor até morrer, em 1895.

Obra principal

1858 *Manual de fisiologia e análise patológico-química*

ÓLEOS, NO MAQUINÁRIO RANGENTE DA VIDA

OS HORMÔNIOS AJUDAM A REGULAR O CORPO

OS HORMÔNIOS AJUDAM A REGULAR O CORPO

EM CONTEXTO

FIGURA CENTRAL
Edward Sharpey-Schafer
(1850–1935)

ANTES
1849 O experimento de Arnold Berthold com pintinhos castrados indica a existência de um mecanismo regulador desconhecido no corpo.

Anos 1850 Claude Bernard apresenta a ideia do *milieu intérieur*, o meio interno estável de um organismo.

DEPOIS
1915 O neurologista americano Walter Cannon demonstra uma ligação entre as glândulas endócrinas e as reações emocionais.

1950 Philip Hench, Edward Kendall e Tadeusz Reichstein recebem o Prêmio Nobel de Fisiologia ou Medicina pela descoberta da cortisona, uma medicação hormonal para artrite reumatoide.

Anos 1980 A insulina humana sintética é produzida em massa para tratamento de diabetes.

A capacidade de um organismo de manter um estado interno relativamente estável, apesar das mudanças ambientais, é chamada homeostase. Ela requer comunicação confiável entre as células e tecidos de diferentes partes do corpo. Isso é obtido pela liberação de substâncias chamadas hormônios, levadas pela corrente sanguínea às células-alvo, que reagem de modo adequado. A palavra "hormônio" foi usada pela primeira vez em junho de 1905 pelo fisiologista britânico Ernest Starling. Ele definiu hormônios como "os mensageiros químicos que, correndo de célula em célula ao longo da corrente sanguínea, podem coordenar as atividades e o crescimento de diferentes partes do corpo". As células, tecidos e órgãos que secretam hormônios formam, juntos, o sistema endócrino do corpo.

Identificação de hormônios

O trabalho experimental de cientistas do século XIX, como Arnold Berthold e Claude Bernard, já comprovara que algum tipo de comunicação química acontece entre diferentes órgãos de um animal. Porém, quando Starling introduziu seu novo termo, muito pouco se sabia sobre a natureza dos hormônios e sobre como funcionam.

Mais tarde no século XIX, médicos relataram tratamentos

A insulina não é uma cura para o diabetes; é um tratamento. Ela permite ao diabético queimar carboidratos suficientes para que proteínas e gorduras possam ser acrescentadas à dieta.
Frederick Banting

bem-sucedidos de pacientes com certas doenças pela administração de extratos de tecidos animais, como a tireoide, glândulas adrenais e pâncreas. Ficaria depois claro que esses males eram causados por deficiências hormonais. Em 1889, o neurologista mauriciano Charles-Édouard Brown-Séquard informou a Academia de Ciências de Paris de que tinha injetado em si mesmo um preparado de veias, sêmen e outros fluidos dos testículos de cães e porquinhos-da-índia. Os resultados foram, relatou, uma melhora notável em sua força, estâmina e concentração. Ele depois aventou, em 1891, que todos os tecidos produziam secreções que podiam ser extraídas e usadas para tratar

---

Um **estímulo provoca** a liberação de um **hormônio** de uma **glândula endócrina**.

O **hormônio viaja** pela **corrente sanguínea**.

O hormônio **se liga** a **receptores** nas células do **órgão-alvo**.

Uma mudança é causada no órgão-alvo em resposta ao estímulo.

TRANSPORTE E REGULAÇÃO 95

Ver também: Metabolismo 48-49 ▪ Digestão 58-59 ▪ Circulação do sangue 76-79 ▪ Os hormônios provocam respostas 84-85 ▪ Homeostase 86-89

doenças; essa pode ter sido a primeira proposta do que seria conhecido como terapia de reposição hormonal.

Também em 1889, os médicos alemães Joseph von Mering e Oskar Minkowski descobriram o papel do pâncreas na prevenção de diabetes. Eles viram que cães que haviam tido o pâncreas removido desenvolviam todos os sintomas de diabetes e morriam pouco depois. O neurocirurgião britânico Victor Horsley demonstrou, em 1891, que pacientes com atividade insuficiente da tireoide (hipotireoidismo) podiam ser tratados com extratos de tireoide.

Os fisiologistas britânicos Edward Sharpey-Schafer e George Oliver demonstraram a existência e os efeitos da adrenalina, além de sua secreção pelas glândulas adrenais, em 1894, quando injetaram em um cão extrato de uma glândula adrenal e viram com surpresa sua pressão disparar. Oliver e Sharpey-Schafer mostraram depois que extratos da glândula pituitária aumentavam a pressão sanguínea, e os da tireoide a faziam baixar. Em 1902, Ernest Starling e William Bayliss identificaram em um experimento uma substância que chamaram de secretina, a qual provocava »

Edward Sharpey--Schafer

Considerado um fundador da endocrinologia, Edward Albert Schafer nasceu em Londres, em 1850, e estudou medicina no University College de Londres (UCL). Lá, foi aluno do eminente fisiologista William Sharpey, que o influenciou tanto que mais tarde ele acrescentou o nome Sharpey ao seu. Schafer tornou-se membro da Real Sociedade em 1878, professor do Instituto Real em 1883 e catedrático de fisiologia na Universidade de Edimburgo em 1899. Sempre interessado em testar novos procedimentos laboratoriais, ficou mais conhecido após a publicação, em 1903, de seu método de respiração artificial por compressão de bruços. Foi presidente da Associação Britânica de Ciências em 1911–1912. Aposentou-se em 1933 e morreu em casa, em North Berwick, na Escócia, dois anos depois.

Obras principais

1898 *Manual avançado de fisiologia*
1910 *Fisiologia experimental*

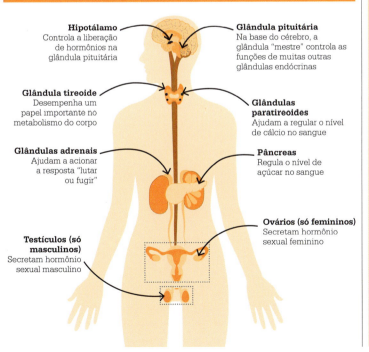

As principais glândulas endócrinas

Hipotálamo — Controla a liberação de hormônios na glândula pituitária

Glândula pituitária — Na base do cérebro, a glândula "mestre" controla as funções de muitas outras glândulas endócrinas

Glândula tireoide — Desempenha um papel importante no metabolismo do corpo

Glândulas paratireoides — Ajudam a regular o nível de cálcio no sangue

Glândulas adrenais — Ajudam a acionar a resposta "lutar ou fugir"

Pâncreas — Regula o nível de açúcar no sangue

Ovários (só femininos) — Secretam hormônio sexual feminino

Testículos (só masculinos) — Secretam hormônio sexual masculino

OS HORMÔNIOS AJUDAM A REGULAR O CORPO

secreções do pâncreas quando os ácidos estomacais entravam no intestino delgado.

Starling e Bayliss também verificaram que a secretina era um estimulante universal: a de uma espécie causava secreções pancreáticas em qualquer outra espécie. Pesquisas posteriores mostraram que essa universalidade se aplicava a todas as substâncias que Starling chamaria de hormônios. Em 1912, por exemplo, o fisiologista alemão Friedrich Gudernatsch usou extratos de tecido de tireoide de um cavalo para provocar o desenvolvimento de girinos em rãs.

A compreensão dos hormônios

Credita-se a Sharpey-Schafer a criação da palavra "endócrino", do grego *endon*, "dentro", e *krinein*, "secretar". Ele apresentou a ideia de que os hormônios atuam sobre os órgãos e células dentro do corpo e são um sistema de comunicação e controle distinto do sistema nervoso. Em 1910, propôs que o diabetes resulta da falta de uma substância produzida nas ilhotas de Langerhans, no pâncreas. Ele

Aprendemos que há uma endocrinologia de exultação e de desespero.
Aldous Huxley
Literature and Science, 1963

chamou-a de insulina, do latim *insula*, "ilha".

Em 1922, em outra demonstração histórica da universalidade dos hormônios, o médico canadense Frederick Banting usou insulina extraída do pâncreas de um cão para tratar Leonard Thompson, um diabético de 14 anos.

Nos primeiros anos do século XX, a pesquisa se concentrou em identificar a fonte dos hormônios e desvendar sua natureza química. Em 1926, o bioquímico britânico Charles Harington realizou a primeira síntese química de um hormônio, a tiroxina. Dez anos depois, o bioquímico americano

Edward Doisy definiu quatro critérios para identificação dos hormônios: deve ser distinguida uma glândula que produza uma secreção interna; a substância produzida deve ser detectável; deve ser possível purificar essa substância; e a substância pura precisa ser isolada e estudada quimicamente. A pesquisa de Doisy sobre o papel dos hormônios ovarianos lançou as bases para a criação dos anticoncepcionais.

Hormônios e regulação

O sistema endócrino consiste em uma interação complexa de ações e reações entre hormônios, as glândulas que os produzem e os órgãos-alvo que eles afetam. Os hormônios levam instruções de mais de uma dúzia de glândulas e tecidos endócrinos a células em todo o corpo. Cerca de 50 hormônios diferentes foram identificados em humanos, controlando uma variedade de processos biológicos, entre eles o crescimento dos músculos, a frequência cardíaca, os ciclos menstruais e a fome. Um só hormônio pode afetar mais de um processo, e uma função pode ser controlada por vários hormônios

Um médico supervisiona seu paciente diabético, que usa uma "caneta" de insulina para injetar o hormônio em sua corrente sanguínea.

O diabetes

Um dos exemplos mais comuns de regulação homeostática imperfeita do corpo, o diabetes, é uma doença que faz o nível de açúcar no sangue de uma pessoa ficar muito alto. Se não tratado, pode resultar em coma diabético ou até morte. Há duas formas. O diabetes tipo 1 deriva da incapacidade do corpo de fazer insulina porque o sistema imune ataca por erro as próprias células do pâncreas envolvidas na produção de insulina. Ainda não se sabe por que isso ocorre. Como Frederick Banting demonstrou, o diabetes tipo 1 pode ser tratado, mas não curado, pela administração de doses de insulina sintética.

Pessoas que sofrem de diabetes tipo 2 produzem insulina, mas não conseguem usá-la com eficácia – ou talvez não produzam o suficiente. Esse é de longe o tipo mais comum de diabetes, em geral diagnosticado mais tarde na vida, e há fortes indícios de que o estilo de vida pode ter um papel em seu desenvolvimento.

TRANSPORTE E REGULAÇÃO 97

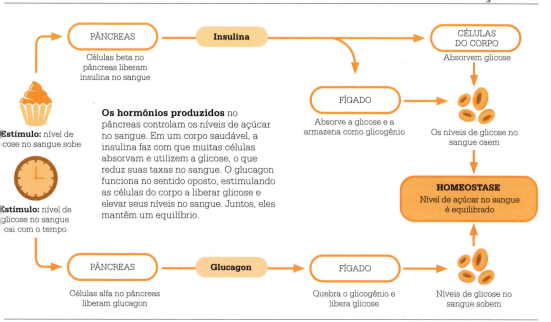

diferentes. Os hormônios fazem mais que se comunicar com órgãos-alvo. Por exemplo, quando o pâncreas secreta insulina, estimula células musculares a captar glicose da corrente sanguínea e pode também regular a liberação de hormônios de outras glândulas endócrinas. A assim chamada glândula mestre do sistema endócrino é a pituitária, que tem o tamanho de uma ervilha e situa-se sob o cérebro. Ela controla as funções de muitas outras glândulas endócrinas – secreta hormônios que influenciam nossas respostas à dor, avisa ovários e testículos para que produzam hormônios sexuais e regula a ovulação e o ciclo menstrual.

Os hormônios circulam pelo sangue e entram em contato com células em todo o corpo, sem distinção. Mas só causam reações em certas células, chamadas células-alvo. Uma célula-alvo responde a um hormônio porque tem receptores para esse hormônio; células que não têm esses receptores não responderão a ele. Os efeitos de um hormônio dependem de sua concentração no sangue. Se for muito alta ou muito baixa, o resultado é quase sempre uma doença – por exemplo, o diabetes se desenvolve devido a baixos níveis de insulina, e o hipertireoidismo ocorre quando a glândula tireoide é hiperativa.

Sharpey-Schafer não estava totalmente correto ao dizer que os sistemas endócrino e nervoso são separados. Ambos trabalham para regular e manter um equilíbrio saudável em outros sistemas do corpo. O sistema endócrino, em especial, se liga aos sistemas nervosos simpático e parassimpático. O sistema nervoso simpático age em resposta ao estresse, que pode ser qualquer coisa que ameace o bem-estar ou perturbe a homeostase. Ele prepara o corpo para reagir e ativa glândulas do sistema endócrino. Por outro lado, o sistema nervoso parassimpático acalma o corpo, e permite recuperar o equilíbrio quando o estresse é superado. ∎

A sensação de fome é causada pelo hormônio grelina, liberado pelo estômago. A grelina pode ajudar a preparar a ingestão de comida aumentando a secreção de ácido gástrico.

OS MESTRES QUÍMICOS DE NOSSO MEIO INTERNO
RINS E EXCREÇÃO

EM CONTEXTO

FIGURA CENTRAL
Arthur Cushny (1866–1926)

ANTES
Século IV a.C. Aristóteles acredita que os rins não são essenciais à produção de resíduos e são secundários em relação à bexiga.

1628 O médico inglês William Harvey comprova que o sangue circula de modo contínuo pelo corpo.

1666 Marcello Malpighi revela algumas das estruturas mais delicadas dos rins.

DEPOIS
1945 Willem Kolff mostra que pacientes com insuficiência renal podem se manter vivos com diálise artificial.

1958 O cientista dinamarquês Hans Ussing faz pesquisas detalhadas sobre função renal no nível de células individuais.

Uma das principais funções dos rins é remover os produtos residuais e o excesso de fluido do sangue, em um processo de excreção e reabsorção.

Em 1666, o anatomista italiano Marcello Malpighi forneceu a primeira descrição microscópica da estrutura renal. É provável que os instrumentos de que dispunha não ampliassem mais que 20 ou 30 vezes, mas revelaram estruturas que Malpighi pensou serem glândulas e que descreveu como se parecessem "maçãs em uma bela árvore". Ele acreditava que o processo que separa a urina e o sangue começava nessas glândulas, uma ideia que se mostrou exata e bem à frente do seu tempo.

Ideias conflitantes

Em 1842, o anatomista britânico William Bowman descreveu os rins em detalhes. Ele passara dois anos estudando as glândulas de Malpighi e notou que os corpúsculos malpighianos eram formados por uma massa de capilares minúsculos

William Bowman usou um microscópio dez vezes mais potente que o de Malpighi ao estudar os rins. Ele produziu diagramas muito detalhados, como os mostrados aqui.

(os glomérulos) dentro de uma estrutura que depois se chamaria cápsula de Bowman. Ele descobriu que essa cápsula era parte integrante do duto renal, que drena a urina para a bexiga. Ele acreditava que cada glomérulo excretava água, descarregando a ureia residual ao longo de um tubo minúsculo que saía da cápsula.

Na época, a teoria de Bowman foi questionada pelo médico alemão Carl Ludwig, segundo o qual acontecia um processo de filtragem em que os componentes do plasma sanguíneo, excluindo-se moléculas

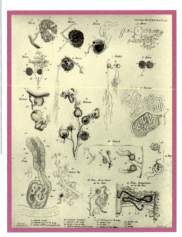

TRANSPORTE E REGULAÇÃO

Ver também: Anatomia 20-25 ▪ Metabolismo 48-49 ▪ Digestão 58-59 ▪ Circulação do sangue 76-79 ▪ Capilares 80 ▪ Os hormônios ajudam a regular o corpo 92-97

> Partes extremamente diminutas [são] moldadas e posicionadas de modo a formar um órgão maravilhoso.
> **Marcello Malpighi**

maiores como gordura e proteínas, passavam pelas paredes dos capilares dos glomérulos. Ludwig argumentava que, como o volume filtrado era muito superior à urina excretada, a maior parte dele devia ser reabsorvida pelos túbulos.

O fisiologista alemão Rudolph Heidenhain discordou de Ludwig. Em 1883, Heidenhain publicou um cálculo que parecia mostrar que os rins de um adulto médio teriam de filtrar 70 litros de fluido por dia para responder pela produção diária de ureia, exigindo que pelo menos o dobro desse volume de sangue fluísse pelos rins. Heidenhain declarou que isso era muito improvável e que a urina teria de ser produzida totalmente pela secreção dos túbulos renais, e não por filtragem.

A teoria moderna

Em 1917, o médico escocês Arthur Cushny publicou *The Secretion of Urine*, em que defendeu a teoria de filtragem-reabsorção de Ludwig. Cushny refutou experimentalmente a afirmação de Heidenhain de que os túbulos não poderiam reabsorver água nas quantidades requeridas e descartou a ideia de que a urina fosse produzida por secreção. Em vez disso, apresentou o que chamou de "teoria moderna" da função renal.

Segundo Cushny, a quantidade de fluido reabsorvido indicava que, além de um grande volume de água, quase toda a glicose, os aminoácidos e os sais filtrados deviam também ser reabsorvidos pelos túbulos. As concentrações variadas dessas substâncias significavam que eram reabsorvidas em diferentes graus. Por exemplo, os aminoácidos são total ou quase totalmente reabsorvidos, enquanto produtos residuais como a creatinina, produzida pelo metabolismo muscular, quase não são reabsorvidos. ▪

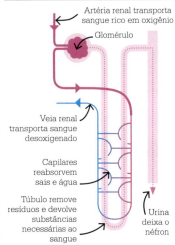

O rim humano contém milhares de unidades que filtram o sangue, chamadas néfrons. Cada um deles tem um glomérulo – uma porção de vasos sanguíneos cercados por uma cápsula –, que remove resíduos e o excesso de água.

Diálise

Antes de meados do século xx, a insuficiência renal era uma sentença de morte. Sem a capacidade dos rins de filtrar resíduos danosos, o corpo não podia funcionar. Nos anos 1920, o médico alemão Georg Haas testou o primeiro tratamento por diálise (remoção artificial de produtos residuais) em humanos, usando tubos de uma membrana baseada em celulose com propriedades semipermeáveis. Nenhum de seus pacientes sobreviveu, porém, sobretudo porque o procedimento não foi efetuado por tempo suficiente. Um grande avanço ocorreu em 1945, quando Willem Kolff realizou diálise por uma semana em uma paciente com insuficiência renal aguda. Kolff usou um rim artificial feito de tubos de celofane enrolados em um tambor de madeira. O sangue corria pelos tubos e o tambor rodava em um banho de solução eletrolítica chamado dialisador. Conforme os tubos giravam na solução, as toxinas passavam do sangue para ela por osmose.

Esta versão final do rim artificial original de Kolff usava 40 m de tubos de celofane enrolados em um tambor de madeira.

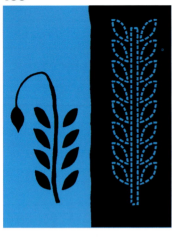

SEM AUXINA, SEM CRESCIMENTO
REGULADORES DO CRESCIMENTO VEGETAL

EM CONTEXTO

FIGURA CENTRAL
Frits W. Went (1903–1990)

ANTES
1881 Charles Darwin e seu filho Francis observam que mudas de aveia se inclinam para a luz.

1911 O cientista dinamarquês Peter Boysen-Jensen aventa que sinais semelhantes a hormônios percorrem as plantas.

1924 Frank Denny, fisiologista vegetal do Departamento de Agricultura dos EUA, explica que o etileno das lâmpadas de querosene dos agricultores – não o calor ou a fumaça, como pensavam – induz os frutos a amadurecer.

DEPOIS
1935 O agroquímico japonês Teijirō Yabuta isola e nomeia a giberelina.

1963 Os botânicos Frederick Addicott, nos EUA, e Philip Waring, no Reino Unido, descobrem o ácido abscísico de modo independente.

Para sobreviver, os animais se aproximam de alimento e água e se afastam do perigo. As plantas também devem reagir a estímulos ambientais, mas são imóveis, então crescem em direção a luz, água e oxigênio, e se defendem desenvolvendo estruturas defensivas ou emitindo substâncias protetoras. Os processos fisiológicos das plantas são controlados por moléculas que têm papel similar ao dos hormônios secretados nos sistemas circulatórios animais. Nas plantas, tais moléculas se movem através de tecidos e têm impactos mais lentos que nos animais, afetando mais padrões de longo prazo de crescimento; por isso, recebem o nome de fitormônios (ou reguladores do crescimento vegetal).

Os fitormônios são proteínas minúsculas; como uma chave, cada um se ajusta em outra proteína, ou receptor, que atua como uma fechadura. Quando a proteína "fechadura" abre, uma cascata de eventos ocorre, iniciando mecanismos de sobrevivência, como quando a planta se protege da seca ou cresce em direção a uma fonte de água.

Descoberta da auxina

O primeiro fitormônio a ser identificado foi a auxina. Nos anos 1880, Charles e Francis Darwin descobriram que, se cobrissem a ponta de uma muda de aveia com papel escuro ou a cortassem, a planta não se inclinaria para a luz. Eles concluíram que alguma "influência" na ponta da muda controla sua resposta de crescimento à luz (hoje chamada fototropismo).

Em 1927–1928, Frits W. Went e Nikolai Cholodny descreveram a substância depois chamada auxina. O modelo Cholodny-Went, de 1937,

O gás etileno é emitido por frutos maduros para coordenar o amadurecimento daqueles ao redor, na mesma planta. Bananas maduras podem ser usadas para amadurecer frutos verdes como tomates.

TRANSPORTE E REGULAÇÃO

Ver também: Membranas plasmáticas 42-43 ▪ Fotossíntese 50-55 ▪ A transpiração das plantas 82-83 ▪ Homeostase 86-89 ▪ Os hormônios ajudam a regular o corpo 92-97 ▪ Translocação nas plantas 102-103 ▪ Polinização 180-183 ▪ Níveis tróficos 300-301

Comprovação da ação da auxina no fototropismo

Na natureza, a auxina estimula o crescimento celular no lado sombreado de um broto, de modo que ele se inclina para o lado com células mais curtas – onde há mais luz solar.

1. Em plena luz solar, a auxina se concentra na ponta de qualquer muda ou broto.

2. Se um lado da muda fica na sombra da luz solar, a auxina se espalha para esse lado.

3. As células crescem mais no lado sombreado da muda, então ela se inclina para a luz.

O experimento de Went isolou a substância auxina da ponta de uma muda de aveia, manipulando a direção do seu crescimento e revelando o papel da auxina no fototropismo.

1. A ponta da muda é cortada e colocada sobre um bloco de ágar. A auxina se espalha da ponta para baixo, no bloco de ágar.

2. O bloco de ágar é colocado em um lado da muda cortada. Nenhuma fonte de luz está presente, portanto a luz sozinha não pode causar resposta alguma.

3. A auxina do ágar se espalha em um lado da muda. As células que recebem auxina crescem mais que as do outro lado da muda.

combinou suas descobertas, descrevendo o papel da auxina no fototropismo e no geotropismo (resposta de crescimento à gravidade) das raízes. O modelo foi um passo central na compreensão dos fitormônios.

Tipos principais de fitormônio

O papel do gás etileno foi entendido no século XIX e início do XX depois que se observou que ele fazia os frutos amadurecerem. Em 1934, o fitologista britânico Richard Gane provou que os frutos podem sintetizar etileno. Frutos maduros são essenciais ao ciclo de vida das plantas, pois abrigam a futura geração em suas sementes, que são dispersadas na época adequada do ano. Em uma macieira, por exemplo, a primeira maçã que amadurece emite gás etileno, para que outras amadureçam junto. O etileno hoje é usado em frutos verdes para que amadureçam ao serem postos à venda.

Nos anos 1940, Folke Skoog começou a estudar a substância que faz as células se dividirem e se diferenciarem em órgãos – ou seja, raízes, folhas, flores ou frutos. Seu aluno Carlos Miller isolou a cinetina, hoje citocinina, em 1954. Esse fitormônio também afeta o envelhecimento; por exemplo, a diminuição de citocinina degrada a clorofila verde no outono, e revela pigmentos nas folhas; na primavera, os níveis de citocinina sobem e formam brotos de folhas. Outros fitormônios são a giberelina e o ácido abscísico. A primeira alonga e divide (em presença de auxina) a célula e interrompe a dormência da semente; é usada para fazer uvas sem sementes. O ácido abscísico controla as respostas a estresse ambiental, como ao fechar os estômatos (poros) quando há seca e nos períodos de dormência. Todos os fitormônios têm múltiplas funções; a auxina também regula a formação de folhas e flores, o amadurecimento dos frutos e a produção de novas raízes. Os fitormônios interagem ainda nos processos vegetais, juntos ou uns contra os outros. ∎

Fitocromos

O botânico americano Harry Borthwick e o bioquímico Sterling Hendricks, do Departamento de Agricultura dos Estados Unidos, isolaram pela primeira vez fitocromos, proteínas vegetais fotossensíveis, em 1959. Essa proteína se vincula a um receptor de luz que, como nos fitormônios, funciona como uma fechadura. Neste caso, as chaves são comprimentos de luz vermelha do sol. Diferentes comprimentos de luz vermelha informam a planta sobre o horário do dia e se ela está em pleno sol ou na sombra. Os fitocromos também detectam quanto tempo certos comprimentos de onda estão presentes e, portanto, a estação em que se está. Com essa informação, a planta regula seus ritmos circadianos (diários), entre eles a fotossíntese, além dos momentos de germinação, florescência e dormência.

A PLANTA PÕE SEUS FLUIDOS EM MOVIMENTO
TRANSLOCAÇÃO NAS PLANTAS

EM CONTEXTO

FIGURA CENTRAL
Ernst Münch (1876–1946)

ANTES
1837 O botânico alemão Theodor Hartig observa células do floema, que chama de tubos crivados (*Siebröhren*).

1858 O termo "floema" é cunhado pelo botânico suíço Carl von Nägeli, que propõe que tubos longos de floema poderiam transportar matéria insolúvel.

1928 A teoria fonte-sumidouro de Thomas Mason e Ernest Maskell sugere que o açúcar sobe e desce no floema apenas por difusão.

DEPOIS
1953 Os entomologistas John Kennedy, do Reino Unido, e Thomas Mittler, da Áustria, usam afídeos para provar que a seiva da planta se move por fluxo de massa por meio dos tubos crivados do floema.

Todos os organismos biológicos precisam da energia do açúcar para suprir a atividade celular. Na translocação nas plantas, o açúcar feito na fotossíntese e outros nutrientes captados pelas raízes circulam pela planta na seiva. No século XIX, botânicos observaram células de floema e descobriram que a seiva fluía por vasos feitos desse tecido. O debate se centrou na força – de pressão externa a difusão ou osmose – que impelia a seiva ao longo dos vasos do floema.

Fonte e sumidouro
Thomas Mason e Ernest Maskell mostraram em 1928 que o floema transportava açúcares ao redor da planta e expuseram a teoria fonte-sumidouro. O açúcar se origina num local da planta e é "embarcado" para outros pontos conforme necessário. A área onde o açúcar se origina é a "fonte" e aquela onde é descarregado é o "sumidouro". Fonte e sumidouro podem mudar na planta, conforme a estação. Por exemplo, quando cenouras não são colhidas, suas folhas morrem no inverno. Na primavera, a raiz da cenoura é a fonte, pois armazenou açúcar. Quando ele é mandado para cima para criar uma nova folhagem, as folhas e caules novos se tornam o sumidouro. Depois, na estação do crescimento, as folhas maduras iniciam a fotossíntese e passam a ser a fonte, onde o açúcar é feito. As raízes, flores e novos caules e folhas da cenoura precisam todos de açúcar e se tornam sumidouro.

O processo de translocação
Mason e Maskell tinham proposto a ideia incorreta de que a seiva fluía pelo floema só por difusão. Então, em 1930, Ernst Münch publicou sua hipótese, hoje conhecida como teoria do fluxo de massa (ou fluxo de pressão), vista como a melhor explicação de como a seiva flui da fonte ao sumidouro. Em sistemas biológicos, a

As folhas fazem açúcar. Todo o açúcar que você já comeu foi feito primeiro dentro de uma folha.
Hope Jahren
Geobióloga americana

TRANSPORTE E REGULAÇÃO

Ver também: A natureza celular da vida 28-31 ▪ Membranas plasmáticas 42-43 ▪ Fotossíntese 50-55 ▪ Reações de fotossíntese 70-71 ▪ A transpiração das plantas 82-83 ▪ Reguladores do crescimento vegetal 100-101 ▪ Polinização 180-183 ▪ Cadeias alimentares 284-285

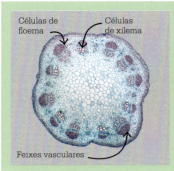

No caule de um girassol, os feixes vasculares de células do floema e do xilema são arranjados em um anel ao redor da área central de tecido medular.

Tecido do floema

Todo "embarque" e "desembarque" de açúcar na translocação das plantas exige células de transporte especializadas, chamadas floema. Elas são similares às células do xilema, que carregam a corrente de transpiração da planta. Em 1969, Katherine Esau descreveu a estrutura e função do floema em detalhes, com a ajuda de um microscópio eletrônico de transmissão. O tecido do floema consiste em células cilíndricas com pontas perfuradas, dispostas ponta contra ponta, formando vasos chamados tubos crivados. Em plantas herbáceas, como os girassóis, os tecidos de transporte da água (xilema) e de transporte de açúcar (floema) estão enfeixados juntos. Eles correm das raízes aos caules, folhas, flores e frutos. Em plantas lenhosas, como carvalhos, a madeira é feita de tecido de xilema e a casca contém o floema. No inverno, animais como o veado e o alce comem a casca das árvores. Quando a casca é removida em toda a circunferência do tronco, em um anel, a árvore pode morrer, pois isso corta o suprimento de açúcares pelo floema na casca.

água se espalha de áreas de maior concentração de água/menor de açúcares para áreas de maior concentração de açúcares/menor de água, através da membrana plasmática, por um processo chamado osmose. Münch descreveu como, quando as folhas descarregam açúcar fotossintetizado em células de floema próximas, a carga maior de açúcar na seiva puxa água do xilema, os vasos transportadores de água, para o floema. O afluxo súbito de água no espaço confinado do floema da folha cria uma pressão alta – conhecida como pressão hidrostática.

Münch também explicou como a seiva se move conforme um gradiente de pressão, de áreas de maior pressão, na fonte, para de menor pressão hidrostática, nos sumidouros, que, como as raízes e brotos, podem estar em diferentes locais, então a seiva se move para cima ou para baixo no floema. Os sumidouros precisam constantemente de açúcar para suprir a atividade celular e o extraem de modo ativo do floema. Quando seu açúcar é perdido, a água do floema fica com menos energia (baixo potencial hídrico) que a água do xilema (potencial hídrico maior), então ela se move para dentro do xilema, para ser reciclada e subir pela planta na corrente de transpiração. Os afídeos (insetos minúsculos) se alimentam de seiva vegetal perfurando vasos com peças bucais (estiletes) semelhantes a agulhas. Chupar a seiva seria o mesmo que beber água de uma mangueira de alta pressão, então eles apenas a deixam fluir enquanto metabolizam os açúcares. A taxa de fluxo da seiva foi medida em 1953, cortando os estiletes de afídeos que se alimentavam. ▪

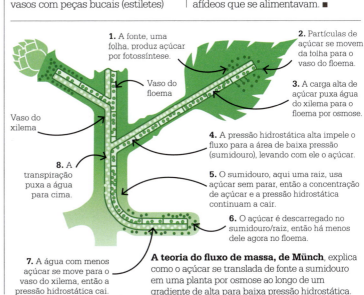

1. A fonte, uma folha, produz açúcar por fotossíntese.

2. Partículas de açúcar se movem da folha para o vaso do floema.

3. A carga alta de açúcar puxa água do xilema para o floema por osmose.

4. A pressão hidrostática alta impele o fluxo para a área de baixa pressão (sumidouro), levando com ele o açúcar.

5. O sumidouro, aqui uma raiz, usa açúcar sem parar, então a concentração de açúcar e a pressão hidrostática continuam a cair.

6. O açúcar é descarregado no sumidouro/raiz, então há menos dele agora no floema.

7. A água com menos açúcar se move para o vaso do xilema, então a pressão hidrostática cai.

8. A transpiração puxa a água para cima.

A teoria do fluxo de massa, de Münch, explica como o açúcar se translada de fonte a sumidouro em uma planta por osmose ao longo de um gradiente de alta para baixa pressão hidrostática.

CÉREBRO
COMPOR

TAMENTO

INTRODUÇÃO

Luigi Galvani mostra como a **estimulação elétrica** faz os **músculos** de uma rã morta **se contraírem**.

ANOS 1780

Hermann von Helmholtz desenvolve a teoria do "**tricromatismo**", segundo a qual os humanos percebem a **cor** usando três tipos de **receptores**.

ANOS 1850

Emil du Bois-Reymond propõe que a "eletricidade animal" consiste em **sinais** elétricos **transmitidos** por **nervos** por meio do sistema nervoso.

c.1865

1815

Dissecando cérebros de pombos e coelhos vivos, Jean Pierre Flourens comprova que diferentes **áreas do cérebro controlam funções** diversas.

1861

Examinando pacientes com ferimentos cerebrais, Paul Broca identifica a **área do cérebro** que controla a **produção da fala**.

1873

Douglas Spalding contribui para o debate **natureza versus criação** fazendo uma distinção entre **comportamento inato** e **adquirido** em animais jovens.

O fato de os animais terem a capacidade de se mover, e assim de se comportar de certos modos, tornou-se um foco especial de pesquisa para os cientistas no século XIX. Os primeiros a investigar o tema se centraram nos mecanismos físicos que permitem o movimento, mas a partir desses estudos surgiu a ideia de que o sistema nervoso, e o cérebro em particular, controla não só os órgãos de movimento como os sensoriais, estando assim no âmago do comportamento animal.

Correntes elétricas

Um dos primeiros cientistas a dar uma ideia sobre o funcionamento do sistema nervoso foi Luigi Galvani, que atestou algo surpreendente ao investigar os efeitos da recém-descoberta corrente elétrica sobre tecido animal. Em uma série de experimentos nos anos 1780, Galvani verificou que as pernas de uma rã morta reagiam se contraindo ao serem submetidas à estimulação elétrica. A partir disso, ele inferiu que a contração muscular, e, assim, o movimento dos animais, era causada por um impulso elétrico, uma força que chamou de "eletricidade animal". Porém, só quase um século depois, nos anos 1860, Emil du Bois-Reymond propôs que a "eletricidade animal" de Galvani era transmitida por todo o corpo por meio de um sistema de nervos, propiciando uma compreensão melhor da natureza do sistema nervoso.

O centro de controle

No início do século XIX, reconhecia-se que o cérebro também tinha um papel central no controle do movimento e do comportamento dos animais, mas pouco se sabia sobre seu funcionamento. No espírito de Galeno, cerca de 1600 anos antes, o fisiologista Jean Pierre Flourens realizou experimentos no cérebro de pombos e coelhos, retirando partes do tecido cerebral e verificando os efeitos. Ele descobriu que diferentes funções do corpo são controladas por partes específicas do cérebro. Seus achados foram confirmados quando Paul Broca, em um estudo de pacientes com ferimentos cerebrais, descobriu que aqueles com problemas de fala tinham sofrido danos em uma parte em especial do cérebro, hoje chamada área de Broca. A ideia de que regiões específicas do cérebro controlam funções diferentes foi comprovada e hoje os fisiologistas buscam "mapear" o cérebro humano

CÉREBRO E COMPORTAMENTO

Examinando ao microscópio tecido nervoso com coloração especial, Santiago Ramón y Cajal confirma que o **sistema nervoso é composto de células**.

ANOS 1890

Otto Loewi **descobre** as substâncias conhecidas como **neurotransmissores**, que levam sinais nervosos entre as células.

1921

Eric Kandel confirma a teoria de Ramón y Cajal de que **mudanças químicas** nas sinapses estão envolvidas na **construção da memória**.

ANOS 1960

1909

Korbinian Brodmann cria o primeiro **mapa funcional** detalhado do **córtex** cerebral.

1954

O **processo químico** responsável pela **contração muscular** é **descoberto** de modo independente por Andrew Huxley e Rolf Niedergerke, e por Hugh Huxley e Jean Hanson.

1960

Jane Goodall **observa chimpanzés usando** e **fazendo ferramentas**, renovando o interesse pelo tema do uso de ferramentas por animais.

---

segundo a função especializada das várias áreas. Eles descobriram, por exemplo, que a parte do cérebro chamada córtex cerebral controla as funções mais complexas, como memória, solução de problemas e comunicação, enquanto outras partes respondem pelas funções "inferiores", como o movimento.

No início do século XX, usando as últimas técnicas de microscopia, Korbinian Brodmann conseguiu criar um mapa detalhado do cérebro, mostrando a organização espacial especializada do córtex cerebral.

Nos anos 1850, a pesquisa de Hermann von Helmholtz sobre o modo com que os animais percebem a luz (visão) mostrou que os olhos também apresentam especialização, especificamente na capacidade de distinguir cores. Segundo sua teoria, a visão da cor é possível devido à presença, nos olhos, de receptores de diferentes pigmentos, sensíveis a comprimentos de luz específicos.

Processamento de sinais

Um avanço importante para compreender como os sinais são transmitidos dos órgãos sensoriais ao cérebro, e do cérebro a outros órgãos, ocorreu no fim do século XIX. Usando uma técnica nova de coloração, Santiago Ramón y Cajal conseguiu examinar aspectos antes invisíveis do tecido nervoso e descobriu que os nervos são compostos de várias células diferentes, chamadas neurônios, que levam os sinais para dentro e fora do cérebro. Mais tarde, Otto Loewi verificou que os neurônios "se comunicam" uns com os outros através de intervalos entre as fibras nervosas (sinapses) liberando substâncias que provocam impulsos elétricos nas células vizinhas.

Um conhecimento detalhado da fisiologia do cérebro e do sistema nervoso foi aos poucos estabelecido e isso até ajudou de certo modo a explicar funções cerebrais mais elevadas, como a memória e o aprendizado, que nos anos 1960 Eric Kandel mostrou estarem associados a um processo físico no cérebro.

Questões sobre comportamento animal, porém, em especial humano, continuam sem resposta. Por exemplo, quanto dele é inato, resultando da estrutura complexa do cérebro, e quanto é modelado pelo aprendizado ao vivenciar o ambiente? E, dado o processo de evolução, quanto de nosso comportamento é herdado e pode ser transmitido às gerações seguintes? ■

OS MÚSCULOS SE CONTRAÍRAM EM CONVULSÕES TÔNICAS
TECIDOS EXCITÁVEIS

EM CONTEXTO

FIGURA CENTRAL
Luigi Galvani (1737–1798)

ANTES
Século I d.C. Médicos gregos e romanos usam choques de um torpedinídeo do Atlântico, uma espécie de arraia elétrica, para tratar dores de cabeça e gota.

1664 O microscopista holandês Jan Swammerdam remove a perna de uma rã e a faz se contrair quando aperta seus nervos.

1769 O médico nascido nos EUA, Edward Bancroft faz relatos sobre outro peixe elétrico capaz de atordoar presas.

DEPOIS
1803 Giovanni Aldini usa a eletricidade para reanimar o cadáver de um assassino executado havia pouco em Londres.

1843 Emil du Bois-Reymond mostra que, ao aplicar corrente elétrica a nervos, os músculos se contraem involuntariamente.

Em 1791, o anatomista italiano Luigi Galvani divulgou uma descoberta que revolucionou nossa compreensão não só dos animais, mas da eletricidade. Ao dissecar as pernas recém-cortadas de uma rã, fixadas por um gancho de cobre, Galvani verificou que, quando tocava o nervo exposto com um bisturi de ferro, elas se contraíam. Ele recriou o experimento com um arco metálico com uma ponta de ferro e a outra de cobre. Com esse dispositivo, Galvani conseguiu reanimar os músculos de várias espécies animais tocando-os com ambas as pontas.

Desde Aristóteles, no século III a.C., os cientistas aceitavam a teoria do vitalismo, segundo a qual todos os organismos vivos continham uma "força vital" não física. Na época da descoberta de Galvani, a eletricidade era um fenômeno pouco conhecido, e ele afirmou que havia constatado que essa força vital era elétrica. Outros discordaram, supondo que a combinação de dois metais diferentes e fluidos corporais salgados indicava um processo químico, e em 1800 o físico italiano Alessandro Volta comprovou tal suposição construindo a primeira pilha do mundo com cobre, zinco e papel ensopado em solução salina. Apesar disso, em 1843 o médico alemão Emil du Bois-Reymond provou a natureza elétrica dos sinais nervosos ao detectar corrente elétrica em músculos e nervos de rãs. ■

Os experimentos de Luigi Galvani com rãs, entre outros, o levaram a crer que os animais são impulsionados por uma força elétrica, que chamou de "eletricidade animal".

Ver também: É possível criar substâncias bioquímicas 27 ▪ Impulsos nervosos elétricos 116-117 ▪ Células nervosas 124-125 ▪ Sinapses 130-131

CÉREBRO E COMPORTAMENTO

A FACULDADE DE SENSAÇÃO, PERCEPÇÃO E VONTADE
O CÉREBRO CONTROLA O COMPORTAMENTO

EM CONTEXTO

FIGURA CENTRAL
Jean Pierre Flourens
(1794–1867)

ANTES
Séculos VI-V a.C. O filósofo natural Alcméon de Crotona propõe que o cérebro é a sede do pensamento.

1811 O médico francês Julien Jean César Legallois mostra que uma região da medula oblonga (metade inferior do tronco cerebral) controla a respiração.

DEPOIS
1865 O anatomista francês Paul Broca comprova que uma parte do lobo frontal do cérebro humano está envolvida na linguagem.

1873 O biólogo italiano Camillo Golgi desenvolve uma técnica de coloração que torna os neurônios (células do cérebro) visíveis ao microscópio.

1909 O neurocientista alemão Korbinian Brodmann define 52 áreas do córtex cerebral em termos de função.

As primeiras ideias sobre as funções do cérebro eram variadas, com gregos antigos debatendo se a mente e a alma residiam no coração ou no cérebro. Aristóteles pensava que a função cerebral era resfriar o sangue. Alguns dos primeiros gregos, porém – como Hipócrates –, reconheciam o papel do cérebro na sensação e no pensamento, e na Roma do século II Galeno ensinava que o cérebro controla as faculdades mentais.

Funções do cérebro
Na primeira metade do século XIX, os cientistas observaram que partes diferentes do cérebro podiam ser responsáveis por funções diversas. Entre 1822 e 1824, o fisiologista francês Jean Pierre Flourens realizou experimentos sobre as três partes principais do cérebro dos animais – o cerebelo (uma estrutura na parte de trás do cérebro), o tronco cerebral (a "raiz" do cérebro, que o liga à medula espinhal) e o telencéfalo (lobos grandes e emparelhados de tecido sobre o tronco cerebral). Ele verificou que o cerebelo parecia regular os movimentos voluntários; o tronco cerebral controlava funções vitais involuntárias, como a respiração e a circulação do sangue, e o telencéfalo estava envolvido em funções superiores, como a percepção, a tomada de decisões e o início de movimentos voluntários. Em outras palavras, o telencéfalo parecia ter um papel crucial no controle do comportamento. ∎

O telencéfalo controla funções superiores, como a tomada de decisões

O cerebelo regula o equilíbrio e o movimento

Bulbo olfatório

O tronco cerebral controla funções vitais

Para ver como o cérebro de um coelho vivo funcionava, Flourens desativou partes diferentes com incisões e observou os efeitos.

Ver também: Fisiologia experimental 18-19 ▪ Fala e cérebro 114-115 ▪ Organização do córtex cerebral 126-129

TRÊS CORES PRINCIPAIS: VERMELHO, AMARELO E AZUL

VISÃO DA COR

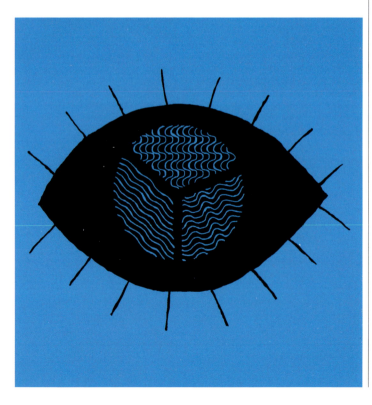

EM CONTEXTO

FIGURA CENTRAL
Thomas Young (1773–1829)

ANTES
1704 Isaac Newton publica *Opticks*, detalhando experimentos sobre a natureza física da luz.

1794 O químico britânico John Dalton investiga a cegueira para cores, acreditando que resulta de uma descoloração do humor aquoso no olho.

DEPOIS
1876 O fisiologista alemão Franz Boll descobre a rodopsina, proteína sensível à luz presente nos bastonetes da retina.

1967 O bioquímico americano George Wald recebe o Prêmio Nobel de Fisiologia ou Medicina pelo trabalho sobre fotopsinas, proteínas fotorreceptoras nos cones da retina.

A cor é um dos modos mais importantes com que pessoas e animais com visão experienciam o mundo. Durante séculos se pensou que luz e cor eram fenômenos diferentes: a luz era portadora da cor e não a própria fonte da cor; a cor era uma propriedade inerente ao objeto, transmitida ao observador pela luz. O físico inglês Isaac Newton, em uma série de engenhosos experimentos publicados em *Opticks*, mostrou que refratar um feixe de luz branca em um prisma o dividia em um espectro de cor, fornecendo prova conclusiva de que a cor era, na verdade, uma propriedade da luz. A questão que faltava responder era:

CÉREBRO E COMPORTAMENTO

Ver também: Impulsos nervosos elétricos 116-117 ▪ Células nervosas 124-125 ▪ Organização do córtex cerebral 126-129 ▪ Cromossomos 216-219 ▪ Mutação 264-265

Um teste de tetracromatismo, ou visão de cor com quatro canais, é realizado em uma pessoa (acima, à esquerda) submetida a feixes de luz colorida.

Tetracromatismo

Acredita-se que cada tipo de cone no olho pode distinguir cerca de cem tons, então os três tipos juntos permitem diferenciar cerca de 1 milhão de cores diversas. Consta que o tetracromatismo em humanos se deve a variações em genes no cromossomo X que codificam os tipos de cones vermelho e verde. Embora o tetracromatismo seja mais provável em mulheres, também pode ocorrer em homens. Entre os homens, 6% têm um gene que produz um cone vermelho ou verde diferente e têm a visão de cor um pouco diversa do normal. Com seus dois cromossomos X, as mulheres podem ter genes do vermelho e do verde normais em um cromossomo X e um gene variante no outro. Isso pode fazer com que tenham quatro tipos de cone. No outro extremo da escala, entre os daltônicos, em comum com a maioria dos outros mamíferos, a maior parte é dicromata, com só dois tipos de cones funcionais. Eles podem distinguir apenas cerca de 10 mil tons.

"Como vemos a cor?". O cientista francês René Descartes, Newton e outros pensaram, incorretamente, que o olho funciona por meio de vibrações na retina: luzes de cores diferentes produzem vibrações com frequências diversas que são interpretadas como cor no cérebro. O fabricante de vidros britânico George Palmer publicou um folheto em 1777 propondo que a luz consistia em apenas três raios – vermelho, amarelo e azul – e que havia três tipos de detectores na retina, cada um acionado por um tipo de raio de cor. A luz misturada mobilizava mais de um tipo de detector retiniano, e quando todos eram estimulados de modo igual havia a percepção de luz branca – mas a cegueira para cores (depois chamada daltonismo) resultava da falta de detectores. A ideia de Palmer foi o primeiro esboço do conceito de tricromatismo.

A teoria tricromática

O físico britânico Thomas Young foi um homem de intelecto tão notável que seus colegas estudantes da Universidade de Cambridge o apelidaram de "Fenômeno Young". Em 1801, em uma série de palestras na Real Sociedade de Londres, ele apresentou a teoria de três canais de visão para explicar como o olho detecta as cores. A ideia de Young da visão das cores nasceu de sua crença de que a luz era uma onda e que bastavam três tipos de receptores, correspondentes às três cores primárias, para perceber o espectro luminoso completo. Segundo disse, era "quase impossível imaginar que cada ponto sensível da retina contenha um número infinito de partículas, cada uma capaz de vibrar em perfeito uníssono com cada ondulação possível, [então] torna-se necessário supor o número limitado [...] às três cores principais, vermelho, amarelo e azul".

Young não tinha evidências anatômicas para sustentar essa ideia, e sua teoria ondulatória se opunha à noção em geral aceita, defendida por Newton, de que a luz era uma corrente de partículas diminutas. Assim, a teoria tricromática de Young encontrou pouco apoio.

Nas décadas seguintes – graças ao trabalho do físico francês Augustin Jean Fresnel, Young e outros –, a natureza ondulatória da luz tornou-se indiscutível. O cientista alemão Hermann von Helmholtz investigou a mistura de cores em uma série de experimentos com prismas em meados do século XIX, na Universidade de Königsberg. De início, só conseguiu obter luz branca misturando azul e amarelo. Como isso contradizia o fato »

A natureza da luz [...] não tem importância material para as preocupações da vida diária.
Thomas Young
"Sobre a teoria da luz e das cores", 1801

VISÃO DA COR

conhecido de que misturar pigmentos amarelos e azuis produz verde, Helmholtz investigou a distinção entre misturar luzes de comprimentos de onda diferentes (mistura aditiva) e pigmentos de cores diferentes (mistura subtrativa). Quando os pigmentos são misturados, só os comprimentos de onda que ambos refletem são deixados. Em 1853, o matemático alemão Hermann Grassmann conseguiu mostrar matematicamente que cada ponto no círculo de cores devia ter uma cor complementar. Inspirado nisso, Helmholtz voltou a seus experimentos – com novos equipamentos – e de fato achou mais pares complementares.

Pela mesma época, o físico escocês James Clerk Maxwell também realizou medidas de cor. Seu interesse pela visão das cores teve início ao ser apresentado ao tema por um professor na Universidade de Edimburgo. Maxwell fez pesquisas sobre a visão das cores – em especial como as pessoas veem misturas de cores. Ele usou dois ou três discos coloridos montados em piões, arranjados de modo que diferentes porcentagens de cada cor pudessem ser vistas. Ao girar depressa os piões, as cores se mesclavam. Maxwell registrou com cuidado as diferentes cores e proporções necessárias para que as cores interna e externa de seus anéis ficassem iguais. Suas demonstrações da mistura de cores tricromática forneceu a melhor evidência física que se tem até hoje de que a teoria tricromática de Young estava certa. O que faltava era preencher os detalhes biológicos.

A retina

O neuroanatomista espanhol Santiago Ramón y Cajal é com

> A percepção pelos sentidos fornece, direta ou indiretamente, o material para todo o conhecimento humano.
> **Hermann von Helmholtz**
> *Os recentes avanços na teoria da visão*, 1868

frequência considerado o pai da neurociência moderna. Ele usou seus talentos artísticos e descobertas anatômicas para produzir desenhos detalhados de células nervosas, descrevendo nos anos 1890 a estrutura complexa e em camadas da retina.

A retina é, na verdade, parte do sistema nervoso central. Com cerca de 0,5 mm de espessura, ela reveste o fundo do olho, cobrindo cerca de

Receptores sensoriais

Os receptores sensoriais dos animais são os dendritos dos neurônios sensoriais, especializados para receber estímulos específicos. Os neurônios passam a informação ao cérebro, que organiza, prioriza, analisa e responde rápido. Os fotorreceptores nos olhos detectam luz, os termorreceptores e mecanorreceptores na pele sentem mudanças de temperatura e pressão, os nociceptores por todo o corpo detectam dor e os quimiorreceptores no nariz e na língua são sensíveis a substâncias dissolvidas. Os sensores também podem ser classificados em exteroceptores, que recebem estímulos externos; visceroceptores, que detectam estímulos de órgãos internos e vasos sanguíneos; e proprioceptores, que recebem estímulos de músculos esqueléticos que informam a posição do corpo.

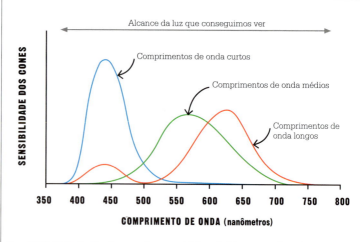

Em 1850, Helmholtz desenvolveu as ideias de Young, explicando que três tipos de cones são sensíveis a comprimentos de onda da luz diferentes – curtos (azul), médios (verde) e longos (vermelho). Tendo em vista a contribuição de Helmholtz, a teoria 0 foi nomeada teoria Young-Helmholtz.

CÉREBRO E COMPORTAMENTO

Este desenho de Ramón y Cajal mostra a complexidade da estrutura da retina. Ramón y Cajal define as várias camadas da retina, incluindo as células dos bastonetes e cones, no topo da imagem.

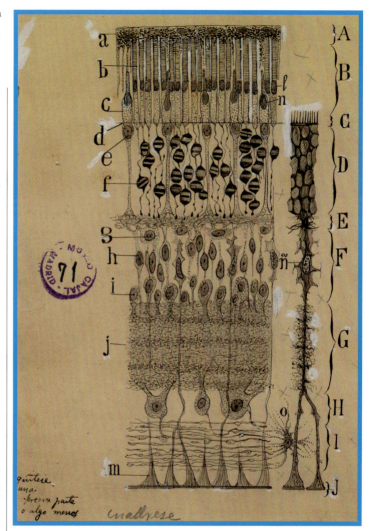

65% de sua superfície interior. A camada da retina mais próxima da lente na frente do olho consiste nas células ganglionares, células nervosas que levam informações do olho para o cérebro via nervo óptico. Os fotossensores (bastonetes e cones) ficam na camada mais interna da retina, sobre o epitélio pigmentar (camada celular) e a coroide (tecido feito de vasos sanguíneos). Isso significa que a luz que entra no olho deve viajar através de quase toda a espessura da retina antes de atingir e ativar os bastonetes e cones.

Os fotorreceptores mais numerosos são os bastonetes: em média, há por volta de 120 milhões na retina humana. Eles são cerca de mil vezes mais sensíveis à intensidade da luz que os cones, mas não à cor. Permitem ver em condições de luz baixa e são também detectores sensíveis de movimento, em especial na visão periférica, onde os bastonetes predominam sobre os cones.

Cones e cor

Como Thomas Young suspeitava e as pesquisas feitas por Maxwell e Von Helmholtz ajudaram a confirmar, as cores que vemos são definidas pelos comprimentos de onda da luz que entra em nossos olhos. Em sua maior parte, os humanos são tricromatas, o que significa que temos três tipos de cone sensíveis à cor nos olhos. Há cerca de 6 milhões ou 7 milhões delas, a maioria concentrada na área de 0,3 mm da fóvea, uma pequena depressão na retina. Quase dois terços dos cones da retina respondem mais fortemente à luz vermelha, cerca de um terço são mais sensíveis à luz verde e só 2% respondem melhor à luz azul. Quando você vê uma maçã, vários cones são estimulados em diversos graus, enviando uma cascata de sinais pelo nervo óptico ao córtex visual do cérebro. Lá, a informação é processada e seu cérebro decide então se a maçã é vermelha ou verde.

Hoje se sabe que nem todos os animais vertebrados têm o mesmo número de tipos de cone retiniano. Humanos e outros primatas são tricromatas, mas baleias, golfinhos e focas são mono, com só um tipo de cone visual, e a maior parte dos outros mamíferos é dicromata (dois tipos de cone). Algumas espécies de aves (e uns poucos humanos excepcionais) são tetracromatas. ∎

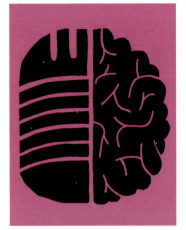

NÓS FALAMOS PELO HEMISFÉRIO ESQUERDO

FALA E CÉREBRO

EM CONTEXTO

FIGURA CENTRAL
Paul Broca (1824–1880)

ANTES
1664 O médico inglês Thomas Willis publica *Cerebri anatome* (Anatomia do cérebro), ligando várias faculdades humanas a diferentes partes do cérebro.

1796 O anatomista alemão Franz Joseph Gall expõe sua teoria da frenologia – de que os traços de personalidade podem ser lidos nas saliências do crânio.

DEPOIS
1874 Carl Wernicke relaciona certos transtornos neurológicos a áreas específicas do cérebro.

1909 O neurologista alemão Korbinian Brodmann mapeia 52 regiões do córtex cerebral.

1981 O psicobiologista americano Roger Sperry recebe o Prêmio Nobel de Fisiologia ou Medicina por seu trabalho sobre a especialização funcional hemisférica.

Durante séculos, o estudo do cérebro se orientou pela intuição de que partes diferentes do órgão respondiam por faculdades diversas, como emoção, inteligência e fala. Embora depois isso tenha se mostrado de modo geral correto, por muito tempo baseou-se em suposições. No início do século XIX, a teoria dominante era a frenologia, que relacionava as funções cerebrais com o crânio e sustentava que o intelecto, talentos e até vícios podiam ser determinados por medidas cuidadosas de sua forma. A ideia aos poucos caiu em desuso devido à falta de evidências clínicas.

Então, em 1861, o médico francês Paul Broca forneceu a primeira prova anatômica de que as funções cerebrais são mesmo localizadas, ao descobrir que uma capacidade específica – o poder da fala – é controlada por uma parte em especial do cérebro.

A área de Broca

A região que Broca identificou se localiza no lobo frontal. Broca descobriu-a estudando dois pacientes em seu hospital em Paris, ambos com afasia – problemas para formular a linguagem – devido a sérias doenças neurológicas. O primeiro era Louis Victor Leborgne,

A área de Broca e a área de Wernicke se localizam no lado esquerdo do cérebro em 95% das pessoas, porque na maior parte delas o hemisfério esquerdo é dominante.

A área de Broca, no lobo frontal, responsável pela programação motora da fala

A área de Wernicke, em direção à porção traseira do lobo temporal, responsável pela compreensão da linguagem

CÉREBRO E COMPORTAMENTO

Ver também: O cérebro controla o comportamento 109 ▪ Comportamento inato e adquirido 118-123 ▪ Organização do córtex cerebral 126-129 ▪ Armazenamento de memória 134-135

> A natureza especial do sintoma de afemia [afasia] não dependia da natureza da doença, mas só de sua localização.
> **Paul Broca, 1861**

um homem de 51 anos que perdera a capacidade de falar aos trinta. Tudo o que conseguia dizer era "tan", e ganhou esse apelido. Tan ouvia perfeitamente e se fazia entender variando a entonação e usando gestos, o que indicava que sua cognição não fora afetada.

A saúde física de Tan se deteriorou por vários anos e ele morreu alguns dias após Broca conhecê-lo. Ao fazer a autópsia, Broca descobriu uma lesão no cérebro de Tan na região hoje chamada "área de Broca".

Pouco depois, Broca conheceu Lazare Lelong, de 84 anos, que sofrera um derrame. Ele só conseguia dizer cinco palavras: *"oui"*, *"non"*, *"trois"*, *"toujours"* e *"lelo"* (parte de seu nome). Após sua morte, Broca descobriu que Lelong tinha danos na mesma área do cérebro que Tan. Hoje, ambos os pacientes seriam diagnosticados com afasia de Broca (ou afasia expressiva) – a incapacidade de falar com fluência. Os acometidos em geral entendem a fala, mas só conseguem emitir sons curtos, telegráficos.

A área de Wernicke

Em 1874, o médico alemão Carl Wernicke identificou outro centro da fala no cérebro. Danos a essa área causam a afasia de Wernicke (ou afasia receptiva), caracterizada pela "salada de palavras": os doentes falam com fluência, mas suas sentenças não têm sentido. Com frequência eles percebem essa falta de sentido e também têm dificuldade em entender o que é dito a eles.

Nos anos 1960, descobriu-se que cada hemisfério do cérebro

As mulheres tendem a ter o cérebro menor que o dos homens, devido ao tamanho menor de seu corpo, mas têm áreas de Broca maiores – em contraste com as crenças sexistas sustentadas por Paul Broca na época.

experimenta o mundo de modo diverso. A metade esquerda é abstrata e analítica e a direita é visual-espacial. Na maioria das pessoas, a função da linguagem está na esquerda, mas em alguns fica na direita ou é bilateral. ∎

Paul Broca

Nascido em 1824 em Sainte-Foy-le--Grande, perto de Bordeaux, Paul Broca foi algo como um prodígio quando jovem, obtendo o bacharelado com apenas 16 anos e o doutorado aos 20. Teve uma carreira notável e foi figura influente em muitas sociedades médicas. Além de sua obra em neurociência, interessou-se muito por antropologia e, em 1859, fundou a Société d'Anthropologie de Paris. Broca pensava que as raças eram espécies diferentes, com origens diversas, e o interesse por cérebros deflagrou sua busca por um elo entre inteligência, local de origem e tamanho do crânio. Sem seu trabalho antropológico, ele não teria conhecido os pacientes que o levaram a sua descoberta mais famosa, mas é importante reconhecer as suposições sexistas e racistas da época. Broca serviu depois no Senado francês e morreu em 1880.

Obra principal

1861 "Notas sobre a sede da faculdade de linguagem articulada, a partir de uma observação de afemia (perda da fala)"

A FAÍSCA ATIVA A FORÇA NEUROMUSCULAR
IMPULSOS NERVOSOS ELÉTRICOS

EM CONTEXTO

FIGURA CENTRAL
Emil du Bois-Reymond
(1818–1896)

ANTES
1791 O médico e físico italiano Luigi Galvani descobre que a corrente elétrica estimula contrações musculares.

1830 Carlo Matteucci mostra que o interior e o exterior da membrana plasmática têm uma diferença de potencial.

1837 O pesquisador tcheco Jan Evangelista Purkinje identifica as primeiras células nervosas.

DEPOIS
1862 O neurologista francês Duchenne de Boulogne consegue controlar expressões faciais de indivíduos aplicando eletrodos a nervos.

1952 Andrew Huxley, Alan Hodgkin e o médico britânico Bernard Katz publicam descobertas sobre o processo químico que cria o potencial de ação.

O sistema nervoso é uma rede de bilhões de células nervosas longas, os neurônios, que permeiam todas as partes do corpo. Sinais são enviados e recebidos o tempo todo ao longo desses neurônios e entre eles. Os sinais que passam ao longo de um só neurônio fazem isso como pulsos de carga elétrica – o "potencial de ação". Uma vez deflagrada, essa resposta tudo-ou-nada – ou ocorre totalmente ou não ocorre – avança pelo neurônio, a partir de seus dendritos e por seu axônio. Esse fenômeno foi descoberto pelo fisiologista alemão Emil du Bois-Reymond no fim dos anos 1840.

O zoólogo fica encantado com as diferenças entre os animais, enquanto o fisiologista gostaria que todos os animais funcionassem basicamente do mesmo modo.
Alan Hodgkin
Chance and Design, 1992

Du Bois-Reymond foi um dos fundadores da eletrofisiologia – um campo mais vasto que se ocupa das propriedades elétricas dos tecidos biológicos e da medida de tal fluxo elétrico. Esse campo tem origens no eletromagnetismo – um ramo da física surgido em 1820, quando se observou que a eletricidade e o magnetismo eram aspectos da mesma força física. Um resultado dessa descoberta foi a invenção do galvanômetro, um instrumento que usa ímãs para medir a presença e força de uma corrente elétrica. Pesquisas iniciais em eletrofisiologia

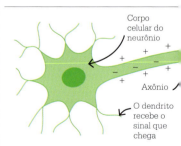

O potencial de ação é um pulso de carga positiva na célula nervosa. Ele estimula os canais dependentes de voltagem a se abrirem, deixando íons de sódio (Na^+) entrarem na próxima seção. Após um milissegundo, esses canais se fecham e outros se abrem, expelindo íons de potássio (K^+).

CÉREBRO E COMPORTAMENTO

Ver também: Tecidos excitáveis 108 ▪ Células nervosas 124-125 ▪ Sinapses 130-131 ▪ Contração muscular 132-133

---

foram realizadas pelo físico italiano Carlo Matteucci, que usou um galvanômetro para mostrar que o tecido vivo é eletricamente ativo. Ele criou então um detector de voltagem – que mede a diferença de potencial elétrico entre dois pontos – usando o músculo da perna de uma rã e seu nervo ciático. O músculo se contraía quando exposto a uma carga elétrica.

Potencial de membrana

Du Bois-Reymond reproduziu o "eletroscópio de rã" de Matteucci e descobriu que, embora a carga no nervo subisse quando eletrificado, caía quando a carga no músculo diminuía. Ele interpretou isso como evidência de um pulso de carga se movendo ao longo do nervo e aventou que os tecidos vivos poderiam ser feitos de "moléculas elétricas".

Um ex-estudante de Du Bois--Reymond, Julius Bernstein, expôs em 1902 a hipótese de que o mecanismo desse pulso elétrico era uma mudança na concentração de íons de sódio e potássio com carga positiva (Na^+ e K^+) através das membranas das células nervosas.

Porém, não era possível medir efeitos elétricos tão pequenos e transitórios.

Nos anos 1940, graças aos métodos de registro de microeletrodos, Hodgkin e Huxley confirmaram a hipótese de Bernstein. Usando os neurônios gigantes de uma lula – grossos o bastante para se medir voltagem através da membrana –, eles descobriram que a célula em repouso mantém um equilíbrio delicado de partículas carregadas, resultando em carga negativa no interior, em relação ao exterior da célula. Essa diferença, a polarização, é o potencial de membrana. Quando estimulada eletricamente, a membrana plasmática abre poros (canais dependentes de voltagem) que permitem a entrada de íons de sódio, fazendo a célula se despolarizar. A carga interna passa a positiva, o que estimula canais de Na^+ adjacentes a se abrirem também – levando a uma oscilação de corrente ao longo do nervo. Os poros de Na^+ então se fecham e os de K^+ se abrem, liberando íons de potássio e restaurando o potencial de membrana. ∎

Emil du Bois-Reymond

Nascido em Berlim, em 1818, Emil du Bois-Reymond foi educado em um colégio francês e estudou depois medicina na Universidade de Berlim. Seus talentos foram reconhecidos pelo professor de anatomia e fisiologia Johannes Peter Müller, que tornou o jovem graduando seu assistente. Müller apresentou a seu protegido as publicações de Carlo Matteucci sobre fenômenos elétricos em animais. Du-Bois Reymond ficou inspirado e escolheu "Peixes elétricos" como sua tese de graduação – o início de uma longa carreira em bioeletricidade. Em 1858, Du Bois-Reymond se tornou professor de fisiologia em Berlim e, em 1867, foi nomeado secretário da Academia de Ciências local. Sempre filosófico, apresentou em um discurso à academia, em 1880, sete "enigmas mundiais" a serem tratados pela ciência, alguns dos quais – como a questão do livre-arbítrio – continuam até hoje sem resposta. Du Bois--Reymond morreu em 1896 na cidade em que nasceu.

Obra principal

1848–1884 *Investigações sobre eletricidade animal*

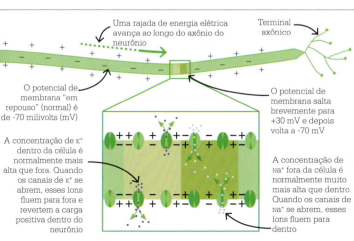

O potencial de membrana "em repouso" (normal) é de -70 milivolts (mV)

Uma rajada de energia elétrica avança ao longo do axônio do neurônio

Terminal axônico

O potencial de membrana salta brevemente para +30 mV e depois volta a -70 mV

A concentração de K^+ dentro da célula é normalmente mais alta que fora. Quando os canais de K^+ se abrem, esses íons fluem para fora e revertem a carga positiva dentro do neurônio

A concentração de Na^+ fora da célula é normalmente muito mais alta que dentro. Quando os canais de Na^+ se abrem, esses íons fluem para dentro

INSTINTO E APRENDIZADO ANDAM DE MÃOS DADAS

COMPORTAMENTO INATO E ADQUIRIDO

COMPORTAMENTO INATO E ADQUIRIDO

EM CONTEXTO

FIGURA CENTRAL
Douglas Spalding
(1841–1877)

ANTES
Século IV a.C. Aristóteles descreve observações detalhadas sobre comportamento animal.

Século XIII d.C. Alberto Magno estuda as habilidades e o comportamento de animais.

DEPOIS
1927 Ivan Pavlov publica sua descoberta do reflexo condicionado em cães.

1975 *Sociobiology*, de E. O. Wilson, desperta o interesse pelo estudo de aspectos de comportamento social, em vez de individual.

2004 O ornitólogo americano Peter Marler pesquisa cantos de aves e descobre que alguns aspectos são inatos e outros, aprendidos.

Saber como os animais provavelmente reagiriam teria sido inestimável para os humanos pré-históricos que caçavam e tentavam evitar se tornar eles mesmos presas. Depois, no século IV a.C., Aristóteles foi um dos primeiros a registrar observações sobre todos os aspectos da vida animal, entre eles seus hábitos, mas por milênios houve poucos esforços para abordar o comportamento animal de modo científico.

Uma pessoa que tentou fazer isso foi o filósofo alemão do século XIII Alberto Magno, que estudou a fisiologia e a psicologia dos animais. Ele expôs seus achados nos 26 volumes de *De animalibus (Sobre animais)*. Magno afirmou que alguns animais, como os cães, tinham memória notável e podiam aprender e se ocupar de formas simples de raciocínio, mas outros, como as moscas, não tinham memória e nunca aprendiam.

Registros de comportamentos

O naturalista inglês John Ray foi um dos primeiros a discutir a ideia de comportamento animal como algo inato. Em 1691, escreveu sobre o comportamento instintivo das aves, descrevendo sua capacidade de construir ninhos de modo que "se pode saber com certeza a que tipo de pássaro pertence". Uma ave pode fazer um ninho, disse Ray, mesmo sem nunca ter visto um ser construído quando pequena.

O naturalista francês Georges Leroy escreveu um dos primeiros livros específicos sobre comportamento animal. Em *Lettres sur les animaux* (1768), discutiu o desenvolvimento de lobos, raposas e veados em ambientes naturais.

Os tecelões fazem ninhos complexos. Os pesquisadores descobriram que pássaros mais velhos aperfeiçoam a técnica, mostrando que essa é uma combinação de comportamento inato e adquirido.

Ele via a experiência sensorial e a inteligência como as forças motrizes do comportamento que visa satisfazer necessidades instintivas como fome e sede.

Mais conhecido pela teoria da evolução pela seleção natural,

Charles Darwin identificou comportamentos instintivos e aprendidos em seu primeiro filho, William, que ele observou até os cinco anos.

CÉREBRO E COMPORTAMENTO

Ver também: O cérebro controla o comportamento 109 ▪ Armazenamento de memória 134-135 ▪ Animais e ferramentas 136-137 ▪ Polinização 180-183 ▪ As leis da hereditariedade 208-215 ▪ A vida evolui 256-257 ▪ Seleção natural 258-263

Charles Darwin foi um dos comportamentalistas animais mais destacados do século XIX. Além de dedicar um capítulo de *A origem das espécies* (1859) ao instinto, publicou *A expressão das emoções no homem e nos animais* em 1872. Ele se interessava em especial pelo comportamento de animais domésticos e sua relação com o de ancestrais selvagens. Darwin também fez um estudo minucioso do desenvolvimento comportamental de seu próprio filho pequeno, publicando as descobertas no artigo "Esboço biográfico de uma criança" em 1877.

Uma abordagem de história natural

Um dos contemporâneos de Darwin foi o biólogo britânico em grande parte autodidata Douglas Spalding. Como Darwin, ele examinou o comportamento observando respostas em ambiente natural e não em laboratório. Spalding estudou o que veio a ser conhecido como "impressão", mas que ele chamou de "estampagem". Trata-se de um traço comportamental pelo qual um animal muito novo se apega por instinto ao primeiro objeto móvel que encontra, em geral sua mãe.

A impressão precisa ocorrer num certo período crítico; se a mãe estiver ausente por alguma razão, esse traço não acontecerá. Spalding criou pintinhos no escuro pelos três primeiros dias de vida e notou que, ao serem expostos à luz, eles seguiram sua mão – a primeira coisa em movimento que viram. Ele acreditava que esse comportamento tinha de ser inato, já que claramente não poderia ter sido adquirido por experiência prévia.

Apesar de pensar que o instinto era inato e herdado, Spalding »

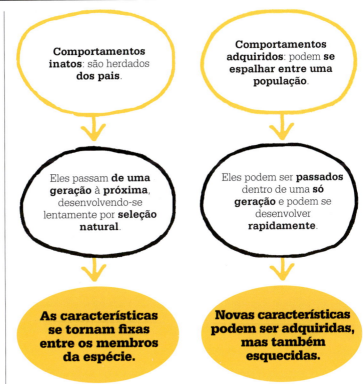

Douglas Spalding

Nascido em Londres em 1841, Douglas Spalding se mudou com a família para a Escócia quando era jovem. Ele trabalhou algum tempo fazendo telhados, mas o estudioso Alexander Bain convenceu a Universidade de Aberdeen a permitir que ele frequentasse cursos sem pagar. Spalding voltou a Londres para estudar direito, mas contraiu tuberculose e viajou para o sul da Europa na esperança de se curar. Fascinado pelo comportamento animal, foi um dos primeiros a mostrar como o aprendizado e o instinto determinavam, juntos, o comportamento, e o primeiro a descrever o fenômeno da impressão. Com o reconhecimento de seu trabalho, foi nomeado revisor científico da revista *Nature*, um posto que ocupou até a morte precoce por tuberculose, em 1877.

Obra principal

1873 "Instinto: com observações originais de animais jovens"

também julgava que ele se ligava ao aprendizado, com um sendo guiado pelo outro. Ele publicou suas observações sobre impressão e comportamento instintivo de alimentação em patinhos e pintinhos em 1873. Darwin leu-o e o recomendou como um "artigo admirável". A ideia de impressão foi levada além cerca de 40 anos depois pelo biólogo alemão Oskar Heinroth, que, apesar de não conhecer o trabalho de Spalding, observou o mesmo fenômeno em aves aquáticas. Ele o chamou de *Prägung*, que significa "estampagem", praticamente espelhando o termo de Spalding. Heinroth também mostrou, ao menos para as espécies que estudou, que a impressão era da espécie e não do indivíduo, então um gansinho que tivesse estabelecido uma ligação com um humano trataria todos os humanos como membros de sua espécie. Heinroth também foi o primeiro biólogo a usar o termo "etologia" para o estudo do comportamento animal.

Autocondicionamento

Um dos alunos de Heinroth foi o austríaco Konrad Lorenz, que se tornou uma figura seminal no estudo do comportamento animal. Quando jovem, Lorenz teve gralhas e outras aves, e se correspondeu com Heinroth sobre suas observações do comportamento das aves. Em 1932, publicou um artigo sobre sua ideia de que as gralhas resolviam problemas por "autocondicionamento" – uma espécie de processo de tentativa e erro. Levando além a investigação sobre impressão, Lorenz disse que era um processo que permitia a um pato ou ganso, por exemplo, reconhecer a própria espécie e desenvolver um comportamento de acasalamento apropriado. Um dos seus achados mais extraordinários foi o de que gansos que tinham estabelecido uma ligação com carrinhos de bebê quando filhotes tentaram acasalar com eles em um parque de Viena.

Lorenz sustentava que todo comportamento podia se dividir entre o que era aprendido por experiência e o que era inato ou instintivo. Os instintos, segundo ele, são expressos no que chamou de "padrões de ação fixos", causados por estímulos específicos. Os exemplos incluem o comportamento de corte da fêmea do peixe *stickleback*, despertado ao ver o estômago vermelho de um macho reprodutor, e o da gansa que rola um ovo de volta para o ninho se vê-lo fora. Esses padrões de comportamento são inatos, e serão realizados até por animais que encontrem o estímulo deflagrador pela primeira vez. Os instintos surgem por um processo de seleção natural que atua sobre o comportamento e são herdados dos pais dos animais. Por exemplo, lobos que caçam em matilha são mais propensos a ter sucesso e vivem mais. Então, é mais provável que eles, e não os lobos solitários, passem seus genes a descendentes, e após muitas gerações o comportamento de caçar em matilha se torna uma característica herdada dos lobos.

Estímulos e comportamento

Lorenz desenvolveu muitas de suas ideias quando trabalhava com o biólogo holandês Nikolaas Tinbergen, outro nome central na etologia do século XX. A dupla realizou experimentos com "estímulos supernormais", exagerando certos estímulos para produzir respostas mais intensas que as naturais.

[A] conexão entre o agente externo e a resposta [é] um reflexo não condicionado [...].
Ivan Pavlov

Konrad Lorenz realizou experimentos com gansos. Se ele fosse o primeiro objeto móvel visto por um gansinho recém-saído do ovo, o gansinho continuaria a segui-lo como se ele fosse sua mãe.

CÉREBRO E COMPORTAMENTO 123

Até os insetos expressam raiva, terror, ciúme e amor.
Charles Darwin

Tinbergen descobriu, por exemplo, que aves chocarão ovos falsos em que marcas de manchas e cores foram enfatizadas, em detrimento de ovos naturais. Com Karl von Frisch, Tinbergen e Lorenz receberam o Prêmio Nobel de Fisiologia ou Medicina de 1973. Von Frisch talvez seja mais conhecido pelo trabalho com abelhas. Em 1919, demonstrou que elas podem ser treinadas para distinguir vários sabores e odores. Também descobriu que comunicam a distância e direção de um alimento a outros membros da colônia por meio de dança. Uma abelha que achou uma fonte de néctar faz uma "dança em círculo" que estimula outras a rodar em volta da colmeia em busca do néctar. Se a fonte estiver a mais de 50 m da colmeia, a abelha que retorna faz uma "dança do requebrado", repetidamente, indo um pouco para a frente e balançando o abdômen. A direção da dança do requebrado informa a fonte de néctar às abelhas da colmeia, em relação à posição do sol. No artigo "Sobre os objetivos e métodos da etologia", de 1963, Tinbergen propôs quatro questões: que estímulos produzem o comportamento? Como o comportamento contribui para o sucesso do animal? Como o comportamento se desenvolve ao longo da vida? Como surgiu na

A dança do requebrado de uma abelha informa outros membros da colmeia onde achar pólen e néctar. As abelhas adotam esse comportamento sem serem ensinadas.

espécie? Tinbergen acreditava que as respostas a essas questões explicavam qualquer comportamento. Recentemente, muito mais se aprendeu sobre comportamentos inatos e adquiridos, e hoje se reconhece que vários são, na verdade, uma combinação de ambos. ■

Enquanto estudava como o ato de comer estimulava a salivação e as secreções gástricas em cães, o fisiologista russo Ivan Pavlov notou que eles começavam a salivar com a mera visão de alguém com o jaleco do laboratório que eles esperavam que os alimentasse. Associando o som de um sino com a comida, ele mostrou que o cão acabaria salivando com o simples toque do sino. Esse é um exemplo de condicionamento.

1. Antes do condicionamento

2. Fase do condicionamento

3. Após o condicionamento

CÉLULAS COM FORMAS DELICADAS E ELEGANTES
CÉLULAS NERVOSAS

EM CONTEXTO

FIGURA CENTRAL
Santiago Ramón y Cajal
(1852–1934)

ANTES
Início do século x O médico persa Al-Razi descreve sete nervos cranianos e 31 espinhais em sua enciclopédia médica *Kitab al-Hawi*.

1664 O microscopista holandês Jan Swammerdam causa a contração do músculo de uma rã com a estimulação mecânica de um nervo.

1792 O naturalista italiano Giovanni Fabbroni aventa que a ação dos nervos envolve fatores químicos e físicos.

1839 Theodor Schwann propõe a teoria celular.

DEPOIS
1929 Os fisiologistas americanos Joseph Erlanger e Herbert Spencer Gasser mostram que os nervos trabalham com um só sinal elétrico.

O sistema nervoso é uma rede de células semelhantes a fibras que se espalha do cérebro e espinha a cada canto do corpo. Mas elas são tão difíceis de ver que, quando o fisiologista alemão Theodor Schwann propôs em 1839 a teoria celular – a ideia de que o corpo todo é feito de minúsculas células –, pensou-se que os nervos eram exceções. Foi preciso um avanço radical na técnica microscópica, do biólogo italiano Camillo Golgi, e depois os estudos do neurocientista espanhol Santiago Ramón y Cajal, para mostrar que os nervos são realmente um tipo especial de célula – o neurônio. Para os microbiologistas do século XIX, os nervos pareciam-se com aranhas com incontáveis pernas esticadas que chamavam de processos. Eles lembravam mais fios elétricos ligando células do que células em si. Porém, em 1873, Golgi descobriu que podia usar dicromato de potássio e nitrato de prata para dar coloração preta a nervos, de modo a vê-los com nitidez no microscópio. Golgi notou que os processos consistiam em uma só cauda longa e ramos esticados que se espalhavam do corpo principal da célula. Catorze anos depois, Ramón y Cajal começou a usar uma versão

Desenhos meticulosos – feitos por Santiago Ramón y Cajal como parte de seus estudos ao microscópio – mostram que ele via os neurônios de retinas animais como células individuais.

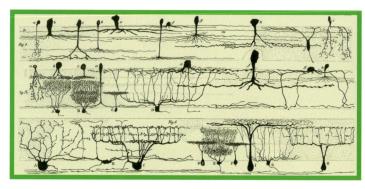

CÉREBRO E COMPORTAMENTO

Ver também: Tecidos excitáveis 108 ▪ Impulsos nervosos elétricos 116-117 ▪ Sinapses 130-131 ▪ Contração muscular 132-133

> Os **dendritos de neurônios sensoriais** ficam do lado do **corpo celular nervoso** mais próximo dos **receptores sensoriais**.

> Os **axônios de neurônios sensoriais** ficam do lado da **célula nervosa** que leva ao **sistema nervoso central**.

> Em **neurônios motores**, os axônios e dendritos são **reversos**.

Os sinais nervosos devem fluir só em um sentido, do dendrito para o axônio.

Santiago Ramón Y Cajal

Nascido em 1852, em Petilla de Aragón, na Espanha, Santiago Ramón y Cajal foi convencido pelo pai a estudar medicina e servir como médico do exército em Cuba. De volta à Espanha, ele obteve o doutorado em medicina em 1877 e trabalhou como diretor do Museu de Saragoça e na Universidade de Saragoça antes de ser nomeado professor de anatomia na Universidade de Valência. Ramón y Cajal mudou-se para Barcelona em 1887, onde fez várias descobertas essenciais sobre o sistema nervoso. Em 1899, tornou-se chefe do Instituto Nacional de Higiene. Dividiu o Prêmio Nobel de Fisiologia ou Medicina de 1906 com Camillo Golgi por seu trabalho sobre o sistema nervoso. Ele continuou sua pesquisa sobre o tema até morrer, em 1934.

Obras principais

1889 *Manual de histologia normal e técnica micrográfica*
1894 *Novas ideias sobre anatomia fina dos centros nervosos*
1897–1899 *Manual sobre o sistema nervoso do homem e dos vertebrados*

---

melhorada da coloração de Golgi para fazer desenhos detalhados de células nervosas e percebeu que havia intervalos entre os processos de cada nervo, o que o convenceu de que o sistema nervoso é feito de células individuais distintas, ou neurônios. A cauda longa do neurônio foi chamada de axônio, e as ramificações, de dendritos.

Revezamento entre células

Ramón y Cajal acreditava que os sinais nervosos passavam de um neurônio a outro como em uma corrida de revezamento. Ele identificou estruturas cônicas na ponta de cada axônio e pensou que transmitiam sinais através de um pequeno intervalo, depois chamado sinapse. Ramón y Cajal também notou que neurônios ligados a receptores sensoriais, como os da pele, se conectam de modo oposto aos que se ligam a músculos. Estes têm axônios que apontam para dentro e dendritos que se estendem para fora, enquanto os axônios que fazem músculos se moverem (neurônios motores) apontam para o lado contrário.

Em conclusão, Ramón y Cajal propôs que os neurônios transportam sinais só em um sentido, recebendo mensagens pelos dendritos e transmitindo-as pelo axônio. Ele percebeu que os sinais viajam ao longo de vias específicas e que talvez fosse possível rastrear seus caminhos pelo sistema nervoso.

Dos anos 1930 em diante, descobriu-se como os *inputs* sensoriais se vinculam a partes específicas do cérebro. Também revelou-se a combinação de química e eletricidade que envia sinais por meio das células, e substâncias que transmitem sinais através de sinapses, os neurotransmissores. Hoje temos detalhes da estrutura física dos nervos, ainda que não entendamos plenamente como fazem o cérebro funcionar. ▪

MAPAS CEREBRAIS DO HOMEM

ORGANIZAÇÃO DO CÓRTEX CEREBRAL

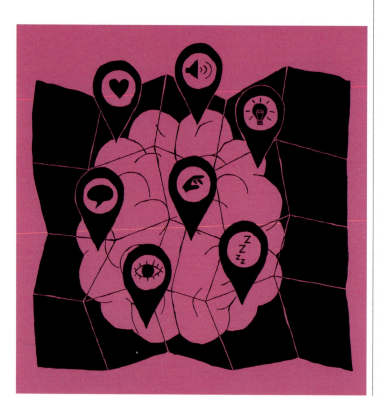

EM CONTEXTO

FIGURA CENTRAL
Korbinian Brodmann
(1868–1918)

ANTES
1837 Jan Purkinje é o primeiro a descrever um tipo de neurônio; as células de Purkinje se situam no rombencéfalo.

1861 Paul Broca identifica uma parte do cérebro que corresponde a uma função específica – a produção da fala.

DEPOIS
1929 Karl Lashley e Shepherd Franz mostram a equipotencialidade do cérebro, quando partes saudáveis assumem papéis de áreas danificadas.

1996 A ressonância magnética funcional (fMRI) permite a pesquisadores ver o cérebro em ação, ajudando a ligar a atividade cognitiva a áreas específicas dele.

O cérebro dos vertebrados – um órgão presente em todos, de peixes a humanos – é composto de três seções: prosencéfalo, mesencéfalo e rombencéfalo. O rombencéfalo e o mesencéfalo são as estruturas mais primitivas; sabemos disso porque são as partes dominantes de cérebros que evoluíram muito tempo atrás e se destinam a funções fundamentais, como a respiração. O prosencéfalo é associado a papéis mais avançados e cognitivos, como a inteligência. O prosencéfalo humano corresponde a 90% de todo o órgão, e animais com habilidades avançadas reconhecidas, como outros primatas e os golfinhos,

CÉREBRO E COMPORTAMENTO

Ver também: O cérebro controla o comportamento 109 ▪ Fala e cérebro 114-115 ▪ Armazenamento de memória 134-135

A parte maior do cérebro é o telencéfalo, que se divide em dois hemisférios. Sua camada externa é o córtex cerebral, que tem quatro lobos com funções diversas.

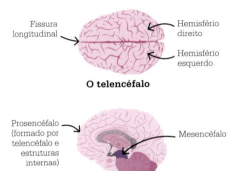

O telencéfalo

O prosencéfalo, o mesencéfalo e o rombencéfalo

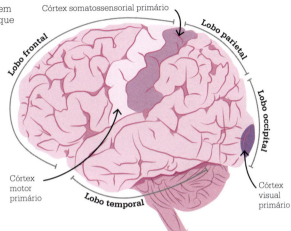

Os quatro lobos do córtex cerebral

também têm prosencéfalo grande. No início do século XX, o neurologista alemão Korbinian Brodmann criou o primeiro mapa funcional detalhado da parte mais altamente desenvolvida do prosencéfalo, o córtex cerebral.

Substâncias branca e cinzenta

Em volume, o prosencéfalo é principalmente substância branca – feixes de vias neurais que parecem brancos porque os nervos são embainhados por uma camada de gordura chamada mielina. A mielina atua como um plástico isolante ao redor de um fio elétrico e permite que os sinais nervosos viajem mais rápido e por distâncias maiores. A substância branca transporta sinais entre regiões do prosencéfalo e se conecta ao mesencéfalo e além. O prosencéfalo contém todo o telencéfalo – a maior parte do cérebro – e estruturas mais profundas, como o tálamo, o hipotálamo, a glândula pineal e o sistema límbico.

A camada externa do telencéfalo é o córtex cerebral, a substância cinzenta. As células nervosas (neurônios) ali estão mais compactadas e não têm bainhas de mielina, parecendo cinzentas. O córtex cerebral é onde funções cognitivas avançadas, como pensamento, memória, fala e imaginação, são processadas, e tudo isso ocorre em uma massa de substância cinzenta de cerca de 2,5 mm de profundidade. Os neurônios corticais se estendem da superfície para baixo até diferentes profundidades, dependendo da »

O **cérebro humano** tem um **grande prosencéfalo** e uma camada de superfície com muitas dobras chamada **córtex cerebral**.

O **córtex** compreende muitas **redes distintas de fibras nervosas**, conectadas umas às outras.

Essas áreas corticais distintas estão intimamente associadas a funções específicas, como a fala e o controle motor voluntário.

ORGANIZAÇÃO DO CÓRTEX CEREBRAL

Córtices motor, sensorial e visual

Nos anos 1870, já se sabia que os movimentos musculares podiam ser estimulados aplicando corrente elétrica a diferentes partes do córtex cerebral. Nos anos 1880, o neurologista escocês David Ferrier descobriu, por meio da vivissecção de animais, que os movimentos voluntários eram mediados por uma faixa no lobo frontal nos limites com o lobo parietal, mais tarde identificada como área de Brodmann 4. Outras pesquisas mostraram que as partes do corpo se relacionam a áreas desse córtex motor primário – o controle dos dedos do pé, por exemplo, fica no fundo na fissura longitudinal entre os hemisférios.

O córtex somatossensorial primário, no lobo parietal (áreas de Brodmann 1, 2 e 3), processa informações sensoriais como tato e dor, e o córtex visual primário (área de Brodmann 17) interpreta informações das retinas. Em cada caso, o córtex esquerdo se relaciona ao lado direito do corpo, e o córtex direito, ao esquerdo.

parte do cérebro a que se conectam. As camadas mais profundas se conectam ao rombencéfalo e ao tálamo (a caixa de junção do prosencéfalo, ligada ao sistema nervoso central). Os neurônios que se conectam a camadas intermediárias mandam e recebem sinais de outros lugares no córtex.

A sobreposição vertical de camadas indica que o poder de processamento do córtex cerebral é limitado pela área de superfície, então, para aumentar essa área, o córtex dos humanos e da maioria dos animais tem muitas dobras. Os aspectos de superfície do córtex são caracterizados por sulcos profundos e por cristas, chamadas giros. O sulco mais profundo marca os limites entre os quatro lobos corticais. Estes são nomeados com base nos ossos cranianos sob os quais se assentam: frontal, temporal, parietal e occipital. Além disso, o telencéfalo se divide nos hemisférios esquerdo e direito, basicamente espelhados. Os dois hemisférios se comunicam por meio de uma estrutura espessa de substância branca chamada corpo caloso.

Hoje é amplamente aceito que o lobo frontal do córtex se associa à memória, o occipital controla a visão e o temporal é o centro da linguagem. Em termos gerais, essa ideia de zoneamento funcional é verdadeira, mas as várias zonas também trabalham intimamente umas com as outras. Mapear as zonas funcionais foi em grande parte um trabalho de adivinhação até os anos 1860, quando o cirurgião francês Paul Broca encontrou uma região no lobo frontal que controlava a articulação física da fala. Em autópsias, ele identificou o que hoje é chamado de área de Broca em cérebros danificados de pacientes que não conseguiam falar. Observações de danos no cérebro ajudaram também a localizar outras áreas funcionais.

Juntos ou separados?

No fim do século XIX, um debate entre dois gigantes da neurociência sobre as conexões entre os neurônios cerebrais foi resolvido. O patologista italiano Camillo Golgi afirmava que o cérebro era feito de uma "rede nervosa" contínua, em que cada parte se ligava por alguma rota a todas as outras, enquanto o médico espanhol Santiago Ramón y Cajal declarava que não havia conexão física entre as células. Essas visões opostas espelhavam posições políticas dos dois homens. Golgi, que era um jovem durante a unificação italiana, vinculava-se à ideia do cérebro organizado em uma federação

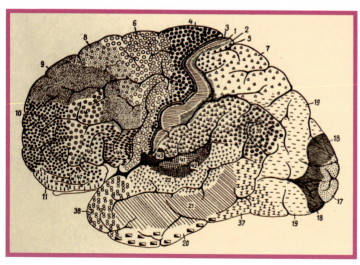

Este diagrama de Brodmann da vista lateral do cérebro humano mostra muitas de suas áreas numeradas. Essas áreas foram definidas por sua estrutura celular e arranjo em camadas.

CÉREBRO E COMPORTAMENTO

> A diferenciação [...] específica das áreas corticais prova de modo irrefutável sua diferenciação funcional específica.
> **Korbinian Brodmann**

de unidades, como o Reino da Itália e seus estados menores. A concepção política de Ramón y Cajal baseava-se no poder do indivíduo. Ele se referia a um neurônio como um "cantão autônomo", uma unidade autogovernada que escolhia quando e como trabalhar com as vizinhas.

Nos anos 1870, Golgi descobriu a "reação negra" – um modo de dar coloração aos neurônios para que seus filamentos ultrafinos se destacassem contra a massa de células ao redor. Catorze anos depois, Ramón y Cajal, usando a reação negra com um microscópio mais poderoso e um micrótomo (instrumento que corta matéria em fatias de poucas células de espessura) melhor, notou que os neurônios estavam separados por um minúsculo intervalo, ou sinapse. Isso sugeria que o cérebro é construído de circuitos de nervos distintos, isolados dos que os cercam. Vários pesquisadores, entre eles Korbinian Brodmann, mapearam as áreas do córtex cerebral.

Mapeamento

Brodmann usou corantes que destacavam locais de produção de proteína para distinguir o emaranhado de fibras nervosas contra o fundo. Ele identificou 52 áreas do córtex onde as células formavam redes físicas distintas. Usando tecido de cérebros de macacos e de humanos, descobriu diferenças em sua organização. Algumas das áreas, chamadas "áreas de Brodmann", já eram conhecidas – as áreas 44 e 45 correspondiam à área de Broca, por exemplo. O mapeamento de Brodmann indicava que se podia começar a ligar funções a locais no córtex, e até hoje guia a neurociência.

Desde os anos 1970, técnicas para obtenção segura de imagens permitem uma visão cada vez mais próxima do cérebro. A principal ferramenta hoje é

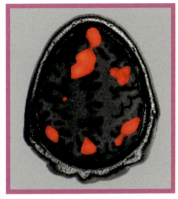

As áreas vermelhas neste escaneamento por fMRI, de cima, mostram partes do cérebro em ação durante tarefas com uso da memória.

a ressonância magnética funcional (fMRI). Ela excita átomos de hidrogênio com um poderoso ímã e então os localiza com ondas de rádio, escaneando fatias finas em corte transversal de modo a formar uma imagem detalhada do cérebro. Usada no exame de danos cerebrais, a fMRI também é útil na psicologia, por exemplo na análise de processos de aprendizado: submetendo tarefas a pessoas, pode-se monitorar a atividade no cérebro. ∎

Korbinian Brodmann

Nascido em 1868 no sul da Alemanha, Korbinian Brodmann estudou medicina em várias escolas do país, formando-se aos 27 anos. Após um curto período de clínica geral, ele começou, aos trinta e poucos anos, a se especializar em psiquiatria e neurologia, o que o pôs em contato com Alois Alzheimer (que identificou a doença que leva seu nome). Alzheimer o encorajou a pesquisar o cérebro, e em 1909 Brodmann apresentou seu mapa do córtex cerebral, enquanto trabalhava em um instituto particular de pesquisa em Berlim. O instituto era dirigido pelos neurologistas Oskar e Cécile Vogt, que criaram um mapa similar. Brodmann tornou-se professor da Universidade de Tübingen em 1910, mantendo um posto na clínica psiquiátrica da universidade. Mais tarde, retornou totalmente à prática clínica em Halle e, por fim, em Munique. Em 1918, pouco após sua mudança para Munique, morreu de pneumonia.

Obra principal

1909 *Localização no córtex cerebral*

O IMPULSO DENTRO DO NERVO LIBERA SUBSTÂNCIAS QUÍMICAS
SINAPSES

EM CONTEXTO

FIGURA CENTRAL
Otto Loewi (1873–1961)

ANTES
1839 Jan Evangelista Purkinje descobre células nervosas no cerebelo, chamadas depois células de Purkinje.

1880 Santiago Ramón y Cajal mostra que os sinais elétricos sempre fluem pelos nervos em um sentido e aventa depois que há intervalos entre as células.

1897 Charles Sherrington cunha o termo "sinapse" para a então misteriosa "superfície de separação" entre neurônios comunicantes.

DEPOIS
1952 O fisiologista australiano John Eccles descobre o potencial pós-sináptico excitatório que faz um potencial de ação se mover pelo nervo.

Hoje Mais de 200 neurotransmissores foram identificados em humanos, mas o número total ainda é ignorado.

Os sinais nervosos passam ao longo das células como pulsos elétricos, mas, entre elas, viajam como mensagens químicas. Esse fato foi provado em 1921 pelo farmacologista teuto-americano Otto Loewi, responsável pela descoberta dessas substâncias químicas, hoje chamadas neurotransmissores.

A busca pela forma precisa de comunicação entre os neurônios começou mais de 30 anos antes, quando o médico espanhol Santiago Ramón y Cajal propôs que não há conexão física entre um neurônio e o seguinte. Em vez disso, há um intervalo entre células vizinhas, através do qual as células devem se comunicar. Em 1897, o neurofisiologista britânico Charles Sherrington nomeou esse intervalo, ou "superfície de separação", como "sinapse", que significa "juntar". Ele e o eletrofisiologista britânico Edgar Adrian dividiram o Prêmio Nobel de Fisiologia ou Medicina de 1932 por seu trabalho nos anos 1920 sobre o sistema nervoso. Graças ao advento do microscópio eletrônico, a largura minúscula de 40 nanômetros da sinapse foi afinal registrada em imagem em 1953, muito depois de Loewi e outros terem descoberto como ela funciona.

Regras de conexão
Ramón y Cajal mostrou que os sinais elétricos sempre se movem no mesmo sentido através das células. O sinal se afasta do corpo celular central ao longo do axônio único da célula, em geral o filamento mais grosso e longo. A ponta do axônio pode se ramificar em vários terminais, cada um associado a uma célula vizinha. Do outro lado da sinapse na direção do terminal axônico há um dendrito (extensão filamentar de célula nervosa) do neurônio seguinte. A

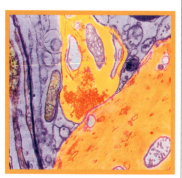

A estrutura completa que permite a um neurônio (pré-sináptico) passar um sinal químico a outro (pós-sináptico) é a sinapse. O intervalo entre os dois é chamado fenda sináptica.

CÉREBRO E COMPORTAMENTO

Ver também: Impulsos nervosos elétricos 116-117 ▪ Células nervosas 124-125 ▪ Organização do córtex cerebral 126-129

maioria dos neurônios tem diversos dendritos, que levam sinais para o corpo da célula, onde estimulam ou inibem um sinal elétrico transmitido pelo axônio para o próximo conjunto de sinapses, e assim por diante. Isso já era conhecido nos anos 1920, mas o mecanismo de comunicação nervo-sinal através da sinapse permanecia um mistério, se era químico ou elétrico. Loewi disse ter tido, a partir de dois sonhos, a ideia de um experimento para descobrir a resposta.

Comunicações químicas

A técnica de Loewi foi dissecar o coração de duas rãs vivas. Ambos foram banhados em solução salina para manter-se batendo fora do corpo. Em um deles, foi removido o nervo vago, que liga o coração ao cérebro, e o outro ficou intacto. Loewi estimulou o segundo com uma pequena corrente, para desacelerá-lo. Coletou então uma parte do líquido que banhava o coração desacelerado e a transferiu para o banho do coração sem o nervo. O segundo coração também desacelerou. Loewi deduziu que o nervo vago produzia uma substância química para se comunicar com o coração e que ela mandara a mesma mensagem ao coração sem o nervo. Ele identificou a substância como acetilcolina. Em 1914, Henry Dale isolou a acetilcolina do fungo tóxico que causa a cravagem, e descobrira que ela inibe a frequência cardíaca, ao contrário da adrenalina, que a acelera. Essas duas substâncias foram os primeiros neurotransmissores identificados. Hoje se conhecem mais de 200 (na maior parte simples proteínas), envolvidos na transmissão de sinais pela sinapse, mas o processo ainda é nebuloso. ■

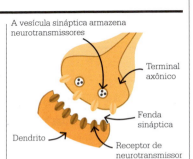

Armazenamento químico

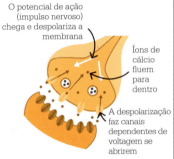

Impulso nervoso recebido

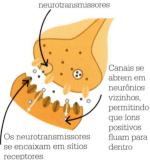

Mensagem química transmitida

Os neurotransmissores são feitos no corpo da célula e viajam pelo axônio para vesículas. A membrana é despolarizada quando um potencial de ação desce pelo axônio. Isso permite que íons de cálcio entrem nas células, e neurotransmissores são liberados para atravessar a sinapse até o próximo neurônio.

Otto Loewi

Nascido em Frankfurt, na Alemanha, em 1873, Otto Loewi se formou em medicina em Strasbourg, na França. Após ver o terrível sofrimento causado pela tuberculose e por outras doenças não tratáveis, ele decidiu trocar o atendimento clínico de pacientes por pesquisas de cura. Em 1902, mudou-se para Londres, onde foi colega de Henry Dale. No ano seguinte, assumiu um posto em Graz, na Áustria, onde fez o trabalho pelo qual é lembrado: ele e Dale depois dividiriam o Prêmio Nobel de Fisiologia ou Medicina de 1936 por sua descoberta dos neurotransmissores. Loewi continuou na Áustria até o Anschluss de 1938 – como judeu, teve de fugir dos novos governantes nazistas do país, e acabou indo para os Estados Unidos, onde se integrou à Faculdade de Medicina da Universidade de Nova York. Tornou-se cidadão americano em 1945 e morreu em 1961.

Obra principal

1921 "Sobre a transferibilidade humoral do efeito do nervo cardíaco"

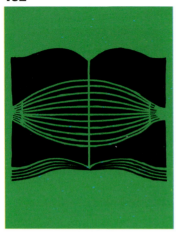

UMA TEORIA COMPLETA DE COMO O MÚSCULO SE CONTRAI
CONTRAÇÃO MUSCULAR

EM CONTEXTO

FIGURAS CENTRAIS
Jean Hanson (1919–1973),
Hugh Huxley (1924–2013)

ANTES
1682 Antonie van Leeuwenhoek relata ter visto estrias nos músculos.

Anos 1780 Luigi Galvani verifica que centelhas elétricas fazem músculos se contraírem.

1862 O neurologista francês Duchenne de Boulogne pode contorcer a expressão facial de cobaias humanas aplicando eletrodos a nervos.

DEPOIS
1969 Hugh Huxley propõe a hipótese do giro da ponte cruzada, em que a cabeça de uma molécula de miosina se liga a actina e então roda, arrastando a actina para diante.

1990 Músculos artificiais, feitos de polímeros eletroativos, são desenvolvidos para uso potencial em robótica.

O estudo dos nervos sempre andou lado a lado com o dos músculos, porque um músculo contraído é um indicador de que o sistema nervoso está em ação.

Em 1954, só dois anos após o mecanismo do potencial de ação – o pulso elétrico que transporta sinais nervosos – ter sido desvelado, o processo químico subjacente às contrações musculares foi também compreendido. A descoberta foi feita ao mesmo tempo por dois pares de pesquisadores: de um lado Andrew Huxley, britânico – importante figura na pesquisa do potencial de ação –, e Rolf Niedergerke, alemão, e do outro Jean Hanson e Hugh Huxley (sem parentesco com Andrew).

Tipos de músculos

Há três tipos de músculos no corpo humano. Os músculos esqueléticos, que movem os membros e o corpo de modo voluntário, são feitos de tecido estriado, assim chamado por sua aparência listrada ao microscópio. Os músculos involuntários, como os que atuam no aparelho digestivo, são tecidos musculares lisos, assim chamados porque não têm estrias. O terceiro é o músculo cardíaco, só encontrado no coração, com aparência intermediária entre os outros dois. Todos os músculos funcionam contraindo-se no comprimento, ou pelo menos aumentando a tensão. A contração cria uma força de tração que atua em uma parte do corpo, fazendo-a mover-se. Um músculo nunca empurra algo. Em geral, os músculos esqueléticos trabalham em pares agonistas, que puxam em direções opostas; quando um músculo se contrai, o outro se mantém relaxado.

Como os músculos funcionam

O músculo é composto na maior parte de proteína. Dois tipos – miosina e actina – compõem longos filamentos que se unem, formando fibras musculares chamadas miofibrilas. Dentro de cada miofibrila, os filamentos de actina, mais finos, se intercalam com os de miosina, mais grossos. Juntas, elas criam estruturas contráteis chamadas sarcômeros. Uma fibra muscular tem milhares desses sarcômeros encordoados juntos; uma fibra de bíceps normalmente tem 100 mil deles. As listras do músculo estriado – e, em menor escala, do músculo cardíaco – se devem ao alinhamento geral dos sarcômeros de uma fibra aos das fibras acima e abaixo. No

CÉREBRO E COMPORTAMENTO 133

Ver também: Tecidos excitáveis 108 ▪ Impulsos nervosos elétricos 116-117 ▪ Sinapses 130-131

Filamentos de actina e miosina formam sarcômeros. Quando um músculo se contrai, os filamentos de miosina puxam os de actina, até ficarem bem próximos, encurtando o músculo. Isso acontece repetidamente durante uma simples contração.

Filamento de actina
Filamento de miosina

As actinas são puxadas para dentro, contraindo e encurtando o músculo

Sarcômero de músculo relaxado   Sarcômero de músculo contraído

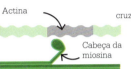
Actina
Cabeça da miosina

Uma ponte cruzada se forma

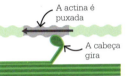
A actina é puxada
A cabeça gira

A cabeça se solta

A cabeça da miosina é energizada por uma molécula de trifosfato de adenosina (ATP) portadora de energia.

A cabeça se cola ao filamento de actina, formando uma ponte cruzada.

A cabeça libera energia e gira, fazendo o filamento de actina deslizar.

A ponte cruzada se rompe, o músculo relaxa e a cabeça é reenergizada por uma molécula de ATP.

---

músculo liso, os sarcômeros estão mais misturados, mas funcionam do mesmo modo.

Várias miofibrilas são ligadas por uma única membrana plasmática, formando uma só célula muscular, com muitos núcleos. Quando um sinal nervoso chega, neurotransmissores são enviados para estimular um pico de voltagem na membrana da miofibrila. Como no caso do nervo, isso dispara uma onda de carga elétrica – um potencial de ação – ao longo das fibras musculares. A mudança temporária de voltagem faz os íons de cálcio entrarem nas miofibrilas. O aumento de cálcio, aliado ao fornecimento de energia pelas fibras musculares, faz as proteínas de actina e miosina deslizarem umas sobre as outras, encurtando cada sarcômero em cerca de 10%, e todas essas minúsculas contrações se acumulam, criando a força de tração do músculo. Esse estado se mantém enquanto houver íons de cálcio na fibra muscular e energia suficiente fornecida aos sarcômeros. Quando baixam, o músculo relaxa.

Cada dupla de pesquisadores, Hanson e Huxley, e Niedergerke e Huxley, deu uma versão um pouco diferente da teoria do filamento deslizante, que ainda é o mecanismo aceito de contração muscular. ▪

Jean Hanson

Nascida em Derbyshire, no Reino Unido, em 1919, Jean Hanson obteve o ph.D. no King's College de Londres e lá passou a maior parte de sua carreira, fazendo pesquisa em biofísica.

Ela conheceu Hugh Huxley, um colega britânico, em 1953, após aceitar uma bolsa Rockefeller no Instituto de Tecnologia de Massachusetts, e a dupla formulou a teoria do filamento deslizante para a contração muscular. A descoberta foi recebida com ceticismo, mesmo após usarem um microscópio eletrônico em 1956 para visualizar a contração das fibras musculares. Hanson voltou então sua atenção ao estudo de músculos de invertebrados. Em 1966, Hanson se tornou professora do King's College e chefe da unidade de biofísica. Porém, no auge da carreira, em 1973, morreu após uma rara infecção cerebral.

Obra principal

1954 "Changes in the Cross-Striations of Muscle during Contraction and Stretch and Their Structural Interpretation"

A MEMÓRIA FAZ DE NÓS O QUE SOMOS
ARMAZENAMENTO DE MEMÓRIA

EM CONTEXTO

FIGURA CENTRAL
Eric Kandel (1929–)

ANTES
Século IV a.C. Platão compara o cérebro humano a um bloco de cera que pode variar em "tamanho, limpeza e consistência".

1949 Donald Hebb introduz a ideia de plasticidade sináptica.

1959 Brenda Milner identifica o hipocampo como local onde memórias de curto prazo passam a ser de longo prazo.

DEPOIS
1971 No University College de Londres, John O'Keefe e seu aluno Jonathan Dostrovsky descobrem "células de lugar" no hipocampo de um rato que estabelecem sua memória de localizações.

2008 Nahum Sonenberg descobre a importância da síntese de proteínas na formação de memórias.

Criar **uma memória** deve causar **mudanças** no **cérebro**, ainda que pequenas.

Essas **mudanças** devem ser **físicas** e, portanto, **observáveis**.

Nos experimentos de **Kandel** com lesmas-do--mar, ele observa **mudanças químicas** em suas sinapses conforme elas aprendem a reagir a estímulos.

A criação de memórias deve estar ligada a mudanças físicas nas sinapses.

Pouco após descobrir as sinapses – os intervalos entre células nervosas através dos quais os sinais nervosos são transmitidos –, o médico e neurocientista espanhol Santiago Ramón y Cajal aventou, nos anos 1890, que esses intervalos podiam ser importantes na formação de memórias. Mas foi só em 1970 que o neurobiólogo austríaco-americano Eric Kandel mostrou, em lesmas-do--mar, que as sinapses estão de fato no centro da memória e que Ramón y Cajal estava certo.

Em seu trabalho, Kandel mostrou que as memórias são captadas pelos nervos por mudanças nas sinapses, e que o aprendizado ativa cascatas de substâncias neurotransmissoras, reforçando as conexões entre neurônios ao longo de vias específicas. A pesquisa de Kandel centrou-se em reações aprendidas simples – no caso, condicionar lesmas-do-mar a comportar-se de certa maneira ao receberem um estímulo específico. Condicionar animais não era algo novo. Em 1902, o cientista russo Ivan Pavlov fez a famosa demonstração de que cães podem ser treinados a responder a um estímulo, como o toque de um sino associado a comida. As reações

CÉREBRO E COMPORTAMENTO 135

Ver também: O cérebro controla o comportamento 109 ▪ Impulsos nervosos elétricos 116-117 ▪ Comportamento inato e adquirido 118-123 ▪ Células nervosas 124-125 ▪ Sinapses 130-131

dos cães envolviam todo o seu corpo – de pular e latir a salivar com o sinal –, então como o sistema nervoso aprendia a coordenar todo o corpo desse modo complexo?

Tipos de memória

Em 1949, o psicólogo canadense Donald Hebb aventou que formar uma nova memória envolve redirecionar fibras nervosas e alterar sinapses – processo que chamou de plasticidade sináptica. Os neurocientistas distinguem as memórias de curto prazo, que permanecem por no máximo poucas horas, das de longo prazo, que duram semanas ou até a vida toda. Criar uma memória de longo prazo, afirmava Hebb, envolvia repetições que reforçam certas conexões sinápticas, como disse: "Neurônios que disparam juntos ficam juntos". Os neurocientistas também distinguem memória "explícita" de "memória processual". As explícitas são fatos ou eventos lembrados de forma consciente, como uma história favorita. As processuais ou não explícitas são habilidades ou hábitos aprendidos tão profundamente que são desempenhados de modo subconsciente – por exemplo, ao chutar uma bola.

O hipocampo

Em 1953, uma cirurgia para controlar a epilepsia do "paciente H. M." envolveu remover uma parte do cérebro chamada hipocampo – e o deixou incapaz de criar novas memórias. O estudo de Brenda Milner sobre H. M. lhe permitiu demonstrar que é no hipocampo que as memórias de curto prazo se tornam de longo prazo.

Era evidente que criar memórias depende de mudar conexões nervosas dentro do hipocampo. Mas quando Kandel começou seu trabalho, nos anos 1960, percebeu que seria impossível estudar as sinapses em detalhes no complexo hipocampo humano. Então ele decidiu, de modo controverso, voltar sua pesquisa para o estudo do cérebro da lesma-do-mar *Aplysia*, que só tem uns poucos milhares de células nervosas. A *Aplysia* tem o reflexo de fechar as guelras em reação ao perigo. Kandel a ensinou a realizar esse reflexo em resposta a um estímulo elétrico. Estímulos fracos causavam mudanças químicas específicas nas sinapses da lesma, ligadas à memória de curto prazo, mas estímulos fortes levavam a mudanças sinápticas diferentes, que criavam memórias de longo prazo.

Kandel e outros neurocientistas concluíram que codificar uma memória de longo prazo nova envolve

[...] a vida é totalmente memória, com exceção do momento presente [...].
Eric Kandel
Citando o dramaturgo americano Tennessee Williams

mudanças persistentes nas sinapses. Um neurônio típico se liga a 1.200 outros, mas um que for exposto a estímulos repetidos pode dobrar essas conexões ou até mais. O cérebro tem um alto grau de plasticidade sináptica – ou seja, é aberto a fazer tais conexões –, em especial no início da vida. É por isso que as habilidades aprendidas na infância, como idiomas, são permanentes. Mas o cérebro continua a aprender, adaptar-se e lembrar quando envelhece, ainda que mais devagar com a idade. ∎

A *Aplysia californica* é uma lesma-do-mar, um gastrópode aquático. Sua resposta ao reconhecer uma ameaça é liberar uma tinta púrpura tóxica.

O OBJETO É AGARRADO COM DUAS PATAS
ANIMAIS E FERRAMENTAS

EM CONTEXTO

FIGURA CENTRAL
Jane Goodall (1934–)

ANTES
1887 O inspetor naval Alfred Carpenter vê macacos de cauda longa usando pedras para quebrar ostras.

1939 Edna Fisher relata como a lontra-marinha usa uma pedra como bigorna para abrir uma concha.

DEPOIS
1982 Elizabeth McMahan revela que os insetos assassinos "pescam" cupins usando peles mortas de cupins como isca.

1989 Uma equipe de pesquisa da Universidade de Cambridge descobre que o uso de pedras para abrir ovos pelos abutres-do-egito é um comportamento inato, não adquirido.

2020 Na Austrália, a pesquisadora Sonja Wild observa golfinhos-nariz-de-garrafa prendendo peixes em conchas e depois sacudindo os peixes para sua boca.

Há muito se sabe que alguns animais usam ferramentas. Em 1871, Charles Darwin se referiu a primatas que as usavam, em *A origem do homem*. Mas o mundo científico não deu muita atenção a esse comportamento até novembro de 1960, quando a jovem pesquisadora de campo britânica Jane Goodall viu um chimpanzé que ela nomeou David Greybeard usar uma haste seca de erva para "pescar" cupins. Quando, de sua base em Gombe, na Tanzânia, ela contatou seu supervisor, o paleontologista Louis Leakey, contando sua descoberta, ele disse: "Agora precisamos redefinir ferramenta, redefinir Homem ou aceitar os chimpanzés como humanos". A observação chamou a atenção do mundo porque oferecia aos cientistas uma janela para a mente dos primeiros humanos. O chimpanzé é o parente mais próximo vivo do gênero humano, e é

Algumas comunidades de chimpanzés "pescam" cupins apenas acima do solo, enquanto outras só predam do subsolo. Esse é um exemplo da diversidade cultural dos chimpanzés.

CÉREBRO E COMPORTAMENTO 137

Ver também: Comportamento inato e adquirido 118-123 ▪ Armazenamento de memória 134-135 ▪ Cadeias alimentares 284-285 ▪ Relações predador-presa 292-293 ▪ Nichos 302-303

> Nem a mão nua nem o entendimento […] podem realizar muito. É por instrumentos e outros recursos que o trabalho é feito.
>
> **Francis Bacon**
> Filósofo inglês (1561–1626)

tentador ver em seu comportamento como nossos antigos ancestrais poderiam ter vivido milhões de anos atrás. Goodall também verificou que seus chimpanzés tiravam as folhas das hastes para poder empurrá-las melhor nos ninhos de cupins, o que significava que não só usavam ferramentas como as faziam.

Construção de kits de ferramentas

Goodall identificou nove modos diversos com que os chimpanzés usam hastes, gravetos, ramos, folhas e pedras em tarefas relacionadas a alimentar-se, beber, limpar e como armas. Pesquisadores posteriores acrescentaram muitos dados mais. Na bacia do Congo, observadores viram chimpanzés mascar caules finos para achatar as pontas, criando espátulas para puxar mel de colmeias de abelhas selvagens. No Senegal, eles roem as extremidades de ramos formando pontas aguçadas, com as quais espetam gálagos (pequenos prossímios) escondidos em buracos de árvore. E na Costa do Marfim, chimpanzés usam grandes pedras para quebrar nozes, com os membros do grupo em fila para usar um tipo especialmente atraente de pedra.

Cérebros pequenos, grandes intelectos

Outra surpresa aconteceu em 2004, quando se revelou que quebrar castanhas não é exclusivo dos chimpanzés. No Brasil, os macacos-prego usam bigornas e ferramentas de pedra para abrir castanhas de caju. A castanha é colocada na bigorna para melhor efeito, e a força que o macaco usa para martelá-la

Os macacos-prego são conhecidos por usar pedras grandes, que exigem menos golpes, para quebrar a casca dura dos frutos de palmeiras.

depende do tamanho, forma e dureza da castanha de caju. Nesses exemplos, a manufatura e uso de ferramentas são aprendidos com outros – o chamado aprendizado social. Alguns membros são especialistas que alcançaram suas habilidades após anos. Seus "aprendizes" observam e aprendem. Como cada população tem seu modo de fazer as coisas, os primatólogos creem que isso significa que esses primatas têm culturas distintas. ∎

Os corvos da Nova Caledônia têm a habilidade e a destreza para conseguir fazer um gancho entortando a ponta de um galho.

Cérebros de pássaros

Em 1905, o ornitólogo Edward Gifford viu tentilhões pica-paus de Galápagos usando espinhos de cacto para extrair larvas de inseto. Em 2018, descobriu-se que os corvos da Nova Caledônia têm outro nível de construção de ferramentas. Eles modelam galhos em dois tipos de gancho para tirar insetos de buracos na casca de árvores. Como os chimpanzés, esses pássaros fabricam ferramentas muito precisas, do tipo que só apareceria nas culturas humanas após o Baixo Paleolítico, cerca de 200 mil anos atrás. É certo, porém, que o uso do fogo distingue os humanos de outros animais? Talvez não. Em 2017, Bob Gosford descreveu milhafres-pretos, falcões-marrons e milhafres-assobiadores recolhendo tições (ramos ou galhos queimando) e levando-os a áreas de ervas não queimadas para iniciar novos incêndios e apanhar insetos e répteis em fuga. Na verdade, indígenas do Território do Norte, na Austrália, conheciam havia muito esse comportamento e até o incorporaram em cerimônias sagradas.

SAÚDE E DOENÇA

140 INTRODUÇÃO

Em sua escola médica, Hipócrates ensina que a **doença** é **causada por um desequilíbrio** dos quatro "humores" do corpo.

400 a.C.

Robert Koch **identifica bactérias** em pessoas com doenças infecciosas, confirmando a **teoria microbiana** das doenças.

ANOS 1860

Campbell de Morgan comprova que a **disseminação do câncer** de seu local original (metástase) se deve a **células tumorais** que se separam e circulam pelo corpo.

1874

ANOS 1500

As bases da **farmacologia moderna** são lançadas por Paracelso quando ele defende o uso de doses de **medicamentos** adequados para curar doenças.

ANOS 1860

A partir da teoria microbiana das doenças, Joseph Lister desenvolve a ideia de usar **antissépticos químicos** para matar micróbios infecciosos.

Desde a Pré-História, buscamos meios de lidar com as doenças. A crença no sobrenatural levava a pensar que as doenças só poderiam ser tratadas com mágica ou um remédio religioso. Alguns curandeiros, porém, desenvolveram tratamentos que formariam a base das ciências médicas, e no Egito e Grécia antigos o interesse pela compreensão das causas das doenças cresceu, com vistas a encontrar modos melhores de combatê-las.

Medicina antiga

Os gregos, em especial, davam grande ênfase a explicar de modo racional os fenômenos naturais, como o diagnóstico e tratamento de doenças. Eles acreditavam que tudo no Universo seria composto de quatro elementos básicos – terra, fogo, ar e água – e disso evoluiu a ideia de que o corpo consistiria em quatro "humores": sangue, bile amarela, bile negra e fleuma. Num corpo saudável, eles estariam em equilíbrio, mas qualquer excesso ou falta de um desses fluidos causaria doenças.

Hipócrates derivou dessa ideia uma teoria médica que seria a base da prática da medicina ocidental por quase 2 mil anos. O advento do Renascimento, porém, propiciou uma nova era de descobertas científicas, com avanços no campo da medicina. Um dos pioneiros foi o médico e alquimista Paracelso, que defendia uma abordagem de observação metódica no estudo das doenças. Isso o levou a concluir que a causa das doenças não é um desequilíbrio de humores, mas a invasão do corpo por "venenos".

Estes, acreditava Paracelso, podiam ser neutralizados pela administração de antídotos em forma de doses de compostos medicinais.

A teoria microbiana

Só no século XIX, porém, uma explicação mais precisa das doenças foi encontrada. Várias teorias sobre a disseminação das doenças infecciosas foram propostas, mas foram os experimentos de Louis Pasteur e Robert Koch que apontaram os micróbios como os causadores das doenças infecciosas. A ideia da teoria microbiana das doenças foi confirmada depois pela descoberta, por Koch, de bactérias no corpo de pacientes infectados. A falta de higiene foi identificada como um importante fator na disseminação de doenças e concluiu-se que os micróbios também eram

SAÚDE E DOENÇA

Após a contaminação acidental de culturas microbianas, Alexander Fleming **descobre a penicilina**, um antibiótico que pode ser usado para tratar **infecções bacterianas**.

Jonas Salk desenvolve uma **vacina** que acabará resultando na **erradicação** quase total **da poliomielite**.

1928

1955

1901

Três **grupos sanguíneos** distintos são **identificados** por Karl Landsteiner ao verificar que misturar tipos sanguíneos **incompatíveis** faz as células se aglutinarem.

1955

Rosalind Franklin descreve, a partir de imagens de cristalografia de raios X, a **estrutura** do **vírus do mosaico do tabaco**.

1957

Frank Burnet descreve como o **sistema imune** pode **reter a memória** da estrutura de patógenos que derrotou, fornecendo imunidade a futuros ataques.

---

provavelmente a causa de infecção em ferimentos. A partir disso, Joseph Lister desenvolveu a ideia de que antissépticos (substâncias que matam micróbios infectantes) poderiam ser usados para reduzir os riscos de infecção ao tratar ferimentos e realizar cirurgias. Outra arma importante na batalha contra as doenças foi descoberta por acaso em 1928, quando Alexander Fleming notou a ação de uma cultura de micróbios contaminada em seu laboratório. A introdução acidental da hoje chamada penicilina demonstrou que havia certos micróbios e fungos capazes de produzir substâncias que suprimem o crescimento de outros. O fato significava que a propriedade antibiótica dessas substâncias podia ser direcionada para combater infecções bacterianas.

Criação de imunidade

É provável que a ideia de inoculação – infectar um paciente com uma dose fraca de uma doença para prevenir que contraia uma forma mais grave dela – tenha surgido na medicina medieval islâmica. Ela não se tornou uma prática difundida no Ocidente até Edward Jenner observar que os acometidos por varíola bovina, que é branda, pareciam imunes à varíola humana, mais grave, prevalente na Europa no fim do século XVIII. Inoculando um menino com pus de uma bolha de varíola bovina, Jenner conseguiu ativar uma resposta imune que o protegeu da varíola humana.

Criar imunidade pela vacinação tornou-se um instrumento importante para erradicar doenças. Os exemplos incluem a vacina contra a raiva, de Louis Pasteur, e a posterior eliminação da poliomielite graças à vacina de Jonas Salk, nos anos 1950. A vacinação é importante, pois muitas doenças infecciosas são causadas não por bactérias, mas por vírus, que não são suscetíveis aos antibióticos. O trabalho de Rosalind Franklin, determinando a estrutura acelular dos vírus, levou a entender que eles se reproduzem invadindo e alterando sistemas genéticos nos hospedeiros. Outras pesquisas sobre o modo como as vacinas funcionam, estimulando a produção de anticorpos, resultaram na teoria de Frank Burnet de que a resposta imune à presença de substâncias chamadas antígenos causa a reprodução de clones de anticorpos específicos, que podem reagir a futuros ataques. ■

DOENÇAS NÃO SÃO MANDADAS PELOS DEUSES
A BASE NATURAL DAS DOENÇAS

EM CONTEXTO

FIGURA CENTRAL
Hipócrates (c. 460–375 a.C.)

ANTES
c. 2650 a.C. No Egito, Imhotep é reverenciado como um deus da medicina, após diagnosticar e tratar mais de 200 doenças.

500 a.C. Na Índia, adeptos do jainismo pensam que criaturas minúsculas, chamadas *nigoda*, trazem doenças ao corpo.

DEPOIS
c. século IV a.C. Um código ético para os médicos, chamado Juramento de Hipócrates, é escrito.

c. 180 d.C. Em Roma, o médico Galeno estabelece na ortodoxia médica a ideia de que desequilíbrios nos fluidos do corpo causam doenças.

1762 O médico Marcus Plenciz aventa que micróbios podem causar doenças.

Anos 1870 Louis Pasteur e Robert Koch formulam a teoria microbiana das doenças.

Para muitos, a medicina se inicia com Hipócrates, um médico famoso que viveu na ilha grega de Cós, 2.500 anos atrás. A maioria das pessoas acreditava que as doenças eram causadas por feitiços ou pelos deuses, mas alguns começaram a buscar remédios naturais, como alho e mel. Outros, como Platão e Aristóteles, defendiam a lógica e explicações racionais.

Partindo da crença de que toda matéria natural é feita de quatro elementos – terra, ar, fogo e água –, os pensadores gregos de então propuseram a ideia de que o corpo é feito de quatro fluidos, ou humores. Para a boa saúde, os fluidos – sangue, bílis amarela e negra, e fleuma – deveriam se equilibrar.

Hipócrates sistematizou os quatro humores em uma teoria médica. Ela acabou se provando errada, mas estabeleceu uma base puramente racional para entender e tratar as doenças. A medicina era uma ciência, não feitiçaria. "A moléstia não é mandada ou retirada pelos deuses. Ela tem uma base natural", insistia Hipócrates. "Se não conseguimos encontrar a causa", disse, "não podemos achar a cura".

Hipócrates estimulava todos os médicos a examinar os pacientes com cuidado, obter um histórico completo e observar os sintomas – hoje a prática médica padrão. O exercício da medicina passava de pai para filho, mas Hipócrates criou cursos para formar médicos. Os estudantes tinham de jurar que colocariam as necessidades do paciente acima de tudo. O assim chamado Juramento de Hipócrates (embora ele possa não tê-lo escrito) pôs a ética no âmago da prática médica e ainda é usado em alguns países. ■

Eu me absterei de todas as más ações e danos voluntários.
Juramento de Hipócrates

Ver também: Fisiologia experimental 18-19 ■ Drogas e doenças 143 ■ Teoria microbiana 144-151 ■ Antissepsia 152-153 ■ Antibióticos 158-159

SAÚDE E DOENÇA 143

O VENENO DEPENDE DA DOSE
DROGAS E DOENÇAS

EM CONTEXTO

FIGURA CENTRAL
Paracelso (1493–1541)

ANTES
c. 60 d.C. O cirurgião militar grego Dioscórides compila *De materia medica*, a síntese definitiva dos medicamentos herbáceos por 1.500 anos.

c. 780 Jabir ibn Hayyan cria modos pioneiros de fazer drogas químicas.

1498 Autoridades de Florença publicam a primeira farmacopeia oficial, depois chamada *Ricettario fiorentino*.

DEPOIS
1804 Os químicos franceses Armand Séguin e Bernard Courtois isolam a morfina, o princípio ativo do ópio.

1828 Friedrich Wöhler é a primeira pessoa a sintetizar uma substância química orgânica, a ureia, comprovando a ideia de Paracelso do corpo como química.

Tratar males físicos com certas plantas ou minerais remonta à Pré-História. Curandeiros transmitiam seus conhecimentos sobre remédios herbáceos, compilados pelo médico grego Dioscórides em *De materia medica*. Depois, Jabir ibn Hayyan foi pioneiro na ideia de drogas químicas. Porém, na Europa medieval, os médicos ainda tratavam as doenças como um desequilíbrio dos quatro humores.

A primeira edição de *De materia medica*, em 1478, despertou um novo interesse pelas drogas e publicação de farmacopeias — listas de drogas medicinais com instruções de uso. Então, nos anos 1500, Paracelso afirmou que a doença não resultava de humores desequilibrados, mas de uma invasão do corpo, ou "envenenamento", a ser tratada com um antídoto.

Paracelso afirmou que um antídoto poderia ser até um veneno: "Todas as coisas são venenos e nada é isento de veneno", dizia. "Só a dose garante que algo não seja um veneno."

Paracelso se chamava Aureolus von Hohenheim. O nome que adotou significa "maior que Celso"; o romano Aulo Cornélio Celso escreveu uma famosa enciclopédia médica no século I.

Ele dizia que o médico devia extrair substâncias químicas como um minerador e colhê-las como um agricultor. Fez experimentos de laboratório, em busca de compostos medicinais. Entre suas descobertas estavam o láudano, feito de ópio em pó e álcool, usado por séculos como o principal alívio à dor, e pequenas doses de mercúrio para tratar sífilis. ∎

Ver também: Fisiologia experimental 18-19 ▪ É possível criar substâncias bioquímicas 27 ▪ A base natural das doenças 142 ▪ Teoria microbiana 144-151 ▪ Antibióticos 158-159

A ÚLTIMA PALAVRA SERÁ DOS MICRÓBIOS

TEORIA MICROBIANA

146 TEORIA MICROBIANA

EM CONTEXTO

FIGURAS CENTRAIS
Louis Pasteur (1822–1895),
Robert Koch (1843–1910)

ANTES
c. 180 d.C. Na Roma Antiga, o médico Galeno acredita que "sementes da peste" levadas pelo ar espalham a doença.

1762 O médico austríaco Marcus Plenciz propõe que os micróbios causam algumas doenças, mas suas ideias não são aceitas na época.

1854 John Snow liga a propagação da cólera ao contato com água contaminada.

DEPOIS
1933 Um vírus é identificado como a fonte da *influenza* humana, após a pandemia da "gripe espanhola" de 1918–1919.

1980 A varíola é erradicada.

2019 O vírus SARS-CoV-2, que causa a Covid-19, é isolado.

Certas criaturas diminutas [...] flutuam no ar e, pela boca e pelo nariz, entram no corpo, causando nele sérias doenças.
Marco Terêncio Varrão
De re rustica (Sobre agricultura), 35 a.C.

A teoria microbiana é a ideia de que muitas doenças são causadas por germes, ou micróbios, como as bactérias. Quando um germe entra no corpo, ou o infecta, ele se multiplica e causa uma doença específica, originando certos sintomas no hospedeiro.

A teoria microbiana foi estabelecida por experimentos do químico francês Louis Pasteur e do médico alemão Robert Koch no fim do século XIX. Na época, muitos médicos acreditavam na teoria dos miasmas, ou "do ar ruim" – a ideia de que as doenças são espalhadas só pelo ar e, em especial, ar úmido, enevoado e malcheiroso, perto de águas paradas.

No século I a.C., o arquiteto e escritor Vitrúvio desaconselhava construir perto de alagados, porque os miasmas fluiriam nas brisas matinais, levando o sopro envenenado das criaturas dos pântanos que adoecia as pessoas.

Alguns críticos da teoria dos miasmas diziam que a doença se espalha por contágio – ou seja, por contato direto com pessoas ou material contaminados –, sem nenhuma pista de que envolvesse germes. Mas a ideia de que as doenças podiam se espalhar por

Durante séculos se pensou que um miasma que trazia doenças emanava do poluído rio Tâmisa para Londres, como simboliza esta figura da Morte em um barco a remo, de meados do século XIX.

micróbios é antiga. Os jainistas, na Índia, acreditavam, cerca de 2.500 anos atrás, que seres minúsculos chamados *nigoda* traziam as doenças. O estudioso romano Marco Terêncio Varrão escreveu que era preciso tomar precauções em pântanos para evitar que criaturas minúsculas, portadoras de doenças, entrassem no corpo. Ideias similares foram consideradas por alguns médicos islâmicos que viram a peste devastar a Andaluzia no século XIV. Ibn Khatima atribuiu o contágio a "corpos diminutos", e Ibn al-Khatib descreveu como esses corpos eram transferidos pelo contato entre as pessoas.

Primeiras observações de micróbios

O problema era que os micróbios são pequenos demais para serem vistos a olho nu. Mas tudo mudou no fim do século XVI com a invenção do microscópio. Em 1656, o sacerdote e erudito alemão Athanasius Kircher viu

SAÚDE E DOENÇA 147

Ver também: Como as células são produzidas 32-33 ▪ Fermentação 62-63 ▪ Antissepsia 152-153 ▪ Antibióticos 158-159 ▪ Os vírus 160-163 ▪ Vacinação para prevenir doenças 164-167 ▪ Resposta imune 168-171

"vermezinhos" ao estudar o sangue de vítimas da peste em Roma por um microscópio. Ele concluiu que eles eram os responsáveis pela doença. Não é provável que ele tenha mesmo visto a bactéria *Yersinia pestis*, que causa a peste, mas estava certo ao responsabilizar micróbios. Kircher publicou sua teoria em 1658 e até recomendou modos de deter a propagação: colocar as vítimas em isolamento e quarentena e queimar suas roupas.

No fim dos anos 1660, o cientista holandês Antonie van Leeuwenhoek fez um microscópio simples, com poder de ampliação de 200 vezes. Nos anos seguintes, ele viu que a água aparentemente limpa era cheia de criaturas diminutas (o que hoje chamamos de bactérias, protozoários e nematódeos). Na verdade, ele percebeu que havia criaturas minúsculas em quase todo lugar.

Em 1683, Van Leeuwenhoek publicou o primeiro desenho dos assim chamados "animálculos" – bactérias que havia observado em placa dentária. Ele os desenhara com cuidado; ao todo, registrou quatro diferentes formas de bactérias, de espirais a bastões, mas não ligou os micróbios especificamente a doenças. Até hoje, os microbiologistas identificaram mais de 30 mil tipos de bactéria, com três formas básicas (ver abaixo).

Cada vez mais evidências

Apesar de descobertas como as de Van Leeuwenhoek, a teoria dos miasmas continuava a prevalecer. Então, em 1807, o entomologista italiano Agostino Bassi começou a estudar a muscardina, doença que vinha destruindo as indústrias da seda italiana e francesa. Ele

A muscardina, uma doença dos bichos-da-seda, é comum na espécie *Bombyx mori*. O fungo causador foi chamado de *Beauveria bassiana*, do nome de Agostino Bassi.

descobriu que um fungo parasita microscópico causava a doença e que era contagiosa, espalhando-se entre os bichos-da-seda por meio de comida infectada e contato. Ele publicou seus achados em um artigo em 1835 e aventou que os micróbios produziam doenças em humanos, não só em animais e plantas. Ideias como essa começaram a ganhar apoio. Em 1847, o húngaro Ignaz Semmelweis, um médico de Viena, revolucionou os partos em »

Principais tipos de bactérias

Os cocos são bactérias redondas e podem ser unicelulares ou multicelulares. Causam doenças como meningite, pneumonia, escarlatina e amigdalite ou faringite.

Os bacilos são bastões longos e finos, alguns em cadeias ou grupos (paliçadas). Podem causar doenças como difteria, tétano, tuberculose e coqueluche.

As bactérias curvas incluem tipos de espirilos espiralados, espiroquetas em forma de saca-rolhas e vibriões, recurvados como vírgulas, que causam doenças como a cólera.

Monococo

Diplococo

Paliçada

Bacilo

Vibrião   Espirilo

Estreptococo

Tetracoco

Corinebactéria   Diplobacilo

Espiroqueta

TEORIA MICROBIANA

maternidades, onde antes a febre puerperal (pós-parto) grassava entre as novas mães. Semmelweis afirmava que a febre puerperal era espalhada por "partículas cadavéricas" trazidas pelos estudantes das salas de dissecação para as alas de parto. Seu regime de higiene, que incluía lavagem das mãos, resultou em uma queda dramática nos casos de febre, embora muitos médicos continuassem sem se convencer da eficácia da higiene na luta contra as doenças.

A cólera

Outra virada na história da teoria microbiana ocorreu quando uma epidemia de cólera atingiu o distrito de Soho, em Londres, em 1854. O médico britânico John Snow duvidava que a teoria dos miasmas se ajustasse ao padrão do surto. Algumas vítimas eram de áreas pequenas, mas outras viviam em grupos distantes.

Com pesquisa minuciosa e mapeamento da área, Snow mostrou que todas as vítimas beberam água de uma mesma bomba de água, contaminada por excrementos humanos depositados perto dali, e provando sua teoria sobre a transmissão da cólera: os miasmas não eram os culpados. As autoridades estavam céticas, mas mesmo assim começaram a melhorar o abastecimento de água da cidade.

A cólera atingiu Florença, na Itália, no mesmo ano. O anatomista local Filippo Pacini estudou o muco do revestimento estomacal de vítimas, e em todos os casos viu bactérias em forma de vírgula, que chamou de *Vibrio cholerae*. Pela primeira vez, uma importante doença humana era vinculada diretamente a um patógeno individual. Apesar disso, a comunidade média continuou a

É aterrador pensar que a vida esteja à mercê da multiplicação desses corpos minúsculos [...].
Louis Pasteur

defender a teoria dos miasmas e ignorou o trabalho de Pacini.

Vinho e leveduras

Na França, Louis Pasteur iniciou, no fim dos anos 1850, uma série de experimentos que demoliriam a teoria dos miasmas e o levariam a sua pioneira teoria microbiana. Quando ele era diretor de ciências da Universidade de Lille, um produtor de vinho lhe pediu que pesquisasse o processo de fermentação.

Os produtores de cerveja e vinho pensavam que a fermentação era só uma reação química. Porém, Pasteur viu que o vinho maduro tem micróbios redondos chamados leveduras, e concluiu com acerto que eles é que fermentavam o vinho. Pasteur descobriu então que só um tipo de levedura faz o vinho amadurecer adequadamente; outro tipo cria o ácido láctico, que arruína o vinho.

Ele notou que aquecer o vinho gradualmente até cerca de 60 °C podia matar as leveduras danosas, deixando ilesas as leveduras boas. Em 1865 ele patenteou essa técnica, depois chamada de pasteurização, muito

Louis Pasteur concebeu o frasco com "pescoço de cisne", que assenta as partículas suspensas no ar na curva do pescoço, sem chegar ao caldo.

Pasteur refuta a geração espontânea

Em 1745, o naturalista britânico John Needham ferveu caldo de carne para matar os micróbios, mas depois, quando o caldo ficou turvo e com micróbios, ele supôs que tinham sido gerados de modo espontâneo a partir da matéria do caldo. Em 1859, Pasteur modificou esse experimento simples criando um frasco com desenho especial de "pescoço de cisne". Ele ferveu caldo de carne no frasco para evitar que micróbios do ar o contaminassem. Selou depois o bico para impedir a entrada de ar.

O caldo permaneceu transparente indefinidamente. Mas, assim que Pasteur quebrou a ponta do bico e deixou entrar ar, o caldo logo ficou turvo, indicando a multiplicação microbiana. Pasteur provou que os micróbios que estragavam o caldo – e, de modo similar, os micróbios de levedura que causavam fermentação – vinham do ar. Desbancando a geração espontânea, seu experimento desbancou o principal argumento contrário à teoria microbiana.

SAÚDE E DOENÇA

O antraz é uma doença infecciosa grave que afeta animais, entre eles os humanos. É causado por esporos da bactéria de solo *Bacillus anthracis*.

usada hoje para produzir vinho e cerveja e para matar patógenos potenciais em produtos frescos, como leite e sucos de frutas.

Pasteur começou a estudar a origem de micróbios como a levedura. Na época, as pessoas ainda pensavam que a vida podia aparecer do nada e que o mofo surgia espontaneamente em comida estragada. Essa ideia era conhecida como geração espontânea. Então, em 1859, Pasteur refutou a noção de geração espontânea com um experimento famoso (ver boxe, na página ao lado). Parecia-lhe muito provável, agora, que micróbios suspensos no ar, e não o próprio ar, como afirmava a teoria dos miasmas, espalhavam as doenças.

O evento decisivo ocorreu poucos anos depois. Em 1865, Pasteur buscava uma solução para a pebrina, uma doença que matava bichos-da-seda, dos quais a indústria da seda do sul da França dependia. Ele leu sobre o trabalho de Bassi, escrito trinta anos antes, a

[...] foi preciso também muito tempo até os preconceitos serem superados e os médicos reconhecerem que os novos fatos eram corretos.
Robert Koch
Palestra ao receber o Nobel (1905)

respeito da muscardina, e logo verificou que um micróbio, um minúsculo parasita hoje classificado como um microsporídio, era a causa da pebrina. Ele publicou a descoberta em 1870, afirmando que o único modo de deter a doença era queimar todos os bichos e amoreiras infestados. Os fabricantes de seda seguiram o conselho de Pasteur e a doença foi erradicada.

Pesquisa microbiana

Ficou claro a Pasteur que os germes eram culpados de muitas infecções, então estudou mais sobre como as doenças se espalham entre humanos e animais. Lendo sobre o trabalho de Pasteur, o cirurgião britânico Joseph Lister percebeu que matar os micróbios era o melhor modo de impedir a disseminação das doenças. Assim, no fim dos anos 1860, Lister insistiu que os ferimentos fossem limpos e os curativos, esterilizados. As mortes por operações caíram drasticamente e outros cirurgiões adotaram os mesmos procedimentos antissépticos.

Em 1872, inspirado nos achados de Pasteur, o médico Robert Koch passou a pesquisar sobre a teoria microbiana em seu laboratório privado, na Alemanha. Em 1876, conseguiu identificar o germe do antraz como uma bactéria bacilar chamada *Bacillus anthracis*. Na verdade, ele foi além, fazendo um experimento engenhoso que provou pela primeira vez que as bactérias podem causar doenças.

Primeiro, Koch extraiu o bacilo de antraz do sangue de uma ovelha doente morta. Então, deixou a bactéria se multiplicar no laboratório, em uma cultura com nutrientes que não tivera contato com animais doentes – de início o líquido do olho de um boi, depois um caldo de ágar e gelatina. A seguir, Koch injetou a bactéria da cultura em ratos, que logo morreram de antraz. Não havia dúvida de que era a bactéria que causava a doença de antraz.

Pasteur confirmou o resultado do incrível experimento de Koch e provou também que a bactéria de antraz podia sobreviver por muito tempo no solo. Bastava que uma ovelha saudável pastasse em um terreno antes ocupado por uma doente para se contaminar. Antes, nos anos 1790, o cirurgião britânico Edward Jenner verificou que podia tornar as pessoas imunes à varíola vacinando-as com a varíola bovina, uma doença similar que afeta as vacas e só tem impacto leve sobre humanos. Pasteur desenvolveu uma vacina contra antraz aquecendo »

150 TEORIA MICROBIANA

Experimentos provam que **a fermentação e o mofo** não ocorrem espontaneamente, mas devido a **micróbios no ar**.

Micróbios específicos também estão presentes no corpo de animais doentes, mas **os germes simplesmente se alimentam** da **doença**?

Transferir os **micróbios** suspeitos para **animais saudáveis** faz com que estes **adoeçam**.

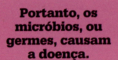

Portanto, os micróbios, ou germes, causam a doença.

bactérias da doença só o bastante para enfraquecê-las. Ela foi testada com sucesso em ovelhas, cabras e bois. Assim como a varíola bovina, a bactéria de antraz enfraquecida ativava uma resposta de defesa no corpo que era forte o bastante para dar imunidade, sem causar a doença. Desde a grande descoberta de Pasteur com o antraz, vacinas feitas com germes enfraquecidos ou "atenuados" se tornaram as principais armas na luta contra doenças como difteria e tuberculose.

Germes e doenças vinculados

Pasteur provara que há micróbios no ar, e agora ele e Koch mostraram que alguns deles causam doenças. E o crucial: cada doença é causada por um micróbio ou germe específico. Os germes podem ser microscopicamente pequenos, mas hoje sabemos que causam danos ao entrar no corpo pelos tratos respiratório, urogenital ou gastrintestinal, ou por rupturas na pele. Então, os germes se multiplicam rápido e interferem nas funções do corpo ou liberam uma toxina.

Em sua pesquisa nos anos 1880, Koch criou quatro testes para confirmar a ligação entre um germe e uma doença e expôs critérios para identificar um patógeno (germe causador de doença). Esses testes ficaram conhecidos como postulados de Koch (ver abaixo), e versões modificadas deles são usadas ainda hoje. Pouco depois, em 1882, Koch identificou o germe responsável pela tuberculose – *Mycobacterium tuberculosis*. Ele queria descobrir também o germe que causa a cólera e viajou à Índia e ao Egito para obter amostras. Em 1884, o identificara como a bactéria em forma de vírgula *Vibrio cholerae*, a mesma que Pacini tinha visto em Florença trinta anos antes. Koch percebeu que a bactéria da cólera prosperava em água contaminada e sugeriu medidas para conter sua disseminação. Pasteur também continuou a encontrar mais provas da teoria microbiana: em 1885, desenvolveu a vacina contra a raiva.

A caça aos germes

Apesar do brilhante trabalho de Pasteur e Koch, ainda havia muita oposição à teoria microbiana. Em

Os postulados de Koch

1. Associação
O mesmo germe deve estar presente em todos os casos da doença.

2. Isolamento
O germe deve ser coletado do hospedeiro doente e cultivado em cultura pura.

3. Inoculação
O germe cultivado do hospedeiro doente deve causar a doença em um hospedeiro saudável.

4. Reisolamento
O germe coletado do hospedeiro inoculado deve ser idêntico ao germe do hospedeiro original.

SAÚDE E DOENÇA

Os vírus podem sobreviver até 24 horas em uma superfície dura, como uma maçaneta; as bactérias sobrevivem de umas poucas horas a dias ou até meses.

Como os germes se espalham

Em sua maioria, os germes, entre eles vírus e bactérias, não se movem sozinhos, e cada um tem sua via de transmissão. Quando surge uma doença, é crucial identificar os modos exatos de transmissão para a adoção de medidas preventivas. Parece haver quatro modos principais para um germe passar de um hospedeiro a outro. O contato é um método óbvio: diretamente, com pele, membranas mucosas ou fluidos corporais infectados, ou indiretamente, por exemplo, quando uma pessoa infectada toca uma maçaneta. Germes suspensos no ar, em especial vírus, podem subsistir em gotinhas – de espirros, tosse ou até respiração – e ser aspirados pelo próximo hospedeiro. O vírus SARS-CoV-2 se espalha principalmente por contato e pelo ar, então distanciamento, higiene das mãos e máscaras são vitais para seu controle. Os germes também são transmitidos por veículos: substâncias como comida, água ou sangue. Mosquitos, ácaros e carrapatos são exemplos de vetores – organismos que carregam doenças em si.

1878, o patologista alemão Rudolf Virchow, por exemplo, rejeitou o trabalho de Koch sobre antraz, qualificando-o como "improvável", e levou dez anos para voltar atrás. Nos anos 1890, porém, já era claro que a teoria dos miasmas não se sustentava e os cientistas caçavam patógenos responsáveis por cada doença infecciosa. Desde então, eles identificaram cerca de 1.500 micróbios causadores de doenças. Alguns têm ciclo de vida complexo, envolvendo diferentes portadores ou vetores. Porém, 99% dos micróbios são totalmente inofensivos.

De início, pensava-se que as bactérias, os microsporídios e os protozoários eram os principais tipos de germe. Então, em 1892, o microbiologista russo Dimitri Ivanovski descobriu que um germe ainda menor – embora fosse invisível até aos mais poderosos microscópios da época – também podia causar doenças. Ele foi chamado de vírus em 1898.

Hoje sabemos que os vírus não são exatamente vivos – são só partículas incrivelmente pequenas de material reprodutivo que precisam invadir organismos vivos para se replicar e espalhar. Eles existem em quase todo lugar, no ar, nos oceanos e no solo. Embora só um número mínimo deles – um pouco mais de 200 – cause doenças em humanos, elas vão de resfriados leves a doenças mais perigosas, como a gripe pandêmica e a Covid-19.

Combate às doenças

A teoria microbiana transformou a luta contra as doenças. Agora havia medidas claras e comprovadas para deter a disseminação dos germes, como higiene, saneamento, quarentena, distanciamento e máscaras. Constatou-se como as vacinas conferiam imunidade e como desenvolvê-las contra uma doença isolando o patógeno. Depois que Pasteur e Koch provaram a teoria microbiana, os cientistas perceberam

A cultura pura é a base de toda a pesquisa sobre doenças infecciosas.
Robert Koch

que, quando germes de doenças infecciosas invasores atacam células do corpo, este tem sua própria e sofisticada defesa: o sistema imune. Muitos sintomas de doenças, como febre e inflamação, na verdade são resposta imunológica aos germes.

A microbiologia se tornou o foco principal do estudo de doenças no século XX. A pesquisa centrada em culturas de laboratório levou Alexander Fleming a descobrir os antibióticos, os primeiros medicamentos eficazes contra as bactérias. Drogas como antivirais foram desenvolvidas para eliminar micróbios e pôr fim a doenças, em vez de só aliviar sintomas.

Cerca de um século atrás, doenças infecciosas como cólera, enterite, pneumonia, varíola, tuberculose e tifo causavam muito sofrimento e mortes. Hoje, com os avanços da teoria microbiana, elas matam bem menos pessoas, embora as doenças infecciosas ainda afetassem cerca de 15 milhões de pessoas ao ano antes da disseminação da Covid-19 em 2020. O vírus SARS-CoV-2, que causa a Covid-19, foi identificado em poucos meses, permitindo que vacinas fossem desenvolvidas em tempo recorde. ∎

O PRIMEIRO OBJETIVO DEVE SER A DESTRUIÇÃO DE TODO GERME SÉPTICO
ANTISSEPSIA

EM CONTEXTO

FIGURA CENTRAL
Joseph Lister (1827–1912)

ANTES
Século IV a.C. Hipócrates verifica que o pus em uma ferida pode se revelar fatal.

1847 Ignaz Semmelweis propõe que se lave as mãos em alas obstétricas para reduzir o risco de infecções pós-parto.

1858 O relatório de Florence Nightingale sobre mortes de soldados britânicos na Guerra da Crimeia mostra que a maioria poderia ter sido evitada com melhor higiene.

DEPOIS
1884 Robert Koch formula os "postulados de Koch", descrevendo o elo causal entre determinados microrganismos e doenças específicas.

1890 O americano William Halsted introduz o uso de luvas de borracha em cirurgias – o início das técnicas de assepsia.

A ideia de que manter a limpeza é importante para a defesa contra infecções parece óbvia hoje. Mas o conhecimento científico sobre os mecanismos da infecção e os benefícios da higiene só surgiram no fim do século XIX. Nos anos 1860, o químico francês Louis Pasteur descobriu que a fermentação e também a deterioração de leite, cerveja e vinho eram causadas por microrganismos do ar. Esse foi o primeiro grande passo para provar a teoria microbiana – a ideia de que há organismos invisíveis ao olho humano no ambiente e de que podem causar doenças. O elo com as doenças foi comprovado nos anos 1880 pelo médico alemão Robert Koch. Mas outros já haviam notado a conexão entre má higiene e risco de infecção, como o médico húngaro Ignaz Semmelweis nos anos 1840, e a enfermeira e estatística britânica Florence Nightingale nos anos 1850.

Em 1867, inspirado no trabalho de Pasteur, o cirurgião britânico Joseph Lister tentou uma nova abordagem para reduzir as infecções contraídas em cirurgias. Na época, cerca de

---

Descobre-se que a **infecção** é causada por **microrganismos (germes)**.

Os **germes** no ar e nas superfícies **entram nos cortes durante as cirurgias**.

Aplicar substâncias antissépticas a cortes durante as cirurgias mata os germes e previne as infecções.

SAÚDE E DOENÇA 153

Ver também: Fermentação 62-63 ▪ Teoria microbiana 144-151 ▪ Antibióticos 158-159 ▪ Resposta imune 168-171

A decomposição em uma área ferida poderia ser evitada […] aplicando-se como curativo algum material capaz de destruir a vida das partículas flutuantes.
Joseph Lister

metade dos pacientes operados morriam, com frequência por infecções causadas por instrumentos contaminados. Antes da descoberta de Pasteur, pensava-se que tais infecções se deviam à exposição de partes internas do corpo aos miasmas, ou "ao ar ruim" – um vapor venenoso emanado de material decomposto. Convencido de que os responsáveis eram na verdade os germes, Lister buscou uma substância que pudesse ser aplicada às feridas para matá-los antes que se instalassem. Ele escolheu uma solução de ácido carbólico (hoje mais conhecido como fenol), derivado do creosoto, pois ouvira que este era usado para eliminar o odor de esgoto espalhado nos campos.

Eficácia antisséptica

Lister testou seu antisséptico (*sepsis*, em grego, significa "apodrecer") pela primeira vez em 1865, na Enfermaria Real de Glasgow, em James Greenlees, de 11 anos, que tinha sofrido uma fratura exposta na perna. Lister usou fenol para lavar o ferimento e também o aplicou no curativo, que era trocado conforme a cura evoluía. James não sofreu infecção e teve uma recuperação notável. Encorajado, Lister instruiu os cirurgiões das alas sob seus cuidados a usar fenol para limpar os instrumentos cirúrgicos e as mãos, o que resultou em uma queda drástica nos níveis de infecção. Ele também experimentou borrifar fenol em pacientes durante cirurgias, mas com resultados limitados.

De início, a comunidade médica se opôs às ideias de Lister, até porque a teoria microbiana ainda não era amplamente aceita. Porém, seus resultados logo começaram a convencer clínicos em todo o mundo. Em poucas décadas as condutas de assepsia (esterilização) foram adotadas como parte dos procedimentos cirúrgicos para minimizar o risco de contaminação microbiana, como o uso de máscaras, aventais e luvas estéreis pela equipe clínica. As salas de operação são isoladas das áreas lotadas dos hospitais e ventiladas com ar filtrado. ▪

Em cirurgias modernas, os antissépticos mais comuns na preparação da área da pele são o iodo, o gluconato de clorexidina e o álcool. O fenol não é mais usado porque irrita a pele.

Joseph Lister

Nascido em 1827, perto de Londres, Joseph Lister fez estudos clássicos e de botânica no University College de Londres e depois se graduou na escola médica da mesma universidade. Ele assumiu um posto em Edimburgo como assistente cirúrgico e se tornou *regius professor* de cirurgia da Universidade de Glasgow. Em 1861, foi nomeado cirurgião da Enfermaria Real de Glasgow. Seu trabalho com técnicas antissépticas lhe valeu o cargo de professor de cirurgia na Universidade de Edimburgo e, depois, no Hospital do King's College, em Londres. Posteriormente, foi cirurgião sênior da rainha Vitória, que o tornou membro da aristocracia britânica em 1883. Lister foi pioneiro no uso de categute para suturas e fez inovações em reparo da rótula e mastectomia. A listeriose, uma intoxicação alimentar bacteriana, recebeu esse nome por causa dele. Lister morreu em 1912.

Obras principais

1867 *Sobre o princípio antisséptico na prática da cirurgia*
1870 *Sobre os efeitos do sistema antisséptico de tratamento na salubridade de um hospital cirúrgico*

REMOVA-O, MAS ELE BROTARÁ DE NOVO
METÁSTASE DO CÂNCER

EM CONTEXTO

FIGURA CENTRAL
Campbell de Morgan
(1811–1876)

ANTES
c. 1600 a.C. No Egito antigo, o papiro de Edwin Smith descreve o câncer de mama.

c. 400 a.C. Hipócrates usa o termo "carcinoma" ("semelhante a caranguejo") para descrever tumores, levando à palavra câncer.

1855 Rudolf Virchow liga a origem dos cânceres a células normais, mas pensa incorretamente que sua causa é uma irritação nos tecidos.

DEPOIS
1962, 1964 O Colégio Real de Medicina do Reino Unido e a autoridade federal de saúde pública dos EUA relatam uma ligação entre fumo e câncer.

1972 A tomografia computadorizada permite direcionar os tumores para cirurgia ou radioterapia.

O câncer é uma das maiores causas de morte no mundo todo, só ficando abaixo de doenças cardíacas e circulatórias. Um câncer tem início quando uma célula comum começa a crescer de modo anômalo. Normalmente, as células se dividem para criar outras que substituam as que estão velhas ou danificadas. Com o câncer, esse processo falha, e novas células se formam quando não são necessárias. Elas podem se dividir sem controle, formando tumores.

Uma descoberta importante ocorreu nos anos 1870, quando o cirurgião britânico Campbell de Morgan afirmou que o câncer surgia em um local do corpo, mas podia depois se espalhar para outras partes – chamado metástase. Isso foi crucial para compreender que após a cirurgia deve haver acompanhamento, para assegurar que o câncer não reapareceu.

Primeiras teorias
O médico grego Hipócrates pensava que o câncer surgia do excesso de bile negra – um dos quatro humores –, teoria que persistiu por quase 2 mil anos. No século XVIII, os médicos já tinham percebido que os cânceres são crescimentos anormais, e assim que a anestesia ficou disponível, nos anos 1840, a remoção cirúrgica de tumores se tornou comum. Em 1839, o biólogo alemão Theodor Schwann propôs que o corpo é composto de células e, em 1855, o médico alemão Rudolf Virchow foi o primeiro a perceber que o câncer se origina em células normais.

Na época, já se sabia que fatores ambientais se associam a certos cânceres – no século XVIII, uma alta incidência de câncer no escroto foi notada em homens que tinham sido limpadores de chaminé na infância – e que a hereditariedade também tem seu papel. Os médicos, porém, debatiam a natureza do câncer –

Hoje todo [câncer] talvez esteja ao alcance de uma operação; amanhã [ele] pode estar espalhado para muito além.
Campbell de Morgan

SAÚDE E DOENÇA 155

Ver também: Como as células são produzidas 32-33 ▪ Resposta imune 168-171 ▪ Mitose 188-189 ▪ Cromossomos 216-219 ▪ O Projeto Genoma Humano 242-243

O câncer é o **crescimento anormal** de **células normais**. Um câncer pode **começar** localmente como um **tumor**.

Ele pode então sofrer **metástase**, espalhando-se pelo corpo por meio da **linfa** ou da **circulação sanguínea**.

Remover o tumor cirurgicamente pode não deter o câncer.

Campbell de Morgan

Nascido em 1811, em Devon, no Reino Unido, Campbell de Morgan estudou medicina no University College de Londres e depois se tornou cirurgião do Hospital de Middlesex, onde trabalhou pelo resto da vida. Ele se envolveu intimamente na fundação da escola médica do hospital, na qual foi professor assistente e, mais tarde, titular. Em 1861, tornou-se membro da Real Sociedade. Sua pesquisa nos anos 1870 levou-o a descobrir que o câncer surge localmente e depois se espalha para outros pontos. Ele foi também o primeiro a descrever o angioma rubi (ou nevos de Campbell de Morgan), uma lesão não cancerosa na pele, de cor carmim, associada à idade. De Morgan era conhecido pela humildade e bondade. Morreu em 1876 de pneumonia, poucos dias após altruisticamente cuidar de um amigo agonizante que sofria da mesma doença.

Obras principais

1872 *A origem do câncer*
1874 "Observações sobre o câncer"

---

em particular, se era uma doença constitucional ou localizada.

Células cancerosas

Durante várias décadas, De Morgan estudou sistematicamente o câncer e, em 1874, apresentou suas conclusões. Ele afirmou que o câncer se inicia localmente e depois se espalha. As células cancerosas, segundo ele, podem viajar de modo independente: pelos tecidos ao redor do tumor, pelo sistema linfático ou pela corrente sanguínea. Tais "germes do câncer" podem ficar dormentes por anos – às vezes indefinidamente. Ele reconheceu que as razões ainda não eram claras, mas apontou outras mudanças que se manifestam em certas épocas da vida, como o aumento da próstata na velhice ou o crescimento de pelos faciais nas mulheres em folículos antes inativos.

O raciocínio lógico e baseado em evidências de De Morgan convenceu os pares e direcionou as pesquisas. Em 1914, Theodor Boveri aventou que o câncer se origina em células com irregularidades cromossômicas – em outras palavras, é genético. Seis décadas depois, o geneticista americano Alfred Knudson propôs um modelo de mutação genética que levou ao conceito de genes supressores de tumores que se transmutam em células cancerosas. Tais mutações poderiam ser hereditárias ou causadas por danos externos. O câncer ainda é um dos mais graves problemas de saúde, mas intervenções rápidas para prevenir sua expansão podem salvar vidas. O diagnóstico precoce também é crucial, por isso programas de exames para alguns cânceres são uma das principais estratégias de saúde pública. ▪

A radioterapia usa alta radiação para matar células cancerosas. Para a cabeça ou o pescoço, usam-se uma máscara e linhas de laser para manter o paciente na posição e marcar o alvo com precisão.

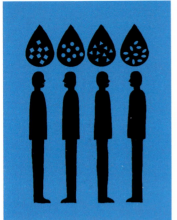

HÁ QUATRO TIPOS DIFERENTES DE SANGUE HUMANO
GRUPOS SANGUÍNEOS

EM CONTEXTO

FIGURA CENTRAL
Karl Landsteiner (1868–1943)

ANTES
1665 As primeiras transfusões de sangue bem-sucedidas registradas são realizadas entre cães pelo médico inglês Richard Lower.

1667 O médico francês Jean-Baptiste Denis faz a primeira transfusão direta a um humano, usando sangue de uma ovelha.

1818–1830 O obstetra britânico James Blundell completa várias transfusões de sangue bem-sucedidas entre humanos.

DEPOIS
1903 O médico e microbiologista húngaro László Detre cunha o termo "antígeno".

1907 O hematologista americano Reuben Ottenberg faz a primeira transfusão de sangue baseada na pesquisa de Karl Landsteiner no Hospital Mount Sinai, em Nova York.

No século XIX, houve várias transfusões de sangue bem-sucedidas em humanos no Reino Unido. Porém, algumas outras tentativas resultaram na morte do paciente, e os médicos não entendiam por quê. Por volta de 1870, eles tinham praticamente abandonado as transfusões, pois pareciam arriscadas demais.

Em 1875, o fisiologista alemão Leonard Landois lançou alguma luz sobre o mistério. Ele mostrou que, se hemácias de um animal de uma espécie fossem misturadas à parte fluida do sangue tirado de outra espécie, em geral, elas se aglutinavam, obstruindo os vasos sanguíneos e limitando a circulação. Às vezes as hemácias se rompiam, causando uma condição de risco à vida, a crise hemolítica. Isso indicava que, em transfusões malsucedidas, alguma reação indesejável ocorre entre a parte fluida do sangue e as hemácias, reconhecidas como "não suas". Porém, isso não explicava por que algumas transfusões eram bem-sucedidas e outras não. Então, em 1901, o biólogo e médico austríaco Karl Landsteiner tirou amostras de sangue de cientistas que

---

O **sangue dos indivíduos** varia segundo a aglutinação de suas **hemácias** quando ele é misturado com o **soro sanguíneo de outra pessoa**.

As pessoas podem ser separadas em **grupos sanguíneos**. Os oito mais comuns são **A+**, **A−**, **B+**, **B−**, **O+**, **O−**, **AB+** e **AB−**.

Os grupos sanguíneos são usados para determinar qual sangue pode ser administrado com segurança a um paciente que precisa de transfusão.

SAÚDE E DOENÇA 157

Ver também: Circulação do sangue 76-79 ▪ Hemoglobina 90-91 ▪ Resposta imune 168-171 ▪ As leis da hereditariedade 208-215 ▪ Mutação 264-265

trabalhavam em seu laboratório, separou-as em hemácias e soro (a parte fluida do sangue, sem células e fatores coagulantes) e misturou amostras de soro de cada cientista com de hemácias de outros cientistas.

Sistema de grupos sanguíneos

Landsteiner percebeu que o sangue dos cientistas podia ser dividido em três grupos: A, B e C. O soro de cada grupo não aglutinava as hemácias de seu próprio grupo, mas o soro do grupo A sempre aglutinava as hemácias do grupo B, e vice-versa. O soro do grupo C aglutinava as amostras de hemácias dos dois outros grupos, mas o inverso não acontecia: as amostras de hemácias do grupo C pareciam nunca se aglutinar.

Isso levou Landsteiner a propor que as hemácias de pessoas dos grupos A e B têm substâncias diferentes nomeadas aglutinogênios (hoje chamadas antígenos) e que a parte fluida de seu sangue contém aglutininas (hoje chamadas anticorpos) que causam a aglutinação caso encontrem um antígeno "não seu". Por exemplo, o soro do grupo A contém anticorpos que causam a aglutinação de hemácias que tem antígenos B, e vice-versa. Quanto às pessoas do grupo sanguíneo C: suas hemácias não têm nenhum dos antígenos, mas seu soro contém anticorpos que reagem aos antígenos A e B. Após essa descoberta, as transfusões de sangue poderiam ser feitas com muito mais segurança. Qualquer paciente que precisasse de transfusão, assim como o sangue de doadores, poderia agora ser testado para saber seu grupo sanguíneo (misturando amostras com soro de grupos sanguíneos conhecidos). Podiam-se adotar procedimentos para garantir que nenhum paciente de transfusão recebesse sangue de um grupo sanguíneo incompatível.

Outros desenvolvimentos

Em 1902, dois colegas de Landsteiner descobriram um quarto grupo, AB, que contém tanto antígenos A quanto B, mas sem anticorpos para nenhum deles. Em 1907, o grupo sanguíneo C foi renomeado O. Em 1937, Landsteiner e o sorologista americano Alexander S. Wiener descobriram um segundo sistema de grupos sanguíneos, o sistema Rh (rhesus). Muitos outros foram descobertos desde então, mas o ABO e o Rh (+ ou −) ainda são os mais importantes em termos de compatibilidade para transfusões seguras. Hoje se sabe que o grupo sanguíneo de uma pessoa é um traço genético herdado, do mesmo modo que a cor dos olhos e a dos cabelos. ▪

Tabelas de compatibilidade sanguínea ajudam a garantir transfusões seguras. Em uma emergência, quando um tipo sanguíneo compatível não está disponível, o tipo O− (O rhesus negativo) pode ser administrado, porque é mais provável que seja aceito por todos os tipos de sangue. Porém, sempre há algum risco envolvido.

Legenda
● Compatível
✗ Incompatível

		Tipo sanguíneo do receptor						
		O−	O+	A−	A+	B−	B+	AB−	AB+
Tipo sanguíneo do doador	O−	●	●	●	●	●	●	●	●
	O+	✗	●	✗	●	✗	●	✗	●
	A−	✗	✗	●	●	✗	✗	●	●
	A+	✗	✗	✗	●	✗	✗	✗	●
	B−	✗	✗	✗	✗	●	●	●	●
	B+	✗	✗	✗	✗	✗	●	✗	●
	AB−	✗	✗	✗	✗	✗	✗	●	●
	AB+	✗	✗	✗	✗	✗	✗	✗	●

Componentes do sangue

O sangue é um corpo fluido dos humanos e outros vertebrados, composto de células em suspensão em um fluido amarelado chamado plasma. Há três tipos diferentes de células sanguíneas. A função das hemácias, que contêm hemoglobina, é levar oxigênio aos tecidos do corpo. Os leucócitos desempenham um papel importante no combate a infecções. Por fim, as plaquetas têm um papel crítico no processo de coagulação do sangue. O plasma constitui 55% do sangue e é na maior parte água, mas também contém importantes proteínas dissolvidas (como os anticorpos e fatores coagulantes), glicose e várias outras substâncias. O soro sanguíneo é o plasma semos fatores coagulantes. Hoje é incomum fazer transfusão de sangue total, com todos os seus componentes. As transfusões mais comuns são apenas de hemácias, em uma quantidade mínima de fluido (chamada papa de hemácias) ou de plasma.

UM MICRÓBIO PARA DESTRUIR OUTROS MICRÓBIOS
ANTIBIÓTICOS

EM CONTEXTO

FIGURA CENTRAL
Alexander Fleming
(1881–1955)

ANTES
1877 Louis Pasteur mostra que o antraz, uma bactéria de solo, pode ficar inofensivo ao ser exposto a bactérias presentes no ar.

1907 O cientista médico alemão Paul Ehrlich descobre antibióticos sintéticos derivados do arsênico, levando ao desenvolvimento de tratamentos antibacterianos.

DEPOIS
1942 Apenas um ano após a introdução da penicilina, é descoberta a primeira bactéria resistente a ela.

2015 A Organização Mundial da Saúde alerta que, se não acabar o mau uso dos antibióticos, 10 milhões de pessoas morrerão por ano de infecções por bactérias resistentes a drogas por volta de 2050.

Os antibióticos são drogas maravilhosas e seu uso tem uma história surpreendentemente longa. Antigas civilizações usaram vários fungos para combater infecções. A aplicação de pão mofado a feridas era muito praticada em toda parte, do Egito Antigo à China, Grécia e Roma.

Em 1877, Louis Pasteur e Robert Koch observaram que certos tipos de bactéria inibiam o crescimento de outras. Alguns biólogos também investigaram o que se chamaria antibiose, a guerra química de um microrganismo com outro.

Graças à melhoria da saúde pública, a maioria das doenças infecciosas já estava em declínio em 1900, mas elas ainda respondiam por grande parte das mortes – 34% nos Estados Unidos, por exemplo. A descoberta acidental da penicilina pelo bacteriologista escocês Alexander Fleming em 1928 prenunciava uma importante arma nova na luta contra as doenças infecciosas. Em meados do século, parecia possível erradicar muitas delas.

Um achado afortunado
Em 1928, Fleming iniciou uma série de experimentos com a bactéria *Staphylococcus aureus*. Voltando de férias, ele notou que o mofo surgido em uma de suas amostras estava matando as bactérias em contato com ele. Fleming identificou o mofo como *Penicillium notatum* e descobriu que era eficaz também contra bactérias responsáveis por escarlatina, pneumonia e difteria. Percebeu que não era apenas o mofo, mas o "suco" que ele produzia, que matava as bactérias. Porém, teve dificuldade em isolar mais que quantidades minúsculas da substância, que chamou de "penicilina". Quando publicou os

Os egípcios antigos descobriram que as infecções saravam mais rápido quando tratadas com pão mofado, mas não sabiam a razão.

SAÚDE E DOENÇA

Ver também: Drogas e doenças 143 ▪ Teoria microbiana 144-151 ▪ Vacinação para prevenir doenças 164-167 ▪ Resposta imune 168-171

[…] certamente não planejei revolucionar toda a medicina […].
Alexander Fleming

resultados dos experimentos, em 1929, só fez uma breve referência ao potencial terapêutico da penicilina – e a comunidade científica deu pouca atenção ao artigo.

A droga maravilhosa

Em 1938, um grupo de pesquisadores da Universidade de Oxford dedicou-se a purificar penicilina. O patologista Howard Florey e o bioquímico Ernst Chain transformaram seu laboratório em uma fábrica de penicilina. Produziram o mofo *Penicillium* em grandes quantidades, guardando-o em qualquer recipiente disponível, como garrafas de leite e banheiras.

Em 1941, o policial Albert Alexander, de 43 anos, foi o primeiro humano a receber a penicilina de Oxford, iniciando uma notável recuperação de uma infecção que ameaçava ser mortal. Mas Chain e Florey não tinham penicilina suficiente para erradicar de todo a infecção, e Alexander morreu após alguns dias.

Um achado feliz levou a equipe ao mofo de *Penicillium chrysogeum*, que rendia muito mais penicilina. A produção aumentou imensamente na Segunda Guerra Mundial, e em setembro de 1943 já havia o bastante para as necessidades dos exércitos aliados. No fim da guerra, muitas vidas tinham sido salvas, e a penicilina ganhara o apelido de "droga maravilhosa".

Fleming, Florey e Chain dividiram o Prêmio Nobel de Fisiologia ou Medicina de 1945 por seu trabalho. No discurso da premiação, Fleming alertou que o mau uso da penicilina poderia levar a resistência bacteriana. De fato, com o uso amplo de antibióticos, novas cepas de germes estão surgindo, resistentes a um ou mais deles. ∎

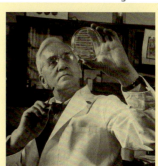

Alexander Fleming

Nascido em Ayrshire, na Escócia, em 1881, Alexander Fleming foi o sétimo de oito filhos de uma família de fazendeiros. Em 1901, ganhou uma bolsa para a Escola Médica do Hospital St. Mary, em Londres. Como bacteriologista médico no St. Mary, Fleming entrou no Departamento de Inoculação em 1906, onde o foco da pesquisa era o fortalecimento do sistema imune do corpo pela terapia vacinal. Em 1921, descobriu uma substância em seu próprio muco nasal que fazia algumas bactérias se desintegrarem. A substância, que chamou de lisozima, é um componente importante de muitos sistemas imunes animais – um antibiótico natural. Em 1927, começou a estudar as propriedades de bactérias do gênero *Staphylococcus*, trabalho que o levaria a descobrir a penicilina no ano seguinte. Fleming morreu em 1955 e foi enterrado na Catedral de St. Paul, em Londres.

Obra principal

1929 *On the Antibacterial Action of Cultures of a Penicillium*

Este diagrama mostra o ano de descoberta de alguns dos principais grupos de antibióticos e quando a resistência foi notada. Nenhum antibiótico novo foi aprovado para uso desde 1987, mas a descoberta de três em 2020 traz esperanças.

Legenda
- Ano de descoberta
- Ano de resistência identificada

- **Penicilinas** 1928–1942
- **Tetraciclinas** 1948–1950
- **Macrolídeos** 1952–1955
- **Fluoroquinolonas** 1962–1968
- **Carbapenemas** 1976–1998

1920 1940 1960 1980 2000 2020

UMA NOTÍCIA RUIM EMBALADA EM PROTEÍNA
OS VÍRUS

EM CONTEXTO

FIGURA CENTRAL
Rosalind Franklin (1920–1958)

ANTES
Século I a.C. O estudioso romano Marco Terêncio Varrão propõe que algumas doenças infecciosas podem ser causadas por agentes vivos invisíveis.

Anos 1880 Louis Pasteur desenvolve uma vacina contra a raiva.

1915 O bacteriologista britânico Frederick Twort descobre "agentes filtráveis" que podem infectar bactérias.

DEPOIS
1962 O médico John Trentin relata que o adenovírus humano pode causar tumores em animais infectados.

1970 A transcriptase reversa – uma enzima que certos vírus usam para fazer cópias em DNA de seu RNA – é descrita pela primeira vez.

Em meados do século XIX, os fazendeiros holandeses viram folhas verdes de tabaco ganharem manchas amarelas e marrons e morrerem. Em 1879, o fitopatologista alemão Adolf Mayer chamou essa doença de mosaico do tabaco. Ele mostrou que a seiva de uma folha de tabaco doente podia contaminar uma folha saudável, mas não conseguiu fazer uma cultura do agente causador da doença (o que, em geral, era possível com uma bactéria) nem detectá-lo ao microscópio.

Em 1887, o botânico russo Dimitri Ivanovski forçou a seiva de folhas de tabaco doentes por um filtro de porcelana com poros estreitos

SAÚDE E DOENÇA 161

Ver também: A natureza celular da vida 28-31 ▪ Membranas plasmáticas 42-43 ▪ Teoria microbiana 144-151 ▪ Vacinação para prevenir doenças 164-167 ▪ Resposta imune 168-171 ▪ A dupla hélice 228-231 ▪ Engenharia genética 234-239 ▪ Edição genética 244-245

demais para a passagem de bactérias. Quando pôs a seiva filtrada em uma folha de tabaco saudável, ela adoeceu. Ele concluiu que ou o mosaico do tabaco era causado por um veneno secretado pelas bactérias, ou algumas bactérias atravessaram uma trinca na porcelana.

Menores que bactérias

O microbiologista holandês Martinus Beijerinck fez experimentos similares com filtros, mas chegou a outra conclusão. Ele propôs que o agente causador do mosaico do tabaco não era uma bactéria, mas algo menor e não celular. Ao publicar seus achados, em 1898, usou a palavra "vírus" para se referir a esse novo patógeno. Como Mayer e Ivanovski antes dele, Beijerinck não conseguiu fazer uma cultura, mas seus experimentos o convenceram de que o vírus podia invadir células de uma planta viva e proliferar nelas.

Os cientistas começaram a examinar outras doenças de causa ignorada. Em 1901, por exemplo, pesquisadores americanos concluíram que a febre amarela também era causada por um "agente filtrável" – ou seja, algo tão pequeno que passava por um filtro de porcelana. Os cientistas suspeitaram

Esta folha de tabaco tem manchas marrons e amarelas causadas pela doença do mosaico do tabaco. O único modo de eliminar o vírus é destruir as plantas infectadas.

que a febre aftosa do gado fosse causada por um agente similar. Porém, ainda não se acreditava que essas doenças fossem causadas por um patógeno não celular, como Beijerinck propusera.

Vírus e partículas

Em 1929, o biólogo americano Francis O. Holmes relatou que seiva diluída de plantas de tabaco infectadas podia produzir áreas pequenas e separadas de necrose (morte) ao ser espalhada sobre folhas de tabaco vivas não infectadas. Quanto mais diluída a seiva, mais espaçados eram os "pontos mortos". Essa descoberta indicava que o "vírus" causador tinha a forma de partículas separadas, ou grandes moléculas, e não de substâncias dissolvidas com moléculas pequenas.

No início dos anos 1930, os primeiros microscópios eletrônicos foram desenvolvidos. Eles tinham um poder de resolução muito maior que os ópticos, e no fim da década surgiram as primeiras imagens claras de vírus, provando que eles eram partículas. Na maioria dos casos, pareciam bem diversos das bactérias e diferiam em forma e tamanho de uma doença para outra, com tamanho típico de vinte a mil nanômetros (nm). As bactérias em geral são muito maiores – sua média é de 2.500 nm e a maior dentre as conhecidas tem diâmetro de 0,75 mm.

Em meados dos anos 1930, os cientistas progrediram na determinação da composição dos vírus. O bioquímico americano Wendell Stanley criou amostras cristalizadas do vírus do mosaico do tabaco (TMV) e tratou-as com várias substâncias. Examinando os produtos resultantes, descobriu que as partículas virais são um agregado de moléculas de proteína e ácido nucleico. »

Exemplos de formatos de partículas virais

Icosaédrico
Adenovírus

Esférico
Vírus da gripe

Complexo
Bacteriófago

Filamentoso
Vírus ebola

Bastão helicoidal
Vírus do mosaico do tabaco

Em forma de bala
Vírus da raiva

162 OS VÍRUS

A partir dos anos 1940, pesquisadores usaram a técnica relativamente nova da cristalografia de raios X para estudar a estrutura dos vírus. Muitos dos detalhes finais da estrutura do TMV foram estabelecidos pela especialista nesta técnica, a britânica Rosalind Franklin, que já tinha contribuído para a descoberta da estrutura do DNA. Em 1955, ela obteve as imagens mais claras até então do TMV por difração de raios X. No mesmo ano, afirmou em um artigo de pesquisa que todas as partículas de TMV têm o mesmo comprimento. Franklin logo postulou que cada partícula de TMV tem duas partes, sendo a externa um tubo ou bastão oco, longo e fino de moléculas de proteína, arranjadas em hélices (espirais), e a interna, uma cadeia espiral de RNA enrolada ao longo da face de dentro desse tubo. Essas ideias se mostraram depois corretas. Com colegas pesquisadores, Franklin também investigou a estrutura de outros vírus das plantas, além do vírus que causa poliomielite.

No fim dos anos 1950, comprovou-se que os vírus são feitos de ácido nucleico (RNA ou DNA) envolvido por uma cobertura de proteína externa, sólida e rígida, chamada capsídeo – uma estrutura muito diversa da das bactérias. Nos anos 1960, cientistas descobriram que alguns vírus de animais têm uma camada externa adicional lipídica (gordurosa), chamada envelope, em geral com moléculas de proteína incrustadas.

Os virologistas hoje sabem que a cápsula ou envelope protetor tem duas funções: proteger o RNA ou DNA central de enzimas do sistema imune do hospedeiro e acoplar-se a um receptor específico em uma potencial célula hospedeira.

Ciclo de vida e replicação

No fim dos anos 1950, os biólogos concordavam em grande medida que os vírus se multiplicam dentro

Sabe-se que cada **partícula do vírus do mosaico do tabaco (TMV)** contém algum RNA (**ácido ribonucleico**) e um pouco de **proteína**.

Estudos por difração de raios X indicam que o componente de **proteína** é um **tubo oco**, constituído de muitas subunidades arranjadas em **hélices (espirais)**.

A proteína fornece uma cápsula protetora para o material genético, ou RNA, da partícula viral, que está dentro das subunidades do tubo oco.

Rosalind Franklin

Nascida em Londres, no Reino Unido, em 1920, Rosalind Franklin foi identificada na escola como alguém com talento científico extraordinário. Estudou ciências naturais na Universidade de Cambridge, graduou-se em 1941 e doutorou-se em 1945. Dois anos depois, foi para Paris, onde se especializou em difração de raios X. De volta a Londres, em 1951, integrou uma equipe no King's College que usava essa técnica para definir a estrutura 3D do DNA. Um de seus alunos obteve a Fotografia 51, uma evidência crucial nessa busca.

Em 1953, Franklin começou a investigar a estrutura do RNA e do vírus do mosaico do tabaco, lançando as bases da virologia estrutural. Embora diagnosticada com câncer ovariano em 1956, continuou a trabalhar até sua morte precoce em 1958, aos 37 anos.

Obras principais

1953 "Evidence for 2-Chain Helix in Crystalline Structure of Sodium Deoxyribonucleate"
1955 "Structure of Tobacco Mosaic Virus"

SAÚDE E DOENÇA

A primeira imagem do vírus da pólio foi obtida em 1952. Esta foto foi feita por um microscópio eletrônico em 2008 e colorizada para maior clareza.

O microscópio eletrônico e a detecção de vírus

Um microscópio eletrônico dirige um feixe de elétrons rápidos ao objeto a ser registrado. O primeiro deles foi desenvolvido em 1931 pelos cientistas alemães Ernst Ruska e Max Knoll e podia ampliar 400 vezes. Os mais poderosos atuais conseguem criar imagens com uma resolução de metade da largura de um átomo de hidrogênio. Os microscópios eletrônicos têm sido ferramentas inestimáveis tanto para identificar quanto detectar novos vírus. Em 1939, Ruska e dois colegas foram os primeiros a obter a imagem de um vírus (TMV). Em 1948, foram evidenciadas diferenças entre os vírus da varíola e da catapora. Os virologistas também usam o microscópio eletrônico para investigar a causa de novos surtos de doenças, como em 1976, na detecção do patógeno responsável pela doença do vírus ebola na África. Ele também é inestimável no estudo das interações dos vírus com as células e tecidos de seus hospedeiros.

---

das células dos animais ou plantas que infectam, mas o modo exato com que faziam isso era ainda misterioso. Nos anos 1960, reunindo evidências obtidas nos 25 anos anteriores, os biólogos afinal conseguiram descobrir como os vírus se replicam.

Os vírus precisam de uma célula hospedeira para se replicar. Eles permanecem inertes se não infectam um organismo. Quando um vírus encontra uma célula hospedeira adequada, geralmente se prende a ela e injeta seu ácido nucleico através da cobertura externa da célula. Ou então a partícula inteira do vírus pode ser engolida pela célula, onde libera seu ácido nucleico. O ácido nucleico viral captura então os sistemas de fabricação de proteína e o mecanismo de replicação do DNA da célula para fazer muitas cópias de si mesmo, e parte do ácido nucleico dirige a fabricação de componentes de proteína para novas partículas virais. Os novos componentes de proteína e ácido nucleico se auto-organizam então em novas partículas virais, que afinal rompem a célula, destruindo-a e espalhando a infecção ao rapidamente invadir e aniquilar outras células da mesma maneira. Os pormenores do ciclo de vida e replicação variam um pouco de um vírus para outro – com diferenças específicas, por exemplo, entre vírus que têm DNA e os que têm RNA como seu ácido nucleico. Um número enorme de pesquisas se dedica a entender os diversos tipos de vírus e seus ciclos de vida – e a criar métodos para combatê-los. Entre as infecções virais comuns, há várias cepas de gripe, catapora e caxumba. A doença do vírus ebola foi descoberta em 1976 e a Covid-19, em 2019. Em 2020, os cientistas descobriram vacinas para proteger contra a Covid-19.

Os pesquisadores mostraram como os vírus estão em toda parte. Por exemplo, há cerca de 10 milhões de partículas virais em uma só colher de chá de água do mar. A maior parte delas afeta bactérias e cianobactérias. A imensa maioria é inofensiva aos humanos e a outros animais e é essencial à regulação dos ecossistemas marinhos. ∎

Este corte transversal mostra a estrutura de uma partícula viral da Covid-19 (SARS-CoV-2). A parte externa, ou envelope, consiste em uma camada lipídica esférica em que três tipos de moléculas de proteína estão incrustados: as proteínas das espículas, da membrana e do envelope. Dentro do envelope há uma cadeia de RNA comprimida em um cordão de proteínas do capsídeo.

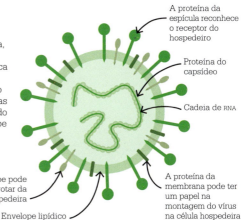

A proteína da espícula reconhece o receptor do hospedeiro

Proteína do capsídeo

Cadeia de RNA

A proteína da membrana pode ter um papel na montagem do vírus na célula hospedeira

A proteína do envelope pode ajudar a partícula a brotar da célula hospedeira

Envelope lipídico

NÃO HAVERÁ MAIS VARÍOLA

VACINAÇÃO PARA PREVENIR DOENÇAS

EM CONTEXTO

FIGURA CENTRAL
Jonas Salk (1914–1995)

ANTES
1796 Edward Jenner usa a varíola bovina para inocular contra a altamente contagiosa e fatal doença da varíola.

1854 Em seu trabalho sobre a cólera, o médico italiano Filippo Pacini liga a doença a uma bactéria específica.

1885 Louis Pasteur cria uma vacina para a raiva.

DEPOIS
1962 A primeira vacina antipólio do mundo por administração oral é licenciada.

1968 A vacina contra o sarampo desenvolvida por Maurice Hilleman é distribuída.

1980 A Organização Mundial da Saúde anuncia a erradicação global da varíola.

Uma vacina dá a uma pessoa ou animal a imunidade ativa a uma doença. A grande contribuição do virologista americano Jonas Salk à ciência foi a introdução da primeira vacina eficaz para poliomielite (ou pólio), um mal que causa paralisia respiratória e espinhal e muitas vezes é fatal. Essa doença infecciosa e incurável existe há milhares de anos, mas os maiores surtos começaram a ocorrer na Europa e nos Estados Unidos no fim do século xix. Em 1952, houve 58 mil casos nos Estados Unidos, deixando mais de 3 mil mortos e 21 mil pessoas com algum tipo de paralisia. Salk acreditava que podia criar imunidade matando o vírus da

SAÚDE E DOENÇA   165

Ver também: É possível criar substâncias bioquímicas 27 ▪ Drogas e doenças 143 ▪ Teoria microbiana 144-151 ▪ Os vírus 160-163 ▪ Resposta imune 168-171 ▪ Mutação 264-265

---

pólio e injetando-o na corrente sanguínea de pessoas saudáveis. Ele afirmava que o vírus morto inofensivo estimularia o sistema imune do corpo a produzir anticorpos, que o defenderiam de futuros ataques de poliovírus. Salk estava certo, e em 1954 houve um teste de imunização contra a pólio em crianças do Canadá, Estados Unidos e Finlândia. Sua vacina, chamada "inativada" porque usava material viral morto, foi adotada nos Estados Unidos no ano seguinte. Em 1961, só 161 casos de pólio foram registrados no país.

Também nos anos 1950, o virologista polaco-americano Albert Sabin se convenceu de que o poliovírus vivia principalmente nos intestinos antes de atacar o sistema nervoso central. Ele isolou uma forma mutante do vírus que não era capaz de produzir a doença e administrou-a a amigos, à família, colegas de trabalho e a si mesmo. Sua vacina usava uma forma enfraquecida, não letal, do vírus, no lugar da forma letal, fornecendo proteção; ela é conhecida como "vacina atenuada". Ela podia

A vacinação ampla contra a pólio começou nos anos 1950. As crianças eram estimuladas a ver a vacinação como divertida e ganhavam um pirulito.

Não há patente. Você poderia patentear o Sol?
Jonas Salk
Ao lhe perguntarem quem tinha a patente de sua vacina contra a pólio

ser dada oralmente, tornando mais rápido e barato inocular um grande número de pessoas. Licenciada para uso nos Estados Unidos em 1962, essa vacina foi administrada a milhões de pessoas em todo o mundo. Em 2020, a Organização Mundial da Saúde (OMS) anunciou que o poliovírus só era transmitido em dois países: Paquistão e Afeganistão.

Longa história de tratamentos

Doença infecciosa que se pensa ter surgido por volta de 10 mil a.C.,

Variolização

A aristocrata inglesa Mary Montagu soube em Constantinopla (hoje Istambul), em 1716, que a prática da variolização para se proteger da varíola era muito difundida no Império Otomano. Ela e seu irmão tinham contraído antes a doença, e ele havia morrido. A seu pedido, o cirurgião da embaixada britânica inoculou o filhinho dela. Montagu tornou-se uma defensora apaixonada da inoculação ao voltar à Inglaterra.

estima-se que a varíola tenha matado até 300 milhões de pessoas em todo o mundo só no século xx. Os esforços para combatê-la se iniciaram com médicos do século xv na China, que sopravam cascas de ferida de varíola em pó nas narinas de pessoas saudáveis para prevenir a doença. Outra abordagem, que se espalhou mais, envolvia introduzir pus de uma pessoa acometida de varíola em uma pessoa não imune por meio de um arranhão. Chamados de variolização, esses tratamentos muitas vezes funcionavam, mas nem sempre – às vezes o receptor da inoculação morria.

Nos anos 1760, o médico britânico Edward Jenner se interessou pela varíola. Na época, era de conhecimento geral que os sobreviventes da doença ficavam imunes, e ele próprio tinha sido variolizado na infância. Jenner ouviu dizer que os leiteiros raramente pegavam varíola porque era frequente contraírem a varíola bovina ao ordenharem as vacas; a varíola bovina só produz sintomas leves em humanos. Em 1796, ele »

Em 1768, Catarina, a Grande, imperatriz da Rússia, convidou o médico escocês Thomas Dinsdale a variolar a ela e seu filho para demonstrar a seu povo que isso era seguro e eficaz. Ela desenvolveu uma forma leve da doença após a inoculação, mas em 16 dias estava bem. Seu ato convenceu 20 mil súditos a seguir seu exemplo nos três anos seguintes. Apesar disso, a variolização não era livre de riscos. Os inoculados podiam passar uma forma leve da doença a outros e às vezes eles mesmos morriam.

VACINAÇÃO PARA PREVENIR DOENÇAS

> As **pessoas que ordenhavam vacas** raramente pegavam **varíola** nos anos 1700.

> **Era comum** elas **contraírem a leve varíola bovina** – mas, **após a recuperação**, não se contaminavam mais.

> Parecia que **contrair a varíola bovina** fornecia proteção **contra a varíola**.

> **Os médicos se convenceram de que deveriam infectar as pessoas com varíola bovina para inoculá-las contra a varíola.**

---

tomou um pouco de pus da mão de Sarah Nelms, uma leiteira que estava com varíola bovina, e raspou-o no braço de James Phipps, de oito anos. Phipps teve uma febre leve, mas em dez dias estava melhor. Seis semanas depois, Jenner o inoculou com a varíola. O menino não desenvolveu a doença.

Apesar do ceticismo, Jenner conseguiu convencer muitos médicos a usar a varíola bovina como vacina para a varíola no início do século XIX. Embora não tenha sido o primeiro a recomendar seu uso, foi a campanha incansável dele que levou a sua ampla adoção. Versões posteriores de sua vacina salvariam milhões de vidas. O que tornou isso ainda mais notável foi

que os cientistas da época não sabiam que a doença é causada por germes. Essa descoberta seria feita depois, pelo microbiologista francês Louis Pasteur.

Outras vacinações

Pasteur fez grandes avanços no desenvolvimento de vacinas nos anos 1880. Ele notou que culturas velhas das bactérias (*Pasteurella multocida*), que causam a cólera aviária, tinham, após muitas gerações, se tornado menos virulentas (atenuadas). Quando inoculou então galinhas com a bactéria atenuada, elas se tornaram resistentes à virulenta cepa inicial.

A seguir, Pasteur voltou sua atenção ao antraz, uma doença causada pela bactéria *Bacillus anthracis*. O antraz, fatal nos humanos, estava matando milhares de ovelhas na época. Pasteur começou os experimentos com dois grupos de ovelhas e demonstrou que as vacinadas com uma cultura atenuada da bactéria sobreviviam ao receber, depois, uma dose muito virulenta. Em contraste, os animais não vacinados morriam.

O desafio final da vacinação, para Pasteur, relacionava-se à raiva, causada por um vírus pequeno demais para ser visto em seu microscópio óptico. Apesar disso, ele conseguiu cultivar o vírus em coelhos e depois atenuá-lo secando seu tecido nervoso afetado pelo vírus. Em 1885, tratou um menino mordido por um cão com raiva: durante 11 dias, fez 13 inoculações, cada vez mais virulentas. Três

A vacinação de Jenner contra a varíola enfrentou oposição, apesar do sucesso. Este cartum de 1802, de James Gillray, satirizou-a mostrando vacas brotando de observadores enquanto uma mulher é inoculada.

SAÚDE E DOENÇA

meses depois, o menino tinha recuperado a saúde, sem sintomas de raiva, e a vacina de Pasteur foi saudada como um grande sucesso.

Imunidade adquirida

Os cientistas sabem hoje que o sistema imune do corpo é uma rede de células, tecidos e órgãos que trabalham juntos para combater bactérias e vírus que causam doenças. Quando tais patógenos invadem o corpo, o sistema imune saudável responde criando grandes proteínas chamadas anticorpos. Cada tipo de anticorpo é específico para um patógeno em especial e destrói os que ficam no corpo depois que a infecção acaba. Se ela voltar, o sistema imune tem uma "memória" do patógeno e pode reagir com rapidez.

As vacinas funcionam segundo o mesmo princípio, mas fornecem imunidade antes de o corpo ser invadido. A vacina contém uma forma artificial, inativa e enfraquecida do patógeno contra o qual é inoculada. Ao ser injetada, provoca uma resposta imune e só sintomas leves (quando existentes) da doença. Nos anos 1940, foi desenvolvida uma vacina inativada

> A varíola foi erradicada!
> **Organização Mundial da Saúde, 1980**

contra a gripe. Porém o vírus responsável por essa doença comum muda tão rápido que a eficácia da vacina se reduz com o tempo. Hoje as vacinas contra a gripe são atualizadas todo ano: versões inativadas são dadas a gestantes e pessoas com certas doenças crônicas, e uma versão atenuada é dada a pessoas sem problemas de saúde.

Em 1968, o microbiologista americano Maurice Hilleman desenvolveu uma vacina atenuada para sarampo, a doença mais infecciosa conhecida. Antes do início dos anos 1960 e da introdução ampla da vacinação, o sarampo causava cerca de 2,6 milhões de mortes ao ano. A vacina hoje é dada a milhões de crianças no mundo

todo. Nos anos 1990, foram criadas vacinas atenuada e inativada para prevenir a hepatite A, uma infecção no fígado causada por outro vírus.

As toxinas na mira

O tétano e a difteria são dois exemplos de doenças que ocorrem quando bactérias patogênicas secretam toxinas. Eles são tratados com vacinas de toxoide, que estimulam uma resposta imune direcionada à toxina, e não ao patógeno todo. Vacinas de subunidade têm como alvo partes específicas de um patógeno – sua proteína, açúcar ou revestimento externo.

Um exemplo é a vacina para o papilomavírus humano (HPV), uma infecção sexualmente transmissível que pode causar cânceres. A vacina é feita de minúsculas proteínas que se parecem com o exterior do HPV real. O sistema imune do corpo é enganado, interpretando-as como HPV, e produz anticorpos. Quando alguém é exposto ao vírus real, esses anticorpos o impedem de entrar nas células. Como não contém o vírus verdadeiro, a vacina não causa câncer, mas fornece imunidade. ∎

Um surto de ebola na África ocidental de 2014 a 2016 matou 11 mil pessoas. A vacinação em anel ajudou a prevenir muitas outras mortes.

Vacinação em anel

Em meados dos anos 1960, os programas de vacinação tinham eliminado a varíola na Europa e América do Norte. Porém, em 1967, 132 mil casos ainda eram registrados em outros locais do mundo, e esses números quase com certeza eram subestimados.

A Organização Mundial da Saúde decidiu deixar a vacinação em massa, que era cara e não tinha foco, passando com sucesso à vacinação em anel. Essa abordagem envolve identificar todos os indivíduos que poderiam ter tido contato com alguém doente (o assim chamado anel interno), pô-los em quarentena e vaciná-los. Um anel externo – das pessoas que tiveram contato com esses indivíduos – é então também vacinado.

A Índia, um dos últimos bastiões da varíola, tinha 86% dos casos de varíola do mundo em 1974, mas dois anos após o início da vacinação em anel não havia mais caso algum. Em 1980, a OMS anunciou a erradicação global da varíola.

OS ANTICORPOS SÃO A PEDRA DE TOQUE DA TEORIA IMUNOLÓGICA

RESPOSTA IMUNE

EM CONTEXTO

FIGURA CENTRAL
Frank Macfarlane Burnet
(1899–1985)

ANTES
1897 Paul Ehrlich propõe a teoria da cadeia lateral para ajudar a explicar como funciona o sistema imune.

1955 Niels Jerne descreve o que Frank Burnet chamaria de seleção clonal.

DEPOIS
1958 O imunologista Gustav Nossal e o geneticista Joshua Lederberg mostram que uma célula B sempre produz só um anticorpo – uma evidência da seleção clonal.

1975 A imunologista húngaro--sueca Eva Klein descobre células exterminadoras naturais.

1990 É desenvolvida nos EUA a terapia genética para imunodeficiência combinada grave.

O corpo é protegido contra patógenos hostis (fungos, bactérias e vírus), parasitas e cânceres pelo sistema imune. Este é formado por várias linhas de defesa e, em termos amplos, pode ser dividido em inato e adquirido. O sistema imune inato é uma combinação de defesas gerais, entre elas a pele e uma variedade de células que atacam patógenos invasores. Essas células incluem os fagócitos, que ingerem patógenos, e as exterminadoras naturais, as quais destroem células infectadas que alojam vírus. Se o sistema imune inato não consegue enfrentar um ataque patogênico, o sistema imune adquirido é ativado para

SAÚDE E DOENÇA 169

Ver também: Teoria microbiana 144-151 ▪ Metástase do câncer 154-155 ▪ Grupos sanguíneos 156-157 ▪ Os vírus 160-163 ▪ Vacinação para prevenir doenças 164-167 ▪ O que são genes? 222-225 ▪ O código genético 232-233

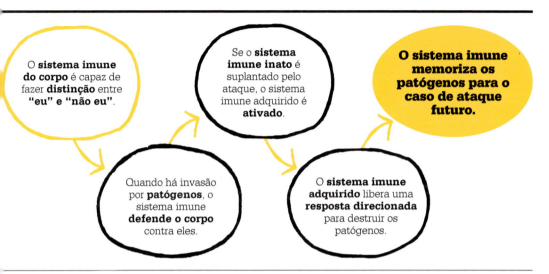

O **sistema imune do corpo** é capaz de fazer **distinção** entre "eu" e "não eu".

Quando há invasão por **patógenos**, o sistema imune **defende o corpo** contra eles.

Se o **sistema imune inato** é suplantado pelo ataque, o sistema imune adquirido é **ativado**.

O **sistema imune adquirido** libera uma **resposta direcionada** para destruir os patógenos.

O sistema imune memoriza os patógenos para o caso de ataque futuro.

---

juntar-se à luta. O sistema imune adquirido usa um tipo de leucócito chamado linfócito para lançar uma resposta mais direcionada. Os mais importantes desse tipo são chamados células B e células T.

Seleção clonal

Em 1955, o imunologista dinamarquês Niels Jerne propôs que existe uma vasta gama de linfócitos no corpo antes de qualquer infecção – e que, quando um patógeno entra no corpo, um tipo de linfócito é selecionado para combatê-lo e produzir um anticorpo capaz de destruí-lo. O imunologista australiano Frank Macfarlane Burnet deu apoio à ideia de Jerne, dizendo, em 1957, que o linfócito escolhido é reproduzido (clonado) em grande escala de modo a garantir anticorpos suficientes para derrotar a infecção.

Burnet chamou esse processo de seleção clonal e, mais tarde, explicou a capacidade do sistema imune de lembrar a estrutura molecular única (antígeno) presente na superfície dos patógenos. Ele propôs que, enquanto alguns linfócitos agem de imediato, atacando o patógeno, outros guardam a memória do antígeno para o caso de ataques futuros. Ela continua no sistema imune por um longo tempo, conferindo imunidade ao corpo.

Jerne e Burnett deviam muito à pesquisa do bacteriologista alemão Paul Ehrlich. Em 1897, ele propôs a teoria da cadeia lateral para a produção de anticorpos, em que cada célula do sistema imune »

Uma célula T (em amarelo) ligada a uma célula de câncer de próstata, nesta micrografia eletrônica. Algumas células T reconhecem antígenos tumorais em uma célula de câncer e se ligam a ela.

RESPOSTA IMUNE

expressa (gera) muitas "cadeias laterais" (receptores) diferentes – proteínas que podem se ligar a moléculas fora da célula. Ele acreditava que essas células atuam como anticorpos, protegendo o corpo de exposição posterior à infecção.

Ehrlich, correto, pensava que cada célula imune expressava todos os muitos tipos de receptores que podem dar origem a anticorpos. Porém, não conseguia explicar como uma só célula podia expressar os receptores necessários a tantos tipos diferentes de antígeno. Outro problema surgiu depois, quando o imunologista austríaco Karl Landsteiner mostrou ser possível gerar anticorpos para mirar antígenos sintetizados quimicamente. Isso suscitava uma questão: por que as células teriam receptores pré-formados para substâncias não orgânicas? Mas Burnet percebeu que cada célula tem um só receptor.

Os principais agentes do sistema imune adquirido, as células B e T, têm seus próprios receptores (BCRS e TCRS), que podem se ligar a outras células, mas sofrem um processo notável ao se dividir. Um embaralhamento deliberado de seu material genético dá a cada nova célula um receptor único – uma diversidade incrível, que permite ao corpo reconhecer e responder a qualquer antígeno potencial.

A função de todas as células B e T é identificar e destruir patógenos e cânceres, mas elas atuam de modo diverso. As células B produzem anticorpos e agem contra patógenos fora das células do corpo, como as bactérias. As células T agem contra patógenos que invadem as células, como os vírus, e contra os cânceres, que causam mudanças dentro das células.

Quando um patógeno entra no corpo, células fagocitárias especializadas o investigam e destroem. Elas então apresentam (exibem) o antígeno específico do patógeno em suas membranas. Isso permite que uma célula B ou T com um receptor que reconhece o antígeno se ligue a ele e rapidamente clone a si mesma, criando um exército para mirar o invasor. As

O sistema imune incorpora um grau de complexidade que sugere [...] analogias impressionantes com a linguagem humana.
Niels Jerne

células B e T são produzidas na medula óssea, mas as células T se desenvolvem mais no timo. Elas circulam então ao redor do corpo até achar um antígeno que reconheçam, o que as faz se multiplicar e amadurecer transformando-se em diferentes tipos. Um tipo chamado célula T auxiliar (célula Th) ativa outras células imunes e ajuda as células B a produzir anticorpos, enquanto as células T citotóxicas ("exterminadoras") destroem diretamente células afetadas. As

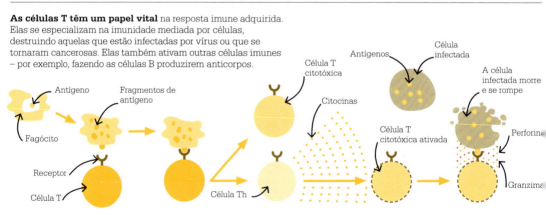

As células T têm um papel vital na resposta imune adquirida. Elas se especializam na imunidade mediada por células, destruindo aquelas que estão infectadas por vírus ou que se tornaram cancerosas. Elas também ativam outras células imunes – por exemplo, fazendo as células B produzirem anticorpos.

Uma célula T encontra um fagócito que ingeriu um antígeno reconhecido por ela. O fagócito apresenta fragmentos do antígeno em sua superfície.

O receptor da célula T se liga ao antígeno, e a célula começa a se clonar, produzindo cerca de mil novas células.

As novas células se transformam em: citotóxicas, que matam células infectadas, e T auxiliares (células Th), que secretam citocinas.

As citocinas ativam as células citotóxicas para que ataquem as células infectadas.

A célula citotóxica se prende a uma célula infectada e a mata ao liberar as toxinas perforina e granzima.

SAÚDE E DOENÇA **171**

células Th liberam proteínas sinalizadoras chamadas citocinas, que ativam células citotóxicas.

Após a infecção, formam-se células T e B específicas para aquele antígeno e com memória de longo prazo. Elas são capazes de se multiplicar muito rápido em reação ao ressurgimento do antígeno visado.

Uso da vacinação

As vacinas fornecem ao corpo imunidade adquirida ao expô-lo a algo que ele reconhece como patógeno – muitas vezes, micróbios mortos ou inativados – e que estimula o sistema imune a atacar, sem causar a doença. A eficácia das vacinas repousa na capacidade do sistema imune adquirido de memorizar antígenos e patógenos. Como resultado, se o patógeno vivo infectar o corpo, o sistema imune reconhece seus antígenos e responde rápido para prevenir que a infecção se espalhe.

As vacinas atuam de muitos modos diferentes, segundo a quantidade e tipos de ingredientes. Em termos gerais, há a imunização ativa e a passiva. A imunização ativa estimula o corpo a gerar sua própria resposta anti-infecciosa por meio das células B e T. Isso é demorado, mas o efeito é duradouro, como no caso da vacina contra varicela (catapora). A imunização passiva envolve fornecer ao sistema imune anticorpos prontos; isso dá proteção imediata, mas de curta duração – os exemplos incluem a imunização temporária contra difteria, tétano e raiva.

Rejeição ao transplante de órgãos

Um traço fundamental do sistema imune é que ele diferencia patógenos do tecido saudável do corpo. Porém, isso é um problema quando há um transplante. Desde o primeiro transplante bem-sucedido de rim, realizado pelo cirurgião americano Joseph Murray em 1954, milhares de pessoas com órgãos ou tecidos doentes ou danificados se beneficiaram ao receber substitutos saudáveis doados, mas sempre há o perigo de que o novo órgão ou tecido seja rejeitado pelo sistema imune do receptor. O sistema de antígenos leucocitários humanos (HLA) é um grupo de genes que codifica as proteínas na superfície de todas as células. Cada pessoa tem um conjunto quase único de proteínas de HLA, que atuam como "emblemas pessoais". O sistema imune ignora esses emblemas, mas, no caso de um receptor de transplante, pode atacar quaisquer células do doador que veja como estranhas, fazendo o órgão ser rejeitado. O doador e o receptor do transplante de rim de 1954 eram gêmeos idênticos, então só havia um risco limitado de rejeição, mas essa opção é rara.

Os médicos diminuem o risco de rejeição garantindo que os grupos sanguíneos e tecidos do doador e do receptor sejam compatíveis. Também pode-se tratar os receptores com drogas imunossupressoras, que reduzem a força da resposta imune. ∎

A busca por vacinas

Em 1981, um novo vírus passou a ser observado nos EUA e, em 1984, foi identificado como o vírus da imunodeficiência humana (HIV), que causa a síndrome da imunodeficiência adquirida (Aids). O vírus invade as células T auxiliares, reduzindo criticamente seu número e deixando o corpo cada vez mais vulnerável às infecções e ao câncer. Em meados dos anos 1980, a Aids era uma epidemia global, com a África subsaariana como a região mais duramente afetada. Em 2019, cerca de 32 milhões de pessoas já haviam morrido da doença. Embora haja tratamento para controlar o vírus, uma vacina eficaz para prevenir a infecção ainda não foi encontrada. O coronavírus, identificado na China em novembro de 2019, causou uma pandemia que levou a perturbações econômicas e sociais. No fim de 2020, mais de 83 milhões de pessoas tinham se infectado e 1,8 milhão, morrido. Na corrida por uma vacina, muitas opções foram desenvolvidas, e no início de 2021 várias já tinham passado por testes clínicos e foram administradas.

> A crise da Aids nos tornou conscientes do sistema imune como o elemento mais importante na manutenção da saúde.
> **Gloria Steinem**
> Ativista política feminista americana

O primeiro paciente de transplante do coração foi Louis Washkansky, de 53 anos. Na foto, ele se recupera em um hospital sul-africano em 1967. Porém, morreu 18 dias depois, de pneumonia.

CRESCIM
REPROD

NTO E
ÇÃO

INTRODUÇÃO

Observando células sexuais, Antonie van Leeuwenhoek confirma a teoria de William Harvey de que **todos os animais se desenvolvem a partir de ovos**.

1678

Christian Sprengel explica a **fertilização das plantas** pela polinização por insetos e vento.

1793

Oscar Hertwig é o **primeiro** a **observar a fertilização**, a fusão de espermatozoide e óvulo.

1878

ANOS 1740

Abraham Trembley e Charles Bonnet descrevem, de modo independente, a **reprodução sexuada**.

1828

A partir da observação de **embriões** do óvulo ao nascimento, Karl von Baer mostra que eles **não são pré-formados**.

Um traço definidor dos organismos vivos é sua capacidade de crescer e se reproduzir, então os mecanismos desses processos são uma área importante de estudo da biologia. Porém, como em muitos outros campos da pesquisa biológica, o conhecimento era limitado até que os microscópios permitissem análises a nível celular. O modo como a relação sexual levava à gravidez e ao nascimento era até então em grande parte objeto de suposições, que, como tal, careciam de detalhes e com frequência eram equivocadas. Uma das primeiras proposições realmente científicas a surgir no século XVII foi a sugestão de William Harvey de que todos os animais – entre eles os mamíferos – iniciam a vida e se desenvolvem a partir de ovos. Mais ou menos na mesma época, Antonie van Leeuwenhoek examinou sêmen ao microscópio e observou organismos minúsculos com uma cabeça aparente e uma cauda serpenteante.

Teorias do homúnculo

Duas teorias concorrentes surgiram. Uma sustentava que o óvulo, ou ovo, contém uma versão minúscula do adulto – um homúnculo –, que simplesmente cresce; a outra, que esse homúnculo está na cabeça da célula do esperma, que é depositada na fêmea, a qual fornece as condições certas para seu desenvolvimento. O debate prosseguiu por quase um século, até Lazzaro Spallanzani sugerir a possibilidade de que tanto o espermatozoide quanto o óvulo são necessários para formar um novo indivíduo. Essa ideia só foi confirmada em definitivo nos anos 1870, quando Oscar Hertwig conseguiu observar a fertilização – a fusão de espermatozoide e óvulo – em ouriços-do-mar. Uma concepção errada, porém – a de que um homúnculo pré-formado existia no esperma ou no óvulo –, tinha sido desmentida por Karl von Baer já nos anos 1820. Observando os embriões em cada fase, do óvulo ao nascimento, ele demonstrou que eles começavam como ovos simples, indiferenciados, e aos poucos desenvolviam partes do corpo cada vez mais complexas.

Reprodução assexuada

O debate se concentrara na reprodução sexuada de animais como mamíferos e aves, mas já se sabia desde meados do século XVIII que alguns outros animais e organismos menos complexos se reproduzem de modo assexuado. Nos anos 1740, Abraham Trembley

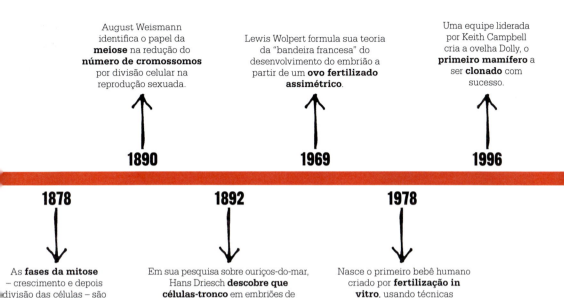

Novas descobertas

A descoberta de que as células são as unidades fundamentais de todos os organismos vivos revolucionou o estudo da reprodução e do crescimento, e a afirmação de Rudolf Virchow de que as células só se formam de células desafiou suposições muito antigas. À luz dessa ideia, o crescimento dos organismos foi examinado no nível celular e, em 1878, Walther Flemming observou um ciclo de mudanças nas células de um organismo em desenvolvimento que envolviam crescimento e depois divisão: a mitose. Ele também notou que, após a divisão, cada célula nova conserva o mesmo número de cromossomos, preservando uma cópia completa da informação genética da célula original. Alguns anos depois, August Weismann também se concentrou nos cromossomos, descrevendo um tipo particular de divisão celular – a meiose – na reprodução sexuada, que previne a duplicação do número de cromossomos quando uma célula de esperma se funde ao óvulo.

descreveu a reprodução assexuada da hidra por brotamento, e seu colega Charles Bonnet registrou uma forma de "nascimento virginal" em afídeos. Também no século XVIII, Christian Sprengel notou que a fertilização cruzada é necessária para que as plantas produzam sementes férteis, um processo realizado pela polinização por insetos ou vento.

Células-tronco

Outras pesquisas sobre as células dos embriões confirmaram que elas têm início como células simples e se desenvolvem como organismos mais complexos. Mais ainda, Hans Driesch observou que cada uma das próprias células iniciais, conhecidas como células-tronco, contém o conjunto integral da informação genética do organismo, tendo o potencial de formar um adulto completo. Cerca de 70 anos depois, Lewis Wolpert explicou como, quando as células de um embrião são geneticamente idênticas, os diferentes órgãos do adulto podem se desenvolver. Segundo sua teoria, o ovo fertilizado é assimétrico, e a distribuição desigual de certas substâncias causa respostas genéticas. Avanços recentes na biotecnologia e na embriologia teórica levaram a várias aplicações importantes – a clonagem de animais para fornecer material genético para pesquisa e terapias com células-tronco, por exemplo, e a bem-sucedida fertilização in vitro de humanos para casais com problemas para conceber. ∎

OS ANIMAIZINHOS DO ESPERMA
A DESCOBERTA DOS GAMETAS

EM CONTEXTO

FIGURA CENTRAL
Antonie van Leeuwenhoek
(1632–1723)

ANTES
c. 65 a.C. O filósofo e poeta romano Lucrécio escreve que os humanos produzem fluidos com sementes para procriação.

c. anos 1200 Médicos islâmicos aventam que as sementes para reprodução são feitas em vários órgãos e se juntam nos órgãos sexuais.

1651 *Exercícios sobre a geração dos animais*, de William Harvey, assevera: "Tudo a partir de um ovo".

DEPOIS
1916 O ginecologista americano William Cary apresenta os primeiros testes de "contagem de espermatozoides" para homens que não conseguem ter filhos.

1978 Louise Brown é o primeiro bebê humano nascido de fertilização in vitro (FIV).

Desde tempos antigos, era sabido que a relação sexual homem-mulher precedia a gravidez e o nascimento, e que o sêmen masculino (fluido seminal) era vital. As ideias de como a concepção ocorria incluíam a mistura de fluidos femininos e masculinos, a passagem de sementes entre os parceiros e um "espírito gerador" místico no corpo que migrava para os genitais.

Primeiras ideias

Os primeiros a usar o microscópio, inventado por volta de 1590, testaram-no em todos os tipos de objetos e materiais. Um dos preferidos era o sêmen de animais machos, entre eles os humanos. Em 1677, o mercador de tecidos holandês e inovador dos microscópios Antonie van Leeuwenhoek relatou que o sêmen continha minúsculos organismos serpenteantes. Ele não foi o primeiro a vê-los – depois, creditaria isso a Johan Ham, um jovem estudante de medicina em Leiden. Van Leeuwenhoek desenhou e descreveu, em holandês, "animais vivos muito pequenos" com uma cabeça e uma cauda agitada. Ao notar esses detalhes, ele estava à frente de seu tempo. Seus microscópios, feitos por ele mesmo, ampliavam mais e tinham mais nitidez que os de seus

Este desenho de espermatozoides humanos, de Antonie van Leeuwenhoek, foi incluído em uma carta à Real Sociedade de Londres, em 1677; as cabeças e caudas que ele descreveu são bem visíveis.

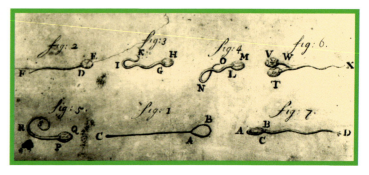

CRESCIMENTO E REPRODUÇÃO

Ver também: Reprodução assexuada 178-179 ▪ Fertilização 186-187 ▪ Fertilização in vitro 198-201 ▪ A química da hereditariedade 221

contemporâneos. Quando outros pesquisadores começaram a observar o que hoje chamamos de células espermáticas, uma das primeiras suposições de Van Leeuwenhoek ganhou popularidade: eram parasitas que viviam no corpo dos machos, em especial nos órgãos sexuais, os testículos. Outra ideia era a de que o espermatozoide era o único precursor do bebê. O corpo feminino apenas fornecia as condições para seu crescimento. Essa era a hipótese "espermista". Em 1685, Van Leeuwenhoek propôs que dentro da cabeça do espermatozoide havia um minúsculo corpo humano, ou homúnculo, pronto para crescer e nascer.

Espermistas e ovistas

No fim dos anos 1670, Nicolaas Hartsoeker também viu as células espermáticas se contorcendo. Ele adotou a visão espermista, e seu *Essai de dioptrique* (Ensaio sobre dióptrica), de 1694, incluiu um esboço de um humano diminuto dobrado na cabeça da célula espermática, mas admitiu nunca ter visto isso. Os "ovistas" também tinham uma visão pré-formista: havia um ser humano minúsculo pronto, mas dentro do óvulo, não no espermatozoide. Dentro desse ser havia outro óvulo, com outro corpo ainda menor, e assim por diante. Na época, porém, o próprio óvulo não tinha sido identificado. No órgão sexual feminino, o ovário, o que a maioria dos biólogos pensava ser um óvulo era na verdade um folículo ovariano maduro, um recipiente cheio de fluido com cerca de 10 a 20 mm de diâmetro. O óvulo real dentro do folículo, descoberto por Karl Ernst von Baer em 1827, é cem vezes menor: 0,1 a 0,2 mm de diâmetro.

Os ovistas afirmavam que havia

A semente masculina de qualquer membro do reino animal contém [...] todos os membros e órgãos que ele tem ao nascer.
Antonie van Leeuwenhoek

muito mais espaço em seu "óvulo" (o folículo) para uma sucessão infinita de seres pré-formados. Em comparação, a cabeça do espermatozoide tem apenas 0,005 mm. Em 1878, as células reprodutoras feminina e masculina seriam nomeadas gametas por Eduard Strasburger.

Nos anos 1780, em experimentos sobre o acasalamento de anfíbios, o sacerdote e biólogo italiano Lazzaro Spallanzani recobriu bem a abertura genital do macho com tafetá. Isso impediu que o fluido seminal chegasse aos óvulos da fêmea, e assim eles não foram fertilizados. Spallanzani testou filtrar o fluido seminal como um líquido mais ralo (sem espermatozoides) e mais grosso (com espermatozoides) e até obteve ovos fertilizados usando o líquido mais grosso, mas suas conclusões foram influenciadas pela visão ovista.

Após fazer experimentos com animais em 1824, Jean-Baptiste Dumas e Jean-Louis Prévost se convenceram de que os espermatozoides não são parasitas e que estão envolvidos na fertilização. Só nos anos 1870, porém, os biólogos entenderam que tanto o esperma quanto o óvulo são necessários à reprodução. ■

Os primeiros microscópios

Em muitos aspectos, os microscópios de Antonie van Leeuwenhoek não seriam melhorados por quase dois séculos. Na época, era popular um design com duas lentes convexas, que ampliavam de 30 a 40 vezes, mas a combinação criava embaçamento e cores vagas. Van Leeuwenhoek usava só uma lente, que em algumas versões era quase esférica e mal tinha o tamanho de uma ervilha, com alto poder de ampliação. Ele mesmo fazia essas lentes, com técnicas secretas. As amostras eram colocadas em uma ponta metálica quase encostada à lente e vistas bem de perto do outro lado. Suas ampliações alcançaram 200 a 250 vezes, e até mais nos últimos modelos. Com uma enorme produção, Van Leeuwenhoek fez cerca de 500 lentes e pelo menos 25 estruturas de microscópio e escreveu quase 200 relatos ilustrados para a Real Sociedade de Londres. Porém, poucos podiam confirmar suas descobertas na época, e só após 200 anos algumas de suas realizações foram reconhecidas.

Réplica do primeiro microscópio de Van Leeuwenhoek, que alcançou ampliação de até 300 vezes com uma só lente.

ALGUNS ORGANISMOS DISPENSAM A REPRODUÇÃO SEXUADA
REPRODUÇÃO ASSEXUADA

EM CONTEXTO

FIGURAS CENTRAIS
Abraham Trembley
(1710–1784),
Charles Bonnet (1720–1793)

ANTES
c. 2000 a.C. Viticultores romanos cortam mudas de suas melhores videiras para criar novas plantas – uma forma de proliferação assexuada.

1702 Em seus desenhos da vida microscópica, Antonie van Leeuwenhoek mostra uma hidra no processo de brotamento.

DEPOIS
1758 O taxonomista sueco Lineu dá o nome *Hydra* a um gênero de animais de água doce.

1871 O zoólogo alemão Karl von Siebold cunha o termo "partenogênese".

1974 O zoólogo Samuel McDowell relata que os filhotes da cobra-cega *Indotyphlops braminus* são sempre fêmeas e que a reprodução da espécie se dá por partenogênese.

Os humanos e a maioria dos outros animais têm descendência de modo similar – ou seja, uma fêmea e um macho realizam a reprodução sexual. O óvulo se une ao espermatozoide, formando um ovo fertilizado, que cresce e se desenvolve como um novo indivíduo. Muitas plantas também têm partes femininas e masculinas – em alguns casos em indivíduos diferentes, em outros no mesmo. Novamente, suas células feminina e masculina se juntam para produzir sementes ou esporos. Esse método de criação feminino-masculino é bem difundido e conhecido como reprodução sexuada. Mas há outro sistema, usado por vários animais, fungos e muitas plantas, que não envolve sexo. Esse método de "genitor único" é chamado reprodução assexuada. Muitas plantas realizam o que se chama reprodução vegetativa: caules, inclusive os que correm na superfície e os rizomas exatamente abaixo, cormos, tubérculos e bulbos podem criar brotos ou outras partes que crescem como indivíduos novos, separados, sem reprodução sexuada envolvida. Até o século XVIII, poucos biólogos consideravam que os animais podiam se reproduzir de forma semelhante.

Organismos de lagos e afídeos

Em 1740, Abraham Trembley, um naturalista genebrino, estudou um pequeno organismo que notou em água doce. Ele se parecia com uma minúscula árvore com múltiplos galhos – similar a uma anêmona-do-mar. Trembley fez vários experimentos, como cortar e fatiar o organismo, que só tinha alguns centímetros de comprimento; com frequência, cada parte crescia como um novo indivíduo completo. Ele também viu "bebês" se formando em um progenitor, como brotos em um caule vegetal. Mas, além de ter

Após ter cortado o pólipo [...] cada uma das duas [partes] pareceu perceptivelmente ser um pólipo completo, e elas realizavam todas as funções que me eram conhecidas.
Abraham Trembley

CRESCIMENTO E REPRODUÇÃO 179

Ver também: Como as células são produzidas 32-33 ▪ A descoberta dos gametas 176-177 ▪ Polinização 180-183 ▪ Fertilização 186-187 ▪ Clonagem 202-203 ▪ Nomear e classificar a vida 250-253

Uma hidra em brotamento foi usada por Trembley em experimentos. Quando o alimento é abundante, ela se reproduz assexuadamente gerando brotos que crescem como adultos em miniatura.

essas habilidades semelhantes às das plantas, essa minúscula forma de vida também se movia, agitava os tentáculos, se enrolava em sua "haste", se retorcia e rodava – era mais como um animal. Trembley a nomeou hidra, como o monstro marinho de muitas cabeças da mitologia grega, em que duas cabeças cresciam se uma era cortada. Nos anos 1740, Trembley escreveu cartas ao acadêmico francês René de Réaumur, um naturalista e cientista geral de renome. Nas *Mémoires pour servir à l'histoire d'un genre de polypes d'eau douce* (Memórias sobre a história natural de um gênero de pólipos de água doce), de 1744, Trembley retratou e ilustrou suas observações, em uma das primeiras descrições de reprodução assexuada animal por brotamento. Trembley não sabia que, 40 anos antes, em 1702,

Antonie van Leeuwenhoek também tinha visto e desenhado esses pólipos, descrevendo-os como um tipo de "animálculo" (animal muito pequeno). Enquanto isso, o sobrinho de Trembley, Charles Bonnet, também genebrino e amigo de Réaumur, estudava afídeos – pulgões que sugam seiva. Por volta de 1740, ele testou se as fêmeas dos afídeos podiam ter filhotes sem acasalar ou ter contato com machos. No *Traité d'insectologie* (Tratado de insectologia), de 1745, Bonnet explicou essa forma de reprodução assexuada em animais, mais tarde chamada partenogênese, que significa "nascimento de virgem".

Desde então, a lista de fêmeas animais conhecidas por se reproduzirem só com suas próprias células-ovos aumentou, incluindo muitos tipos de vermes, insetos e outros invertebrados, além de algumas espécies de tubarões, anfíbios, répteis e até codornas e perus domesticados.

Outros métodos de reprodução assexuada incluem a fragmentação e a regeneração, em que partes separadas de um indivíduo crescem como novos indivíduos completos. Isso é comumente visto na hidra, como Trembley descreveu, e também em alguns vermes, como estudado por Bonnet nos anos 1740, além de em estrelas-do-mar. Em plantas, a apomixia é a reprodução por uma semente produzida por uma célula-ovo não fertilizada, que é, assim, um clone do genitor feminino. ∎

Vacas são clonadas (cada uma a partir de uma só célula) desde o fim dos anos 1990. As razões incluem produção melhor de leite e carne, e o estudo da resistência às doenças.

Sexo *versus* não sexo

Na reprodução sexuada, um descendente herda um conjunto de genes. Quando as células do esperma e os óvulos são feitos, esses genes, como um maço de cartas, são embaralhados em novas combinações. Assim, a prole tem uma mistura única de genes que podem fornecer traços capazes de melhorar suas chances de sobreviver – por exemplo, podem ser resistentes a novas doenças. Essa variação genética entre os descendentes dá à evolução material bruto para a seleção dos melhores sobreviventes. Na reprodução assexuada, um só genitor pode produzir muito mais descendentes e mais rápido que pela reprodução sexuada. Todos eles têm os mesmos genes exatos que o genitor. Organismos geneticamente idênticos (ou quase) são chamados de clones. Porém, a falta de variedade genética pode ser uma desvantagem. Todos os indivíduos têm traços muito similares; então, se surge uma nova doença, há falta da variação com que a seleção natural poderia atuar, e a sobrevivência é menos provável.

UMA PLANTA, COMO UM ANIMAL, TEM PARTES ORGÂNICAS
POLINIZAÇÃO

EM CONTEXTO

FIGURA CENTRAL
Christian Konrad Sprengel
(1750–1816)

ANTES
1694 Rudolf Jakob Camerarius descobre órgãos sexuais nas flores e isola as que têm só órgãos masculinos ou femininos, mostrando que não podem produzir sementes sozinhas.

1793 Lineu usa os estames e estigmas das flores para classificar as plantas.

DEPOIS
Anos 1860 Charles Darwin estuda orquídeas e suas relações com insetos polinizadores.

1867 Federico Delpino cria a expressão "síndrome de polinização" para descrever a coevolução de flores e seus polinizadores.

Em plantas com flor, a polinização é a transferência de pólen da antera para o estigma de uma flor para fertilizá-la e produzir sementes. A autopolinização, ou endocruzamento, acontece quando o pólen de uma flor é depositado em seu próprio estigma; a polinização cruzada, ou cruzamento, quando o pólen viaja para o estigma de uma flor diferente.

A fertilização ocorre quando uma célula de esperma do grão de pólen migra do estigma para o ovário, onde fertiliza o óvulo, criando um embrião. Outra célula de esperma se funde com outros tecidos femininos no ovário, formando o endosperma, a substância dentro da semente que alimenta o embrião em crescimento.

Para entender como uma flor é polinizada, é preciso identificar seus

CRESCIMENTO E REPRODUÇÃO

Ver também: A descoberta dos gametas 176-177 ▪ Fertilização 186-187 ▪ As leis da hereditariedade 208-215 ▪ A vida evolui 256-257 ▪ Seleção natural 258-263

A forma das flores varia, mas a maioria contém as partes necessárias à polinização, que em geral leva à fertilização do óvulo pelo esperma, produzindo um embrião dentro de uma semente.

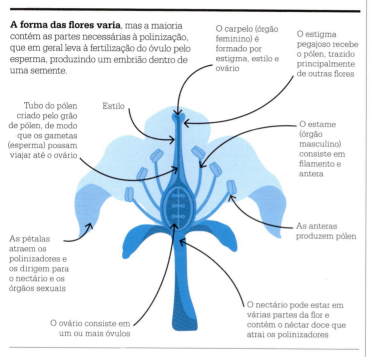

O carpelo (órgão feminino) é formado por estigma, estilo e ovário

O estigma pegajoso recebe o pólen, trazido principalmente de outras flores

Tubo do pólen criado pelo grão de pólen, de modo que os gametas (esperma) possam viajar até o ovário

Estilo

O estame (órgão masculino) consiste em filamento e antera

As anteras produzem pólen

As pétalas atraem os polinizadores e os dirigem para o nectário e os órgãos sexuais

O ovário consiste em um ou mais óvulos

O nectário pode estar em várias partes da flor e contém o néctar doce que atrai os polinizadores

Christian Konrad Sprengel

Teólogo que se tornou botânico, Christian Sprengel nasceu em 1750 em Brandemburgo, na Alemanha. Em 1780, tornou-se diretor de escola e reitor de paróquia em Spandau, dedicando-se à botânica no tempo livre. Estudou a reprodução das plantas e desenvolveu uma teoria geral da polinização, que ainda hoje se mostra verdadeira. Sua obra principal – e a única sobre o tema – não teve ampla recepção ao ser publicada, embora ele esperasse que ela abrisse um novo campo de estudo na biologia. Sprengel negligenciou as aulas e deveres religiosos para dedicar-se aos interesses botânicos. Ao ser afinal demitido, em 1794, foi para Berlim. Morreu em 1816, mas o valor de sua obra só foi reconhecido em 1841, por Charles Darwin, que a usou como base de seu trabalho sobre polinização e a evolução das flores.

Obra principal

1793 *Discovery of the Secret Nature in the Structure and Fertilization of Flowers*

órgãos sexuais. Porém, até o século XVII as flores eram vistas como ornamentos não sexuados. Em 1694, Rudolf Jakob Camerarius descreveu as partes reprodutoras – antera e carpelo, ou pistilo – da flor e que, ao isolar plantas que só tinham flores masculinas ou femininas, não se formavam sementes. Joseph Gottlieb Kölreuter fez a polinização cruzada de flores em 1761, criando híbridos e provando que os grãos de pólen são necessários para fertilizar as flores. Ele designou flores que não fertilizavam a si mesmas como autoincompatíveis. Hoje sabemos que o esperma e o óvulo de tais flores têm assinaturas proteicas diferentes, então não podem se fundir e se fertilizar. Isso garante que as flores sofram polinização cruzada com outras flores.

Em meados do século XVIII, Gregor Mendel reuniu dados de polinização cruzada de flores de ervilha que revelaram como traços distintos eram passados das plantas progenitoras às descendentes. Ele mostrou que a polinização cruzada promove a variação genética nas plantas e criou as bases do estudo da hereditariedade. Quanto maior a variação de uma espécie vegetal por recombinação de genes, mais provável é que sobreviva a condições adversas.

As teorias de Sprengel

Foi Christian Konrad Sprengel que percebeu que as estruturas específicas da flor permitiam a polinização. A partir de 1787, ele estudou centenas de plantas, em todos os horários e sob qualquer clima. Sprengel notou a importância »

182 POLINIZAÇÃO

Algumas flores exibem dicogamia para que os polinizadores levem o pólen a outra planta, garantindo a polinização cruzada. Algumas abrem sequencialmente, com as partes masculina e feminina amadurecendo em momentos diferentes. A dedaleira (*Digitalis purpurea*) é polinizada por abelhas mamangabas; suas flores abrem primeiro na base do ramo.

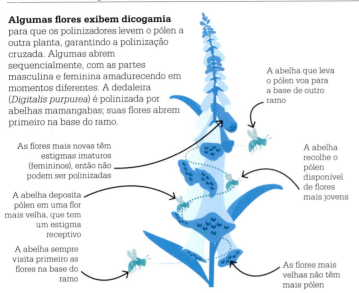

A abelha que leva o pólen voa para a base de outro ramo

As flores mais novas têm estigmas imaturos (femininos), então não podem ser polinizadas

A abelha recolhe o pólen disponível de flores mais jovens

A abelha deposita pólen em uma flor mais velha, que tem um estigma receptivo

A abelha sempre visita primeiro as flores na base do ramo

As flores mais velhas não têm mais pólen

combinam a luz ultravioleta e amarela, que as abelhas percebem como "púrpura de abelhas", e esses pigmentos são comuns nas guias de néctar. A forma da flor também ajuda seus polinizadores: como Sprengel observou, uma flor grande e achatada, ou uma pétala inferior extragrande (lábio) fornecem uma plataforma de pouso. Algumas flores podem combinar apenas com um tipo de inseto: flores tubulares estreitas só podem ser exploradas pelos longos probóscides de uma mariposa ou borboleta.

Outro aspecto que Sprengel notou foi o odor: algumas flores polinizadas por mariposas, como a prímula (*Oenothera biennis*), fecham de dia e abrem à noite, liberando um forte perfume; outras têm cheiro de carniça, para atrair moscas.

dos insetos na polinização cruzada. As abelhas são os polinizadores mais numerosos, com cerca de 20 mil espécies, mas borboletas, mariposas e algumas moscas, vespas e besouros também são importantes. Sprengel percebeu que o néctar doce não existia para umedecer o carpelo ou alimentar a semente, como se pensava, mas para levar os insetos a se alimentar na flor, de modo a transferir seu pólen para outra flor e fertilizá-la. Outros traços, como a cor, forma e cheiro, eram totalmente usados para atrair os polinizadores. Sprengel descreveu como as cores vivas da corola (pétalas), cálice (sépalas), brácteas ou até nectários atraíam os insetos. Por exemplo, flores que abrem à noite são, na maioria, brancas, para serem mais fáceis de localizar por mariposas no escuro. Ele também descobriu marcas coloridas variadas em algumas pétalas, e chamou-as de guias de néctar, supondo que indicariam o nectário ao inseto. Em uma série de experimentos a partir de 1912, Karl von Frisch comprovou que as abelhas podem ver a maioria das cores do espectro visível com exceção do vermelho e podem também ver luz ultravioleta. Alguns pigmentos das flores refletem e

Estratégias de polinização cruzada

A maioria das plantas é hermafrodita, com órgãos masculino e feminino em cada flor. Porém, algumas plantas com muitas flores mostravam uma estratégia chamada de dicogamia: as partes feminina e masculina amadurecem em momentos diferentes, forçando os polinizadores a se mover de flor em flor em busca de pólen maduro. Sprengel confirmou a teoria de Kölreuter de que a autoincompatibilidade das flores também era uma estratégia de polinização cruzada. Ele propôs ainda que plantas unissexuadas (dioicas)

A maioria das plantas **tem reprodução sexuada**, com o **pólen masculino** fertilizando o órgão sexual feminino.

Cerca de **90%** das plantas têm partes sexuais projetadas para **prevenir a autopolinização** ou **autofertilização**.

O **pólen** é **levado** entre as flores por **animais** ou pelo **vento**.

A **polinização cruzada** resulta em **diversidade genética**, aumentando a capacidade das plantas de sobreviver em condições adversas.

CRESCIMENTO E REPRODUÇÃO 183

Flores sexualmente enganosas

A orquídea-mosca (*Ophrys insectifera*) tem uma pétala inferior grande e dividida e um perfume que imita o da fêmea das vespas *Argogorytes*.

A maioria das flores usa o odor, néctar, forma ou cor para atrair seus polinizadores. Algumas, porém, usam mimetismo sexual para enganar machos de insetos. Certas orquídeas, por exemplo, parecem fêmeas de vespas. As flores até liberam feromônios que têm o cheiro das fêmeas dos insetos, às vezes antes que as fêmeas estejam ativas, para aumentar as chances de sucesso. Uma vespa macho pousa na flor e tenta acasalar com ela. O movimento de cópula do macho (pseudocopulação) provoca um mecanismo de dobradiça na flor da orquídea, depositando bolsas de pólen na cabeça da vespa. Estas se alinham com perfeição ao estigma da flor seguinte com que o macho da vespa tenta copular. Outras orquídeas atraem os machos para dentro de suas flores em forma de funil com odores iguais aos feromônios. Diferente das abelhas ou borboletas que coletam o pólen e o néctar, a vespa macho não recebe nada por polinizar as flores de orquídea.

---

tinham desenvolvido flores com só um órgão sexual, masculino ou feminino, para garantir a polinização por outras plantas. Descreveu as "falsas flores de néctar", que não têm néctar, mas usam uma guia do néctar ou perfume para induzir insetos a transferir o pólen. Ele percebeu que algumas plantas eram polinizadas pelo vento, pois não tinham néctar, corola, perfume ou cálice colorido, mas pólen abundante e claro. As primeiras plantas com flor na Terra eram polinizadas pelo vento, e muitas, como as gramíneas, bétulas e carvalhos, ainda são. Elas não precisam atrair polinizadores, então têm flores verde-claras sem cheiro e discretas, em tufos que espalham seu pólen ao vento. As folhas bloqueiam o vento, então árvores e arbustos polinizados por ele têm flores na primavera, antes de as folhas surgirem. As gramíneas são monécias, com estames e carpelos em flores separadas da mesma planta, então é mais provável que o pólen chegue a flores femininas de outra planta pelo vento.

Evolução

Sprengel concluiu que muito poucas flores fertilizam a si próprias, mas não examinou o sentido da polinização cruzada. Darwin desenvolveu depois as ideias de Sprengel na seleção natural, explicando como as flores e seus polinizadores animais evoluíram juntos, em geral em relações mutuamente benéficas. Em 1862, por exemplo, Darwin previu que uma orquídea branca de Madagascar, com uma pétala modificada que se estende 30 cm acima do nectário, devia ser polinizada por uma mariposa com uma probóscide de comprimento similar. Descobriu-se depois que a mariposa era a *Xanthopan morganii praedicta*.

A relação planta-polinizador ajudou no sucesso evolutivo das plantas com flor por mais de 100 milhões de anos. A "síndrome de polinização" de Federico Delpino, de 1867, explica como traços florais similares evoluem em plantas não relacionadas se elas partilham o mesmo polinizador, seja ele qual for.

Os beija-flores africanos e sul-americanos têm bico fino e longo e se alimentam em flores em forma de trombeta, com néctar abundante. A planta gasta muita energia para produzir néctar e atrair pássaros, mas ela é desperdiçada se insetos se enchem de néctar visitando só uma flor. Assim, as plantas desenvolveram flores vermelho-escuras, laranja e cor de ferrugem, que refletem comprimentos de onda de cores invisíveis à maioria dos insetos, mas muito evidentes aos pássaros e preferidas por eles. As poucas plantas autopolinizadas tendem a crescer onde os polinizadores são raros e as plantas não precisam evoluir para sobreviver a perturbações ambientais. Elas podem se autopolinizar até antes de a flor se abrir.

As abelhas polinizam mais de 90% das plantações do mundo, mas estão em declínio devido a ação humana, perda de habitat e de plantas, e mudança climática. ■

[...] uma flor e uma abelha poderiam, ao mesmo tempo ou uma depois da outra, modificar-se e adaptar-se lentamente da maneira mais perfeita uma à outra [...].
Charles Darwin
A origem das espécies (1859)

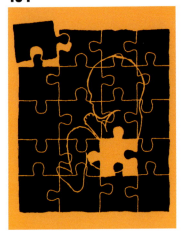

DAS FORMAS MAIS GERAIS SE DESENVOLVEM AS MENOS GERAIS
EPIGÊNESE

EM CONTEXTO

FIGURA CENTRAL
Karl Ernst von Baer
(1792–1876)

ANTES
320 a.C. Aristóteles afirma que um embrião começa como uma massa indiferenciada e se forma aos poucos.

1651 William Harvey registra as fases de desenvolvimento de embriões de frangos nos ovos e propõe que "todo ser vivo vem de um ovo".

1677 Antonie van Leeuwenhoek faz as primeiras observações de esperma ao microscópio e se surpreende com os minúsculos "organismos" se agitando nele.

1817 Christian Pander descreve três camadas germinativas em pintinhos.

DEPOIS
1842 Robert Remak fornece evidência microscópica das três camadas germinativas distintas e as nomeia.

Da época de Aristóteles ao fim do século XIX, não houve acordo entre os cientistas sobre os princípios da reprodução animal. Duas alternativas propostas por Aristóteles, pré-formação e epigênese, eram debatidas com vigor. Alguns defensores da pré-formação achavam que havia uma versão em miniatura do futuro adulto em cada óvulo, outros acreditavam que estaria em cada espermatozoide, e que o processo de produzir um organismo era apenas o aumento de algo já existente. Os que advogavam a epigênese pensavam que machos e fêmeas contribuíam com material para produzir um organismo e que cada indivíduo se desenvolvia aos poucos a partir de uma massa sem forma e indiferenciada.

Observações microscópicas

Em 1677, Antonie van Leeuwenhoek examinou sêmen de vários animais, entre eles humanos, e observou espermatozoides agitando-se ao microscópio. Ao estudar o esperma humano no fim dos anos 1670, o físico holandês Nicolaas Hartsoeker também observou células em movimento e postulou que podia haver homens minúsculos na cabeça dos espermatozoides, apoiando assim a pré-formação.

Um proponente da epigênese, o fisiologista alemão Caspar Friedrich Wolff, estudou ao microscópio embriões de pintinhos e não descobriu evidências que sustentassem a pré-formação. Em 1759, publicou sua dissertação de doutorado refutando a teoria e afirmando que os órgãos dos

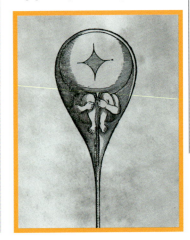

Este desenho de Hartsoeker do homúnculo, um humano que ele acreditava viver na cabeça da célula espermática, foi publicado em seu *Essai de dioptrique* (Ensaio sobre dióptrica), de 1694.

CRESCIMENTO E REPRODUÇÃO

Ver também: Produção de vida 34-37 ▪ A descoberta dos gametas 176-177 ▪ Fertilização 186-187 ▪ Desenvolvimento embriológico 196-197 ▪ A química da hereditariedade 221

animais se formam aos poucos. Em 1789, ele afirmou acreditar que o desenvolvimento de cada indivíduo era deflagrado por uma "força essencial", mas abandonou essa pesquisa após concluir que as forças individuais não existem.

A teoria dos folhetos embrionários

Em 1817, Christian Pander descreveu o desenvolvimento inicial do pintinho e identificou três regiões distintas em seu embrião, hoje chamadas camadas germinativas primárias. Karl Ernst von Baer levou além as descobertas de Pander. Em 1827, ele descobriu o óvulo humano e publicou uma teoria do desenvolvimento embrionário baseada em observação e experimentos. Baer descreveu como os embriões começam com camadas distintas que aos poucos se diferenciam em partes do corpo mais complexas. Em suas palavras, "o embrião é separado em estratos".

Em 1842, Robert Remak obteve evidências de três camadas germinativas. Cada camada do embrião é um grupo de células que se desenvolve em órgãos e tecidos. As esponjas só têm uma camada germinativa; águas-vivas e anêmonas-do-mar têm uma camada interna chamada endoderma e uma externa, a ectoderma. Animais complexos, com simetria bilateral, desenvolvem uma terceira camada germinativa chamada mesoderma.

Em 1891, o biólogo alemão Hans Driesch separou ovos de ouriços-do-mar na fase de duas células e viu que cada uma se desenvolvia em um ouriço completo, refutando a pré-formação. Mas foi em 1944 que a ideia de uma "força essencial" a guiar o desenvolvimento do embrião foi corroborada, quando se descobriu que o DNA é o portador da informação genética. ▪

Karl Ernst von Baer

Nascido na nobreza teuto-prussiana em Piep, na Estônia, em 1792, Baer se graduou em medicina na Universidade de Dorpat em 1814. No ano seguinte, foi para Würzburg, na Alemanha, para aperfeiçoar seus estudos médicos e lá conheceu o fisiologista e anatomista Ignaz Döllinger, que o estimulou a pesquisar o desenvolvimento dos pintinhos. A maioria das contribuições de Baer à embriologia ocorreu entre 1819 e 1834, quando fez várias descobertas importantes, entre elas a da blástula (embrião na fase inicial de bola oca) e a do notocórdio (estrutura semelhante a um bastão que se torna parte da coluna espinhal). Em 1834, Baer foi para São Petersburgo, na Rússia, e entrou na Academia de Ciências. Ele deixou de ser um participante ativo em 1862 e tornou-se explorador, viajando em especial no norte russo. Morreu em Dorpat, em 1876.

Obras principais

1827 *Sobre a gênese do óvulo de mamíferos e do homem*
1828 *Sobre a história do desenvolvimento dos animais*

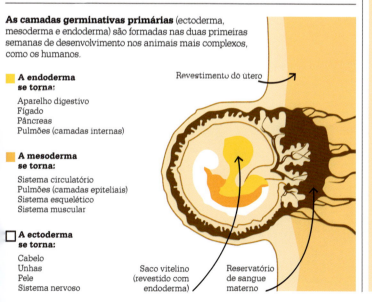

As camadas germinativas primárias (ectoderma, mesoderma e endoderma) são formadas nas duas primeiras semanas de desenvolvimento nos animais mais complexos, como os humanos.

■ **A endoderma se torna:**
Aparelho digestivo
Fígado
Pâncreas
Pulmões (camadas internas)

■ **A mesoderma se torna:**
Sistema circulatório
Pulmões (camadas epiteliais)
Sistema esquelético
Sistema muscular

□ **A ectoderma se torna:**
Cabelo
Unhas
Pele
Sistema nervoso

Revestimento do útero

Saco vitelino (revestido com endoderma)

Reservatório de sangue materno

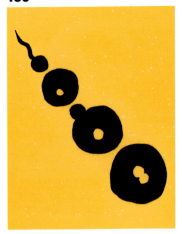

A UNIÃO DE ÓVULO E ESPERMATOZOIDE

FERTILIZAÇÃO

EM CONTEXTO

FIGURA CENTRAL
Oscar Hertwig (1849–1922)

ANTES
Século II a.C. A teoria dominante sobre concepção é a da "semente dupla". Ela afirma que machos e fêmeas geram sementes que se combinam para criar um novo humano.

1761–1766 O botânico alemão Joseph Gottlieb Kölreuter mostra que plantas híbridas recebem traços das estruturas reprodutoras masculina e feminina.

1781 Lazzaro Spallanzani demonstra que o sêmen do sapo, quando filtrado para remover os espermatozoides, não fertiliza os óvulos.

DEPOIS
1902 O biólogo alemão Theodor Boveri faz uma pesquisa sobre o comportamento dos cromossomos do óvulo e do espermatozoide após a fertilização.

O tema da reprodução animal foi objeto de muitas teorias nos séculos XVII e XVIII, embora o óvulo humano só tenha sido descoberto em 1827. Em 1677, Antonie van Leeuwenhoek estudou o sêmen de espécies animais e observou ao microscópio células do esperma se movendo. Os cientistas tinham proposto antes que um vapor ou odor do sêmen fertilizava o óvulo, e a descoberta de Leeuwenhoek estimulou muitos debates sobre a função do esperma. Alguns especularam que se associava à impregnação; Leeuwenhoek aventou que os espermatozoides eram parasitas e depois que em suas cabeças havia adultos em miniatura pré-formados.

Óvulo e espermatozoide
Em 1768, os experimentos do biólogo italiano Lazzaro Spallanzani com anfíbios demonstraram que para fertilizar o óvulo era preciso o contato com o espermatozoide. Na época, os cientistas estudavam o tema em animais com fertilização externa, em que esperma e óvulos são liberados em um ambiente externo, e o esperma fertiliza o óvulo fora do corpo. Na fertilização interna, o macho insemina a fêmea e o espermatozoide se liga ao óvulo dentro do corpo.

No século XIX, muitos cientistas que estudavam fertilização externa usavam ouriços-do-mar. Os ovos e embriões dos ouriços-do-mar são relativamente transparentes e é fácil estimular ouriços adultos a liberar gametas masculinos e femininos (espermatozoides e óvulos), então a fertilização pode ser observada em uma lâmina de microscópio.

Embora havia muito se suspeitasse que o espermatozoide penetra no óvulo, foi o zoólogo alemão Oscar Hertwig que, em

O ciclo de vida do ouriço-do-mar começa com a liberação de óvulos e esperma na água. Os ovos fertilizados eclodem em larvas e caem no leito oceânico, onde se fixam a rochas.

CRESCIMENTO E REPRODUÇÃO

Ver também: Produção de vida 34-37 ▪ Epigênese 184-185 ▪ Desenvolvimento embriológico 196-197 ▪ As leis da hereditariedade 208-215 ▪ Cromossomos 216-219

A fertilização é a fusão de gametas (espermatozoide e óvulo). Hertwig descobriu que só é preciso um espermatozoide para fertilizar um óvulo, e que, uma vez que ele entra no óvulo, este forma uma "membrana de fertilização", bloqueando a entrada de outros.

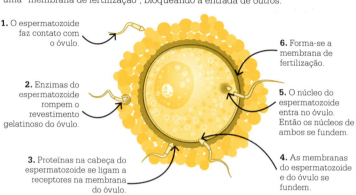

1. O espermatozoide faz contato com o óvulo.
2. Enzimas do espermatozoide rompem o revestimento gelatinoso do óvulo.
3. Proteínas na cabeça do espermatozoide se ligam a receptores na membrana do óvulo.
4. As membranas do espermatozoide e do óvulo se fundem.
5. O núcleo do espermatozoide entra no óvulo. Então os núcleos de ambos se fundem.
6. Forma-se a membrana de fertilização.

Oscar Hertwig

Nascido em 1849, em Hessen, na Alemanha, Oscar Hertwig ingressou na Universidade de Jena e com seu irmão, Richard, foi aluno de Ernst Haeckel, importante teórico de anatomia comparada. A princípio estudou desenvolvimento embrionário, mas passou à pesquisa sobre fertilização. Em 1875, em uma viagem de pesquisa com Haeckel ao Mediterrâneo, Hertwig descobriu a fertilização de ouriços-do-mar e começou a documentar observações. Em 1890, ao estudar estrelas-do-mar, foi o primeiro a atestar a partenogênese em animais (desenvolvimento de um embrião a partir de uma célula-ovo não fertilizada). De 1888 a 1921, Hertwig foi o primeiro catedrático de citologia e embriologia em Berlim, onde também dirigiu o novo Instituto Anatômico-Biológico. Morreu na mesma cidade em 1922.

Obras principais

1888 *Manual de embriologia humana e de mamíferos*
1916 *A origem dos organismos – Uma refutação da teoria do acaso de Darwin*

1875, ao estudar o ouriço-do-mar, observou pela primeira vez ao microscópio o momento da fertilização. Ele viu um só espermatozoide entrar no óvulo do ouriço, os dois núcleos se fundirem em um só e um ovo recém-fertilizado, o zigoto, se formar.

O papel do núcleo

Hertwig viu aparecer um só núcleo onde havia dois e escreveu que "ele surge completo como um sol dentro do ovo", uma imagem que transmite a beleza do momento da fertilização. Ele percebeu que o embrião se desenvolve pela divisão do núcleo recém-formado e foi o primeiro a propor que o núcleo é responsável pela transmissão de traços herdados aos descendentes. Em 1885, escreveu que acreditava haver uma substância dentro do núcleo que "não só fertiliza como transmite características hereditárias".

Quase ao mesmo tempo, mas de modo independente do trabalho de Hertwig, o zoólogo suíço Hermann Fol confirmou o processo de fertilização. Em 1877, usando estrelas-do-mar, Fol observou um só espermatozoide penetrar a membrana de um óvulo e o núcleo do espermatozoide avançar rumo ao do óvulo para a fusão. Empregando óvulos grandes e transparentes, Hertwig e Fol puderam fazer descobertas pioneiras que forneceram a primeira evidência do papel dos núcleos celulares na herança biológica, passando características de uma geração para outra. ▪

A célula é em si mesma um organismo, formado por muitas pequenas unidades de vida.
Oscar Hertwig

A CÉLULA-MÃE SE DIVIDE IGUALMENTE ENTRE OS NÚCLEOS-FILHOS
MITOSE

EM CONTEXTO

FIGURA CENTRAL
Walther Flemming
(1843–1905)

ANTES
1665 Em *Micrographia*, Robert Hooke revela a existência de células, as menores unidades da vida.

1858 Rudolf Virchow propõe sua famosa frase: *omnis cellula e cellula* (todas as células provêm de células).

DEPOIS
1951 O biólogo americano George Gey e sua equipe conseguem manter e desenvolver células no laboratório, usando células de câncer da paciente afro-americana Henrietta Lacks, obtidas sem seu consentimento. Hoje suas células ainda são usadas em pesquisas médicas.

1970 O biólogo britânico John Gurdon obtém o clone de uma rã *Xenopus*, mas ele não se desenvolve além da fase de girino.

Toda vida é feita de células. O crescimento e o restabelecimento de um organismo exigem a reprodução e substituição das células de que é feito. Isso se dá pelo crescimento e divisão das células existentes, em uma sequência chamada ciclo celular. O processo de divisão celular que produz duas células-filhas com a mesma composição genética que a célula progenitora se chama mitose.

Em 1831, o botânico britânico Robert Brown descobriu uma estrutura dentro de toda célula vegetal que estudava e chamou-a de núcleo. O papel do núcleo na célula era um mistério. Em 1838, o botânico alemão Matthias Schleiden aventou que todas as plantas eram feitas de células e originadas de uma só célula. No ano seguinte, o fisiologista Theodor Schwann concluiu que o mesmo se aplicava aos animais. Schleiden e Schwann pensavam erroneamente que as células novas cresciam de modo similar à formação dos cristais. O patologista Rudolf Virchow levou além a teoria celular de Schleiden e Schwann ao propor, em 1858, que todas as células devem surgir de células vivas preexistentes, dizendo a famosa frase: "Todas as células provêm de células".

Divisão do núcleo
As tentativas de estudar detalhes das células eram prejudicadas por sua natureza transparente, que

O processo de mitose

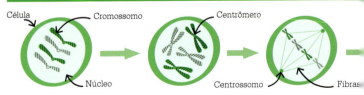

A célula duplica seu DNA e depois realiza qualquer reparo necessário antes de a mitose começar.

Na prófase, duas cópias exatas de cada cromossomo (cromátides) são vistas, unidas por um centrômero.

Na metáfase, os pares de cromátides se alinham no centro da célula, ligadas agora a fibras.

CRESCIMENTO E REPRODUÇÃO

Ver também: A natureza celular da vida 28-31 ▪ Como as células são produzidas 32-33 ▪ Meiose 190-193 ▪ Cromossomos 216-219 ▪ A química da hereditariedade 221 ▪ O que são genes? 222-225

dificultava distinguir estruturas internas. As coisas melhoraram ao surgirem corantes sintéticos que se combinavam com certas estruturas, mas não com outras, permitindo começar a descobrir o funcionamento interno da célula. Em 1875, Eduard Strasburger relatou ter visto material dentro do núcleo de uma célula vegetal em divisão. Em 1882, concluiu que novos núcleos surgiam da divisão de um núcleo existente.

No mesmo ano, Walther Flemming escreveu *Substância celular, núcleo e divisão celular*. Na obra, detalhou suas observações das células embrionárias de salamandra, com corantes de anilina para colori-las. Ele descreveu o processo da divisão celular, quando o material no núcleo, que chamou de cromatina, se juntou em filamentos (depois chamados cromossomos). Ele deu ao processo de divisão nuclear o nome de mitose, da palavra grega para fio.

Várias fases

Flemming descreveu como a mitose acontecia em duas fases, em que os cromossomos se formavam e depois se separavam. A ciência moderna descreve quatro fases. A fase em que o material nuclear se condensa em forma compacta e os cromossomos se tornam visíveis pela primeira vez é chamada prófase. Cada cromossomo consiste em um par de cromátides irmãs, ligadas em um ponto chamado centrômero. Mais tarde se comprovou que as cromátides contêm a mesma sequência genética. Entre as divisões celulares, a maioria das células animais tem uma estrutura chamada centrossomo, perto do núcleo. Ao começar a divisão, o centrossomo se divide e cada metade se posiciona em pontas opostas do núcleo. Um sistema complexo de fibras estende-se de cada centrossomo até os centrômeros: as fibras ligam as cromátides gêmeas de cada cromossomo. Na fase seguinte, metáfase, as cromátides duplicadas são posicionadas de modo que fiquem prontas para serem separadas.

Os centrossomos se movem para fora, puxando cada cromátide para longe de sua irmã, em direção às pontas opostas da célula. Essa etapa é chamada anáfase.

Quando a telófase se inicia, uma nova membrana nuclear começa a se formar ao redor de cada conjunto de cromátides separadas. Uma vez concluída, cada nova membrana circunda um conjunto completo de cromossomos, resultando em duas células-filhas. ▪

Walther Flemming

Nascido em Sachsenberg, na Alemanha, em 1843, Walther Flemming graduou-se em medicina na Universidade de Praga, na República Tcheca, em 1868. Ele serviu como médico militar na Guerra Franco-Prussiana de 1870–1871 e depois assumiu postos na Universidade de Praga e na Universidade de Kiel, na Alemanha. Flemming foi pioneiro no uso de corantes para revelar estruturas dentro das células. Conhecido pela generosidade, dava comida aos abandonados, doava boas quantias aos abrigos para sem-teto e também ensinava matemática e ciência a crianças que eram pobres demais para ir à escola. Perto dos 50 anos, desenvolveu uma doença neurológica da qual nunca se recuperou e morreu em 1905, aos 62 anos.

Obra principal

1882 *Substância celular, núcleo e divisão celular*

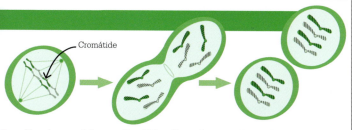

Na anáfase (separação), as fibras puxam as cromátides, arrastando as metades de cada par para lados opostos da célula.

Na telófase (divisão), uma membrana nuclear começa a se formar ao redor de cada grupo de cromossomos.

Duas células-filhas se formam, cada uma com uma cópia exata do DNA da célula progenitora.

A SEMELHANÇA DO FILHO COM OS PAIS DEPENDE DISSO
MEIOSE

EM CONTEXTO

FIGURA CENTRAL
August Weismann
(1834–1914)

ANTES
1840 O cientista suíço Rudolf Albert von Kölliker comprova a natureza celular de espermatozoides e óvulos.

1879 Walther Flemming faz estudos sistemáticos sobre o comportamento dos cromossomos durante a divisão celular mitótica.

DEPOIS
1909 Por meio do estudo de drosófilas, Thomas Hunt Morgan confirma que os genes se localizam nos cromossomos.

1953 James Watson e Francis Crick descobrem a estrutura do ácido desoxirribonucleico (DNA), a molécula que codifica a informação genética.

A partir das observações dos cromossomos no núcleo de células em divisão feitas por Walther Flemming, em 1882, especulou-se que os cromossomos poderiam ser os portadores da hereditariedade. O embriologista alemão Wilhelm Roux foi um dos primeiros a supor, em 1883, que um ovo fertilizado recebe substâncias que representam diferentes características do organismo, e que estas então se alinham nos cromossomos quando a divisão ocorre. Em 1885, Carl Rabl, um anatomista austríaco, estava estudando células de salamandra e descobriu que seus cromossomos eram constantes em número e

CRESCIMENTO E REPRODUÇÃO

Ver também: A natureza celular da vida 28-31 ▪ Produção de vida 34-37 ▪ A descoberta dos gametas 176-177 ▪ Fertilização 186-187 ▪ Mitose 188-189 ▪ As leis da hereditariedade 208-215 ▪ Cromossomos 216-219 ▪ Seleção natural 258-263 ▪ Mutação 264-265

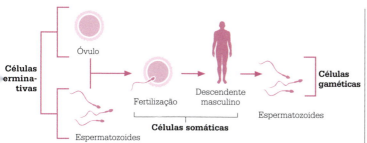

Uma linha germinativa é a linhagem de células germinativas de um organismo (óvulos e espermatozoides) que passam sua informação genética para a geração seguinte. O indivíduo resultante da união das células sexuais masculina e feminina dos genitores pode produzir óvulos ou espermatozoides, não ambos.

ocorriam em arranjos similares pouco antes e depois da divisão das células. Com base em seus achados, ele propôs que os cromossomos eram, na verdade, aspectos permanentes da célula que retinham suas individualidades embora só fossem visíveis na divisão celular.

Em 1890, Roux descreveu uma série de experimentos em que matou uma das células da primeira divisão do ovo fertilizado de uma rã. Roux observou que a célula que restara se desenvolvia como meio embrião e concluiu que cada uma das duas células devia guardar só metade do conjunto completo de cromossomos. Ele teorizou que o desenvolvimento do embrião resulta de porções dos cromossomos separadas de acordo com o tipo de célula específica para o qual guardam a informação hereditária – tais como tecido muscular ou nervoso.

A teoria de Roux colocava uma questão crucial: se só uma porção do conjunto completo de cromossomos é passada às novas células durante o desenvolvimento, como o conjunto completo é passado de uma geração à outra? Esse foi o problema a que o biólogo evolutivo alemão August Weismann passou a se dedicar.

A teoria do germoplasma

Em 1885, Weismann propôs a teoria do germoplasma como a base física da hereditariedade, e sete anos depois desenvolveu essa ideia em *Das Keimplasma* (O germoplasma). Ele afirmou que há duas categorias de células: as germinativas (ou reprodutoras), que produzem óvulos e esperma (coletivamente, gametas), e as somáticas (ou do corpo), que formam os tecidos comuns. Embora tenha aceitado a ideia de Roux de que as células somáticas só contêm conjuntos parciais de cromossomos, Weismann afirmou que as células germinativas têm um conjunto completo de cromossomos e que são, assim, as portadoras da informação hereditária. Verificou-se depois que Roux estava errado a respeito das células somáticas – todas as células contêm um conjunto completo de cromossomos, mas elas se especializam porque usam só uma parte desse conjunto. Segundo a teoria do germoplasma, em um organismo multicelular, a herança só acontece por meio de células germinativas. As células »

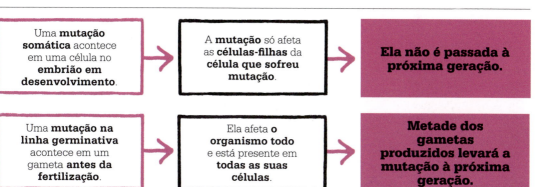

MEIOSE

August Weismann

Nascido em Frankfurt, na Alemanha, em 1834, filho de um professor, Weismann se tornaria um dos mais importantes teóricos evolutivos do século XIX. Ele se graduou médico na Universidade de Göttingen em 1856 e trabalhou por algum tempo como clínico. Após ler *A origem das espécies*, de Charles Darwin, tornou-se um firme defensor da teoria da evolução. Em 1861, começou a estudar o desenvolvimento de insetos, na Universidade de Giessen. A partir de 1863, ensinou zoologia e anatomia comparada no centro médico da Universidade de Freiburg. A seu pedido, foi construído em 1865 um instituto zoológico e museu, dos quais foi nomeado diretor. Permaneceu em Freiburg até se aposentar, em 1912. Quando sua visão se deteriorou, voltou-se para trabalhos mais teóricos, e sua mulher, Marie, o auxiliou nos estudos observacionais. Morreu em Freiburg, em 1914.

Obras principais

1887 *Ensaios sobre hereditariedade e problemas biológicos relacionados*
1892 *O germoplasma*

somáticas não funcionam como agentes da hereditariedade. O efeito é de mão única: células germinativas produzem as somáticas e não são afetadas por nada que as células somáticas experimentem ou aprendam na vida do organismo. Isso significa que a informação genética não pode passar de células somáticas a germinativas e, assim, para a próxima geração. Isso é conhecido como barreira de Weismann.

Em *O germoplasma*, Weismann cunhou quatro termos: "bióforos", "determinantes", "ides" e "idantes". Os bióforos eram as menores unidades da hereditariedade. Os determinantes eram bióforos combinados, encontrados de início em células germinativas, mas capazes de se transmitir a células somáticas e determinar sua estrutura e função. Os ides eram grupos de determinantes, derivados de células germinativas e espalhados durante o desenvolvimento em células de diferentes tecidos. No nível mais alto estavam os idantes, que portavam os ides e seriam chamados depois de cromossomos. Weismann previu que, na reprodução sexuada, o número de idantes normalmente presente nas células tem de se

Não importa quanto nos viremos para um lado ou outro, voltaremos sempre à célula.
Rudolf Virchow

reduzir à metade para que a descendência tome metade de seus idantes da célula germinativa da mãe e metade da do pai. Isso explicava por que os descendentes tinham alguns traços que lembravam os da mãe e outros, os do pai. A chave era a meiose. As ideias de Weismann contribuíram muito para que os biólogos compreendessem como a evolução ocorre. Elas se opunham de modo direto à teoria de características adquiridas do naturalista francês Jean-Baptiste Lamarck, uma explicação muito aceita na época. Lamarck afirmara, em 1809, que as características adquiridas em vida por um organismo podiam ser transmitidas a seus descendentes. Em 1888, Weismann derrubou essa

O processo de meiose

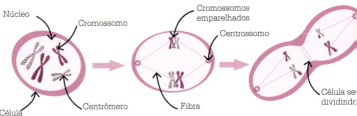

A meiose começa com uma célula progenitora diploide, na qual os pares de cromossomos fazem cópias idênticas de si mesmos (replicação).

Antes da divisão, os cromossomos similares em comprimento e localização do centrômero se emparelham. Seções de DNA são trocadas.

O núcleo e a célula começam a se dividir. Fibras presas aos centrossomos puxam os cromossomos para pontas opostas da célula.

teoria ao cortar a cauda de novecentos camundongos por cinco gerações e confirmar que seus descendentes continuavam a apresentá-la. Ele teorizou que as variações entre indivíduos de uma espécie resultam de combinações diferentes dos determinantes nas células germinativas. Os determinantes mais fortes vencem os mais fracos, que são aos poucos eliminados. Weismann afirmou que esse processo de seleção é adaptativo, e não meramente aleatório.

Embora Weismann fosse um entusiasta da seleção natural de Darwin, sua própria teoria da célula germinativa desferia um golpe na pangênese, outra ideia de Darwin, que propunha que cada órgão do corpo produz pequenas partículas, chamadas de gêmulas, que contêm informações sobre o órgão. As gêmulas viajam pelo corpo, ele teorizou, e acumulam-se no esperma e nos óvulos, nos órgãos reprodutores. Desse modo, alegava erroneamente Darwin, a informação sobre os órgãos era passada à geração seguinte.

Definição de meiose
A questão crucial continuava a ser como a divisão celular ocorria na linha germinativa. Em 1876, Oscar Hertwig observou a fusão das células do óvulo e do espermatozoide na fertilização de um ouriço-do-mar. Ele concluiu que ambos os núcleos das duas células contribuíam para os traços herdados. Quando Edouard van Beneden estudou o nematódeo *Ascaris*, um organismo que só tem dois cromossomos, descobriu que cada genitor contribui com um cromossomo para o ovo fertilizado.

Em 1890, Weismann observou que as células de espermatozoide e óvulo contêm a metade exata do número de cromossomos das células somáticas. Era essencial, ele notou, reduzir o número de cromossomos das células germinativas, pois do contrário o número de cromossomos na fertilização dobraria a cada geração. Essa redução é obtida pelo processo de meiose.

A meiose tem similaridades e diferenças em relação à mitose, em que uma célula progenitora se divide, produzindo duas células-filhas idênticas. A meiose produz quatro células gaméticas, cada uma com o número de cromossomos reduzido à metade. Durante a reprodução, quando o

De uma única célula que faz todas as funções, é gerado um grupo de várias células
August Weismann

espermatozoide e o óvulo se unem formando uma só célula, o número de cromossomos é restaurado (dobrado) na descendência. A meiose começa com uma célula progenitora diploide, ou seja, que tem duas cópias de cada cromossomo. A célula progenitora sofre uma replicação do DNA seguida por dois ciclos separados de divisão nuclear. O processo resulta em quatro células-filhas haploides, ou seja, que contêm metade do número de cromossomos da célula progenitora diploide.

Embora na época Weismann pudesse desconhecer muitos fatos, sua teoria do germoplasma foi crucial para explicar o processo físico da hereditariedade pela divisão meiótica da célula. ∎

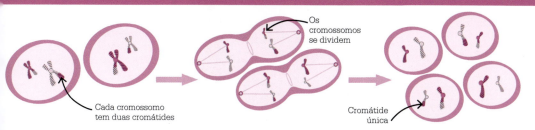

Pares de cromossomos se dividirão nas células-filhas haploides. As células haploides só têm metade dos cromossomos da célula diploide progenitora. As novas células diferem-se uma da outra e da célula progenitora.

Os cromossomos se separam nos centrômeros, e um envelope nuclear se forma ao redor de cada conjunto de cromossomos.

A citocinese (processo físico de divisão celular) está completa. A divisão da célula por meiose produz quatro células haploides geneticamente diferentes (gametas).

PRIMEIRA PROVA DA AUTONOMIA DA VIDA
CÉLULAS-TRONCO

EM CONTEXTO

FIGURA CENTRAL
Hans Driesch (1867–1941)

ANTES
1855 O patologista alemão Rudolf Virchow declara que toda célula provém de outra.

1888 Wilhelm Roux observa que o dano celular em embriões iniciais tem efeito em seu desenvolvimento.

DEPOIS
1909 O histologista russo Alexander Maximow propõe que as células sanguíneas originam-se das mesmas células-tronco multipotentes.

1952 Os biólogos americanos Robert Briggs e Thomas King clonam rãs-leopardo transplantando o núcleo de uma célula de um animal mais velho em um óvulo não fertilizado.

2010 Cientistas americanos usam a técnica de iPS para tratar ratos com doença de Parkinson, utilizando células nervosas feitas de pele humana.

As células-tronco conseguem desenvolver ou se diferenciar em outros tipos de célula. Elas são decisivas no desenvolvimento embrionário de organismos multicelulares e no sistema de reparo interno, substituindo outras células.

As células-tronco embrionárias da fase inicial podem se diferenciar em todos os outros tipos de célula do corpo e são chamadas de "totipotentes". Mas, conforme o embrião cresce, sua capacidade de se diferenciar vai se limitando a tipos celulares mais específicos. As células-tronco adultas normalmente só geram os tipos de célula do órgão do qual se originam. O termo "célula-tronco" foi usado primeiro pelo biólogo alemão Ernst Haeckel em 1868 para descrever a célula-ovo fertilizada única que acabaria dando origem a um organismo multicelular maduro. Em 1888, o embriologista Wilhelm Roux publicou os resultados de experimentos em que tomou embriões de rã de duas e de quatro células e destruiu metade das células de cada embrião. Ele verificou que as células restantes se desenvolviam como meios embriões e concluiu que os papéis das células no desenvolvimento já estavam determinados mesmo nesse estágio tão inicial.

Células embrionárias totipotentes

Em 1891, o biólogo alemão Hans Driesch fez um experimento similar ao de Roux, com embriões de ouriço-do-mar que continham duas células.

Hans Driesch agitou embriões de ouriço-do-mar para separar as duas células de cada e as isolou em água marinha para observá-las enquanto se desenvolviam como larvas multicelulares saudáveis.

CRESCIMENTO E REPRODUÇÃO

Ver também: Como as células são produzidas 32-33 ▪ Metástase do câncer 154-155 ▪ Epigênese 184-185 ▪ Desenvolvimento embriológico 196-197 ▪ Fertilização in vitro 198-201 ▪ Clonagem 202-203 ▪ Edição genética 244-245

Os ovos fertilizados e as primeiras 16 células de um embrião são totipotentes, ou seja, são capazes de produzir qualquer tipo de célula de um organismo adulto (e células extraembrionárias, como a placenta de um mamífero). As células-tronco pluripotentes podem se diferenciar em todos os tipos de célula especializada do corpo, mas não em células extraembrionárias. As células-tronco multipotentes podem formar muitos tipos de célula – mas só de um tipo de tecido. E as células unipotentes só podem se diferenciar em um único tipo de célula.

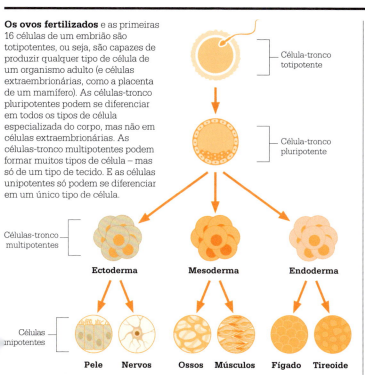

Qualquer esforço para controlar os avanços científicos está fadado a fracassar [...]. Mas não devemos esquecer o respeito básico à vida [...].
Joseph E. Murray
Cirurgião pioneiro em transplantes humanos (1919-2012)

Em vez de destruir uma delas, porém, ele as separou, e descobriu que, enquanto uma com frequência morria, a célula sobrevivente se desenvolvia em uma larva completa, mas menor que o normal. Isso indicava que Roux estava errado e que o destino no desenvolvimento das células embrionárias não era fixo. Os experimentos de Driesch o levaram a concluir que as células embrionárias nos estágios iniciais de desenvolvimento são totipotentes. Sua pesquisa confirmou que cada célula do embrião inicial tinha seu próprio conjunto completo de instruções genéticas e a capacidade de se desenvolver como um organismo inteiro. Leroy Stevens fazia testes com tecidos cancerosos em ratos em 1953 quando descobriu que alguns tumores tinham misturas de células não diferenciadas e diferenciadas, entre elas células de cabelo, osso e intestinos. Ele concluiu que as células de câncer eram "pluripotentes", capazes de se diferenciar em qualquer tipo de célula, mas não de desenvolver um organismo completo. Em 1981, Martin Evans e Matt Kaufman identificaram, isolaram e cultivaram com sucesso células-tronco embrionárias de ratos. Isso permitiu manipular genes de ratos e estudar sua função nas doenças. Hoje eles podem modificar o genoma de um rato em suas células-tronco embrionárias e injetar as células modificadas em um embrião desse animal. Quando o embrião amadurece, cada uma de suas células terá sido modificada.

Uma descoberta revolucionária

Em 1998, James Thomson conseguiu remover células de embriões humanos, cultivou-as em laboratório e estabeleceu a primeira linha de células-tronco embrionárias humanas. Embora só tenha usado embriões de doadores que não os queriam, a pesquisa gerou controvérsia. Então, em 2006, cientistas japoneses descobriram um modo de transformar células de pele adultas de ratos em células-tronco, chamadas células-tronco pluripotentes induzidas (células iPS). Os pesquisadores médicos têm usado desde então células iPS reprogramadas em testes clínicos para tratar doenças neurológicas, cardíacas e retinianas e para desenvolver novos tecidos e até novos órgãos para transplante. O potencial médico desses tratamentos é enorme. ■

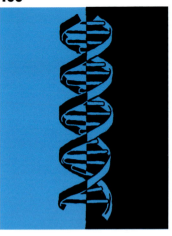

GENES DO CONTROLE PRINCIPAL
DESENVOLVIMENTO EMBRIOLÓGICO

EM CONTEXTO

FIGURA CENTRAL
Lewis Wolpert (1929–2021)

ANTES
Século IV a.C. A teoria da epigênese, de Aristóteles, afirma que o embrião começa como uma massa indiferenciada e, ao desenvolver-se, novas partes são adicionadas.

1600 O médico italiano Hieronymus Fabricius publica *Sobre o feto formado*.

DEPOIS
1980 Os geneticistas Christiane Nüsslein-Volhard, alemã, e Eric Wieschaus, americano, classificam 15 genes que definem a diferenciação celular no desenvolvimento de embriões de drosófilas.

2012 O pesquisador de células-tronco japonês Shinya Yamanaka descobre que células maduras de camundongo podem ser reprogramadas para se tornar células-tronco pluripotentes imaturas.

Em 1891, o biólogo alemão Hans Driesch demonstrou ser possível dividir ovos de ouriço-do-mar fertilizados na fase de duas células e ainda obter larvas de ouriço-do-mar normais, embora menores. Driesch acreditava que o embrião tinha um sistema de coordenadas, como os eixos X e Y de um gráfico, que especificava a posição das células no embrião, determinando o modo como cada uma se desenvolveria. Também concluiu que o desenvolvimento das células embrionárias era guiado por uma força que ele chamou de enteléquia.

Buscando explicar as ideias de Driesch, outros embriologistas teorizaram que parte do embrião atuava como um "organizador", guiando o desenvolvimento das células. O embriologista alemão Hans Spemann estudou a gastrulação, o rápido processo de rearranjo em um embrião em camadas germinativas distintas de tipos de célula que formarão todos os tecidos e órgãos do organismo. Em 1918, Spemann descobriu que células transplantadas de uma parte do embrião para outra antes da gastrulação podiam se tornar qualquer um dos principais tipos de célula. Após a gastrulação, as células embrionárias não podiam mais mudar sua identidade.

Em 1924, Spemann e a doutoranda Hilde Mangold descreveram como identificaram um grupo de células, depois chamado organizador Spemann-Mangold, responsável pelo desenvolvimento de tecido neural em embriões de anfíbios.

Morfogênese
A mudança de forma do embrião inicial (morfogênese) ocorre em especial na gastrulação, quando o rearranjo de camadas celulares e o movimento dirigido das células de um local para outro fazem uma folha bidimensional de células se

Não é o nascimento, o casamento ou a morte, mas a gastrulação, o momento mais importante de verdade na sua vida.
Lewis Wolpert

CRESCIMENTO E REPRODUÇÃO

Ver também: A natureza celular da vida 28-31 ▪ Como as células são produzidas 32-33 ▪ Produção de vida 34-37 ▪ Epigênese 184-185 ▪ Fertilização 186-187 ▪ Meiose 190-193 ▪ Células-tronco 194-195 ▪ O que são genes? 222-225

tornar um corpo tridimensional complexo. Os pesquisadores perceberam que o desenvolvimento das células nos embriões era de certo modo, como Driesch sugerira, coordenado em padrões espaciais. Fortaleceu-se a ideia de que isso poderia ser obtido por variações nas concentrações de substâncias ou propriedades que poderiam ser transmitidas quimicamente de uma parte do embrião a outra. Porém, a natureza dos sinais que deflagravam o desenvolvimento continuava desconhecida.

Organização celular

Em 1952, Alan Turing desenvolveu um modelo de embrião em crescimento em que explorou como sinais distribuídos de modo uniforme nas células podem se espalhar, auto-organizar e formar padrões, transformando um grupo de células idênticas em um conjunto organizado de vários tipos. Turing chamou os sinais de "morfógenos". Suas ideias foram recebidas com ceticismo e meio que ignoradas por quase duas décadas.

O zigoto sofre uma rápida divisão celular, formando uma bola de células, a blástula. O processo de gastrulação continua, durante o qual a blástula se dobra sobre si mesma e suas células se rearranjam em três camadas, formando a gástrula. As camadas de células darão origem, então, a diferentes tecidos e órgãos.

Uma só célula se divide, tornando-se uma bola de células

1. Blástula

As células são rearranjadas em três camadas

A blástula se dobra sobre si mesma

2. Ocorre a gastrulação

Ectoderma
Mesoderma
Endoderma

3. Gástrula

Em 1969, Lewis Wolpert descreveu o modelo da "bandeira francesa" – não importa o tamanho da bandeira, sempre seguirá o mesmo padrão, assim como os embriões divididos em dois de Driesch tinham se desenvolvido como ouriços-do-mar normais. Wolpert conjecturou que a localização das células no embrião determina como se comportam – por exemplo, quais de seus genes são ligados ou desligados – e como reagem a sinais externos, dando origem à formação e posição corretas da anatomia. Wolpert acreditava que o destino de cada célula era determinado por variações na concentração de uma substância sinalizadora entre as células. Ele estipulou que os efeitos desses sinais ocorriam em pequenas distâncias, de cem células ou menos, os campos posicionais. A noção de Wolpert de que a informação posicional das células embrionárias podia ser determinada pela concentração de substâncias dispersas foi revolucionária. A ciência subjacente a esse modelo é questionada desde então, mas permanece importante para entender como a morfogênese ocorre. ▪

Lewis Wolpert

Nascido na África do Sul em 1929, Lewis Wolpert estudou engenharia civil na Universidade de Witwatersrand e depois atuou em mecânica dos solos em um instituto de pesquisa voltado à construção. Deixando a África do Sul, foi para o Reino Unido e se inscreveu no Imperial College de Londres para estudar mecânica dos solos e então no King's College para completar o doutorado em mecânica da divisão celular. Em 1966, tornou-se professor de biologia na Escola Médica do Hospital de Middlesex e, depois, professor de citologia e biologia do desenvolvimento no University College de Londres. Como escritor e divulgador, Wolpert defendia que o público entendesse a ciência e promoveu a conscientização sobre problemas de envelhecimento e doenças mentais.

Obra principal

1969 "Positional Information and the Spatial Pattern of Cellular Differentiation"

A CRIAÇÃO DA MAIOR FELICIDADE

FERTILIZAÇÃO IN VITRO

EM CONTEXTO

FIGURAS CENTRAIS
Robert Edwards (1925–2013),
Patrick Steptoe (1913–1988)

ANTES
1678 Os cientistas holandeses Antonie van Leeuwenhoek e Nicolas Hartsoeker fazem a primeira observação em microscópio de células do esperma.

1838 O médico francês Louis Girault publica o primeiro relato de inseminação artificial humana bem-sucedida.

DEPOIS
1986 Robert Edwards e Patrick Steptoe comemoram mil crianças nascidas por FIV em sua clínica, Bourn Hall.

1992 Nasce o primeiro bebê com uso de injeção intracitoplasmástica, em que um só espermatozoide é injetado diretamente no óvulo.

Durante a maior parte da história humana, a capacidade de ter filhos foi usada para determinar o valor de uma mulher, e tais atitudes persistiram em boa parte do século XX. A fertilização in vitro (FIV) é um método de reprodução assistida que oferece a qualquer pessoa a possibilidade de ter um filho se não puder conceber de modo natural.

O fisiologista britânico Robert Edwards foi apelidado de "Criador da Maior Felicidade" pela solução do enigma da FIV em 1978, em colaboração com o obstetra e ginecologista Patrick Steptoe, e a enfermeira e embriologista Jean Purdy.

CRESCIMENTO E REPRODUÇÃO 199

Ver também: Produção de vida 34-37 ▪ Epigênese 184-185 ▪ Fertilização 186-187 ▪ Desenvolvimento embriológico 196-197

A mãe biológica recebe medicação para **suprimir** seu **ciclo menstrual natural** e a **ovulação** espontânea.

⬇

Ela toma **medicamentos de fertilidade** para **aumentar** a **produção de óvulos**.

⬇

Os médicos **monitoram** regularmente por ultrassom o tamanho e a quantidade de folículos da mãe (bolsas cheias de fluido que contêm um óvulo não maduro).

⬇

Óvulos maduros são **retirados** dos ovários da mãe, e uma **amostra de sêmen** é coletada de seu parceiro ou do doador de esperma.

⬇

O óvulo e os espermatozoides são **misturados no laboratório** e mantidos em uma incubadora por várias horas para permitir que a **fertilização** ocorra.

⬇

Após vários dias, o melhor de três **óvulos fertilizados** (embriões) será **transferido para o útero da mãe**. Se o embrião se implantar corretamente, é provável que se desenvolva em um bebê.

A fertilização in vitro ("em vidro", em latim) foi estudada primeiro em animais com fertilização externa, como as rãs. Mas para os animais com fertilização interna, entre eles os humanos, era preciso resolver muitos problemas práticos antes de uma técnica similar se tornar factível. A primeira tentativa de FIV em mamíferos foi feita pelo embriologista vienense Samuel Leopold Schenk em 1878, usando esperma e óvulos de coelho e porquinho-da-índia ao microscópio, mas os experimentos foram mal controlados e não deram certo. Schenk e seus contemporâneos não conheciam o papel da temperatura, do pH e dos hormônios reprodutivos, e entender esses componentes básicos da fertilização seria a chave para manipular a reprodução humana fora do corpo. Em 1934, os biólogos Gregory Goodwin Pincus »

Robert Edwards

Nascido em 1925, em Yorkshire, no Reino Unido, Robert Edwards ingressou no curso de agricultura do University College de Gales do Norte, em Bangor, mas teve de parar os estudos na Segunda Guerra Mundial, quando serviu no Exército. Após a guerra, voltou a Bangor, transferiu-se para o curso de zoologia e depois obteve o doutorado em genética reprodutiva. Nos anos 1960, Edwards trabalhou com os líderes da fisiologia reprodutiva animal, Alan Parkes e Colin "Bunny" Austin. Na época, conheceu o trabalho de Patrick Steptoe e iniciaram uma colaboração em 1968, culminando no nascimento do primeiro bebê por FIV em 1978. Edwards continuou sua pesquisa como diretor da primeira clínica de FIV do mundo, recebeu o Prêmio Nobel de Fisiologia ou Medicina em 2010 e foi nomeado cavaleiro um ano depois.

Obras principais

1970 *Fertilization and Cleavage in Vitro of Human Oocytes Matured in Vivo*
2005 "Ethics and Moral Philosophy in the Initiation of IVF, Preimplantation Diagnosis and Stem Cells"

FERTILIZAÇÃO IN VITRO

e Ernst Vincenz Enzmann, trabalhando nos Estados Unidos também com coelhos, introduziram espermatozoides em óvulos fora do corpo e depois os implantaram de volta no útero. A coelha ficou grávida, mas os ovos tinham sido implantados antes de haver de fato a fertilização – ela ocorreu no corpo da coelha e foi, portanto, "in vivo", e não "in vitro".

A função dos hormônios

No fim do século XIX, biólogos observaram que a glândula pituitária, no cérebro, aumentava durante a gravidez, e em 1926 o ginecologista israelense nascido na Alemanha Bernhard Zondek e o endocrinologista americano Philip Edward Smith descobriram, de modo independente mas quase ao mesmo tempo, que os hormônios secretados pela glândula pituitária controlam o funcionamento dos órgãos reprodutores.

Uma década depois, Pincus descreveu as mudanças fisiológicas que os óvulos humanos devem sofrer para ficarem prontos para a fertilização (conhecidas como maturação). Só em 1951 o cientista sino-americano Min Chueh Chang e o professor britânico Colin "Bunny" (Coelho) Austin descobriram que o espermatozoide também deve amadurecer no trato reprodutor da fêmea antes de poder penetrar e fertilizar óvulos (a "capacitação do espermatozoide"). Quando os processos requeridos para preparar espermatozoides e óvulos para a fertilização foram reconhecidos, a FIV se tornou mais factível.

Chang demonstrou depois que os óvulos de uma coelha preta podiam ser fertilizados in vitro por espermatozoides de um macho preto. Ele transferiu então os óvulos para uma fêmea branca, resultando no nascimento de uma ninhada de coelhos pretos. O uso inteligente de coelhos de cores diversas por Chang evitou os problemas que Pincus e Enzmann enfrentaram em 1934, quando não podiam confirmar se a fertilização ocorrera in vitro ou in vivo.

Retirada de óvulos

Nos anos 1950, Edwards entrou no estimulante mundo da biologia reprodutiva como doutorando em Edimburgo, na Escócia, onde estudou o desenvolvimento de

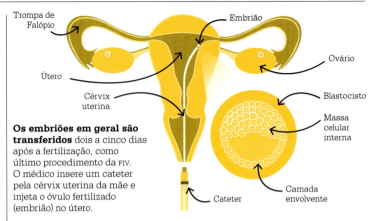

Os embriões em geral são transferidos dois a cinco dias após a fertilização, como último procedimento da FIV. O médico insere um cateter pela cérvix uterina da mãe e injeta o óvulo fertilizado (embrião) no útero.

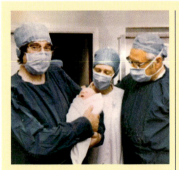

Desde o nascimento de Louise Brown, as técnicas de FIV introduzidas por Edwards e Steptoe são adotadas em todo o mundo.

Nasce Louise Brown

Em 1978, no Hospital Geral Oldham, perto de Manchester, no Reino Unido, o nascimento do primeiro bebê por FIV, Louise Brown, foi um marco na biologia reprodutiva e uma sensação na mídia mundial. Antes disso, Robert Edwards e Patrick Steptoe sofreram muita oposição de seus pares e da sociedade por se dedicar a uma pesquisa que alguns viam como antiética e perigosa. Líderes religiosos acusaram a dupla de "brincar de Deus" e os críticos chamaram a técnica de "desumanizadora". Questionavam-se técnicas novas, como a clonagem, a engenharia genética e o "design de bebês", e havia dúvida se o descarte de embriões extras seria um problema moral. Os dois homens sentiram a obrigação de falar com a imprensa em vez de deixar as especulações se espalharem, o que pôs em evidência seu trabalho. Porém, quando a pequena e saudável Louise chegou, após uma gravidez a termo, muitos dos críticos foram calados e uma nova geração de crianças nasceu.

CRESCIMENTO E REPRODUÇÃO

embriões de camundongos. Em seus seis anos em Edimburgo, publicou 38 artigos, e sua prodigiosa produção tornou-o um dos astros em ascensão nesse campo. A verdadeira paixão de Edwards era entender a reprodução humana, mas o acesso limitado a óvulos humanos o frustrava, até que leu um artigo de Steptoe, um pioneiro no uso de laparoscopia em cirurgia ginecológica. A técnica de Steptoe permitia retirar óvulos humanos com incisões mínimas, quando comparada à cirurgia aberta. Edwards iniciou a colaboração com Steptoe em 1968 e no mesmo ano recrutou Jean Purdy como assistente de laboratório.

Agora que Edwards e sua equipe garantiram uma fonte confiável de óvulos humanos, podiam fazer experimentos com as condições ideais para obter a fertilização. O graduando Barry Bavister mostrou que, aumentando os níveis alcalinos do meio de cultura na placa de Petri da FIV – uma solução usada para sustentar o crescimento celular –, podia-se obter taxas altas de fertilização. Edwards, Bavister e Steptoe publicaram um artigo em 1969 em que descreveram a fertilização de óvulos humanos in vitro. Seu próximo desafio era determinar como reintroduzir o óvulo fertilizado em uma mulher de modo que o embrião resultante pudesse se desenvolver em uma gravidez saudável.

Os primeiros procedimentos

Edwards, Purdy e Steptoe começaram a reimplantar embriões em mulheres em 1972, mas Edwards não imaginava que a taxa de êxito seria tão baixa. A equipe ficou exultante em 1976, quando uma das pacientes ficou grávida após a transferência do embrião, mas a alegria durou pouco porque ele fora implantado na trompa de Falópio – uma gravidez chamada ectópica, que teve de ser interrompida.

No mesmo ano, Lesley Brown foi indicada a Steptoe para tratamento de infertilidade após tentar conceber por nove anos sem sucesso e ser diagnosticada com bloqueio nas trompas de Falópio. Analisando os níveis hormonais de Lesley, Edwards e Steptoe determinaram seu ciclo de ovulação natural. Em novembro de 1977, Steptoe removeu um dos óvulos de Lesley, Edwards fertilizou-o com o

> Não sou um feiticeiro ou um Frankenstein. Tudo o que quero é ajudar mulheres cujo mecanismo de produção de crianças é levemente defeituoso.
> **Patrick Steptoe**

esperma do marido dela em uma placa de Petri e Purdy esperou que o óvulo fertilizado se dividisse. Assim que se desenvolveu em embrião com oito células, foi implantado. Quando Edwards e Steptoe anunciaram que tinham obtido uma gravidez houve sensação na mídia, e depois que a imprensa descobriu que Steptoe tinha marcado um parto por cesariana, ele adiantou em um dia o procedimento para manter o nascimento em sigilo. Lesley deu à luz uma filha saudável chamada Louise em 25 de julho de 1978, e os jornais do mundo todo saudaram sua chegada como um triunfo da perseverança.

Hoje a FIV continua a ser a tecnologia de reprodução assistida mais popular, idealizada para ajudar estéreis a ter uma gravidez bem-sucedida. No 40º aniversário de Louise Brown, em 2018, mais de 8 milhões de crianças em todo o mundo já tinham nascido graças à FIV e a métodos de concepção assistida similares. ■

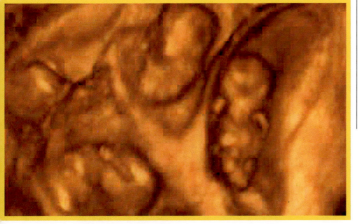

Quádruplos podem se desenvolver quando quatro óvulos separados são fertilizados. Eles ocorrem naturalmente em cerca de uma a cada 700 mil gravidezes. Na FIV, vários embriões são postos no útero e quase 30% das gestações são múltiplas.

DOLLY, O PRIMEIRO CLONE DE UM ANIMAL ADULTO

CLONAGEM

EM CONTEXTO

FIGURA CENTRAL
Keith Campbell (1954–2012)

ANTES
1903 O fisiologista vegetal americano Herbert Webber cunha a palavra "clone" para designar organismos produzidos por reprodução assexuada.

1952 Os biólogos americanos Robert Briggs e Thomas King clonam rãs-leopardo transferindo um núcleo da célula de um embrião em desenvolvimento para um óvulo não fertilizado.

DEPOIS
2003 No zoológico de San Diego, nos EUA, dois bezerros do raro bantengue nascem de uma vaca doméstica após serem clonados a partir de células congeladas. Isso desperta esperanças de que a clonagem possa ajudar espécies em risco.

2003 Um íbex-dos-pireneus é clonado usando-se células de pele preservadas. Esse animal já havia sido declarado extinto.

Um clone é um organismo que tem uma cópia exata do genoma – o conjunto completo de instruções genéticas – de outro mais velho. Há clones na natureza, em especial entre plantas e animais invertebrados e, menos comumente, em certas espécies de peixes, répteis e anfíbios. Os clones naturais são criados quando uma fêmea se reproduz assexuadamente, sem contribuição de um macho. Na reprodução sexuada, cada uma das células sexuais (óvulo e espermatozoide) contém metade do material genético requerido para fazer um novo indivíduo. Esses conjuntos se combinam quando o óvulo é fertilizado, transformando-se em um zigoto – a primeira célula de um novo organismo. Na reprodução assexuada em geral, a fêmea produz um ovo que já tem um conjunto completo de genes, uma cópia exata de seu próprio DNA, e assim a célula pode atuar como um zigoto.

Dolly, a ovelha

O termo "clone" é usado com mais frequência para descrever organismos que são criados por um processo artificial. A tecnologia da clonagem envolve tomar a informação genética de um organismo e criar cópias idênticas dela que possam ser implantadas no óvulo de outro. O processo transforma o óvulo em um zigoto, que se desenvolve de modo normal. A clonagem foi obtida pela primeira vez em 1952, com rãs, mas o grande avanço ocorreu em 1996, quando a ovelha chamada Dolly se tornou o primeiro mamífero clonado.

Dolly foi criada usando-se uma técnica chamada transferência

O nascimento de Dolly criou a perspectiva de novos modos de combater as doenças, mas também suscitou questões éticas. Os críticos temiam que levasse à clonagem humana, mas uma proibição global foi instaurada para preveni-la.

CRESCIMENTO E REPRODUÇÃO

Ver também: Como as células são produzidas 32-33 ▪ Produção de vida 34-37 ▪ Reprodução assexuada 178-179 ▪ Fertilização 186-187 ▪ Meiose 190-193 ▪ Células-tronco 194-195 ▪ Desenvolvimento embriológico 196-197 ▪ Fertilização in vitro 198-201

O conjunto único de genes de um **ovo fertilizado naturalmente** é fornecido pelos dois genitores.

→

O **ovo também pode** ser fertilizado pela transferência de um **conjunto completo de genes** de uma célula tirada **de um dos genitores**.

→

O ovo se desenvolve como um clone daquele adulto, com uma cópia exata de seus genes.

---

nuclear de células somáticas. Durante o processo, ela teve três mães e nenhum pai. Primeiro, um óvulo foi coletado de uma ovelha. Seu núcleo, que continha metade do conjunto de DNA, foi removido, mas o citoplasma foi mantido intacto. Este inclui a mitocôndria, que fornece energia à célula e carrega uma pequena quantidade de DNA próprio. Assim, o DNA mitocondrial de Dolly foi fornecido pela primeira ovelha. A seguir, foi tirada uma célula do úbere da segunda ovelha. Esse núcleo celular, que continha um conjunto completo de DNA, foi inserido no óvulo vazio, criando o zigoto de Dolly. O zigoto recebeu um choque elétrico que o estimulou a se dividir e crescer regularmente até ser uma bola de células. Esta foi então implantada no útero de uma terceira ovelha, que atuou como barriga de aluguel para Dolly. Dolly foi criada no Instituto Roslin, em Edimburgo, na Escócia, onde a equipe de pesquisa fez 277 tentativas de clonagem. Em 29, embriões iniciais se desenvolveram, e três cordeiros nasceram, mas só Dolly sobreviveu. Ela viveu seis anos e teve seis filhotes. Quatro ovelhas clonadas em 2007 da mesma linha de células do úbere usada com Dolly viveram mais que ela. A técnica iniciada com Dolly já foi usada desde então para clonar outros mamíferos, entre eles macacos em 2017, mas há uma proibição global à clonagem humana.

Células-tronco clonadas

A aplicação mais importante da tecnologia de clonagem está na pesquisa de células-tronco. As células-tronco clonadas são capazes de se desenvolver e se transformar em qualquer célula ou tecido do corpo. Elas podem ser usadas para regenerar e reparar tecidos e talvez até órgãos inteiros danificados ou doentes. Como tal, abriram uma empolgante nova área na medicina. ■

O caminho da imortalidade não está na clonagem.
Arthur L. Caplan
Professor de bioética

Keith Campbell

Nascido em Birmingham, na Inglaterra, em 1954, Campbell estudou no King's College de Londres e teve uma carreira de sucesso em microbiologia antes de iniciar seu trabalho de pesquisa no Instituto Roslin, em Edimburgo, em 1991. Quatro anos depois, ele e Bill Ritchie produziram Megan e Morag, ovelhas que se desenvolveram separadamente a partir de células tiradas de um só embrião. Essas duas ovelhas eram clones genéticos, um processo semelhante à criação de gêmeos idênticos artificialmente, e não pela clonagem de uma ovelha adulta. Em 1996, a equipe de pesquisa formada por Campbell, Ian Wilmut e Shinya Yamanaka criou Dolly. Wilmut disse depois que Campbell merecia "66%" do crédito pelo sucesso do projeto. Em 1998, Campbell tornou-se professor da Universidade de Nottingham. Trabalhou também para algumas empresas privadas e, com uma delas, produziu os primeiros porcos clonados em 2000. Ele morreu em 2012.

Obra principal

2006 "Reprogramming Somatic Cells into Stem Cells"

HEREDITA

RIEDADE

INTRODUÇÃO

Os experimentos de Gregor Mendel mostram como **características herdadas** podem **pular uma geração**, indicando a ação de "partículas", depois chamadas **genes**.

1866

Nettie Stevens descobre os **dois tipos de cromossomos** que determinam o sexo de ovos fertilizados.

1905

George Beadle e Edward Tatum demonstram que a **produção de enzimas** é determinada pelos genes, e um **gene codifica** uma **proteína** específica.

1941

1904

Thomas Hunt Morgan mostra que os **cromossomos são os portadores** das **partículas de hereditariedade** descritas por Mendel.

1928

Experimentos com **bactérias** de Frederick Griffith demonstram que as **características herdadas** são causadas por **substâncias químicas**.

1950

Barbara McClintock descreve a **ação de genes** que "saltam" de um cromossomo para outro, e a capacidade dos cromossomos de **ativar e desativar genes**.

Embora desde tempos remotos se notasse que as crianças tendem a se parecer com os pais em termos físicos e de personalidade, as razões da hereditariedade eram mal compreendidas. Teorias errôneas sobre o processo de reprodução, como a ideia de pré-formação ou no óvulo, ou no espermatozoide, conflitavam com a contribuição óbvia de ambos os pais para as características de sua prole. A teoria arcaica da pangênese, que remontava aos gregos antigos, estava mais próxima da verdade: o "material da semente" de ambos os pais se misturava, produzindo os filhos. Os biólogos do século XVIII retomaram essa ideia com experimentos que envolviam o cultivo de plantas híbridas e o cruzamento de animais de diferentes espécies.

Genética

Gregor Mendel propôs a solução para o problema da hereditariedade, iniciando o que se tornaria o campo da genética. Em um estudo sobre características de plantas de ervilha, como altura, ele mostrou que não são herdadas por simples mistura do material dos genitores, porque certas formas (traços), como alto ou baixo, às vezes pulam uma geração. Em vez disso, ele propôs que essas características herdadas eram determinadas por pares de partículas, hoje chamadas genes. A importância da teoria de Mendel, publicada em 1866, só foi reconhecida no início do século seguinte. Em seus estudos de cromossomos ao microscópio, Walter Sutton e Theodor Boveri identificaram os cromossomos como portadores dos pares de partículas que Mendel havia descrito, um ponto confirmado pelo estudo de Thomas Hunt Morgan sobre herança em drosófilas. Em 1905, Nettie Stevens descobriu dois tipos de cromossomos no esperma de besouros, os cromossomos sexuais (depois chamados X e Y), que determinam o sexo dos ovos fertilizados.

Entendendo o DNA

Em 1928, Frederick Griffith mostrou que as características herdadas de bactérias podiam ser alteradas por substâncias químicas, o que significava que estas também causavam as próprias características herdadas. Depois, George Beadle e Edward Tatum verificaram que fungos com genes defeituosos eram incapazes de produzir certa enzima, e a partir disso deduziram que um gene é uma seção de DNA que codifica um tipo específico de

HEREDITARIEDADE

1953 — Um modelo de **estrutura de dupla hélice** do DNA é criado por James Watson e Francis Crick.

1973 — As primeiras **células geneticamente modificadas** (GM) são produzidas por Herbert Boyer e Stanley Cohen.

2000 — O Projeto Genoma Humano, liderado por Francis Collins, apresenta o **primeiro esboço** de um mapa do **genoma humano**.

1964 — Marshall Nirenberg e Philip Leder comprovam que o DNA **incorpora** o **código genético** em todos os organismos vivos.

1979 — Frederick Sanger usa sua **técnica de decodificação** da sequência de moléculas biológicas de cadeia longa para **sequenciar o DNA**.

2011 — Jennifer Doudna introduz uma técnica de **terapia genética** que usa genes de bactérias editados para **ter em mira** genes humanos **defeituosos**.

---

enzima, ou, de modo mais geral, que um gene codifica uma proteína específica.

O vínculo entre cromossomos e genes já estava bem estabelecido nos anos 1930, quando Barbara McClintock iniciou seu estudo sobre comportamento de cromossomos. Tendo mostrado que durante a meiose (divisão celular na reprodução sexuada), os genes portados em um cromossomo podiam mudar de posição, ela acabou descrevendo elementos transportáveis – genes que "saltam" para posições em cromossomos totalmente diferentes. Ela também descobriu que os genes não são continuamente ativos, podendo ser ativados e desativados.

Faltava explicar, porém, como o DNA é capaz de se autorreplicar. James Watson e Francis Crick pensavam que isso se devia a uma qualidade inerente à estrutura da molécula de DNA e, trabalhando a partir de uma foto por difração de raios X de Rosalind Franklin, conseguiram em 1953 criar um modelo 3D da molécula de DNA. Isso mostrou a estrutura hoje familiar de dupla hélice do DNA, explicando sua capacidade de se replicar desatando-se.

Sequenciamento genético

Dada a definição básica de que o gene codifica uma proteína específica, o objetivo seguinte era estabelecer a relação de uma sequência de unidades (bases) no DNA com a sequência na proteína pertinente, ou seja, como as bases se codificam para determinar um aminoácido. Marshall Nirenberg e Philip Leder descobriram que, em todos os seres vivos, o código genético consiste em três bases que codificam um aminoácido específico. Outro avanço na compreensão do papel dos genes em todos os organismos vivos veio com o sequenciamento: a análise da sequência de unidades de moléculas de cadeia longa, tais como proteínas e DNA. Um pioneiro da técnica, Frederick Sanger, conseguiu sequenciar o DNA de um vírus em 1979. Isso abriu caminho para pesquisas como o Projeto Genoma Humano, que buscava sequenciar todo o genoma humano.

Com um conhecimento maior da estrutura e comportamento dos genes, aplicações práticas vêm sendo encontradas, abrindo possibilidades para técnicas como a engenharia genética, para modificar a composição genética de células, e a edição de genes, para combater doenças. ∎

IDEIAS DE ESPÉCIE, HERANÇA E VARIAÇÃO

AS LEIS DA HEREDITARIEDADE

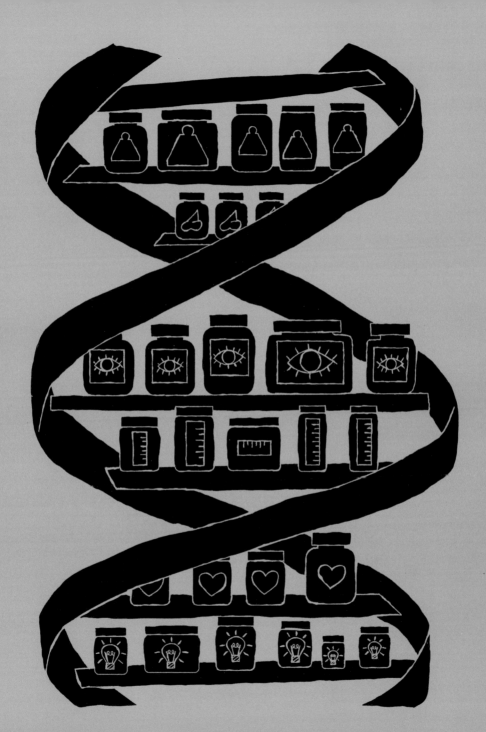

210 AS LEIS DA HEREDITARIEDADE

EM CONTEXTO

FIGURA CENTRAL
Gregor Mendel (1822–1884)

ANTES
Século IV a.C. Hipócrates aventa que o "material das sementes" é passado pelos genitores e que é a base da hereditariedade.

Anos 1760 O botânico alemão Joseph Kölreuter demonstra que as características das plantas resultam de contribuições iguais de ambos os seus genitores.

DEPOIS
1900 Os resultados dos experimentos de Gregor Mendel com ervilhas são replicados por outros, entre eles o botânico holandês Hugo de Vries.

1902–1903 Os biólogos Theodor Boveri, alemão, e Walter Sutton, americano, demonstram, de modo independente, que os cromossomos portam as partículas hereditárias – depois chamadas genes.

Por muito tempo, na história da biologia, o maior mistério foi a hereditariedade. O que faz os filhos se parecerem com os pais? Até o século XVIII, muitos duvidavam de que na reprodução sexuada os dois genitores contribuíssem igualmente na produção da prole – apesar das óbvias semelhanças com ambos, a mãe e o pai. Uma ideia popular era que cada descendente era pré-formado – no óvulo ou no espermatozoide –, e alguns biólogos estavam convencidos de ter visto evidências disso ao microscópio. Outros defendiam uma ideia que tinha raízes em filósofos gregos como Hipócrates: o material da "semente", que vinha de todas as partes do corpo, era enviado aos órgãos sexuais antes de se misturar para produzir descendentes. Essa teoria, chamada pangênese, estava mais próxima da verdade, mas ainda muito longe da moderna noção de genes.

Cultivo e híbridos

Abordagens práticas, de meados ao fim do século XVIII, facilitaram a compreensão da hereditariedade, analisando árvores genealógicas ou os resultados de experimentos de reprodução. Por exemplo, o botânico alemão Joseph Kölreuter cruzou plantas, produzindo híbridos intermediários com igual contribuição de cada genitor, o que derrubou a ideia de pré-formação. Os híbridos entre espécies diferentes em geral eram estéreis – e híbridos estéreis sustentavam a ideia de Kölreuter de que as espécies eram fixas: elas tinham um tipo ideal, e qualquer variação natural era acidental e sem importância.

Essa visão, assim chamada essencialista, era partilhada por muitos notáveis, como Lineu (Carl Linnaeus), o criador sueco do

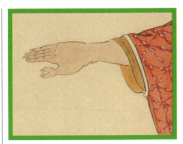

Pessoas com polidactilia têm dedos a mais na mão ou no pé. Em 1751, os franceses Pierre Malpertuis e René de Réaumur traçaram a hereditariedade da anomalia e descobriram que é dominante.

Gregor Mendel

Nascido na Silésia austríaca em 1822, filho de camponeses pobres, Mendel foi aceito no mosteiro de Brno (hoje na República Tcheca). Os frades trocaram seu nome de Johann para Gregor e ele foi ordenado em 1847. Depois, estudou ciências naturais na Universidade de Viena, qualificando-se para ensinar. Influenciado pelo interesse de seu professor pela origem das espécies, Mendel tinha curiosidade pela natureza, que, somada a sua paixão pela jardinagem, influenciou sua iniciativa de cultivar plantas – em especial ervilhas – para testar ideias sobre hereditariedade. Apesar de publicadas em 1866, suas descobertas foram pouco reconhecidas durante sua vida, mas ele foi depois chamado de "pai da genética". Mendel morreu em 1884.

Obra principal

1866 "Experimentos em hibridização de plantas"

HEREDITARIEDADE 211

Ver também: Polinização 180-183 ▪ Fertilização 186-187 ▪ Cromossomos 216-219 ▪ A química da hereditariedade 221 ▪ O que são genes? 222-225 ▪ A dupla hélice 228-231 ▪ O código genético 232-233 ▪ Seleção natural 258-263 ▪ Mutação 264-265

sistema de classificação biológica usado ainda hoje. Lineu pensava que uma variedade vegetal podia ser explicada pelo local onde crescia – seu solo ou clima – e revertia ao "tipo" quando esses fatores eram corrigidos. Tal concepção impediu qualquer avanço na compreensão de como a hereditariedade funciona: se as variedades resultavam apenas do ambiente local, não teria sentido buscar sua explicação em árvores genealógicas.

No século XIX, naturalistas como Charles Darwin mudaram essa visão – a variação nas espécies não só era bem disseminada como também muito importante como matéria-prima sugestão: para o entendimento da evolução. Essa ideia de que novas espécies podiam surgir inspirou os criadores de plantas a estudar a hereditariedade para descobrir como exatamente ela ocorria.

A abordagem correta

Em 1866, o frade agostiniano Gregor Mendel publicou um artigo sobre seus estudos a respeito do "problema das espécies". É provável que ele tenha sido estimulado a fazer essa pesquisa enquanto estudava na Universidade de Viena. Lá, seu professor,, Franz Unger, havia proposto que novas espécies surgem da variação de espécies existentes. O discreto trabalho de Mendel, iniciado em 1856, acabaria revolucionando a biologia, mas apenas quase meio século depois. Na verdade, seus experimentos meticulosamente documentados sobre a reprodução de ervilhas passaram despercebidos durante sua vida.

O bom resultado de Mendel se deveu à abordagem. Ele via a hereditariedade basicamente como uma questão numérica – algo que sem dúvida veio de sua formação universitária, que envolvia muita física. Por dados abundantes melhorarem a confiabilidade estatística, refez cruzamentos de plantas cuidadosamente por muitas gerações e computou as variações herdadas para revelar seus padrões. Ele acabou trabalhando com 10 mil pés de ervilha, cultivados em 1,6

A genética, um ramo importante da ciência biológica, se desenvolveu a partir de humildes ervilhas plantadas por Mendel em um jardim de mosteiro.
Theodosius Dobzhansky
Geneticista ucraniano-americano

A escolha da ervilha *Pisum sativum* por Mendel para seus experimentos foi cuidadosa: as plantas têm várias características observáveis e é fácil cruzá-las.

hectare na Abadia de São Tomás em Brno (hoje na República Tcheca), com total apoio do abade, que até construiu uma estufa para ajudar a pesquisa. Mendel estudou a herança de uma característica das ervilhas por vez, descobrindo padrões essenciais.

Cruzamento de ervilhas

Mendel escolheu estudar sete características das ervilhas por vez, cada uma das quais tinha duas formas (traços). Por exemplo, a altura da planta é alta ou baixa, a cor da ervilha é amarela ou verde. Ele cruzou então plantas de tipos puros opostos, como as altas com as baixas, e plantou a geração seguinte com as sementes de »

AS LEIS DA HEREDITARIEDADE

ervilha que elas produziram. A cada cruzamento, ele contava o número de descendentes que mostravam cada traço e então repetia o processo muitas vezes.

Embora melhoristas de plantas que o antecederam, como Kölreuter, tivessem mostrado que os híbridos podiam ser reais intermediários entre os genitores, isso correspondia a uma visão geral de todas as suas características combinadas. Ao estudar cada uma delas em separado, Mendel viu que um traço dominava o outro, então, quando elas eram cruzadas, só o dominante aparecia nos descendentes. Em termos de porte, plantas altas eram dominantes sobre as baixas: um cruzamento alta-baixa produzia apenas plantas altas. De modo similar, ervilhas amarelas eram dominantes sobre as verdes. Em todos os casos, Mendel chamou o traço ocultado de "recessivo".

Traços que reaparecem

A seguir, Mendel cruzou os descendentes híbridos, produzindo mais uma geração. Agora, o traço recessivo de um dos genitores originais reaparecia, após pular uma geração. Isso não era novo: melhoristas anteriores sabiam que alguns descendentes de híbridos podiam reverter ao tipo parental, mas Mendel se diferenciou porque computou os números. Um padrão começou a surgir: o traço recessivo aparecia em um quarto dos descendentes, deixando três quartos com o traço dominante.

Mendel havia proposto que as características eram de algum modo determinadas por partículas físicas, que ele chamou de "elementos". Cada tipo de elemento era responsável por um traço específico, como plantas altas ou baixas. Ele pensava que os elementos da planta vinham em pares, formados na fertilização: um herdado pelo pólen e outro pelo óvulo. Isso significava que plantas sem mistura tinham duas doses (o número de cópias do gene) do elemento alto ou do elemento baixo. Na geração seguinte, todas as

> Há traços que desaparecem por completo nos híbridos, mas ressurgem inalterados em sua progênie.
> **Gregor Mendel**

plantas herdavam um elemento de cada, mas só o elemento alto afetava a altura dos descendentes. Já na geração seguinte a essa, algumas plantas ficavam com duas doses do elemento baixo, fazendo as plantas baixas ressurgirem. Segundo a hipótese de pares de partículas de Mendel, se os genitores das plantas altas tinham metade dos elementos alta e metade baixa, as chances de que dois elementos baixos se juntassem era de $½ × ½ = ¼$, o que se confirmava nas contagens de Mendel: um quarto das plantas era de ervilhas baixas.

Leis da hereditariedade

Após identificar os traços dominantes e recessivos que respondiam pelas diferentes características de seus pés de ervilha, Mendel estudou como várias características são herdadas juntas – por exemplo, se a altura afeta a cor da ervilha e vice-versa. Para tal, ele cruzou plantas que tinham os dois traços dominantes (amarelo, alto) com as que tinham os dois recessivos (verde, baixo). Então, como antes, ele continuou a cruzar gerações em sequência.

Mendel verificou que cada traço era herdado de modo independente do outro – como seria esperado se fossem controlados por pares de elementos independentes. As

	Forma da semente	Cor da semente	Cor da casca da semente	Forma da vagem	Cor da vagem	Posição da flor	Altura da planta
Traço dominante	Redonda	Amarela	Colorida	Cheia	Verde	Lateral	Alta
Traço recessivo	Rugosa	Verde	Branca	Comprimida	Amarela	Nas pontas	Baixa

Mendel selecionou sete traços das ervilhas para seus estudos. Ele descobriu que alguns traços eram dominantes e outros, recessivos – por exemplo, sementes redondas e amarelas eram dominantes, e rugosas e verdes eram recessivas.

HEREDITARIEDADE 213

Primeira lei da segregação

No cruzamento da primeira geração, uma planta alta sem mistura é cruzada com uma baixa sem mistura.

No cruzamento da segunda geração, os descendentes da geração anterior se cruzam.

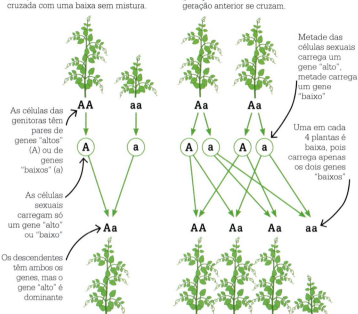

As células das genitoras têm pares de genes "altos" (A) ou de genes "baixos" (a)

As células sexuais carregam só um gene "alto" ou "baixo"

Os descendentes têm ambos os genes, mas o gene "alto" é dominante

Metade das células sexuais carrega um gene "alto", metade carrega um gene "baixo"

Uma em cada 4 plantas é baixa, pois carrega apenas os dois genes "baixos"

Controle da polinização

Para investigar a hereditariedade, experimentos com cruzamentos precisam saber quais descendentes são produzidos por quais genitores. Isso nem sempre é claro nas plantas, em que o pólen masculino de uma só flor pode se espalhar e polinizar muitas outras do mesmo tipo, sem distinção. Algumas plantas – entre elas as de ervilhas – também podem se autofertilizar. Para controlar a polinização, os melhoristas de plantas removem os estames masculinos de uma flor e cobrem os estigmas femininos ou toda a flor com minúsculos "sacos de polinização" para evitar contaminação acidental. Um pequeno pincel é usado então para transferir pólen dos estames de um genitor conhecido para os estigmas de outro. Desse modo, o pesquisador sabe que qualquer semente que crescer será produto desse cruzamento específico. Mendel usou essa técnica, empregada até hoje por melhoristas de plantas para cultivar novas variedades para uso comercial.

Muitos melhoristas de plantas controlam a polinização transferindo o pólen de uma flor para outra com um pequeno pincel.

plantas da primeira geração foram duplamente dominantes (altas, com ervilhas amarelas), e na segunda todas as combinações emergiram. Porém, ao considerar cada característica isolada, um quarto delas ainda era de plantas baixas e um quarto tinha ervilhas verdes.

As descobertas de Mendel sobre herança podem ser sintetizadas em duas leis principais. Primeiro, as características herdadas são determinadas por pares de partículas (hoje chamadas genes), que se separam no esperma (ou pólen) e células do ovário antes de se emparelhar de novo na fertilização. Segundo, cada característica é definida por um par de genes que é herdado de modo independente de quaisquer outros.

Descaso e redescoberta

Antes da época de Mendel, microscópios melhorados tinham começado a revelar mais sobre a natureza da vida – em especial que os corpos eram feitos de células e que estas continham núcleos. Quando Mendel morreu, em 1884, outros avanços levavam os biólogos a pensar que uma substância no núcleo era transmitida por divisões das células e que a fertilização envolvia fundir esse material proveniente dos dois genitores. A ideia de Mendel sobre partículas herdadas em pares poderia ter aperfeiçoado essa visão se seu trabalho tivesse sido reconhecido em vida.

Em 1900, os botânicos Hugo de Vries, Carl Correns e Erich von Tschermak – holandês, alemão e »

214 AS LEIS DA HEREDITARIEDADE

austríaco, respectivamente – obtiveram de modo independente os mesmos resultados que Mendel. Cada um, após ler o trabalho de Mendel, reconheceu sua primazia. Nos anos seguintes, isso gerou um rápido avanço nos estudos de hereditariedade. Dali a 20 anos, os pares de partículas de Mendel (genes) eram reconhecidos como componentes interligados carregados pelos filamentos chamados cromossomos. Cada célula corporal humana contém mais de 20 mil genes diferentes – em pares que perfazem mais de 40 mil no total. As ervilhas contêm ainda mais: os sete de Mendel eram só uma minúscula fração dos 45 mil genes estimados dessa espécie (90 mil, em pares). Como Mendel propôs, cada par é formado na fertilização, quando um gene de um óvulo se combina com seu equivalente no esperma ou pólen. Isso ocorre com cada um dos milhares de genes envolvidos na formação de um corpo humano ou de um pé de ervilha – embora Mendel não tivesse ideia da real escala numérica dos "elementos" envolvidos.

Revisão de Mendel

A ideia de Mendel sobre a natureza particulada da hereditariedade satisfez em especial os biólogos, que pensavam que mudanças ou mutações súbitas eram o principal motor da evolução. De início, porém, nem todos se convenceram. Os defensores da ideia de Darwin de que a evolução ocorre pela seleção gradual de variações pequenas e

> Nos cinquenta anos desde que as leis de Mendel foram tão dramaticamente redescobertas, a genética se transformou [...] em uma disciplina rigorosa e multifacetada.
> **Julian Huxley**

contínuas não a conciliava às partículas de Mendel. O próprio Darwin pensava que a matéria herdada era parcialmente misturada entre os genitores – o que ajudaria a explicar variações intermediárias e contínuas. Mas a herança misturada também significava uma diluição gradual de variações ao longo das gerações – e isso tornaria a evolução, como Darwin a entendia, impossível. Mesmo após Mendel, ninguém podia explicar a variação contínua com partículas. Boa parte do problema era que a composição genética e as características herdadas eram vistas quase como equivalentes.

Uma luz surgiu em 1909, com o trabalho do botânico dinamarquês Wilhelm Johannsen. Cultivando feijões autofertilizados, uniformes geneticamente, ele ainda conseguiu obter variação alterando a fertilidade do solo, a luz e outros fatores – mas essa variação induzida pelo ambiente não era passada à prole.

Além de cunhar o termo "gene", Johannsen introduziu a palavra "fenótipo" (para características observadas), distinto do genótipo (a constituição genética do organismo). Os fenótipos tinham características que podiam variar de modo contínuo, como a altura em

---

As **características herdadas** podem assumir diferentes **formas, chamadas traços**.

Quando plantas **sem mistura** são **cruzadas**, um traço pode ser **dominante** na **descendência híbrida**, enquanto o outro – chamado recessivo – **fica oculto**.

Quando **descendentes híbridos** são cruzados, **traços recessivos** reaparecem em um quarto da **geração seguinte**.

As características são determinadas por pares de partículas (genes) que se separam na reprodução sexuada e são passadas para a geração seguinte.

HEREDITARIEDADE 215

A maioria das pessoas tem olhos castanhos. Cerca de 10% têm olhos azuis e 12%, castanho-esverdeados, verdes ou cor de mel.

Herança em humanos

Qualquer característica herdada do modo descoberto por Mendel – com traços dominantes e recessivos alternados conforme as versões de um só gene – é chamada de traço mendeliano. Algumas doenças nos humanos, como a fibrose cística (recessiva) e a doença de Huntington (dominante), são alguns exemplos. Porém, muitas outras características humanas vistas tradicionalmente como simples herança mendeliana são, na verdade, passadas de modos mais complexos. A cor azul dos olhos, por exemplo, é com frequência entendida como traço recessivo, e olhos castanhos, como dominante, mas essa é uma simplificação. Os biólogos identificaram pelo menos oito genes envolvidos no controle da produção de pigmentos da íris, e a cor final vem das interações entre todos eles. Isso explica por que outras cores, como castanho-esverdeado e verde, são possíveis e por que pais com olhos azuis podem ter um filho com olhos castanhos.

humanos, ou vir em categorias descontínuas, como as flores roxas e brancas dos pés de ervilha. Algumas variações em um fenótipo (contínuas ou não) se devem diretamente à influência ambiental, como feijoeiros maiores em um solo mais rico ou a pele mais bronzeada em sol mais forte. O restante vem da influência do genótipo. Em contraste, os genótipos – com suas partículas de genes – sempre eram distintos e nunca se misturavam. Uma grande questão permanecia: como genótipos particulados podem determinar certas variações suavemente contínuas que são obviamente herdadas? Por exemplo, como podem responder pela evolução gradual dos ancestrais de pescoço curto da girafa até seus descendentes de pescoço longo, conforme a seleção darwiniana?

Elementos em pares

O próprio Mendel propusera uma explicação para a variação contínua, na qual talvez mais que um simples

Muitas características – como a configuração do corpo humano – dependem da genética e de fatores ambientais, como dieta e treinamento físico.

par de elementos (genes) afetasse uma característica. Em 1908, Herman Nilsson-Ehle cultivou trigo com sementes vermelhas de vários tons – algo que era causado pela interação conjunta de três pares de genes. Cada par de genes era herdado da maneira convencional mendeliana, mas seus efeitos combinados faziam o vermelho da semente parecer misturado.

Em 1909, quando Johannsen e Nilsson-Ehle ajudaram a validar o mendelismo a contento dos apoiadores de Darwin, um apoio adicional à ideia de pares de partículas de hereditariedade já tinha vindo de biólogos que estudavam o comportamento das células e suas estruturas. Eles descobriram uma base física para as partículas de Mendel nos filamentos chamados cromossomos, que carregam os genes como contas de um colar. Um novo ramo da biologia – a genética – estava agora bem estabelecido, abrindo caminho para descobertas futuras sobre a base química da hereditariedade e o papel crucial da dupla hélice. Os genes não eram mais construtos teóricos: eram partículas reais feitas de DNA autorreplicante. ∎

A BASE FÍSICA DA HEREDITARIEDADE
CROMOSSOMOS

EM CONTEXTO

FIGURAS CENTRAIS
Theodor Boveri (1862–1915),
Walter Sutton (1877–1916),
Thomas Hunt Morgan
(1866–1945)

ANTES
1866 Gregor Mendel estabelece que pares de "unidades" controlam as características herdadas.

1879 O biólogo alemão Walther Flemming chama uma matéria dentro das células de cromatina; quando as células se dividem, ela forma filamentos, depois nomeados cromossomos.

1900 Os botânicos Hugo de Vries, Carl Correns e William Bateson "redescobrem" de modo independente as leis da hereditariedade de Mendel.

DEPOIS
1913 Alfred Sturtevant sequencia pela primeira vez os genes ao longo de um cromossomo.

No fim do século XIX, os microscópios eram potentes o bastante para revelar que os seres vivos são feitos de estruturas chamadas células e que estas encerram estruturas ainda menores, que os cientistas acreditavam conter a chave da hereditariedade. Os biólogos descobriram que células em divisão têm filamentos feitos de uma substância que podia ser colorida com corantes. Isso levou Walther Flemming a chamar a substância de cromatina ("material colorido").

Foi também então que os biólogos começaram a entender que as características herdadas dependiam de partículas físicas que

HEREDITARIEDADE 217

Ver também: Mitose 188-189 ▪ Meiose 190-193 ▪ As leis da hereditariedade 208-215 ▪ O que são genes? 222-225 ▪ O código genético 232-233

Pares de cromossomos humanos são mostrados aqui numa micrografia eletrônica. Um cromossomo de cada par foi replicado na divisão celular, formando uma cópia, ou cromátide, idêntica.

pareciam ser passadas entre as gerações nas células – incluindo as do esperma e dos óvulos. Na época, não se deu valor ao trabalho experimental de Gregor Mendel que confirmou isso, mas cientistas posteriores tiveram ideias similares, como August Weismann, que propôs que as partículas herdadas estavam reunidas em unidades que ele chamou de idantes, depois conhecidos como cromossomos. O termo foi cunhado em 1889 por outro alemão, Wilhelm von Waldeyer, baseado nos filamentos de cromatina colorida de Flemming.

Continuidade dos cromossomos

Havia um problema potencial com os cromossomos como portadores das partículas herdadas: eles só aparecem quando as células se dividem. Caso contrário, parecem se dissolver, e assim imaginou-se como quaisquer partículas contidas neles poderiam ser passadas entre gerações. Então, em 1885, usando uma técnica de coloração e um microscópio poderoso, Carl Rabl notou algo importante: os filamentos de cromossomos dentro da célula não são desordenados e aleatórios, cada tipo de organismo tem um conjunto específico deles. Seu número em cada célula é fixo e os cromossomos individuais têm até identidades únicas – e comprimentos específicos –, que são preservadas de uma divisão celular para a próxima. Sabemos hoje que, quando as células acabam de se dividir, seus cromossomos se desembaraçam – apenas para se enrolar e concentrar na próxima divisão. Para os biólogos do fim do século XIX, essa continuidade dos cromossomos significava que podiam muito bem ser os veículos para transmitir intactas as partículas da hereditariedade (genes).

A teoria de Boveri-Sutton

Nos anos 1860, os experimentos de Mendel com variedades de ervilhas indicaram que as partículas da hereditariedade existem em pares, com uma herdada de cada genitor. Quando sua teoria foi redescoberta, em 1900, os biólogos que estudavam células reconheceram nos cromossomos uma base física para essa ideia. Na primeira década do século XX, a confirmação veio de modo independente dos dois lados do »

Como o esperma contém cromossomos com tamanho e forma característicos, cromossomos correspondentes [...] estarão presentes no óvulo.
Theodor Boveri

Walter Sutton

Nascido em 1877 e criado na fazenda dos pais no centro-oeste americano, Walter Sutton tinha um talento para consertar máquinas agrícolas que o levou a cursar engenharia na Universidade do Kansas, mas depois passou à biologia. Em sua tese, abordou a produção de esperma em uma espécie de gafanhoto nativo da fazenda dos pais, e depois continuou os estudos na Universidade Columbia, em Nova York. Lá, fez uma descoberta que ajudou a comprovar o papel dos cromossomos como portadores dos genes. Após retomar por algum tempo a engenharia, desenvolvendo um dispositivo para extração de petróleo em poços profundos, voltou a seus estudos na Universidade Columbia, obtendo o doutorado em 1907. Durante a Segunda Guerra Mundial, tornou-se cirurgião-chefe do Hospital American Ambulance, perto de Paris. Morreu em 1916 por complicações de uma apendicite.

Obras principais

1900 "The Spermatogonial Divisions of Brachystola Magna"
1903 "The Chromosomes in Heredity"

Atlântico. Na Itália, o zoólogo alemão Theodor Boveri fez uma importante descoberta ao estudar ouriços-do-mar – animais cuja fertilização e desenvolvimento embrionário podem ser observados com facilidade em uma lâmina de microscópio. Boveri verificou que é preciso um conjunto completo de 36 cromossomos de ouriço-do-mar para que um embrião saudável se desenvolva.

Enquanto isso, estudando gafanhotos nos EUA, o estudante de biologia Walter Sutton deduziu que seus cromossomos existiam em pares que se separavam na formação do esperma. Ele reconheceu o paralelo com o comportamento dos genes de Mendel e que essa era mais uma evidência de que os genes estão contidos nos cromossomos. As observações detalhadas de Sutton mostravam que cada cromossomo tem uma identidade única – como Rabl tinha proposto duas décadas antes –, indicando que seus genes também são únicos.

A divisão celular funciona de modo que cada nova célula acaba tendo um conjunto completo de cromossomos e genes. Na verdade, as células do corpo (somáticas) têm doses pareadas de ambos. Um tipo especial de divisão celular (meiose) produz células de esperma e óvulos. A meiose separa os pares, dividindo em dois o número de cromossomos. A fertilização restaura os pares quando o espermatozoide ou grão de pólen se combina a um óvulo. Foi isso o que August Weismann propôs em 1887 – e Mendel havia dito ainda antes. Em contraste, quando as células do corpo se dividem pela mitose, todos os cromossomos são duplicados, e cada célula-filha recebe sempre um conjunto completo: o número de cromossomos se mantém.

Genes ligados

A primeira década do século XX levou alguns pesquisadores a ver relações entre certos cromossomos e características: os machos e fêmeas, pelo menos dos animais estudados, tinham conjuntos de cromossomos diferentes. Essa descoberta de cromossomos sexuais era o primeiro elo óbvio entre cromossomos e características herdadas, e a quantidade de evidências experimentais que mostravam como os cromossomos carregavam genes logo cresceria muito a partir de uma fonte específica. Em 1909, o biólogo americano Thomas Hunt Morgan começou a estudar a herança por meio de experimentos com drosófilas. Ele se inspirou nas pesquisas do botânico holandês Hugo de Vries, que

Estamos interessados pela hereditariedade não tanto como uma formulação matemática, mas como um problema relativo à célula, ao óvulo e ao espermatozoide.
Thomas Hunt Morgan

tinha estudado variações herdadas em plantas; De Vries chamou essas variações de "mutações". As drosófilas se revelaram perfeitas para o estudo da hereditariedade. Sua reprodução gerava variedades com diferenças visíveis a olho nu – como cor do corpo e forma da asa. Em sua "sala das moscas" na Universidade Columbia, Morgan e sua equipe cruzaram muitas variedades de drosófilas e – como Mendel – computaram as variações da descendência para descobrir padrões de hereditariedade.

Para Morgan, o arranjo dos genes nos cromossomos era um tópico central. A primeira variação – olhos brancos, em vez dos vermelhos comuns – aparecia mais em machos que em fêmeas. Isso o levou a deduzir que os genes da cor do olho e do gênero estavam ligados – literalmente – no mesmo cromossomo sexual. Aos poucos, Morgan e sua equipe identificaram outras características ligadas de modo similar. Ao todo, comprovaram que havia genes de quatro grupos, correspondentes aos

A minúscula *Drosophila melanogaster* é perfeita para o estudo da hereditariedade, pois pode ser reproduzida rápido, apresenta muitos traços visíveis e só tem quatro cromossomos.

HEREDITARIEDADE

Herança de genes no cromossomo X

Neste primeiro exemplo, uma drosófila fêmea normal (de olhos vermelhos) é cruzada com um macho mutante (de olhos brancos).

No segundo cruzamento, uma fêmea mutante (de olhos brancos) é cruzada com um macho normal (de olhos vermelhos).

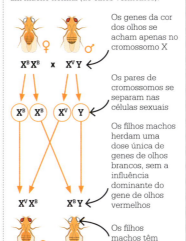

Os genes da cor dos olhos se acham apenas no cromossomo X

Os pares de cromossomos se separam nas células sexuais

O gene dos olhos vermelhos (V) é dominante em relação ao gene dos olhos brancos (B) nas filhas

Todos os descendentes têm olhos vermelhos

Os genes da cor dos olhos se acham apenas no cromossomo X

Os pares de cromossomos se separam nas células sexuais

Os filhos machos herdam uma dose única de genes de olhos brancos, sem a influência dominante do gene de olhos vermelhos

Os filhos machos têm olhos brancos

---

quatro pares de cromossomos das células das drosófilas. Eles descobriram então a ordem exata dos genes ao longo dos cromossomos. Na verdade, os cromossomos não são tão fielmente preservados e indivisíveis como Rabl e Weismann imaginavam.

Durante a meiose – o tipo de divisão celular que produz células sexuais –, os pares de cromossomos com conjuntos similares de genes, chamados homólogos, juntam-se temporariamente para trocar pedaços. Em resultado, genes que antes estavam ligados podem se desvincular. É mais provável que genes mais distantes sejam trocados desse modo, enquanto os que estão lado a lado raramente se desconectem. Quanto mais próximos, menos provável é que uma fratura ocorra entre eles, então há mais chances de que sejam herdados juntos – com as características que controlam.

Monitorando o número de vezes que isso acontece para quaisquer duas características, os biólogos da sala das moscas deduziram as posições relativas dos genes nos cromossomos. Um dos membros da equipe, Alfred Sturtevant, realizou a primeira dessas análises e, em 1913, apresentou o primeiro mapa de cromossomo – o do cromossomo sexual (X) da drosófila.

O genoma humano

A genética se tornou uma parte cada vez mais tangível da biologia, à medida que os arranjos físicos dos genes dentro das células eram revelados. Esses avanços prenunciaram realizações posteriores em uma escala inimaginável na época: o Projeto Genoma Humano, concluído menos de um século depois. ∎

Sabe-se que a rainha Vitória passou a hemofilia a três de seus nove filhos. O mais novo sangrou até morrer após uma leve queda, aos 30 anos.

Vinculação ao sexo

A hemofilia é uma doença ligada ao sexo da pessoa e que foi chamada de "doença real" por ter sido passada pela rainha Vitória, do Reino Unido, a filhos e netos. Ela é causada por uma mutação no gene que produz o fator sanguíneo IX, uma proteína que coagula o sangue. Sem a coagulação normal, os doentes ficam suscetíveis a perdas de sangue. O gene responsável está contido no cromossomo X, e por isso os meninos são especialmente vulneráveis. Neles, o gene tem como par um cromossomo Y, que não pode conter um gene dominante que suplante o defeito, à diferença das meninas, com o par XX.

Como nenhum dos ancestrais de Vitória parece ter tido hemofilia, é provável que a mutação tenha se originado nela. Seu filho mais novo, Leopold, morreu da doença, e duas das filhas (Alice e Beatrice) eram portadoras. As filhas a passaram a pelo menos seis dos próprios filhos.

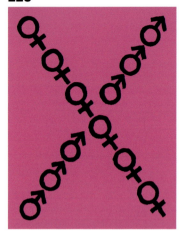

O ELEMENTO X
DETERMINAÇÃO DO SEXO

EM CONTEXTO

FIGURA CENTRAL
Nettie Stevens (1861–1912)

ANTES
1891 Hermann Henking descobre uma estrutura escura na cabeça do espermatozoide, que rotula como "X".

1901 Clarence McClung identifica a estrutura X de Henking como um cromossomo que determina o sexo.

1902–1904 Walter Sutton e Theodor Boveri demonstram que os cromossomos portam genes que determinam características herdadas.

DEPOIS
1909 Nos EUA, o zoólogo Edmund Wilson chama os cromossomos sexuais de X e Y.

1966 Madeleine Charnier descreve o papel da temperatura na determinação do sexo nos répteis, mostrando que entre os lagartos agama nascem machos dos ovos que são mantidos mais quentes.

Em 1891, Hermann Henking notou uma diferença celular entre os sexos, uma estrutura escura que só aparecia nos espermatozoides. Sem saber o que era, chamou-a apenas de "X". Em 1901, Clarence McClung concluiu que X era um cromossomo que determinava o sexo, presente em metade das células espermáticas. McClung pensou, erroneamente, que controlava o sexo masculino.

Em 1905, com o estudo de Nettie Stevens sobre bichos-da-farinha. Os cromossomos existem em pares de estrutura similar, mas ela descobriu um par desigual nos machos, como um cromossomo curto e largo ao lado de um mais longo. Esses pares se separam em células sexuais durante a meiose, então metade das células espermáticas contém o cromossomo curto e metade, o longo. O longo era o X de Henking, e o curto foi chamado de Y. Stevens comprovou que era a presença do cromossomo Y que determinava o sexo masculino, não o X como McClung supusera. As fêmeas têm dois cromossomos X, então todos os óvulos são cromossomicamente similares.

Mais de uma década depois, e microscópios melhores, o mesmo sistema X-Y foi encontrado nos cromossomos humanos. Hoje sabemos que ele determina o sexo em todos os mamíferos e muitos insetos. Um gene no cromossomo Y faz os órgãos sexuais embrionários se desenvolverem como masculinos: sem sua influência, eles são femininos. Porém, isso não é universal; em pássaros, as fêmeas têm cromossomos sexuais desiguais e os machos têm pares exatos. Em outros animais, é o ambiente que diferencia os sexos. ∎

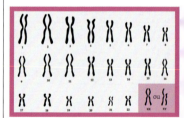

Um cariótipo humano é um conjunto de cromossomos com 23 pares. Estes incluem um par de cromossomos sexuais, seja XX (fêmea), seja XY (macho).

Ver também: Fertilização 186-187 ▪ Desenvolvimento embriológico 196-197 ▪ As leis da hereditariedade 208-215 ▪ Cromossomos 216-219 ▪ O que são genes? 222-225

HEREDITARIEDADE

O DNA É O PRINCÍPIO TRANSFORMADOR
A QUÍMICA DA HEREDITARIEDADE

EM CONTEXTO

FIGURA CENTRAL
Frederick Griffith (1877–1941)

ANTES
1869 Friedrich Miescher isola uma substância do núcleo das células que chama de nucleína (ácido nucleico).

1909, 1929 Phoebus Levene analisa a composição química do ácido nucleico e identifica dois tipos: RNA e DNA.

DEPOIS
1944 Uma equipe de geneticistas americanos mostra que o ácido nucleico, na forma de DNA, pode transformar as propriedades das células, evidenciando que é material genético.

1953 O biólogo americano James Watson e o físico britânico Francis Crick mostram que o DNA tem uma estrutura de dupla hélice, ajudando a explicar como o material genético se autorreplica.

O médico suíço Friedrich Miescher foi pioneiro no estudo químico da genética, ao descobrir, em 1869, um novo tipo de substância no núcleo das células, que chamou de nucleína. Ele sabia que ela era importante para o funcionamento da célula, mas não entendia por quê.

A nucleína foi renomeada ácido nucleico em 1889. No início do século XX, o bioquímico americano Phoebus Levene descobriu que ele continha açúcares, ácido fosfórico e unidades chamadas bases, e verificou que existia em duas formas diferentes: ácido ribonucleico (RNA) e ácido desoxirribonucleico (DNA).

Levene subestimou o potencial do DNA, pensando que era simples demais para determinar a estrutura do organismo. O biólogo britânico Frederick Griffith iniciou experimentos para provar do que exatamente os genes eram feitos. Na esteira da epidemia da gripe espanhola de 1918, Griffith estava interessado pelo modo com que a pneumonia podia mudar de cepas virulentas para benignas. Ele fez

Os ácidos nucleicos [...] induzem mudanças previsíveis e hereditárias nas células.
Oswald Avery

um grande avanço em 1928, ao descobrir que um "princípio transformador" químico, extraído de bactérias mortas, podia alterar a cepa. Parecia que ele poderia ser o material genético.

Em 1944, no Instituto Rockefeller de NY, os geneticistas Oswald Avery, Colin MacLeod e Maclyn McCarty provaram que o princípio transformador era o próprio ácido nucleico. Mostrando que a virulência de uma cepa infecciosa de pneumococo podia ser transferida com DNA puro a uma bactéria não infecciosa, eles desvelaram a identidade química dos genes. ∎

Ver também: As leis da hereditariedade 208-215 ▪ O que são genes? 222-225 ▪ A dupla hélice 228-231 ▪ O código genético 232-233

UM GENE, UMA ENZIMA

O QUE SÃO GENES?

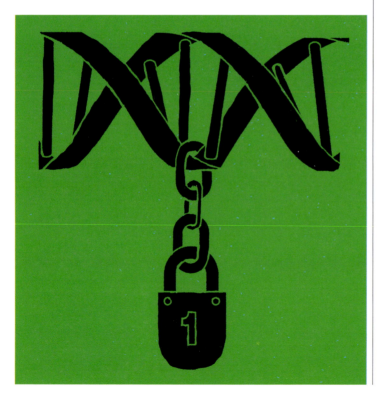

EM CONTEXTO

FIGURAS CENTRAIS
George Beadle (1903–1989),
Edward Tatum (1909–1975)

ANTES
1885 August Weismann propõe uma teoria de herança "dura" que envolve partículas fixas, indivisíveis, passadas de uma geração a outra.

1902 O médico Archibald Garrod aventa que as partículas da hereditariedade podem ficar defeituosas, resultando em desequilíbrios químicos.

1909 Wilhelm Johannsen chama as partículas da hereditariedade de "genes".

DEPOIS
1961 Os bioquímicos Marshall Nirenberg, Philip Leder e Heinrich Matthaei estabelecem como o "código" da sequência de bases que se acha num gene "se traduz" em uma sequência de aminoácidos numa proteína.

A ideia de características herdadas controladas por partículas físicas foi desenvolvida no século XIX. Os biólogos revelaram não só que os organismos são feitos de unidades vivas diminutas chamadas células, mas também que estas contêm estruturas ainda menores. Em 1875, o zoólogo alemão Oscar Hertwig já comprovara que a fertilização envolvia uma fusão de uma só célula espermática com uma só célula de óvulo e que isso criava a rota microscópica para a passagem das partículas de uma geração à seguinte. Nos anos 1940, os biólogos americanos George Beadle e Edward Tatum descobririam como

HEREDITARIEDADE 223

Ver também: Como as enzimas funcionam 66-67 ▪ As leis da hereditariedade 208-215 ▪ A química da hereditariedade 221 ▪ Genes "saltadores" 226-227 ▪ A dupla hélice 228-231

Os genes são feitos de uma sequência de **componentes fundamentais** chamados **bases**.

A **ordem das bases** em um gene **determina a ordem** dos componentes fundamentais (aminoácidos) reunidos quando uma célula **faz uma proteína**.

A **cadeia proteica** montada se dobra em uma forma específica para realizar **determinada função**.

Essa função afeta uma característica.

George Beadle

Filho de fazendeiros do Nebraska, nos EUA, nascido em 1903, George Beadle estudou na Universidade de Nebraska, onde obteve o phD estudando a genética do milho. Trabalhando depois no Instituto de Tecnologia da Califórnia, interessou-se pelo modo com que os genes trabalham no nível bioquímico. Ele se tornou então professor de genética, primeiro na Universidade Harvard e depois em Stanford.

Em Stanford, colaborou com Edward Tatum. Isso o levou à pesquisa sobre a bioquímica de fungos que mostraria que os genes funcionam fazendo as células produzirem enzimas específicas, o que valeu a ele e a Tatum o Prêmio Nobel de Fisiologia ou Medicina de 1958. Ele recebeu muitas outras premiações, entre elas a da Academia Americana de Artes e Ciências, em 1946. Morreu em 1989.

Obras principais

1930 "Genetical and Cytological Studies of Mendelian Asynapsis in Zea mays"
1945 "Biochemical Genetics"

essas partículas funcionavam. Em 1868, o naturalista britânico Charles Darwin afirmou que as células continham corpúsculos (partículas minúsculas) formadores de traços, que se dividiam com elas. As células liberavam produtos na circulação, os quais se juntavam nos órgãos reprodutores dos genitores, prontos para serem passados à prole. Porém, Darwin também aventou que efeitos ambientais e o uso ou não de partes do corpo podiam alterar os corpúsculos em alguma medida. O biólogo alemão August Weismann discordou. Em 1885, ele propôs a teoria da herança "dura", com partículas fixas entre gerações. Weismann estava mais perto da verdade que Darwin: os genes, como os entendemos hoje, em geral são replicados fielmente de uma geração à seguinte. Weismann imaginou que tipos diferentes de célula de algum modo resultavam em tipos diversos de partícula. Ele pensava que isso explicaria as várias partes do corpo – mas estava errado. O botânico holandês Hugo de Vries tinha uma explicação mais acurada. Em *Pangênese intracelular* (1889), ele afirmou que todas as células – a despeito de onde estivessem no corpo – tinham o mesmo conjunto completo de partículas necessário à espécie. Mas as partículas só ficavam ativas, ou "eram ligadas", em algumas partes do corpo e não em outras. Isso é verdadeiro, e ajuda a explicar como as células podem se desenvolver de diferentes modos »

O QUE SÃO GENES?

pelo corpo, apesar de geneticamente idênticas. De Vries chamou essas partículas de "pangenes", e em 1909 o botânico dinamarquês Wilhelm Johannsen cunhou o termo "genes".

Erros metabólicos

Em 1900, De Vries redescobriu o trabalho de Gregor Mendel sobre hereditariedade em ervilhas. Em 1865, Mendel apresentou evidências que indicavam que cada característica herdada era causada por um par de um só tipo de partícula (ou gene). Mas como os genes exercem sua influência? Os organismos, e suas células, são feitos de substâncias que reagem de modos complexos. Essa é a chave para entender como um corpo funciona. Os genes não são diferentes, então deveria ser possível decifrar o que fazem no nível químico. Algumas das primeiras grandes pistas viriam de estudos sobre doenças herdadas. Se eram passadas como descrito por Mendel, cada uma poderia ser atribuída a um só gene defeituoso, e seus sintomas poderiam ajudar a revelar o que esse gene defeituoso fazia ou deixava de fazer.

Em 1902, Archibald Garrod, um médico britânico, publicou um desses estudos sobre uma doença humana chamada alcaptonúria. Desde o nascimento, os acometidos por ela produzem urina preta e apresentam sérias complicações na idade adulta, como osteoartrite. Garrod descobriu que a doença se associa à acumulação de um pigmento e que isso ocorre quando o corpo não consegue fazer uma reação química essencial que o processa e remove. Garrod sabia que cada reação do metabolismo corporal exige um catalisador, na forma de uma enzima. Ele aventou que a alcaptonúria era causada por um defeito em um gene que controlava a produção da enzima que processa o pigmento. Depois, atribuiu outras anomalias herdadas, como o albinismo, a deficiências similares em enzimas; ele as chamou de "erros inatos de metabolismo". Porém, foram necessárias décadas de pesquisa para provar que estava certo quanto à alcaptonúria. Só em 1958 a reação química faltante foi detalhada com exatidão.

Experimentos com genes

A ligação entre genes e enzimas, de Garrod, precisava de provas. Elas vieram nos anos 1940, com o trabalho

> Os genes são os átomos da hereditariedade.
> **Seymour Benzer**
> Físico americano (1921–2007)

de George Beadle e Edward Tatum, que faziam testes com um fungo de pão chamado neurospora. Como outros organismos, a neurospora requer certo conjunto de nutrientes, como aminoácidos e vitaminas, para crescer de modo adequado, e faz os demais por reações químicas. Expondo o fungo a raios X, Beadle e Tatum criaram cepas mutantes que perdiam a capacidade de produzir certos nutrientes. Se os raios X danificavam um gene, ele ficava incapaz de fabricar sua enzima. Isso bloqueava a reação química para fazer um nutriente, e o fungo não crescia mais. Estudando uma cepa mutante após outra, Beadle e Tatum puderam identificar genes específicos que se ligavam à fabricação de certos nutrientes. Eles confirmaram que cada gene trabalhava controlando a produção de uma enzima específica.

Um gene, uma proteína

A ideia "um gene, uma enzima" foi um grande passo para entender a natureza dos genes. Nos anos 1950, os rápidos avanços na bioquímica montavam o quebra-cabeça dos componentes básicos das moléculas

O albinismo, visto neste menino (centro) com seus colegas de escola na África do Sul, é uma anomalia genética que afeta a produção de melanina, o pigmento que dá cor à pele, cabelo e olhos.

HEREDITARIEDADE 225

O experimento de Beadle e Tatum demonstrou que um fungo normal tem um conjunto completo de genes ativos e pode produzir todos os seus nutrientes vitais, então seus esporos podem crescer em um meio desprovido deles. Porém, se um fungo mutante não puder mais fazer um nutriente específico, seus esporos só crescerão se esse nutriente for fornecido no meio em que ele está.

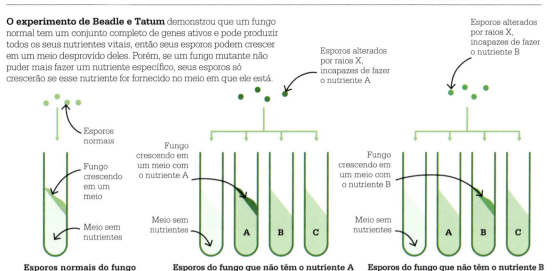

dos seres vivos e mostravam quanto os genes eram essenciais para seu funcionamento. As enzimas pertencem a uma classe de substâncias complexas chamadas proteínas. Cada tipo de organismo produz milhares de tipos de proteína, com diferentes papéis no metabolismo do corpo. As enzimas trabalham acionando as reações, mas outras proteínas funcionam como sinais, receptores, anticorpos e muito mais, e todas se originam como genes. Além disso, a aceitação crescente de que os genes são feitos de DNA ajudou a evidenciar a conexão entre genes e proteínas. O gene é uma seção do DNA codificada para produzir proteína. O DNA e as proteínas são ambos moléculas de cadeia longa montadas a partir de sequências de componentes menores. Esse arranjo sequencial compartilhado é essencial. Uma célula efetivamente "lê" a ordem desses componentes fundamentais (ou bases) ao longo do DNA de um gene e traduz essa informação na ordem dos aminoácidos ao longo de uma proteína. A forma dobrada dessa cadeia proteica depende diretamente da sequência de aminoácidos e afeta sua função.

De volta a 1865, Gregor Mendel supôs que as características das ervilhas, como a cor das sementes, vinham de partículas herdadas invisíveis aos microscópios da época. Hoje podemos ver e até entender como esses genes se expressam (quando a informação codificada de um gene é convertida em uma proteína). Em 2010, biólogos da Nova Zelândia rastrearam a cor da flor de ervilha em um gene que produz uma enzima. Esta aciona uma reação de fabricação do pigmento que torna as flores roxas. A mudança de um só componente fundamental no DNA do gene impede a enzima de funcionar, deixando as flores brancas. Rápidas descobertas no campo da genética estão dando informações essenciais sobre a constituição dos seres vivos. ∎

Experimentos de bloqueio

O bloqueio de genes é um tipo de experimento em que os genes de um organismo são inativados para se descobrir seus efeitos. Comparando os resultados com os de organismos normais, os biólogos podem deduzir o que o gene faz quando é funcional. De início, os biólogos usaram fatores causadores de mutação, como os raios X, a exemplo de Beadle e Tatum ao estudar os efeitos dos genes em fungos no pão. Hoje, é possível mirar os genes de modo mais preciso por meio de técnicas de engenharia genética que removem um gene ou o substituem em um ser vivo. Esses organismos bloqueados são especialmente úteis em estudos médicos, como pesquisas sobre câncer. Camundongos bloqueados de laboratório são usados para mostrar de que modo genes como o BRCA1 estão naturalmente envolvidos na supressão de tumores cancerosos, ajudando a encontrar tratamentos potenciais para o câncer de mama e de ovário.

EU PODERIA TRANSFORMAR EM UM ELEFANTE UM OVO DE CARAMUJO EM DESENVOLVIMENTO
GENES "SALTADORES"

EM CONTEXTO

FIGURA CENTRAL
Barbara McClintock
(1902–1992)

ANTES
1902–1904 Walter Sutton e Theodor Boveri publicam de modo independente evidências de que os cromossomos carregam o material genético.

1909 Frans Alfons Janssens nota que, durante a meiose, as cromátides materna e paterna permutam segmentos.

Anos 1910 Estudos da equipe de pesquisa liderada por Thomas Hunt Morgan com drosófilas mostram como a permutação cromossômica afeta padrões de hereditariedade.

DEPOIS
1961 Trabalhando com bactérias, François Jacob e Jacques Monod descobrem como a informação genética é ativada e desativada, conforme é necessária ou não.

O fato de os genes estarem no mesmo cromossomo poderia indicar que as características que eles controlam seriam sempre passadas adiante juntas. Porém, a constituição do cromossomo de uma célula não é fixa. Os cromossomos se quebram naturalmente durante a divisão celular e até trocam seções. A ideia de que eles se quebram surgiu em 1909, quando o biólogo belga Frans Alfons Janssens notou que, durante a meiose, os cromossomos se dividiam e as cromátides materna e paterna faziam permutações. Ele corretamente imaginou que elas trocavam seções quebrando pedaços de si mesmas e colando-se a partes de cromossomos vizinhos. Isso significava que os genes contidos nesses cromossomos mudariam de posição, separando aqueles que antes estavam ligados e criando cromossomos com novas combinações.

Embaralhamento genético
Entre 1910 e 1915, o geneticista americano Thomas Hunt Morgan e sua equipe de pesquisadores na Universidade Columbia estudaram os efeitos do embaralhamento genético na herança de características em drosófilas. Em meados dos anos 1920, Barbara McClintock, geneticista americana, já trabalhava em algo similar, com diferentes variedades de milho. Cruzando plantas que produziam grãos marrons com outras de grãos amarelos, ela criou descendentes com cores misturadas. Assim como Morgan rastreava as drosófilas, McClintock contava os grãos nas espigas de milho para descobrir padrões de hereditariedade.

McClintock combinou seus experimentos de cultivo com alguns estudos de cromossomos do milho ao

O cruzamento de plantas de milho produz grãos com cores diferentes, que resultam de mudanças no modo com que pigmentos de antocianina se comportam nas células da reserva de alimento do grão.

HEREDITARIEDADE 227

Ver também: As leis da hereditariedade 208-215 ▪ Cromossomos 216-219 ▪ Determinação do sexo 220 ▪ A química da hereditariedade 221 ▪ O que são genes? 222-225 ▪ A dupla hélice 228-231 ▪ O código genético 232-233 ▪ Engenharia genética 234-239

---

microscópio e mostrou não só que os genes trocavam de posição pelo cruzamento convencional, mas também que alguns até se moviam para cromossomos totalmente diversos. Esses "genes saltadores" – mais tarde chamados transpósons – afetavam as características herdadas, indicando que a posição em um cromossomo podia ser tão importante quanto os próprios genes.

Controle dos genes

McClintock verificou que alguns desses genes saltadores na verdade faziam os cromossomos se quebrarem – então, aonde iam, causavam permutação. Desse modo, ajudavam a misturar o genoma, aumentando a variedade genética.

Ela também mostrou que nem todas as partes dos cromossomos estavam envolvidas de modo direto na determinação de características expressas. Elas podiam ser mais sutis – afetando os modos como outros genes funcionavam. Em especial, ela descobriu que algumas seções podiam realmente ligar ou desligar genes. A ideia de que alguns

O transpóson (ou gene saltador) muda de posição nos cromossomos, afetando o comportamento de um gene-alvo na nova localização, ligando-o ou desligando-o.

O gene visado agora tem o transpóson com função alterada

Transpóson   Gene-alvo

Primeiro cromossomo   Segundo cromossomo   Primeiro cromossomo   Segundo cromossomo

genes podiam ser ativados por outros ajudou a responder mais uma questão: se todas as células de um embrião, copiadas do ovo fertilizado original, eram geneticamente idênticas, como era possível que se diferenciassem em órgãos e partes do corpo? Por exemplo, as células do pâncreas acabam produzindo insulina, mas as do cérebro não, embora todas contenham o gene da insulina. Evidências de que só certos genes são ativados, dependendo de onde estão em um embrião em desenvolvimento, fornecem uma explicação. Em 1961, trabalhando com bactérias, François Jacob e Jacques Monod publicaram uma prova de que os genes podem ser ligados e desligados. Eles mostraram que um gene de uma bactéria produz uma enzima que metaboliza o açúcar do leite – mas só quando este era fornecido no ambiente. Jacob e Monod identificaram um conjunto de componentes – entre eles o ativador – que regulavam o gene, dependendo do que havia ao redor. ▪

Barbara McClintock

Nascida em 1902 em Hartford, no estado americano de Connecticut, filha de um médico homeopata, Barbara McClintock estudou genética e botânica nos anos 1920 na Universidade Cornell. Ela permaneceu pesquisando lá até 1936 e, com a colega geneticista Harriet Creighton, investigou o modo como os cromossomos podem permutar segmentos.

McClintock continuou sua pesquisa na Universidade de Missouri e depois no Laboratório de Cold Spring Harbor, onde, nos anos 1940, descobriu que partes dos cromossomos – hoje chamadas transpósons – podiam mudar de posição. De início a importância de seu trabalho genético não foi reconhecida, mas ela acabou recebendo a Medalha Nacional de Ciências dos Estados Unidos em 1971 e o Prêmio Nobel de Fisiologia ou Medicina em 1983. Morreu em 1992.

Obras principais

1931 "A Correlation of Cytological and Genetical Crossing-Over in Zea mays"
1950 "The Origin and Behaviour of Mutable Loci in Maize"

DUAS ESCADAS ESPIRAIS ENTRELAÇADAS
A DUPLA HÉLICE

EM CONTEXTO

FIGURAS CENTRAIS
James Watson (1928–),
Francis Crick (1916–2004),
Rosalind Franklin (1920–1958)

ANTES
1869 Friedrich Miescher isola o DNA, que ele chama de nucleína, e aventa que talvez ele esteja envolvido na hereditariedade.

1905-1929 Phoebus Levene identifica os componentes químicos do RNA e do DNA.

1944 Oswald Avery mostra que os genes são trechos de DNA nos cromossomos.

DEPOIS
1973 Os geneticistas Herbert Boyer e Stanley N. Cohen mostram que é possível modificar material genético.

2000 O Projeto Genoma Humano publica a sequência completa das bases de DNA em um conjunto de cromossomos humanos.

No início dos anos 1950, um grande desafio da biologia era revelar a estrutura do ácido desoxirribonucleico (DNA), uma substância que acreditavam constituir a base física dos genes, que são as unidades da hereditariedade. Muito já se conhecia sobre o DNA. Sabia-se que ele forma uma parte importante das estruturas chamadas cromossomos, contidas no núcleo das células vivas, e que é uma molécula muito grande feita de subunidades chamadas nucleotídeos. Cada nucleotídeo consiste em um grupo químico chamado fosfato, ligado a um açúcar chamado desoxirribose, por sua vez ligado a uma

HEREDITARIEDADE 229

Ver também: Os vírus 160-163 ▪ As leis da hereditariedade 208-215 ▪ Cromossomos 216-219 ▪ O que são genes? 222-225 ▪ O código genético 232-233 ▪ Engenharia genética 234-239 ▪ Sequenciamento de DNA 240-241 ▪ O Projeto Genoma Humano 242-243

Os nucleotídeos são os componentes fundamentais da molécula de DNA. Cada nucleotídeo consiste em um fosfato ligado a um açúcar (desoxirribose), que por sua vez se liga a uma das quatro bases que contêm nitrogênio: adenina (A), citosina (C), guanina (G) ou timina (T). Watson e Crick descobriram o arranjo 3D das bases.

Nucleotídeo de adenina (A)

Nucleotídeo de guanina (G)

Legenda

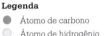
- Átomo de carbono
- Átomo de hidrogênio
- Átomo de nitrogênio
- Átomo de oxigênio
- Açúcar (desoxirribose)
- Fosfato

Nucleotídeo de citosina (C)   Nucleotídeo de timina (T)

substância chamada base nitrogenada. Esta última pode ser de quatro tipos: adenina (A), citosina (C), guanina (G) e timina (T).

Sabia-se também que as partes de fosfato e açúcar dos nucleotídeos se ligavam em uma cadeia (ou cadeias) que se imaginava que formavam uma "espinha dorsal" (ou espinhas dorsais) para a molécula de DNA. O que não se sabia era como as bases A, C, G e T se posicionavam na estrutura. Uma questão em especial que os cientistas queriam responder era como o DNA em uma célula se replica quando ela se divide, de modo que cada célula-filha receba uma cópia exata do DNA da célula original.

Equipes concorrentes

Entre maio de 1950 e o fim de 1951, várias equipes científicas se propuseram a tentar revelar a estrutura do DNA. Uma delas, do King's College de Londres, chefiada pelo biofísico britânico Maurice Wilkins, concentrou-se em estudar o DNA com a técnica de difração de raios X. Esta envolve dirigir um feixe de raios X a fibras de DNA e medir como os átomos no DNA difratam (desviam) os raios X. Em 1950, Wilkins obteve uma imagem de raios X razoável das fibras de DNA, mostrando que a técnica poderia render dados úteis. Em 1951, outra especialista em difração de raios X, a química britânica Rosalind Franklin, juntou-se à equipe, produzindo imagens ainda melhores. Mais tarde ela seguiria usando sua perícia com raios X ao estudar vírus.

A partir de meados de 1951, o químico americano Linus Pauling liderou um grupo que analisava a estrutura do DNA no Instituto de Tecnologia da Califórnia (Caltech). Naquele ano, Pauling já havia corretamente proposto que as moléculas de proteína têm, em parte, estrutura helicoidal (espiral). E, em novembro de 1951, Wilkins postulou que o DNA também tinha estrutura helicoidal. Em um relatório de fevereiro do ano seguinte, Franklin propôs que o DNA tinha uma estrutura helicoidal bem cerrada e era provável que contivesse duas, três ou quatro cadeias de nucleotídeos. Enquanto isso, dois outros cientistas criaram uma equipe na Universidade de Cambridge, no Reino Unido. Eram Francis Crick, um físico britânico perito em técnicas de difração de »

James Watson e Francis Crick trabalharam juntos na busca pela estrutura do DNA, no Laboratório Cavendish, em Cambridge, no Reino Unido.

raios X, e James Watson, um biólogo americano especializado em genética.

Em vez de fazer novos experimentos, Crick e Watson optaram por coletar os dados já disponíveis sobre DNA e depois aplicar sua criatividade para resolver o mistério da estrutura. Seguindo o exemplo de Pauling no trabalho sobre a estrutura da proteína, eles decidiriam tentar construir um modelo 3D de parte da molécula de DNA usando subunidades conhecidas. Crick e Watson também mantiveram contato com Wilkins e Franklin.

A solução do enigma

Na primeira tentativa de construir um modelo de DNA, Watson e Crick criaram uma estrutura helicoidal de três cadeias, com as bases nitrogenadas na parte de fora do modelo, mas quando a mostraram a Franklin ela apontou inconsistências com seus achados de difração de raios X. Ela também sugeriu, em especial, que as bases nitrogenadas deveriam estar na parte de dentro.

No início de 1953, Crick e Watson começaram a construir um segundo modelo, desta vez com os grupos de fosfato-açúcar na parte de fora. Eles reexaminaram todos os dados descobertos sobre DNA na década anterior. Um detalhe sobre o qual ponderaram foi que o DNA contém algumas ligações interatômicas relativamente fracas chamadas ligações de hidrogênio. Outra pista que se mostrou crucial foi um aspecto da composição do DNA conhecido como regra de Chargaff (ver boxe), segundo a qual a quantidade de adenina (A) no DNA é muito similar à de timina (T), enquanto as de guanina (G) e citosina (C) também são similares. Isso indicava que o DNA poderia conter pares de bases nitrogenadas – A com T, e G com C.

Watson e Crick tiveram então um golpe de sorte. Wilkins mostrou a eles uma imagem de difração de raios X em DNA que tinha sido tirada por um aluno de Franklin em maio de 1952. A imagem indicava que o DNA contém duas espinhas dorsais helicoidais feitas de açúcar e fosfato. Eles puderam assim calcular os parâmetros cruciais para as dimensões das hélices. Isso significava que a única coisa que faltava descobrir era como as bases

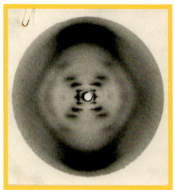

Na Fotografia 51, uma imagem de cristalografia de raios X tirada em 1952 por Ray Gosling, aluno de Rosalind Franklin, a forma de listras em cruz indica que o DNA tem estrutura helicoidal.

nitrogenadas se organizavam nos espaços entre as espinhas dorsais.

Com papelão, Watson fez alguns recortes das bases e os embaralhou, buscando algum modo em que pudessem se ajustar na molécula de DNA. De início, essa abordagem se mostrou inútil, até que um colega assinalou que as suposições de Watson sobre a estrutura de duas das bases estavam defasadas e provavelmente erradas.

Pareamento das bases

Em 28 de fevereiro de 1953, Watson corrigiu os recortes devidos, embaralhou-os de novo e percebeu que, quando a adenina (A) é unida por ligações de hidrogênio à timina (T), cria uma forma que lembra muito a de guanina (G) combinada à citosina (C). Se A sempre se pareava a T, e C a G, isso satisfazia a regra de Chargaff, e os pares podiam se ajustar perfeitamente ao espaço entre as duas espinhas dorsais helicoidais de fosfato-açúcar. Os pares de bases se arranjavam como os degraus de uma "escada espiralada".

Após revelarem as bases pareadas, Watson e Crick

A regra de Chargaff

No fim dos anos 1940, estava claro que o DNA forma o material hereditário em animais e plantas. O bioquímico americano Erwin Chargaff decidiu investigar se havia diferenças na composição do DNA entre várias espécies. Ele descobriu que as proporções das diferentes bases dos nucleotídeos – adenina (A), citosina (C), guanina (G) e timina (T) – variavam de modo significativo entre elas. Assumindo que as bases ocorrem em algum tipo de pilha ou série dentro da molécula de DNA, isso significa que não se repetem infinitamente na mesma ordem em todas as espécies, mas que existem em sequências que variam entre elas. Chargaff notou também que a quantidade de A no DNA de todas as espécies que estudou é muito similar à de T, e que a de G é mais ou menos igual à de C. Isso ficou conhecido como regra de Chargaff e foi vital para o trabalho de Watson e Crick, uma vez que indicava que A e T, e G e C poderiam existir como estruturas pareadas dentro do DNA.

HEREDITARIEDADE 231

O modelo de Watson e Crick

propunha que o DNA contém duas espinhas dorsais helicoidais de cadeias de fosfato-açúcar que se enrolam uma ao redor da outra. Pares de bases nitrogenadas se organizam no espaço entre as espinhas dorsais como os degraus de uma escada torcida. A base adenina (A) sempre é pareada por timina (T), e a guanina (G), por citosina (C). As cadeias de fosfato e açúcar correm em direções diferentes, uma "para cima" e outra "para baixo".

Cadeia de fosfato e açúcar correndo "para cima"

Espinha dorsal helicoidal

Legenda
- Átomo de carbono
- Átomo de hidrogênio
- Átomo de nitrogênio
- Átomo de oxigênio
- Açúcar (desoxirribose)
- Fosfato
- Ligação de hidrogênio

Cadeia de fosfato e açúcar, ou espinha dorsal, correndo "para baixo"

---

completaram seu modelo de dupla hélice da estrutura do DNA em março de 1953 e publicaram seus achados na revista britânica *Nature*, em abril. Um aspecto essencial de seu modelo – e que implicava fortemente que estava certo – derivava do fato de que o pareamento das bases indicava com clareza um mecanismo de replicação para o DNA. Dada a sequência de bases em uma cadeia, a sequência de bases da outra era determinada de modo automático – se as duas cadeias se separassem, cada uma poderia servir de modelo para uma nova cadeia complementar.

Em 1958, os pesquisadores Matthew Meselson e Franklin Stahl, do Caltech, mostraram que, quando o DNA se replica, cada uma das duas novas hélices duplas consiste em uma cadeia da dupla hélice original e outra recém-sintetizada. Essa observação provou a interpretação de Crick e Watson sobre a replicação do DNA.

Questões não resolvidas

A descoberta da estrutura do DNA foi um grande avanço na biologia. Porém, não respondia como o DNA controla as atividades das células e conduz à expressão das características herdadas. Alguns cientistas logo especularam que a sequência das bases dos nucleotídeos (A, C, G, T) no DNA devia ter um papel nisso, mas os detalhes exatos ainda tinham de ser descobertos e viriam depois, com a quebra do código genético. Mesmo assim, a descoberta da estrutura do DNA alterou de modo fundamental a compreensão da vida pela ciência – e deu início à era moderna da biologia. ∎

Jim Watson e eu provavelmente fizemos uma descoberta muito importante.
Francis Crick

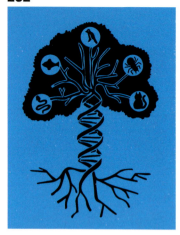

O DNA INCORPORA O CÓDIGO GENÉTICO DE TODOS OS ORGANISMOS VIVOS

O CÓDIGO GENÉTICO

EM CONTEXTO

FIGURA CENTRAL
Marshall Nirenberg
(1927–2010)

ANTES
1941 Os geneticistas George Beadle e Edward Tatum demonstram que os genes fazem as células do organismo produzir enzimas específicas.

1944 O médico Oswald Avery mostra que os genes são seções de DNA nos cromossomos.

1953 James Watson e Francis Crick descobrem a estrutura de dupla hélice do DNA.

DEPOIS
1973 Herbert Boyer e Stanley Cohen mostram que é possível modificar material genético (engenharia genética).

2000 É publicado um primeiro esboço da sequência completa de bases do DNA em um genoma humano (conjunto total de cromossomos humanos).

No início dos anos 1940, geneticistas americanos mostraram que os genes exercem seus efeitos em um organismo vivo fazendo suas células fabricarem enzimas (tipos de proteína). Essas enzimas afetam as características do organismo. Depois esse conceito foi generalizado na regra de que a síntese de uma proteína é dirigida por um gene específico. Em 1944, estava claro que os genes são seções de DNA. Então, em 1953, os biólogos moleculares Francis Crick e James Watson explicaram a estrutura do DNA, propondo que ela consiste em duas cadeias ligadas de substâncias chamadas nucleotídeos. Estes são de quatro tipos, com uma base de adenina (A), citosina (C), guanina (G) ou timina (T). Os especialistas em genética logo perceberam que a sequência dessas quatro bases em uma cadeia de DNA contém instruções codificadas para que as células produzam proteínas. Mas os detalhes do código não eram conhecidos – e decifrá-lo era a próxima desafio dos cientistas.

Decifrar o código

O desafio era descobrir como uma longa sequência dos quatro tipos de base do DNA – A, C, G e T – codifica uma proteína, que consiste em uma série de subunidades chamadas aminoácidos. Vinte diferentes aminoácidos são usados para fazer proteínas, e os biólogos perceberam que fitas curtas de bases de DNA poderiam codificar aminoácidos específicos. Uma fita de duas bases (com cada base consistindo em A, C, G e T) só pode existir em 16 combinações (4 × 4), que não seriam suficientes para codificar 20 aminoácidos. Um trio de bases de DNA, porém, poderia existir em 64 combinações diferentes (4 × 4 × 4), que seriam mais que o necessário. Em 1961, Crick e o biólogo sul-

O homem pode ser capaz de programar suas próprias células [antes] de ter sabedoria suficiente para usar esse conhecimento em benefício da humanidade.
Marshall Nirenberg, 1967

HEREDITARIEDADE 233

Ver também: Produção de vida 34-37 ▪ Enzimas como catalisadores biológicos 64-65 ▪ O que são genes? 222-225 ▪ A dupla hélice 228-231 ▪ Engenharia genética 234-239 ▪ Sequenciamento de DNA 240-241 ▪ O Projeto Genoma Humano 242-243 ▪ Edição genética 244-245

-africano Sydney Brenner testaram essa ideia em um gene tirado de um vírus. Os resultados indicaram que as células vivas codificam, sim, a sequência de bases no DNA em trios, ou em três bases por vez. O passo seguinte era descobrir quais trios de bases no código do DNA codificam quais aminoácidos em uma proteína. Entre 1961 e 1966, todos os 20 aminoácidos foram decodificados, em grande parte pelo trabalho de dois geneticistas americanos, Marshall Nirenberg e Philip Leder, e do bioquímico alemão Heinrich Matthaei. Primeiro, Nirenberg e Matthaei fizeram alguns experimentos engenhosos com bactérias para tentar descobrir o que os vários trios com um só tipo de base no DNA (como TTT, CCC e AAA) codificavam. A partir disso, eles verificaram que o trio de bases TTT do DNA codifica o aminoácido fenilalanina, e o CCC codifica a prolina. Nirenberg e Leder também fizeram outros experimentos para estabelecer quais aminoácidos são codificados pela maioria das outras combinações de trios de bases. Seu trabalho

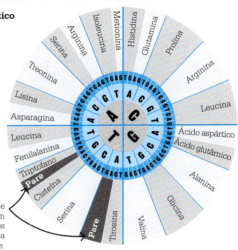

A roda do código genético do DNA mostra quais aminoácidos são codificados em cada uma das 64 combinações possíveis de trios do DNA. Para usar a roda, tome a primeira letra do círculo mais interno, a segunda do anel azul-claro e a terceira da parte adjacente no anel azul mais escuro.

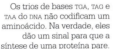

Os trios de bases TGA, TAG e TAA do DNA não codificam um aminoácido. Na verdade, eles dão um sinal para que a síntese de uma proteína pare.

também confirmou que os trios de bases são lidos em sequência, sem sobreposição entre eles.

A importância do código

Decifrar o código genético foi crucial para os avanços seguintes da genética e biotecnologia. Isso tornou possível fabricar proteínas novas – a serem testadas como potenciais medicamentos – pela inserção de pedaços de DNA artificial em microrganismos. Hoje se sabe que quase todos os organismos vivos usam o mesmo código genético, com apenas algumas poucas diferenças em formas de vida primitivas. Esse conhecimento forneceu uma evidência poderosa de uma origem comum de toda a vida na Terra. ▪

A estrutura molecular do aminoácido glicina foi descoberta pelo químico francês Henri Braconnot em 1820. Ela é codificada por trios de bases do DNA, como GGC.

O que são os aminoácidos?

Os aminoácidos são uma classe de compostos orgânicos (que contêm carbono), fundamentais para compor as proteínas. Cada aminoácido tem um átomo de nitrogênio ligado ao grupo amina (dois átomos de hidrogênio), ao grupo carboxila (um átomo de carbono, um de hidrogênio e dois de oxigênio) e pelo menos mais um átomo de carbono. Aminoácidos de vinte tipos diferentes se ligam nas células para formar moléculas semelhantes a cadeias chamadas polipeptídeos. Estes são subunidades de enzimas e outras proteínas. Esse processo de ligação é realizado pelo mecanismo químico da célula, com a sequência dos aminoácidos de um polipeptídeo determinada por uma sequência de bases no DNA. Muitas células recebem os aminoácidos necessários para fabricar polipeptídeos e proteínas principalmente da quebra de proteínas em suas fontes de nutrição, embora alguns aminoácidos possam ser sintetizados de outras substâncias.

UMA OPERAÇÃO DE CORTAR, COLAR E COPIAR
ENGENHARIA GENÉTICA

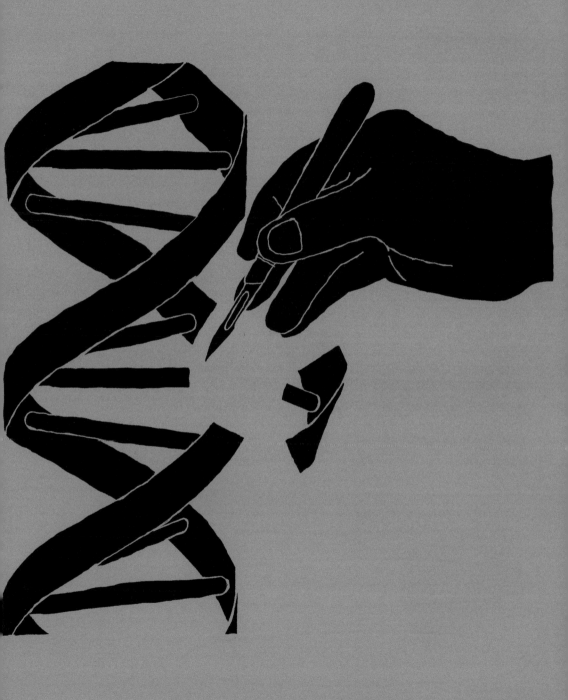

ENGENHARIA GENÉTICA

EM CONTEXTO

FIGURAS CENTRAIS
Stanley N. Cohen (1935–),
Herbert Boyer (1936–)

ANTES
1968 O geneticista suíço Werner Arber conjectura que as bactérias produzem enzimas que cortam DNA – mais tarde usadas como enzimas de restrição em engenharia genética.

1971 Paul Berg consegue juntar moléculas de DNA de duas espécies diferentes de vírus.

DEPOIS
1975 Uma conferência no Asilomar Hotel, na Califórnia, discute questões éticas na engenharia genética, levando a acordos que ainda são seguidos décadas depois.

1977 Herbert Boyer consegue usar bactérias geneticamente modificadas para produzir hormônio de crescimento para potencial uso terapêutico.

Há cerca de 10 mil anos, desde que os caçadores-coletores começaram a domesticar plantas e animais selvagens, a humanidade altera deliberadamente seres vivos para torná-los mais úteis. A reprodução seletiva – escolha de descendentes com as melhores características, sabendo que o processo de herança as passará à geração seguinte – melhorou o rendimento das colheitas e da produção de carne, leite e lã.

No século XX, quando a base física dos genes herdados foi revelada em nível celular e químico, os biólogos perceberam que poderia haver modos mais específicos, direcionados, de produzir organismos úteis – alterando diretamente sua constituição genética.

Nos anos 1970, os biólogos já sabiam que os genes eram feitos de uma substância chamada DNA. Eles também compreendiam como esse DNA se replicava antes da divisão celular e como os genes eram "lidos" dentro das células para fazer proteínas e afetar características.

Como outras reações químicas metabólicas, esses processos eram conduzidos por catalisadores

Os engenheiros genéticos não fazem novos genes, eles rearranjam os existentes.
Thomas E. Lovejoy
Biólogo americano

chamados enzimas. Os biólogos pensavam que talvez fosse possível usar essas enzimas para mover genes de um organismo para outro. Manipulando genes específicos de características úteis, conjecturaram modificar geneticamente organismos com muito mais precisão – e rapidez – que pela reprodução seletiva, que podia levar muitas gerações.

Modificação de micróbios

Para verificar se a engenharia genética funcionava, os biólogos de início se concentraram em micróbios. Esses organismos unicelulares têm menos genes que as plantas e animais, então é mais fácil controlar seu sistema genético. Além disso, as bactérias já têm um modo de trocar genes entre suas células únicas – elas permutam anéis minúsculos, móveis e autorreplicantes de DNA chamados plasmídeos. Essa mistura de genes cria variedade, que aumenta as chances de sobrevivência da espécie. A descoberta desse processo – chamado conjugação – em 1946 abriu uma oportunidade para os cientistas manipularem geneticamente as bactérias. Em 1973, os geneticistas americanos Herbert Boyer e Stanley N. Cohen deram o primeiro passo.

Além de ter as enzimas usuais que as células usam para fabricar e

---

A **engenharia genética** envolve a **transferência de material genético** de um organismo para outro.

Ela dá ao organismo receptor **características úteis**.

Organismos que são alterados dessa forma são chamados de **organismos geneticamente modificados (OGMS)**.

HEREDITARIEDADE 237

Ver também: O que são genes? 222-225 ▪ A dupla hélice 228-231 ▪ Sequenciamento de DNA 240-241 ▪ O Projeto Genoma Humano 242-243 ▪ Edição genética 244-245

replicar seu DNA, as bactérias também têm enzimas que cortam o DNA em pedaços. Isso as ajuda a desativar outros micróbios invasores, em especial vírus. Essas enzimas visam a locais muito limitados no DNA, cortando a dupla hélice só onde ela tem uma sequência específica de bases de DNA. Boyer e Cohen perceberam que podiam usar essas assim chamadas enzimas de restrição em uma forma purificada, para recortar genes úteis e tirá-los das células. Eles decidiram utilizar as enzimas que constroem o DNA para costurar os genes no genoma de um organismo-alvo. Dois anos antes, o bioquímico americano Paul Berg tinha usado as enzimas para cortar e juntar DNA de vírus diferentes – mas até então ninguém tinha visto se o DNA modificado funcionaria em células vivas. Como teste, Boyer e Cohen usaram as enzimas para cortar genes de plasmídeos responsáveis pela resistência antibiótica em uma cepa de bactéria e os inseriram em plasmídeos de bactérias que não eram resistentes.

Essas bactérias prosperaram em presença do antibiótico, provando que a técnica funcionava.

Genes úteis

A modificação genética de micróbios já tinha possibilidades estimulantes. Como os genes instruem as células a fazer tipos específicos de proteína, os cientistas perceberam que uma cultura grande de bactérias que contivesse o tipo certo de genes poderia ser usada como fábrica biológica para produzir quantidades comerciais de proteínas usadas terapeuticamente como drogas medicinais.

A insulina, por exemplo, serve para tratar diabetes. No passado, ela tinha de ser obtida do pâncreas de vacas e porcos. Esse método é muito ineficiente, porque tem baixo rendimento de insulina utilizável e riscos de transmissão de doenças infecciosas do animal ao humano. Mas os cientistas concluíram que, se a engenharia genética pudesse ser usada para inserir os genes para proteínas, como insulina e »

Stanley N. Cohen

Nascido em Nova Jersey, em 1935, Stanley N. Cohen estudou medicina na Universidade da Pensilvânia e depois foi para a Universidade Stanford, na Califórnia. Lá ele trabalhou com plasmídeos, anéis de DNA que podem ser trocados entre bactérias.

Em 1972, em uma conferência sobre genética bacteriana, conheceu Herbert Boyer, da Universidade de San Francisco, que tinha trabalhado com enzimas que cortam o DNA. Eles colaboraram em experimentos destinados a alterar o DNA em bactérias e tiveram êxito no ano seguinte, dando início ao campo da engenharia genética. Por esse trabalho, Cohen recebeu a Medalha Nacional de Ciências dos Estados Unidos em 1988 (Boyer foi premiado em 1990). Cohen e Boyer depositaram patentes de suas técnicas em 1974 – um ato que beneficiou suas universidades, mas foi considerado controverso.

Obras principais

1973 "Construction of Biologically Functional Bacterial Plasmids in Vitro"
1980 "Transposable Genetic Elements"

O processo de transferência de plasmídeo em bactérias

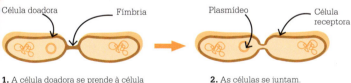

1. A célula doadora se prende à célula receptora com sua fímbria e as duas se aproximam.

2. As células se juntam.

4. Depois que as células se separam, a doadora faz um filamento complementar para restaurar seu plasmídeo. A receptora também faz um filamento complementar e agora é uma nova célula doadora.

3. Um filamento de DNA do plasmídeo se transfere para a receptora.

ENGENHARIA GENÉTICA

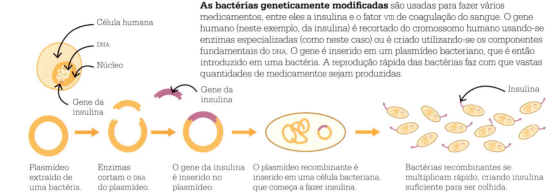

As bactérias geneticamente modificadas são usadas para fazer vários medicamentos, entre eles a insulina e o fator VIII de coagulação do sangue. O gene humano (neste exemplo, da insulina) é recortado do cromossomo humano usando-se enzimas especializadas (como neste caso) ou é criado utilizando-se os componentes fundamentais do DNA. O gene é inserido em um plasmídeo bacteriano, que é então introduzido em uma bactéria. A reprodução rápida das bactérias faz com que vastas quantidades de medicamentos sejam produzidas.

Plasmídeo extraído de uma bactéria.

Enzimas cortam o DNA do plasmídeo.

O gene da insulina é inserido no plasmídeo.

O plasmídeo recombinante é inserido em uma célula bacteriana, que começa a fazer insulina.

Bactérias recombinantes se multiplicam rápido, criando insulina suficiente para ser colhida.

---

hormônios do crescimento humano, em bactérias, sua rápida divisão e simples separação produziriam mais proteínas e poderiam torná-las mais seguras.

Boyer fundou uma empresa para fazer isso. De início, queria produzir uma proteína mais simples que a insulina, o hormônio do crescimento somatostatina. Mas usar uma fonte natural do gene – encontrado em células humanas – era uma perspectiva bem mais prodigiosa que utilizar plasmídeos bacterianos. Então Boyer tomou a decisão ousada de construir o gene do zero, usando engenharia genética para unir as bases do DNA na ordem correta para fazer o gene da somatostatina.

A consequência mais profunda da tecnologia do DNA recombinante é o aumento de nosso conhecimento sobre os processos fundamentais da vida.
Paul Berg
Bioquímico americano

Depois, ele inseriu o gene em plasmídeos bacterianos – como havia feito com o gene antibiótico.

Em 1977, a equipe de Boyer produziu uma cultura bacteriana que gerava somatostatina viável, e um ano depois empregou a tecnologia para fazer o mesmo com a insulina. Toda a insulina usada para tratar diabetes hoje é feita desse modo.

Genes maiores

A técnica de fabricação de genes que estava no âmago do processo de engenharia de Boyer foi possível porque os genes envolvidos eram pequenos e manipuláveis. Um gene de insulina tem cerca de 150 bases de DNA. Todas devem se ligar exatamente na ordem certa para que as células "leiam" a informação e façam insulina. Mas alguns genes são muito maiores, e é irrealista fazê--los do zero. Por exemplo, o gene para produzir o fator VIII – usado para tratar pessoas com hemofilia – é 50 vezes maior que o da insulina.

A empresa de Boyer resolveu utilizar uma abordagem diferente para fazer o fator VIII. As enzimas de restrição para corte do DNA ainda ofereciam a esperança de remover genes grandes de uma fonte natural como as células humanas. Mas, mesmo que o gene fosse posto de modo correto no enorme genoma humano, um problema técnico impedia de colocar tal gene em bactérias. Os genes das células complexas de humanos (e outros animais e plantas) têm trechos de DNA não codificante chamados íntrons. Estes são removidos quando as células usam os genes para gerar proteínas, mas as bactérias não têm íntrons nem são capazes de lidar com eles, então não podem ler o DNA de células complexas. Porém, quando qualquer célula faz uma proteína a partir de um gene, primeiro cria uma cópia do gene, chamado RNA mensageiro, sem os íntrons.

A empresa de Boyer isolou o RNA mensageiro e depois usou uma enzima de um vírus para convertê-lo em DNA – uma forma de gene que a bactéria podia ler. Engenharia genética convencional foi então usada para inserir o gene na bactéria, e em 1983 o fator VIII produzido por bactérias já era usado para tratar pessoas com hemofilia.

Modificação de plantas e animais

Hoje, a engenharia genética tem alvos mais complexos – plantas e animais. E plasmídeos ou micróbios podem ser usados como vetores para levar um gene para dentro das

HEREDITARIEDADE 239

células de uma planta ou animal de modo a alterar suas características.

A *Agrobacterium*, uma bactéria que infecta plantas, se mostrou especialmente útil. Seu ciclo natural de infecção envolve inserir pedaços de DNA em seu hospedeiro – um comportamento que os biólogos podem explorar substituindo o DNA por genes úteis. Em 2000, a técnica foi usada na produção de arroz geneticamente modificado (GM) para combater a deficiência de vitamina A, uma doença que causa cegueira infantil. Infectando o arroz com *Agrobacterium* que continha um gene para o pigmento amarelo betacaroteno, foi criada uma nova variedade, chamada arroz dourado, que produz e armazena esse pigmento nos grãos. Quando consumido, o corpo humano converte o betacaroteno em vitamina A.

Usos em pesquisa médica

Alguns dos usos mais ambiciosos da engenharia genética estão na pesquisa médica. Um exemplo é a criação de camundongos bloqueados – roedores geneticamente modificados no estágio embrionário para ter alguns genes inativados. Isso

Os camundongos bloqueados são usados para a pesquisa genética em humanos. O camundongo à esquerda foi criado com um gene específico bloqueado, o que afetou a cor de seu pelo.

O arroz dourado é uma forma GM de *Oryza sativa* branco (acima, à esquerda). Uma fonte de vitamina A, importante para a visão, melhorar o sistema imune e promover a saúde dos órgãos.

permite aos pesquisadores estudar os efeitos de genes específicos. Em média, as regiões de codificação de proteínas de camundongos e humanos são cerca de 85% idênticas, então os pesquisadores podem usar camundongos bloqueados para entender como um gene específico pode estar implicado em doenças humanas, como vários cânceres, a doença de Parkinson e a artrite.

Hoje, a engenharia genética vai muito além. As técnicas oferecidas permitem aos cientistas – entre eles os envolvidos no Projeto Genoma Humano – voltar ao início e entender melhor os próprios genes. ■

Amplificação do DNA

Em 1984, o bioquímico americano Kary Mullis desenvolveu uma técnica para copiar (amplificar) com rapidez genes específicos ou cadeias de DNA para uso em engenharia genética. Essa descoberta revolucionária transformou o ritmo das pesquisas e levou a um modo novo de trabalhar com genes.

A técnica de Mullis, chamada reação em cadeia da polimerase (PCR) imita a forma como o DNA se replica dentro das células, mas usa ciclos de calor e frio para obter o resultado. Primeiro o gene ou um pequeno fragmento de DNA que é preciso ampliar é misturado com DNA polimerase, a enzima de montagem do DNA, e unidades de bases de DNA. A mistura é aquecida até quase ferver, para separar as cadeias da dupla hélice. Deixa-se então o sistema esfriar até a temperatura que permite às bases do DNA se prenderem às cadeias separadas de DNA. A enzima ajuda então a colar as bases, produzindo uma réplica do gene ou fragmento de DNA. Repetindo várias vezes o ciclo, a quantidade do gene ou DNA dobra continuamente.

Mullis recebeu o Prêmio Nobel de Química de 1993 por sua invenção. Hoje, a PCR é usada sempre que amostras minúsculas de DNA precisam ser amplificadas, como em ciência forense ou no Projeto Genoma Humano, ou para estudar DNA antigo de fósseis ou sítios arqueológicos. A PCR também serve para detectar quantidades minúsculas de RNA viral que podem indicar uma infecção. Em 2020, tornou-se muito usada em testes de amostras para o vírus da Covid-19.

A SEQUÊNCIA DA BESTA
SEQUENCIAMENTO DE DNA

EM CONTEXTO

FIGURA CENTRAL
Frederick Sanger (1918–2013)

ANTES
1902 Os químicos alemães Emil Fischer e Franz Hofmeister propõem de modo independente que moléculas de proteína são cadeias de aminoácidos unidas por ligações peptídicas.

1951–1953 Frederick Sanger publica a sequência de aminoácidos nas duas cadeias da proteína insulina.

1953 Os biólogos moleculares Francis Crick, britânico, e James Watson, americano, estabelecem que a molécula de DNA é uma dupla hélice com duas cadeias de unidades ligadas e pareadas.

DEPOIS
2000 O Projeto Genoma Humano produz o primeiro esboço do genoma humano sequenciado.

As maiores moléculas dos organismos vivos, como as proteínas ou o DNA, são cadeias de unidades menores ligadas em certa ordem. Essa sequência de unidades ao longo da cadeia determina o que a molécula faz. Os genes (seções do DNA) são o código para a formação de proteínas, que determinam nossos traços, como nosso corpo sobrevive e se comporta. Os biólogos interessados em decifrar os mecanismos da vida buscam pistas nas sequências químicas das proteínas ou genes que as codificam.

O bioquímico britânico Frederick Sanger foi pioneiro no sequenciamento de moléculas biológicas de cadeia longa e estabeleceu que tais moléculas têm composição específica. Os genes e proteínas podem ter centenas ou milhares de unidades de comprimento. Se uma só estiver fora do lugar, o funcionamento da molécula pode ser perturbado.

Sanger começou com uma proteína cujos efeitos eram bem conhecidos: o hormônio insulina. Ele dividiu suas duas cadeias em seus componentes fundamentais – aminoácidos –, de modo a liberá-los um por vez da ponta de sua cadeia. Quando cada aminoácido era isolado, era identificado. Para tornar o processo mais eficiente, Sanger o usou em seções curtas da molécula, e depois procurou áreas sobrepostas para descobrir como as seções se ajustavam. Em 1953, ele já conhecia a sequência exata de aminoácidos que constituem cada cadeia da insulina e, em 1955, estabeleceu como as duas cadeias se ligavam. O método revolucionou o estudo das proteínas.

Decodificação do DNA

A partir de 1962, Sanger focou o sequenciamento de RNA antes de se voltar para o DNA, que era maior.

Frederick Sanger foi um dos únicos quatro laureados mais de uma vez com o Nobel: em 1958 e 1980 recebeu o Prêmio Nobel de Química por seu trabalho no sequenciamento da insulina e do DNA.

HEREDITARIEDADE 241

Ver também: Os hormônios ajudam a regular o corpo 92-97 ▪ A química da hereditariedade 221 ▪ O que são genes? 222-225 ▪ A dupla hélice 228-231 ▪ O código genético 232-233 ▪ Engenharia genética 234-239 ▪ O Projeto Genoma Humano 242-243

No sequenciamento de proteínas, substâncias químicas quebram os aminoácidos de uma ponta da cadeia um a um. Os aminoácidos são identificados na ordem em que se separam.

Seção de uma molécula de proteína — uma cadeia de aminoácidos numa sequência única

O aminoácido se separa da cadeia

No sequenciamento de DNA, enzimas fazem a cadeia se quebrar e as cadeias de DNA se replicam, com bases adicionadas uma a uma a cada "modelo" de cadeia. As bases são identificadas na ordem em que são acrescentadas.

Seção de uma molécula de DNA – uma cadeia pareada de quatro tipos diferentes de bases numa sequência

Bases acrescentadas uma a uma a cada cópia da molécula

Essas moléculas são muito maiores que a insulina, então Sanger buscou o menor DNA de ocorrência natural, em um vírus que infecta bactérias. Ainda assim, tinha 5.386 unidades de comprimento, enquanto uma molécula de insulina humana tem 51 aminoácidos.

Sanger precisava de uma técnica nova e mais rápida de sequenciamento, então buscou inspiração na natureza. As células se dividem para produzir novas células, a cada vez replicando seu DNA. Isso é feito a uma incrível velocidade, com cerca de 50 bases adicionadas a cada segundo. Sanger conjecturou se seria possível identificar as bases quando eram acrescentadas durante a replicação. Os biólogos tinham isolado a enzima que conduz a replicação, e ela funcionava bem em tubos de ensaio quando misturada com os quatro tipos de base do DNA: adenina (A), citosina (C), guanina (G) e timina (T). Sanger alterou uma mistura da amostra do DNA do vírus com a enzima com uma versão modificada de A, que tinha o efeito de interromper a replicação em um dado ponto da cadeia. Repetindo o processo com versões modificadas de C, G e T, ele pôde ler a sequência do toda a cadeia de DNA. Em 1977, determinou a constituição genética completa, em nível químico, de um DNA. O método de Sanger – o princípio de interrupção da replicação do DNA – foi a base para esquemas muito mais ambiciosos, computadorizados, de sequenciamento de DNA, como o Projeto Genoma Humano. ▪

Comparação de amostras de DNA

O objetivo do sequenciamento de DNA é compilar um conjunto completo e único de informações. Já outros tipos de análise são usados com fins de identificação. Com tais técnicas, não é preciso determinar sequências completas; em vez disso, amostras de DNA são comparadas para avaliar sua similaridade – por exemplo, o "código de barras do DNA" é usado para identificar espécies, enquanto outros métodos são utilizados para estabelecer parentesco ou em análises forenses. Em 1984, Alec Jeffreys desenvolveu um método chamado impressão genética, para identificação de pessoas. Ele se baseia no fato de que o DNA contém seções repetidas (como gaguejos na fala) em sua sequência. Alguns indivíduos têm mais que outros, e comparando o número de repetições de duas amostras é possível avaliar a possibilidade de que sejam geneticamente relacionadas ou até – como amostras de DNA em uma cena de crime – iguais.

O PRIMEIRO ESBOÇO DO LIVRO DA VIDA HUMANA
O PROJETO GENOMA HUMANO

EM CONTEXTO

FIGURAS CENTRAIS
Francis Collins (1950–),
Craig Venter (1946–)

ANTES
1977 O primeiro genoma é publicado – a sequência de bases do vírus bacteriófago phi X174 – por Frederick Sanger.

1995 Craig Venter sequencia o primeiro genoma de um organismo celular – a bactéria *Haemophilus influenzae*.

DEPOIS
2004 O Consórcio Internacional de Sequenciamento lança um recurso online para detalhar projetos em andamento do genoma de muitas espécies.

2016 O Genome Project-Write é lançado para investigar a síntese do genoma de muitas espécies vegetais e animais.

Mesmo os mais simples organismos, de uma só célula, como as bactérias, podem conter milhares de genes, cada um feito de centenas ou milhares de bases. A sequência completa de bases e genes ao longo do DNA de um organismo é chamada genoma, e documentar essa configuração genética põe os biólogos mais perto de entender o funcionamento das células e, eventualmente, seu mau funcionamento. Depois que o bioquímico britânico Frederick Sanger sequenciou o genoma de um vírus em 1977, outros biólogos miraram alvos mais complexos. O geneticista americano Craig Venter, munido de um computador para analisar fragmentos minúsculos de DNA, sequenciou o genoma da bactéria *Haemophilus influenzae* em 1995 – o primeiro de um organismo celular.

Alvos maiores

Organismos multicelulares, como animais e plantas, têm genoma muito maior que bactérias unicelulares. Precisam de mais informação genética para controlar o modo como as células trabalham para fazer tecidos e órgãos. Em 1998, um verme de 1mm chamado *Caenorhabditis elegans* tornou-se o primeiro animal a ter seu genoma sequenciado, com quase 20 mil genes. Os geneticistas começaram a considerar o mapeamento do genoma humano como uma possibilidade séria nos anos 1980. Previu-se que tal projeto poderia custar 3 bilhões de dólares e, mesmo com mil técnicos, levar até cinquenta anos. Iniciado em 1989, tornou-se um esforço colaborativo

A espécie de verme *Caenorhabditis elegans* é facilmente cultivada em laboratório. Essa é uma das razões que a tornam um alvo ideal para estudos de genoma.

HEREDITARIEDADE 243

Ver também: Cromossomos 216-219 ▪ O que são genes? 222-225 ▪ Engenharia genética 234-239 ▪ Sequenciamento de DNA 240-241 ▪ Edição genética 244-245

É difícil superestimar a importância de ler nosso próprio livro de instruções – e é disso que trata o Projeto Genoma Humano.
Francis Collins

internacional liderado pelos Institutos Nacionais de Saúde (INS) dos Estados Unidos, em última análise dirigido pelo geneticista americano Francis Collins. A equipe de cientistas dos INS incluía o bioquímico americano Craig Venter, que depois criou sua própria empresa de sequenciamento de genoma. Por fim, ambas as partes, usando abordagens um pouco diversas, trabalharam em paralelo. Em junho de 2000, Collins e Venter anunciaram o primeiro esboço em uma apresentação na Casa Branca. Três anos depois, mas ainda à frente do cronograma, uma edição mais abrangente do genoma humano completo foi publicada.

O genoma humano
O genoma humano completo tem 3,2 bilhões de bases de comprimento. Se fossem representadas por suas letras (A, T, C e G) e impressas em ordem, mesmo usando uma fonte pequena, o genoma preencheria mais de cem livros grandes. Pelo que se sabe hoje, os humanos têm 20.687 genes, arranjados ao longo de 23 pares de cromossomos. O primeiro gene a aparecer no cromossomo número 1 (com esse número por ser o maior) ajuda a controlar nosso sentido de olfato. O último gene do cromossomo X ajuda a controlar o sistema imune. Entre eles, milhares de outros estão arranjados de maneira que parece aleatória, mas na verdade é crucial para a vida. O Projeto Genoma Humano forneceu também algumas surpresas, com 98% da sequência de bases do genoma formados por trechos longos não codificadores entre os genes funcionais, ou pedaços de DNA "sem sentido" dentro dos genes. Os cientistas hoje sabem que alguns trechos de DNA não codificadores determinam quando os genes codificadores são ativados ou não.

Embora ainda não totalmente compreendido, o Projeto Genoma Humano ajuda os biólogos a realizar importantes pesquisas. Um mapa do DNA humano e sua sequência de bases faz mais que apontar o local dos genes envolvidos em doenças como fibrose cística, hemofilia e câncer. Entendendo de modo exato como os genes são usados pelas células, e o que ocorre quando funcionam mal, os biólogos podem chegar mais perto de tratar sintomas e até de encontrar potenciais curas. ∎

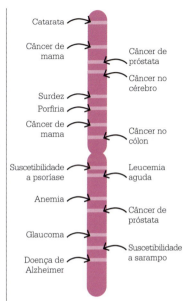

Os efeitos de muitos genes podem ser revelados quando funcionam mal, provocando doenças. Este diagrama mostra algumas das doenças causadas pelos genes principais do primeiro (e maior) cromossomo do genoma humano. Muitas doenças, como os cânceres, podem ser causadas por vários genes.

O Projeto 100.000 Genomas

A publicação da primeira sequência do genoma humano só foi possível após mais de uma década de cooperação internacional. O projeto foi uma grande realização, mas teve limitações, sobretudo porque as amostras de DNA eram de um número muito pequeno de pessoas, então ele diz pouco sobre a variação genética em uma população. Em 2012, uma empresa fundada pelo governo britânico lançou o Projeto de 100.000 Genomas, destinado a sequenciar 100 mil genomas de pacientes com doenças genéticas, o último deles no fim de 2018. Essa realização impressionante só foi possível graças a avanços tecnológicos: sequenciar um indivíduo hoje só leva alguns dias e custa apenas cerca de mil libras. Os pesquisadores estão usando essa enorme riqueza de informações para estabelecer como projetar tratamentos sob medida para pacientes específicos segundo sua constituição genética.

TESOURA GENÉTICA: UMA FERRAMENTA PARA REESCREVER O CÓDIGO DA VIDA
EDIÇÃO GENÉTICA

EM CONTEXTO

FIGURAS CENTRAIS
Jennifer Doudna (1964–),
Emmanuelle Charpentier (1968–)

ANTES
1980 Polemicamente, o geneticista americano Martin Cline tenta fazer a primeira terapia genética, para tratar uma doença sanguínea herdada. Os resultados do teste nunca são publicados.

2003 A China é o primeiro país a aprovar uma terapia genética baseada em vírus, para tratar uma forma de câncer.

2010 Philippe Horvath e Rodolphe Barrangou descobrem um sistema genético em bactérias – chamado CRISPR--Cas9 – que as ajuda a atacar os vírus.

DEPOIS
2017 Uma versão modificada do CRISPR-Cas9 é usada com sucesso para tratar distrofia muscular em camundongos de laboratório.

Genes defeituosos são responsáveis por muitos tipos de doenças herdadas, como a fibrose cística e a distrofia muscular. Tradicionalmente, só tem sido possível aliviar sintomas, não curar a doença. Uma vez que o indesejado gene responsável é endêmico no corpo – a maioria das células o contém –, a cura completa parecia impossível. Porém, quando os biólogos entenderam como os genes funcionam em nível químico, chegaram mais perto de encontrá-la.

Como os genes são seções de DNA que codificam proteínas, os biólogos perceberam que talvez fosse possível tratar o corpo com uma versão normal do gene – ou até corrigir (editar) o defeituoso, de modo que o corpo faça a proteína normal.

Terapia genética
A manipulação da constituição dos genes para tratar ou curar doenças é chamada terapia genética. Ela teve origem em testes iniciados nos anos 1980, que tratavam doenças sanguíneas pela transfusão de genes terapêuticos para dentro de leucócitos ou células-tronco de medula óssea. O gene normal é liberado no núcleo das células por meio de um vírus geneticamente criado. Apesar dos reveses iniciais, na virada do milênio a terapia genética baseada em vírus já era usada com sucesso em testes para tratar doenças.

Os obstáculos à administração eficaz e segura de genes são tão variados quanto as próprias doenças. A técnica do vírus fracassou com a fibrose cística porque ele não conseguia penetrar nas defesas imunológicas dos pulmões. Outro método usava um nebulizador para a inalação de genes envoltos por gotículas de gordura. Funcionou um pouco melhor – mas só até certo ponto. Algumas doenças talvez sejam tratáveis se o gene defeituoso

[...] essa adoção tão rápida [do CRISPR-Cas9] mostra quão desesperadamente os biólogos precisavam de uma ferramenta melhor para manipular genes.
Emmanuelle Charpentier

HEREDITARIEDADE 245

Ver também: Enzimas como catalisadores biológicos 64-65 ▪ Como as enzimas funcionam 66-67 ▪ Metástase do câncer 154-155 ▪ Os vírus 160-163 ▪ Meiose 190-193 ▪ O que são genes? 222-225 ▪ O código genético 232-233 ▪ Engenharia genética 234-239

A técnica de edição genética CRISPR-Cas9

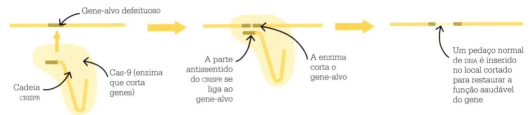

O gene defeituoso misturado ao sistema CRISPR-Cas9 — Cadeia CRISPR; Gene-alvo defeituoso; Cas-9 (enzima que corta genes)

O CRISPR-Cas9 localiza e corta o gene defeituoso — A parte antissentido do CRISPR se liga ao gene-alvo; A enzima corta o gene-alvo

Gene defeituoso corrigido — Um pedaço normal de DNA é inserido no local cortado para restaurar a função saudável do gene

---

puder ser bloqueado de modo a não afetar as células, usando o que é chamado de terapia antissentido. Em vez de tratar os pacientes usando genes normais, ela utiliza versões "antissentido", com uma sequência de bases que é oposta à do gene defeituoso. Elas se ligam ao gene e o impedem de trabalhar. A terapia antissentido tem se provado eficaz em bloquear alguns tipos de genes formadores de câncer.

Em 2012, com objetivo de corrigir o gene defeituoso, as biólogas Jennifer Doudna e Emmanuelle Charpentier desenvolveram uma dessas técnicas, inspirada em algo que ocorre naturalmente em micróbios. As bactérias, para se defender dos vírus, mobilizam um tipo de estratégia antissentido: primeiro usam uma sequência de DNA para bloquear os genes do vírus e depois os destroem com uma enzima especial que corta genes chamada Cas9.

A sequência repetitiva de DNA da bactéria que faz isso é conhecida pelo acrônimo CRISPR. Doudna e Charpentier viram a possibilidade de modificar o sistema CRISPR-Cas9, tendo em mira genes humanos defeituosos em vez dos virais. Havia o potencial de impedir que esses genes funcionassem – mas acrescentar DNA corretor também trazia a esperança de consertar a sequência mutante. Em 2020, a dupla recebeu o Prêmio Nobel de Química.

Pela primeira vez, os biólogos tinham uma tecnologia para editar erros em genes. Os experimentos iniciais usando a tecnologia CRISPR-Cas9 foram promissores. Testes humanos estão em andamento para tratar problemas genéticos como cegueira infantil, cânceres, doenças sanguíneas e até fibrose cística. ∎

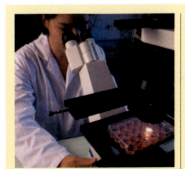

Testes de terapia de linhagem germinativa acontecem em quase 30 países do mundo. A maioria é realizada na China e nos EUA.

Terapia de linhagem germinativa

Nos anos 1970, Herbert Boyer e Stanley N. Cohen usaram a engenharia genética para transferir DNA de uma cepa de bactéria para outra. Os biólogos perceberam então que técnicas similares de modificação de genes poderiam ser usadas um dia para tratar ou mesmo curar doenças genéticas humanas. A cura completa, que corrija o gene defeituoso em todo o corpo, só é possível se ele passar por engenharia genética na fonte, no óvulo fertilizado ou no embrião do qual cresce. A chamada terapia genética de linhagem germinativa é controverso, porque suscita o receio do "design de bebês", e continua ilegal em muitos países. Mas o potencial de técnicas como o CRISPR-Cas9 para corrigir genes defeituosos resultou em um apelo para que a regulação da terapia de linhagem germinativa seja relaxada. Desde 2015, pesquisadores da China usam o CRISPR-Cas9 em testes com embriões humanos. Os sucessos relatados incluem "correções" de genes envolvidos em doenças cardíacas congênitas e câncer.

DIVERS
DA VIDA
EVOLUÇ

DADE
E
ÃO

248 INTRODUÇÃO

Lineu publica *Species plantarum*, e a seguir, em 1758, a décima edição de *Systema naturae*, apresentando seu **sistema** de nomenclatura binomial para a **classificação das espécies**.

1753

Uma teoria de que a mudança evolutiva ocorre por meio da **herança de características adquiridas** é desenvolvida por Jean-Baptiste Lamarck.

ANOS 1800

Hugo de Vries apresenta a **teoria da mutação**, propondo que a mudança evolutiva acontece **em surtos repentinos** devido a mutações.

1900–1903

1796

A partir de **evidências fósseis**, Georges Cuvier identifica **espécies extintas** diferentes das que vivem hoje.

1859

A origem das espécies é publicado, apresentando a **teoria** de Charles Darwin de que a **evolução** ocorre por um processo de **seleção natural**.

Há uma gama extraordinariamente grande de formas de vida na Terra – dos organismos unicelulares mais simples a animais e plantas muito complexos. Essa diversidade da vida tem sido fonte de admiração ao longo do tempo, e a questão de como ela surgiu foi em grande parte da história respondida pela religião – como a obra de um deus criador.

A ideia de que a vida que conhecemos é uma criação divina e, portanto, imutável foi de enorme influência sobre as concepções a respeito da diversidade da vida até o Iluminismo, nos séculos XVII e XVIII, quando surgiram as primeiras teorias científicas a aludir a um processo de evolução. Até então, a questão não era explicar a diversidade, mas classificar todas as espécies conhecidas pela ciência. Lineu (Carl Linnaeus), que nos anos 1750 desenvolveu um sistema de taxonomia (classificação das espécies) usado ainda hoje, pressupunha que as espécies são fixas e que as variações encontradas nelas são aberrações acidentais. No fim do século XVIII, porém, novas ideias já surgiam. As noções aceitas se mostraram insatisfatórias ante evidências de mudança evolutiva, como na descoberta, por Georges Cuvier, de fósseis de espécies antigas não mais existentes e muito diferentes das que vivem hoje.

Mudança gradual

A ideia de que as espécies mudam com o tempo começou a tomar forma no século XIX, e um dos primeiros a fornecer uma explicação para ela foi Jean-Baptiste Lamarck. Ele conjecturou que a mudança evolutiva em uma espécie resulta da aquisição de características individuais por interação com o ambiente, e que essas características adquiridas são herdadas pelas gerações seguintes.

O lamarckismo teve seguidores, mas foi só um passo no desenvolvimento de uma teoria que explicasse a mudança evolutiva. Segundo Charles Darwin, ela é causada pelo processo de seleção natural – os indivíduos mais adaptados ao ambiente prosperam, e aqueles que não o são morrem, então variações podem ou não sobreviver e se estabelecer. Seu livro *A origem das espécies*, publicado em 1859, revolucionou o modo com que as variações e a diversidade das espécies eram vistas – e também abalou a ideia

DIVERSIDADE DA VIDA E EVOLUÇÃO

1942 — Ernst Mayr explica como **novas espécies** surgem quando uma população é isolada e desenvolve características que **impedem** que **procrie** com outras.

ANOS 1960 — Emile Zuckerkandl e Linus Pauling descobrem que a **taxa de mudança evolutiva** das sequências de DNA em espécies similares funciona como um verdadeiro "**relógio molecular**".

1980 — Luis e Walter Alvarez, pai e filho, propõem que a **extinção em massa** dos dinossauros foi causada por um **impacto de asteroide**.

1918 — Ronald Fisher mostra que a **evolução darwiniana** é compatível com a **genética mendeliana**, abrindo caminho para uma nova teoria da evolução, depois chamada **síntese moderna**.

1950 — Willi Hennig concebe a **cladística**, um método alternativo de classificação, em que as **espécies** são **agrupadas** segundo suas **relações evolutivas**.

1976 — Em seu livro *O gene egoísta*, Richard Dawkins propõe que o **gene** é a **unidade fundamental** de seleção na mudança evolutiva.

religiosa de uma criação imutável com os humanos como a maior realização de Deus.

Aparentemente contradizendo a teoria de Darwin, Hugo de Vries propôs outra explicação no início do século seguinte. Ele afirmou que a variação era na maior parte causada por mutação genética, e não sempre pelo processo lento de evolução em que Darwin acreditava. De Vries pensava que a mudança ocorria em surtos súbitos, quando novas variedades apareciam espontaneamente. Pesquisas posteriores confirmaram que a mutação é um fator da variação genética, mas ocorre a uma taxa constante e mensurável.

Outro fator que afeta a taxa de mudança, mas este externo, foi assinalado por Luis e Walter Alvarez em 1980. Eles encontraram evidências do impacto de um enorme asteroide sobre a Terra que coincidiu com o súbito desaparecimento de todos os dinossauros dos registros fósseis (exceto dos que evoluíram como pássaros). Eles presumiram que o impacto era responsável por essa extinção em massa, aventando que outros desastres ambientais poderiam causar eventos similares e provocar mudanças repentinas na taxa de evolução.

Ideias combinadas

As afirmações concorrentes da teoria da seleção natural de Darwin e da teoria da mutação de De Vries não eram, porém, incompatíveis. Na verdade, Ronald Fisher mostrou que eram complementares e, juntando-as à ideia de Mendel da herança de partículas, reuniu-as em uma teoria da mudança evolutiva que depois foi chamada de "síntese moderna". A inclusão da genética mendeliana nessa teoria foi antecipadora, pois Richard Dawkins diria depois que o gene – ao qual se refere como "gene egoísta" no título de seu livro sobre o tema, de 1976 – é a unidade fundamental da seleção na mudança evolutiva, e não o organismo.

À luz das evidências esmagadoras em apoio à mudança evolutiva, surgiu a opinião, em meados do século XX, de que era tempo de reexaminar o sistema taxonômico de Lineu, baseado como era em suposições de uma ordem de vida inalterável. Uma sugestão alternativa foi o sistema da cladística, de Willi Hennig, em que todas as espécies com ancestral comum – inclusive o ancestral – são classificadas em um grupo chamado clado. ■

O PRIMEIRO PASSO É CONHECER AS PRÓPRIAS COISAS

NOMEAR E CLASSIFICAR A VIDA

EM CONTEXTO

FIGURA CENTRAL
Lineu (1707-1778)

ANTES
c. 320 a.C. Aristóteles agrupa os organismos segundo sua posição em uma "escada da vida".

1551-1558 Conrad Gesner divide o reino animal em cinco grupos distintos.

1753 Lineu produz um sistema binomial para nomear as plantas em *Species plantarum*.

DEPOIS
1866 Ernst Haeckel publica uma "árvore da vida" para ilustrar as linhagens de animais, plantas e protistas em evolução.

1969 O ecologista americano Robert Whittaker propõe uma estrutura de cinco reinos, acrescentando os fungos.

1990 Carl Woese concebe um sistema de três domínios usado hoje pela maioria dos taxonomistas.

Quando o naturalista sueco Lineu (Carl Linnaeus) publicou a décima edição de seu *Systema naturae*, em 1758, mudou para sempre o modo como os biólogos classificavam os organismos. Ele agrupou os animais do mundo sistematicamente por classe, ordem, gênero e espécie, e adotou denominações binomiais (de dois nomes) latinas: o nome do gênero seguido pelo da espécie. Antes, os nomes dos organismos eram com frequência termos descritivos complicados que variavam entre os países. Já no sistema binomial de Lineu eles atuavam como rótulos que permitiam reconhecimento universal. Ao

DIVERSIDADE DA VIDA E EVOLUÇÃO 251

Ver também: Células complexas 38-41 ▪ Espécies extintas 254-255 ▪ Seleção natural 258-263 ▪ Mutação 264-265 ▪ Especiação 272-273 ▪ Cladística 274-275

> Quando não se sabem os nomes dos organismos vivos, todo o conhecimento sobre eles se perde.

> Todas as espécies vivas conhecidas recebem um **nome latino com duas partes**, que as situa em uma **hierarquia taxonômica**.

> **Dentro da hierarquia**, as espécies eram originalmente agrupadas segundo **características físicas básicas compartilhadas**.

> **As espécies vivas hoje são organizadas segundo sua constituição genética, que indica quanto sua relação é próxima.**

Lineu

Considerado o "pai da taxonomia", Lineu (Carl Linnaeus) nasceu no sul da Suécia, em 1707. Após estudar medicina e botânica nas universidades suecas de Lund e Uppsala, ele passou três anos nos Países Baixos, voltando depois a Uppsala. Em 1741, foi nomeado professor de medicina e botânica e lecionou, organizou expedições científicas e dirigiu pesquisas. Muitos de seus alunos – o mais famoso deles o naturalista sueco Daniel Solander – embarcaram em expedições botânicas. A enorme variedade de espécimes coletados permitiu a Lineu fazer seu *Systema naturae* uma obra em vários volumes que descrevia mais de 6 mil espécies de plantas e cerca de 4 mil animais.

Ele morreu em 1778 e foi enterrado na Catedral de Uppsala, onde seus restos são o espécime-tipo (o representante de uma espécie) do *Homo sapiens*.

Obras principais

1753 *Species plantarum*
1758 *Systema naturae* (10ª edição)

---

agrupar as espécies por gênero, essa classificação também indicava implicitamente o grau de parentesco entre as várias espécies. A Comissão Internacional de Nomenclatura Zoológica considera 1º de janeiro de 1758 o marco inicial para a denominação dos animais; nomes a partir desse ponto têm precedência sobre todos os anteriores.

Raízes antigas

A taxonomia é a ciência da identificação, denominação e classificação dos organismos. Aristóteles foi o primeiro a tentar colocá-la em prática, no século IV a.C. Ele dividiu os seres vivos em plantas e animais. Classificou cerca de 500 espécies de animais por aspectos anatômicos, como: se tinham quatro pernas ou mais, se eram ovíparos ou vivíparos e se tinham sangue quente ou frio. Depois, criou uma "escada da vida" com os humanos no topo, seguidos de uma ordem descendente de vivíparos tetrápodes (animais com quatro membros), cetáceos (baleias e golfinhos), aves, ovíparos tetrápodes, animais com carapaça, insetos, esponjas, vermes, plantas e minerais. Esse sistema, embora falho em muitos aspectos, teve aceitação geral até o século XVI.

Conrad Gesner, um médico suíço, publicou, de 1551 a 1558, *História dos animais* em quatro volumes; foi o primeiro catálogo importante de animais desde a época de Aristóteles. Gesner incluiu descrições de viajantes que tinham visitado muitas partes do mundo. Diferentes volumes cobriam quadrúpedes ovíparos, » quadrúpedes vivíparos, aves, peixes e outros animais aquáticos. Um quinto volume sobre cobras foi publicado após a morte de Gesner, e ele estava preparando outro sobre insetos. Apesar da estranha inclusão de unicórnios e hidras míticos, sua obra foi um marco na taxonomia.

Outro grande avanço ocorreu em 1682, quando o botânico inglês John Ray publicou *Method of Plants*. Foi o primeiro livro a enfatizar a importância da distinção entre monocotiledôneas e dicotiledôneas (plantas cujas sementes germinam com uma e duas folhas, respectivamente) e também estabeleceu a espécie como última unidade da taxonomia. Ray catalogou as espécies em grupos com base em sua aparência e características. Ele continuou o trabalho nos três volumes de *History of Plants* (1686 a 1704), em que descreveu cerca de 18 mil espécies da Europa, Ásia, África e Américas.

Uma nova classificação

O *Systema naturae*, de Lineu, agrupa o reino animal em seis classes: mamíferos, anfíbios, peixes, aves, insetos e vermes. Diferenciadas por aspectos anatômicos – como a estrutura do coração, pulmões, guelras, antenas e tentáculos –, além da aparência física. Muitas das divisões, mas não todas, resistiram ao tempo. Em cada classe, Lineu listou vários subgrupos, ou ordens. Por exemplo, relacionou oito ordens de mamíferos, entre elas Primates, Ferae (cães, gatos, focas e ursos) e Bestiae (porcos, ouriços, toupeiras e musaranhos). Dividiu então cada ordem em gêneros. Seus quatro gêneros de primatas eram: *Homo* (humanos), *Simia* (macacos), *Lemur* (lêmures) e *Verpertilio* (morcegos). Lineu foi o primeiro a descrever os humanos como primatas, mas hoje sabe-se que os morcegos não são primatas. Sua classe de Amphibia (anfíbios) inclui incorretamente répteis e tubarões; ele erroneamente agrupou as aranhas na mesma classe que os insetos, e sua classe Vermes é uma estranha mistura de animais de "substância mole" que hoje se sabe não serem relacionados: vermes, lesmas e medusas. Mesmo assim, a edição de Lineu de 1753 era impressionante, com mais de 4.200 espécies descritas.

No ano seguinte, Lineu publicou um segundo volume, que cobria todas as espécies de plantas conhecidas por ele. Em uma época em que os naturalistas não se aventuravam em grandes partes do mundo e não tinham acesso a microscópios de grande aumento, sua classificação era notável.

O sistema de Lineu logo foi aceito. Embora muito alterado desde o século XVIII, ele ainda é a base da classificação das formas de vida. Todo organismo tem um lugar específico em vários níveis diferentes da hierarquia de classificação. Por exemplo, o lince-euro-asiático, *Lynx lynx*, é um membro do reino Animalia, do filo Chordata (tem notocórdio), da classe Mammalia (o filhote é amamentado), da ordem Carnivora (come carne), da família Felidae, ou dos gatos (é um caçador especializado, geralmente noturno),

Esta aquarela do *Systema naturae*, de Lineu, mostra seu método para a classificação de plantas com flor, baseado em seus órgãos reprodutores.

e do gênero *Lynx* (de cauda curta). Cada uma dessas categorias é um táxon. Esse sistema dá muitas informações sobre o animal sem a necessidade de descrição. Ele também explica que o lince-euro-asiático tem uma relação próxima com três outros gatos do gênero *Lynx*.

A criação de novas espécies

Antes do livro *A origem das espécies* (1859), de Charles Darwin, os biólogos ficavam perplexos com o fato de algumas espécies terem anatomia muito similar e outras serem totalmente diferentes. A explicação de Darwin sobre a evolução de novas espécies como resultado de seleção natural, mutação, variação física e especiação se ajusta bem à hierarquia de Lineu – espécies com um ancestral comum recente tendem a ser parecidas. Hoje se

Há muitas espécies na natureza das quais o homem não tomou conhecimento ainda.
John Ray
Botânico inglês, 1691

DIVERSIDADE DA VIDA E EVOLUÇÃO

O lince-euro-asiático (*Lynx lynx*) é o terceiro maior predador da Europa. Ele vive nas florestas decíduas da Europa e da Ásia e caça veados e camurças.

sabe, por exemplo, que todas as quatro espécies de lince descendem do extinto *Lynx issiodorensis*. É claro que nem todos os animais ou plantas similares têm necessariamente parentesco próximo; a evolução convergente leva espécies com ancestrais diferentes a ter anatomias parecidas quando estes lhes dão uma vantagem evolutiva.

Inspirado por Darwin, Ernst Haeckel estudou o parentesco entre organismos. Em 1866, ele desenhou uma árvore genealógica para mostrar como animais atuais descenderam de formas "inferiores" de vida, ele sugeriu que um terceiro reino, Protista, para a vida unicelular, fosse acrescentado aos reinos animal e vegetal. Em 1925, Edouard Chatton distinguiu procariontes de eucariontes.

A abordagem cladística

Em 1966, Willi Hennig propôs que as formas de vida fossem classificadas estritamente de acordo com suas relações evolutivas. Nesse sistema, cada grupo (ou clado) de organismos contém todas as espécies conhecidas descendendo de um só ancestral, mais o próprio ancestral. Isso desafiava muitas suposições lineanas. A capacidade dos biólogos de classificar formas de vida com base em suas relações foi ajudada pelos avanços na microscopia e na análise de DNA. Espécies mais próximas tendem a ter menos diferenças de DNA. A maioria dos taxonomistas hoje usa o sistema de três domínios de Carl Woese, que reconhece a enorme diversidade de vida microbiana encontrada na Terra. ■

Bacteria – Organismos unicelulares que não têm núcleo. Diferem das Archaea na composição de suas membranas plasmáticas e paredes celulares.

- Bactérias verdes não sulfurosas
- Bactérias gram-positivas
- Bactérias púrpura
- Cianobactérias
- Flavobactérias
- Termotogas

Archaea – Também são unicelulares e não têm núcleo. Em geral, vivem em condições extremas, como ambientes muito quentes, ácidos ou salgados.

- Halófilos extremos
- Metanomicróbios
- Metanobactérias
- Metanococos
- Cocos termotolerantes
- *Thermoproteus*
- *Pyrodictium*

Eukaryota – Incluem os reinos dos animais, plantas, fungos e protistas. Os protistas são na maior parte organismos unicelulares que têm núcleo.

- Animais
- Fungos
- Plantas
- Ciliados
- Flagelados
- Microsporídios

Woese descobriu que havia três linhagens primárias, em vez de duas: Bacteria, Archaea e Eukaryota. As Archaea antes eram agrupadas com as bactérias no reino Monera.

RELÍQUIAS DE UM MUNDO PRIMITIVO
ESPÉCIES EXTINTAS

EM CONTEXTO

FIGURA CENTRAL
Georges Cuvier (1769–1832)

ANTES
c. 500 a.C. O filósofo grego Xenófanes de Cólofon descreve peixes e moluscos fossilizados.

Séculos XVI-XVII Leonardo da Vinci, Nicolas Steno e Robert Hooke percebem que os fósseis são restos de organismos.

DEPOIS
1815 O mapa geológico da Inglaterra e do País de Gales feito por William Smith, o primeiro desse tipo, identifica estratos rochosos pelo tipo de fósseis que contêm.

1859 Charles Darwin publica *A origem das espécies*, fornecendo evidências da evolução da vida.

1907 O radioquímico americano Bertram Boltwood usa pela primeira vez a datação radiométrica de rochas, com base em impurezas radioativas dentro delas.

Há evidências de vida pré-histórica preservadas em rochas, onde ossos e vestígios como pegadas, tocas e até excrementos podem deixar marcas duradouras. Esses fósseis também mostram que muitos organismos do passado eram bem diferentes dos atuais. Os paleontologistas interpretam isso hoje de dois modos: ou as formas de vida fossilizadas foram extintas ou evoluíram, tornando-se outras espécies. Os filósofos gregos antigos viam os fósseis como restos de animais e plantas e ponderavam sobre fósseis marinhos achados em terra. Na época medieval, porém, achava-se que os fósseis surgiam das rochas e se assemelhavam a seres vivos por acidente. Quando sua origem orgânica tornou-se mais aceita, a Igreja Cristã ensinou que os fósseis eram vítimas do dilúvio bíblico, mas alguns estudiosos, como Leonardo da Vinci, assinalaram que não tinham todos origem em uma única catástrofe.

Registro fóssil

A rica diversidade da vida nos tempos pré-históricos, ao longo de mais de 4 bilhões de anos, é muito maior que a de hoje, mas representantes da maior parte dela

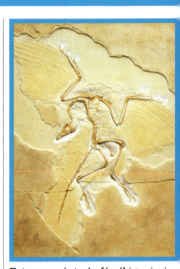

Este arqueópterix fóssil foi achado numa pedreira na Alemanha, em 1874. A espécie tem traços de aves e de dinossauros não aviários, então pode ser um elo evolutivo entre eles.

apodreceram sem se fossilizar. Quando a ciência da geologia se desenvolveu e mais fósseis foram descobertos, os pesquisadores notaram mais discrepâncias entre suas formas. Fósseis diversos eram também encontrados nos vários estratos rochosos – camadas de rocha sedimentar depositadas em

DIVERSIDADE DA VIDA E EVOLUÇÃO 255

Ver também: Anatomia 20-25 ▪ Nomear e classificar a vida 250-253 ▪ A vida evolui 256-257 ▪ Seleção natural 258-263 ▪ Especiação 272-273 ▪ Cladística 274-275 ▪ Extinções em massa 278-279

eras geológicas diferentes –, com os fósseis mais antigos nas partes mais profundas. O padrão das camadas até se repetia de um lugar para outro, indicando que um registro das mesmas eras pré-históricas poderia estar preservado em todos os lugares.

Em 1815, William Smith usou o padrão de estratos rochosos para produzir o primeiro mapa geológico do mundo, da Inglaterra e do País de Gales. Havia enormes implicações para a biologia: se os tipos de fósseis mudavam com a profundidade do solo, isso indicava que a vida também tinha mudado com as eras.

Extinções catastróficas

No início do século XIX, Georges Cuvier dominava o estudo de fósseis. Seu conhecimento de anatomia ajudou-o a melhorar a classificação científica dos animais - vivos e mortos. Sabendo que fósseis de mamíferos podiam ser achados em diferentes estratos rochosos na área de Paris, ele notou evidências abundantes de que as espécies fósseis diferiam muito das vivas. Ele defendeu a ideia de que os fósseis eram restos de organismos extintos. Em 1812, sintetizou essas

Como os fósseis se formam

A fossilização pode ocorrer de diferentes modos. Plantas ou animais podem ser reduzidos a películas escuras de carbono preservadas na rocha. Alguns dos insetos e pequenas criaturas fossilizados ficaram presos em âmbar da resina de árvores que endureceu. Outros se formaram por mineralização. Organismos mortos foram enterrados por sedimentos, que retardaram a deterioração e deram tempo para a fossilização ocorrer. Nos milhares de anos seguintes, os minerais dissolvidos em água se solidificaram e compactaram nos espaços microscópicos em ossos, órgãos e até células individuais. O resultado é um molde ou fóssil do corpo feito de rochas sedimentares que conservou muito do formato da forma de vida original. Sua idade pode ser estimada por datação radiométrica de rochas vulcânicas acima ou abaixo, que envolve a análise da composição de elementos radioativos que decaem com o tempo.

ideias em *Recherches sur les ossemens fossiles des quadrupèdes*. Ele acreditava que uma série de eventos catastróficos exterminaram comunidades inteiras de espécies, substituídas então por outras.

Cuvier alegava que a extinção tinha dado forma à história da vida na Terra, embora fosse vago sobre os detalhes de onde vinham as novas espécies para substituir as extintas. Ele se recusava a aceitar que as espécies evoluíam, mas evidências de outros ramos da biologia – articuladas primeiro por Jean-Baptiste Lamarck e depois por Charles Darwin – acabariam sustentando a ideia de evolução. A história dos organismos biológicos é a de ascendência comum. Cuvier não estava errado quanto a catástrofes: eventos com impacto global periodicamente causaram extinções em massa. Todas as vezes, porém, certas espécies sobreviveram e evoluíram, produzindo uma nova diversidade biológica. ∎

A idade dos fósseis

pode ser determinada pelo conhecimento do estrato rochoso e por datação radiométrica. Os dados de tais estudos ajudam a estabelecer quando grupos de organismos viveram no passado pré-histórico – e por quanto tempo.

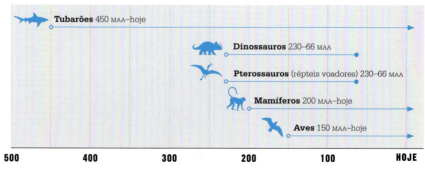

Tubarões 450 MAA–hoje
Dinossauros 230–66 MAA
Pterossauros (répteis voadores) 230–66 MAA
Mamíferos 200 MAA–hoje
Aves 150 MAA–hoje

500　400　300　200　100　HOJE

MILHÕES DE ANOS ATRÁS (MAA)

Legenda
● O grupo se extinguiu
● O grupo sobreviveu

OS ANIMAIS VÊM SE ALTERANDO PROFUNDAMENTE COM O TEMPO
A VIDA EVOLUI

EM CONTEXTO

FIGURA CENTRAL
Jean-Baptiste Lamarck
(1744–1829)

ANTES
c. 400-350 a.C. Platão afirma que os seres vivos têm uma essência fixa, imutável. Essa visão é dominante nos dois milênios seguintes.

1779 O conde de Buffon estima que a Terra é bem mais velha que as escrituras cristãs indicam.

DEPOIS
1859 Charles Darwin publica *A origem das espécies*, que explica que a evolução ocorre por seleção natural.

Anos 1930 Biólogos conciliam a teoria da seleção natural de Darwin com a explicação da hereditariedade de Gregor Mendel. Juntas, essas teorias formam a síntese moderna, explicando os mecanismos da evolução.

A premissa da evolução biológica – de que as formas de vida mudam ao longo de muitas gerações – é a chave para explicar por que os organismos são como são. Por bastante tempo na história da biologia, essa ideia escapou até aos maiores pensadores mundiais, por várias razões. A evolução parecia contraintuitiva: cada espécie produz mais de seu próprio tipo, então como pode levar à mudança? Além disso, as espécies eram vistas como produtos invariáveis de um único ato de criação. Essa noção remonta à teoria platônica das formas fixas, "ideais", e foi reforçada por ensinamentos religiosos. E, segundo as escrituras cristãs, o mundo não era velho o suficiente para que tivesse havido evolução.

Evidências contra a Criação

No século XVII, os geólogos notaram as camadas horizontais rochosas e os tipos diferentes de fóssil que

Os estratos rochosos do Grand Canyon, nos EUA, representam seis períodos geológicos. Eles vão de 270 milhões a 1,8 bilhão de anos atrás.

DIVERSIDADE DA VIDA E EVOLUÇÃO

Ver também: Nomear e classificar a vida 250-253 ▪ Espécies extintas 254-255 ▪ Seleção natural 258-263 ▪ Mutação 264-265 ▪ Síntese moderna 266-271 ▪ Especiação 272-273

continham, e alguns começaram a suspeitar que a história da Terra era mais longa do que se pensava antes. O aumento nas viagens pelo mundo levou à descoberta de muitas plantas e animais novos, não mencionados na Bíblia, e os microscópios revelaram a existência de micróbios.

Na França do século XVIII, o conde de Buffon, um dos naturalistas mais célebres da época, dividiu a história cambiante da Terra em sete épocas – os planetas foram criados na primeira, e os seres humanos na última. A estimativa particular de Buffon para a idade da Terra, baseada em seu extenso conhecimento sobre animais, era de meio milhão de anos. Isso era centenas de vezes mais que as estimativas derivadas de uma interpretação literal da Bíblia.

Buffon classificou os animais por região – e não por estrutura, como Lineu fizera antes. Com isso, mostrou que as distribuições de espécies não são aleatórias: regiões diferentes têm animais e plantas distintas. Isso parecia contradizer a ideia de um só jardim da Criação.

Apesar desses *insights*, nem mesmo Buffon era evolucionista. Embora os naturalistas cada vez mais observassem fatos que conflitavam com o conceito de espécies imutáveis, as convicções religiosas da maioria impediam que concluíssem que a vida evolui continuamente.

Uma teoria evolutiva

Na aurora do século XIX, o naturalista francês Jean-Baptiste Lamarck deu um passo crucial ao se afastar da visão criacionista do mundo. Ele era um taxonomista dedicado, com um conhecimento detalhado de espécies invertebradas. Impressionado com as similaridades entre animais vivos e extintos, ele notou que alguns fósseis pareciam ser de transição – formas intermediárias entre espécies diversas. Isso o levou a abandonar a noção de espécies constantes e conceber uma teoria de mudança evolutiva.

A ideia de Lamarck era de que as partes do corpo das espécies mudam porque se adaptam ao

Lamarck acreditava que quanto mais um animal usasse uma parte do corpo, mais ela se desenvolveria. Então, se uma girafa esticasse o tempo todo o pescoço para cima, ele ficaria mais longo.

ambiente. Seus novos traços são então passados à prole. Ele pensava que as mudanças no corpo de um indivíduo eram devidas ao uso, ou falta de uso, sobre sua fisiologia. Por exemplo, se os predadores o tempo todo caçam as presas, ambos, predador e presa, desenvolvem músculos mais fortes, para correr mais rápido, enquanto se uma parte do corpo não é usada, fica fraca e diminui, e por fim desaparece.

Na época, a ideia de Lamarck parecia plausível – e sua teoria foi a primeira tentativa de explicar a evolução. Porém, logo reconheceram que traços adquiridos em vida não podem ser passados à prole. Lamarck estava certo quanto as espécies mudarem com o tempo, mas errara nos detalhes. Só mais de meio século depois Charles Darwin apresentaria uma explicação melhor: a evolução era dirigida pela seleção natural. ■

Jean-Baptiste Lamarck

O mais novo de 11 irmãos, Jean-Baptiste Lamarck nasceu em uma família pobre na Picardia, na França, em 1744. Alistou-se aos 17 anos para lutar na Guerra dos Sete Anos, entre a França e a Alemanha, e depois viveu alguns anos como escritor. Sua paixão pela história natural levou-o a escrever um livro muito elogiado sobre plantas francesas. O conde de Buffon conseguiu um posto no museu de história natural de Paris para Lamarck, que se tornou professor do instituto em 1793, lecionando sobre "insetos, vermes e animais microscópicos". Enquanto esteve lá, desenvolveu sua teoria da evolução, que apresentou em uma palestra, em floreal de 1800, antes de elaborá-la em vários livros. Mais tarde, a visão fraca prejudicou seu trabalho, e ele morreu cego e na pobreza em 1829.

Obras principais

1778 *Flore française*
1809 *Philosophie zoologique*
1815–1822 *Histoire naturelle des animaux sans vertèbres*

OS MAIS FORTES VIVEM E OS MAIS FRACOS MORREM
SELEÇÃO NATURAL

EM CONTEXTO

FIGURAS CENTRAIS
Charles Darwin (1809–1882),
Alfred Russel Wallace
(1823–1913)

ANTES
1809 Jean-Baptiste Lamarck elabora, em *Philosophie zoologique*, sua teoria da evolução pela herança de características adquiridas, que depois se revela errada.

DEPOIS
1900 Vários biólogos, entre eles Hugo de Vries e William Bateson, redescobrem os estudos experimentais de Gregor Mendel, que ofereciam uma explicação para o mecanismo da herança.

1918 O estatístico britânico Ronald Fisher ajuda a mostrar como a evolução darwiniana pela seleção natural é compatível com a natureza particulada da hereditariedade mendeliana.

> [...] há uma tendência na natureza à progressão contínua de certas classes de variedades cada vez mais distantes do tipo original [...].
> **Alfred Russel Wallace**

Todos os indivíduos de uma população têm características herdadas diferentes, ou **variações**.

Essas variações significam que alguns indivíduos são mais adaptados ao seu ambiente e, portanto, têm **melhores chances de sobreviver e procriar**.

As **características vantajosas** são passadas à **geração seguinte**.

Ao longo das gerações, as características de uma população mudam.

Charles Darwin foi o primeiro cientista a explicar a evolução de forma coerente com os fatos da biologia. Sua ideia, a seleção natural, era a de que uma população de organismos vivos é feita de indivíduos que não são idênticos. Devido aos traços variáveis que herdam, alguns deles sobrevivem e se reproduzem melhor que outros sob certas condições, passando suas características vantajosas à geração seguinte. Se as condições se alteram, as características melhores para sobreviver também mudam. Assim, com o tempo a população continua a evoluir e se adaptar ao ambiente. Na verdade, o ambiente seleciona os organismos.

A seleção natural ainda é a teoria mais poderosa para explicar por que os organismos são como são. Porém, levou muito tempo para que sua teoria obtivesse aceitação geral. Não só a ideia de espécies mutáveis entrava em conflito com as concepções criacionistas sustentadas no século XIX, como os naturalistas colegas de Darwin acreditavam que cada espécie tinha uma "essência" não variável, noção arraigada que derivava dos ensinamentos de Platão, na Grácia.

Uma viagem de descobertas

Como seus contemporâneos cristãos, Darwin era de início criacionista. Porém, suas ideias mudaram em uma expedição de cinco anos no HMS *Beagle*, em que embarcou em 1831, após graduar-se na Universidade de Cambridge. Chefiada por Robert Fitzroy, a viagem tinha como missão mapear a costa da América do Sul, e se tornou um ponto de virada para Darwin. Ela lhe assegurou uma reputação como naturalista e, por fim, inspirou-o a reconsiderar sua visão do mundo e desenvolver sua teoria da evolução. Darwin se

DIVERSIDADE DA VIDA E EVOLUÇÃO

Ver também: Cromossomos 216-219 ▪ Nomear e classificar a vida 250-253 ▪ A vida evolui 256-257 ▪ Mutação 264-265 ▪ Síntese moderna 266-271 ▪ Especiação 272-273

surpreendeu com o fato de que partes diferentes do mundo tinham comunidades próprias e únicas de animais e plantas. E os fósseis que desenterrou – muito elogiados quando os enviou à Inglaterra – também lhe mostraram que a vida mudava com o tempo. Isso, porém, contradizia o criacionismo bíblico.

Ao voltar à Inglaterra em 1836, Darwin começou a especular que, em vez de permanecerem todas estáticas, novas espécies podiam surgir de populações isoladas, por exemplo, por uma cadeia de montanhas ou por estar em uma ilha. Um caso notável era o dos pássaros que coletou nas ilhas Galápagos, que pareciam ter se diversificado a partir de ancestrais comuns. Em 1837, o ornitólogo britânico John Gould assinalou que um grupo de tentilhões com bicos muito diferentes era todo de espécies inter-relacionadas que claramente se adaptaram de modos diversos aos diferentes habitats das ilhas. Foi um momento revolucionário.

No mesmo ano, Darwin começou um livro de anotações secreto sobre "transmutação" de espécies. Ele passou a pensar em termos de populações, o que o ajudou a entender como as espécies poderiam evoluir. Sabendo que os criadores de plantas e animais há muito valorizavam a importância de identificar indivíduos com características desejáveis para produzir variedades domesticadas, Darwin começou a ver que as espécies selvagens também eram variáveis.

A luta pela existência

O estudo posterior de Darwin sobre as cracas, de 1846 a 1854, também foi essencial para que entendesse a variação natural em populações. Mas seu real significado o impactou pela primeira vez em 1838, ao ler uma obra do economista britânico Thomas Malthus, *Ensaio sobre a população*. Malthus observou que, sem controle, uma população humana cresceria, mas, uma vez que a produção de recursos, como alimentos, era incapaz de »

As ilhas Galápagos ficam isoladas no oceano Pacífico. Darwin ali chegou em 1835, e seu estudo sobre os organismos que encontrou lançou as bases para sua teoria da evolução.

Charles Darwin

Nascido em 1809, Charles Darwin era, em suas próprias palavras, "um naturalista nato". Chocado com os sofrimentos em cirurgias no século XIX, ele desistiu de estudar medicina em Edimburgo e transferiu-se para Cambridge para cursar teologia. Em 1831, foi convidado a integrar a viagem do HMS *Beagle*, acompanhando o capitão. Suas observações no hemisfério sul o levaram a rejeitar a crença amplamente aceita de que as espécies foram criadas e eram fixas. Ele continuou a reunir evidências de sua teoria da seleção natural ao voltar à Inglaterra, e publicou-as vinte anos depois na obra seminal *A origem das espécies*. Essa e outras publicações posteriores deram a Darwin um lugar entre os mais famosos naturalistas de todos os tempos. Após sua morte, em 1882, foi homenageado com um enterro na Abadia de Westminster, em Londres.

Obras principais

1839 *A viagem do Beagle*
1859 *A origem das espécies por meio da seleção natural*
1871 *A origem do homem e a seleção sexual*

SELEÇÃO NATURAL

acompanhar a demanda, a fome e a doença seriam a consequência inevitável. No século anterior, os naturalistas Lineu (Carl Linnaeus) e Georges-Louis Leclerc (conde de Buffon) tinham reconhecido a fertilidade potencial dos seres vivos. A pesquisa posterior de Christian Ehrenberg, que observou que a duplicação sucessiva de micróbios unicelulares rapidamente produzia grandes quantidades deles,, também impressionou Darwin. Ele percebeu que mesmo as plantas e animais complexos tinham potencial para a superpopulação.

Enquanto os antievolucionistas viam harmonia entre as espécies e o mundo, Darwin começou a se concentrar na luta pela existência. Se as populações tinham o potencial de crescer tanto, mas os recursos finitos as mantinham niveladas, os mais fracos sairiam perdendo.

Os indivíduos mais fracos são mais propensos a cair vítimas de predadores, como esta jovem gazela caçada por um leão. Os animais mais fortes têm chances melhores de sobreviver.

Como as espécies mudam

A ideia de que os indivíduos fracos morrem e os fortes sobrevivem não era nova. Os hospitais e favelas vitorianos testemunhavam isso. Alguns teólogos e cientistas usaram essa constatação para sustentar suas ideias antievolucionistas, justificando porque as espécies se mantinham iguais. Um dos correspondentes de Darwin, Edward Blyth, via isso como um modo de reforçar o "tipo" – se indivíduos mais fracos, "inferiores", morriam, certamente isso era favorável à perfeição da espécie.

Darwin, porém, via essas lutas acontecendo em um mundo em mudança. Emergiram evidências de que a própria Terra não era estática. Ilhas surgiam, habitats mudavam e fósseis de diferentes espécies eram descobertos em estratos rochosos diversos. Para Darwin, isso era incompatível com a ideia de espécies fixas em harmonia com o ambiente.

Ele propôs então que, quando as espécies se acham vivendo sob novas circunstâncias, só os indivíduos mais bem adaptados a enfrentá-las sobrevivem e procriam. Ao longo de muitas gerações, as características dominantes se alteram com as circunstâncias – a seleção se torna direcional, empurrando as características para um extremo ou outro (ver boxe à esquerda).

Publicação

Darwin estava dolorosamente ciente dos protestos que resultariam de tornar públicas essas ideias na Inglaterra vitoriana, e passou anos tergiversando enquanto acumulava evidências. Mas, em 1858, outro naturalista britânico o obrigou a agir. Alfred Russel Wallace, ao coletar

---

Modos de seleção natural

Seleção direcional
Há uma mudança em uma característica em uma só direção. Girafas de pescoço mais longo e mais curto competem por comida. As de pescoço mais longo se saem melhor, então o pico anda para a direita.

Seleção estabilizadora
Em pavões selvagens, comprimentos extremos de plumas têm consequências negativas. Pavões sobrecarregados com plumas mais longas são apanhados por tigres, mas as plumas mais curtas não atraem parceiras. A gama de comprimentos das plumas é reduzida em gerações posteriores.

Seleção diversificadora
Para evitar predadores, a cor da concha do caracol-de-lábio--marrom diverge em duas ou mais variantes que se camuflam contra diferentes fundos.

DIVERSIDADE DA VIDA E EVOLUÇÃO

espécimes no Sudeste Asiático, lhe escreveu com uma teoria que coincidia com a sua. A experiência de Wallace nos trópicos, na América do Sul e Ásia, o levara a ser também um evolucionista e, como Darwin, ele tinha sido muito impactado pela noção de Malthus de luta pela existência. De início, Wallace havia pensado em termos de perfeição do tipo – como Blyth –, mas agora via a seleção resultando em mudança das espécies. Darwin e Wallace concordaram em submeter suas ideias em artigos separados numa reunião da Sociedade Lineana, em Londres, em julho de 1858. Isso levou Darwin a expandir sua tese no livro – *A origem das espécies por meio da seleção natural*, no ano seguinte. Ele pretendia que a obra fosse só um sumário de sua teoria, mas tornou-o famoso no mundo todo e selou seu legado.

Evidência genética

No início do século XX, o conceito da seleção natural se consolidou à luz de descobertas sobre cromossomos, genes e herança. Os biólogos que estudavam populações viam evidências da seleção natural em toda parte e podiam até estudá-la ocorrendo em tempo real. Theodosius Dobzhansky se concentrou nas drosófilas, complementando o trabalho de Thomas Hunt Morgan sobre a genética desses insetos. Mantendo grande número delas nas chamadas caixas de populações (populações segregadas), sob diferentes condições, ele viu como certos genes ficavam mais fortes ou mais fracos sob a influência da seleção natural.

Nos anos 1950, Bernard Kettlewell usou a seleção natural para explicar como as quantidades da variedade preta da mariposa *Biston betularia* aumentavam nas cidades cobertas de fuligem da Revolução Industrial. As traças mais escuras ficavam menos visíveis às aves predadoras. Quando os níveis de poluição das cidades britânicas caíram após a introdução da Lei do Ar Limpo (1956), as traças mais claras voltaram, mostrando como a seleção pode ser direcional e empurrar características para extremos. Outros estudos revelaram que a seleção pode ser estabilizadora – variações extremas de uma característica são eliminadas (ver boxe à esquerda). Arthur Cain e Philip Sheppard mostraram o potencial de diversificação da seleção natural, pelo qual mais de uma variedade é

Os caracóis-de-lábio-marrom (*Cepaea nemoralis*) têm cores e padrões diferentes nas conchas. Esse é um exemplo de evolução divergente.

favorecida (selecionada) ao mesmo tempo. Seu estudo do caracol terrestre *Cepaea nemoralis* provou que a cor da concha afetava muito as chances de ser comido por um predador em diferentes habitats, e assim cores diversas tinham evoluído.

Hoje, a seleção natural é uma pedra angular da biologia. É o único modo com que a evolução produz adaptação num mundo em mudança. ∎

Um macho de pássaro-fuzil-de--victoria (*Lophorina victoriae*), de Queensland, na Austrália, infla as penas para chamar a atenção da fêmea.

Seleção sexual

Darwin pensava que, além da luta pela sobrevivência, a competição por parceiros poderia ser uma força impulsionadora da evolução. Ele via a seleção sexual como um mecanismo diferente da seleção natural, mas, em termos de adaptação evolutiva, é o mesmo: os indivíduos mais bem-sucedidos no acasalamento se reproduzem mais. Acredita-se que a seleção sexual tem um papel importante na evolução de diferenças sexuais. Aspectos "atraentes", que dão ao indivíduo vantagem para ser escolhido com mais frequência por um parceiro, serão passados à prole. Por exemplo, as plumas chamativas do pavão macho não davam ao indivíduo melhores chances de sobrevivência, mas podiam melhorar suas possibilidades reprodutivas. Talvez machos vistosos que escapavam de predadores fossem também mais fortes. Em geral, as fêmeas são o sexo mais exigente, provavelmente porque seu investimento na geração seguinte – em termos de dispêndio físico na produção de ovos e riscos da gravidez – costuma ser maior.

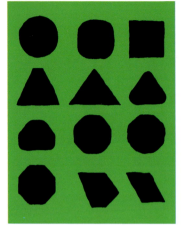

MUTAÇÕES RESULTAM EM FORMAS NOVAS E CONSTANTES
MUTAÇÃO

EM CONTEXTO

FIGURA CENTRAL
Hugo de Vries (1848–1935)

ANTES
1859 *A origem das espécies*, de Charles Darwin, explica a evolução como um processo gradual que envolve pequenas mudanças por seleção natural.

1900 Biólogos, entre eles Hugo de Vries, redescobrem o trabalho de Gregor Mendel, publicado em 1866, que explica que as características herdadas se devem a partículas, depois chamadas genes.

DEPOIS
1942 O biólogo britânico Julian Huxley compila as ideias de seleção natural de Darwin, herança particulada de Mendel e mutação de De Vries em um conceito unificador chamado "síntese moderna".

1953 A descoberta da dupla hélice por Francis Crick e James Watson fornece uma base para a constituição química do material herdado.

Para que a evolução biológica ocorra, é preciso variação, mas o que produz a variação, em primeiro lugar?

Desde tempos antigos, naturalistas como o britânico Charles Darwin estavam cientes de que "variedades" podiam surgir de repente, ao que parecia de modo espontâneo, e ser herdadas. Isso era bem conhecido, em especial entre criadores de animais e plantas, que realizavam seleção artificial para obter melhores variedades – um pombo, por exemplo, podia ter plumagem violeta em vez de cinza; ratos marrons podiam às vezes produzir outros brancos; ou uma roseira desenvolver florações mais densas. O botânico holandês Hugo de Vries se impressionou tanto com as variedades que cresciam entre suas prímulas-da-noite que em 1900–1903 publicou uma teoria da evolução com base nelas.

De Vries chamou suas variedades de "mutações" – um termo que permanece até hoje. Ele afirmou que

Na molécula original de DNA, há certa sequência de bases. As mutações genéticas ocorrem quando essa molécula de DNA existente é replicada de modo incorreto.

DNA **da molécula original**

Sequência original de bases

Sequência de bases conforme a molécula original

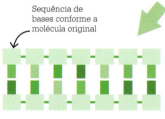

DNA **replicado corretamente**

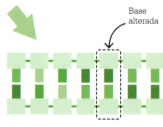

Base alterada

DNA **replicado incorretamente**

DIVERSIDADE DA VIDA E EVOLUÇÃO

Ver também: As leis da hereditariedade 208-215 ▪ Cromossomos 216-219 ▪ O que são genes? 222-225 ▪ A dupla hélice 228-231 ▪ Síntese moderna 266-271

havia uma produção contínua de mutações aleatórias que não só respondiam pela origem da diversidade da vida como até serviam de força motriz da evolução. Como essas mutações eram tão súbitas, De Vries supôs que a evolução progredia em saltos – processo chamado de saltacionismo. Essa visão da evolução contrastava muito com a mudança gradual imaginada pela teoria da seleção natural de Darwin.

De Vries apoiou sua ideia nas leis da hereditariedade publicadas mais de trinta anos antes por Gregor Mendel, um monge austríaco. Mendel fez experimentos cultivando ervilhas e propusera que as características herdadas eram definidas por partículas, depois chamadas genes. Se as mutações ocorriam na forma de genes discretos (distintos), então, De Vries afirmou, a mudança evolutiva acontece em saltos também discretos.

Causas e efeitos

De Vries estava em parte certo e em parte errado, conclusão feita por biólogos meio século depois. Quando a herança foi estudada em mais detalhes, os geneticistas viram que muitas características derivavam da ação conjunta de genes semelhantes a partículas e suas formas mutantes. Isso suavizava grande parte da variação, que era assim contínua, e não discreta – explicando as mudanças graduais de Darwin. Ao mesmo tempo, biólogos que examinavam as células e revelavam a natureza das mutações no nível químico de seu material genético, o DNA.

Elas espontâneas surgem quando o DNA é mal copiado. As mutações são raras, prevendo-se que só

A seleção natural pode explicar a sobrevivência dos mais aptos, mas não é capaz de explicar o surgimento dos mais aptos.
Hugo de Vries

ocorram em um gene a cada milhão de divisões da célula, mas são a fonte principal de diversidade genética da vida na Terra. Embora raras, bilhões de anos de cópias ruins explicam como tantas variações vieram de um só ancestral comum.

Variedades diferentes de genes surgidos por mutação são chamadas alelos, e respondem por variações herdadas conhecidas, como olhos azuis e castanhos nos humanos, ou casca verde e amarela nas ervilhas de Mendel. Como são mudanças aleatórias em um ser vivo em outros aspectos bem ajustado, muitas mutações acabam sendo prejudiciais. Outras parecem não ter efeito em sua sobrevivência, porém uma pequena mas importante quantidade delas pode ser benéfica. A seleção natural mantém baixas as mutações prejudiciais e aumenta as benéficas – tudo dependendo de como o ambiente se opõe a algumas e favorece outras. De Vries estava certo ao dizer que as mutações criam variedade, mas depois a seleção natural faz o resto. E ela sozinha explica como os organismos se tornam adaptados a seu ambiente, em vez de serem criados aleatoriamente. ∎

Tipos de mutação

Todas as mutações são erros aleatórios no modo com que o DNA é passado quando as células se dividem. Pode tratar-se de um erro de cópia na replicação do DNA que deixe um gene com uma sequência alterada de bases – uma mutação genética. Ainda, cadeias inteiras de DNA podem ficar desalinhadas ou fraturadas e não conseguir se separar por igual, criando mutações em cromossomos. Embora as células tenham sistemas de "revisão" naturais, que corrigem erros, é inevitável que alguns escapem, e certas influências danosas, como raios X, aumentam seu número. Uma mutação na genitália pode acabar nos espermatozoides ou óvulos e ser copiada em todas as células da descendência. Tais mutações de "linha germinativa" são passadas a futuras gerações. Outras mutações que surgem nas células do corpo não fazem parte da linha germinativa. Essas mutações somáticas afetam trechos localizados de tecidos, que às vezes se tornam cancerosos, mas não são hereditários.

Este gato malhado polidáctilo tem mais de cinco dedos em cada pata devido a uma mutação genética hereditária.

A SELEÇÃO NATURAL PROPAGA MUTAÇÕES FAVORÁVEIS

SÍNTESE MODERNA

SÍNTESE MODERNA

EM CONTEXTO

FIGURAS CENTRAIS
Ronald Fisher (1890–1962),
Theodosius Dobzhansky (1900–1975)

ANTES
1859 Charles Darwin descreve a teoria da evolução pela seleção natural em *A origem das espécies*.

1865 Gregor Mendel faz a palestra "Experimentos em hibridização de plantas", detalhando sua pesquisa com ervilhas e as três "leis da hereditariedade".

1900–1903 Em *A teoria da mutação*, Hugo de Vries afirma que a mudança evolutiva ocorre em grandes saltos súbitos.

DEPOIS
1942 Ernst Mayr publica *Systematics and the Origin of Species* e define uma espécie como um grupo de organismos que são reprodutivamente isolados – capazes de produzir prole fértil só entre eles mesmos.

A evolução [...] é a ideia mais poderosa e abrangente que já surgiu na Terra.
Julian Huxley
(1887–1975)

Darwin e Wallace desenvolvem a **teoria da evolução**.

Mendel esboça a **teoria da hereditariedade** devido a partículas (genes).

De Vries descreve a **teoria das mutações**.

↓

Essa **teoria da seleção natural** envolve **pequenas variações herdadas**, que produzem **mudança gradual**.

Essas teorias indicam **variações herdadas distintas**, que produzem **mudança súbita**.

↓

Genes particulados interagem de formas complexas, e seus efeitos combinados podem resultar em **variação suave e contínua**.

↓

A evolução ocorre em populações mudando as **frequências** de genes em interação – por **seleção, mutação, migração ou deriva**.

↓

Novas espécies surgem pela evolução de populações reprodutivamente isoladas.

O século XIX viu surgirem duas das ideias mais importantes da biologia: a teoria da evolução pela seleção natural de Charles Darwin e Alfred Russel Wallace e a teoria de Gregor Mendel de que a hereditariedade acontece por meio de "partículas", hoje chamadas genes. Juntas, essas concepções acabariam ajudando a explicar a história da vida na Terra. De início, porém, os apoiadores das duas discordavam.

Nas décadas após a publicação de *A origem das espécies*, de Darwin, a maioria dos biólogos veio a aceitar a ideia de espécies que evoluíram ligadas por um ancestral comum, mas poucos se convenceram da seleção natural. Darwin pensava que a evolução ocorria pela seleção de variações muito leves, o que tornava o processo gradual. Para ele, mudanças grandes e súbitas – como albinos ocasionais – eram aberrações, não sendo significativas. Outros, porém – até mesmo seu grande aliado, o biólogo britânico Thomas Huxley – pensavam que ele estava errado em descartar tais fenômenos. E quando a teoria da hereditariedade de Mendel foi "redescoberta" em 1900, após ser ignorada por décadas, serviu de combustível para os oponentes de Darwin. Mendel demonstrara que

DIVERSIDADE DA VIDA E EVOLUÇÃO

Ver também: As leis da hereditariedade 208-215 ▪ O que são genes? 222-225 ▪ Seleção natural 258-263 ▪ Mutação 264-265 ▪ Especiação 272-273 ▪ Genes egoístas 277

características distintas, como a cor da casca das ervilhas, eram causadas por unidades herdadas – convencendo-os de que a teoria de seleção gradual de Darwin era errada.

Mutações

Em 1894, o geneticista britânico William Bateson publicou um estudo aprofundado sobre o que se chamava então variação genética, insistindo que a variação herdada típica se materializava de modo descontínuo. Ele pensava que a variação suave contínua – o tipo com que a seleção natural atuava, segundo Darwin – ocorria, em vez disso, por influências ambientais. E apesar de não conhecer o trabalho de Mendel, Bateson também pensava que essa descontinuidade era incompatível com a teoria de Darwin. Em vez dela, ele acreditava que a evolução ocorria em grandes saltos – uma escola de pensamento chamada saltacionismo. Quando o trabalho de Mendel ressurgiu, em 1900, Bateson o viu como uma prova de sua visão. Nos Países Baixos, o colega saltacionista Hugo de Vries propôs que novas espécies surgiam pelo aparecimento espontâneo de novas variantes, que chamou de mutações. Sua obra, publicada entre 1900 e 1903, foi bastante influente, embora sua ideia se baseasse muito em evidências de uma só espécie vegetal, a prímula-da-noite. O saltacionismo agradava aos que tentavam entender a herança por meio de experimentos de cultivo. Mas os naturalistas de campo, na tradição de Darwin, viam a variação gradual em toda parte, e muitos a percebiam como uma refutação da hereditariedade mendeliana.

Pools genéticos

A evolução é um processo que ocorre em populações quando sua composição genética muda ao longo de gerações. Ela não acontece em indivíduos, pois os genes de cada um se mantêm basicamente fixos em toda a sua vida. Embora os membros de uma espécie partilhem os mesmos tipos de gene, há variedades, chamadas alelos, para qualquer gene de determinado traço (como para vagens amarelas ou verdes). Novos alelos são produzidos quando os genes sofrem mutação. Populações com alto grau de diversidade genética têm o chamado pool genético. Quando uma espécie evolui, a frequência dos diferentes alelos muda. Cientistas às vezes simulam o pool genético de uma população usando um saco com feijões coloridos, em que as cores representam alelos diferentes e uma amostra aleatória de feijões representa a próxima geração. Embora isso tenha sido subestimado como "genética do saco de feijões", é um modo útil de exemplificar a mudança evolutiva em nível genético.

Genética populacional

Os biólogos talvez mais bem-situados para resolver a questão eram os geneticistas com formação em história natural. Na Suécia, Herman Nilsson-Ehle começou pesquisando taxonomia vegetal, mas depois mostrou que os genes individuais – herdados, como Mendel dizia – interagiam de modos complexos, então as características que controlam nem sempre surgem de forma distinta. Os biólogos também avaliavam que, para entender como a evolução funcionava, precisavam estudar os genes em populações inteiras, não só em experimentos.

Muitos geneticistas usaram a abordagem matemática de Mendel e começaram a ver os genes em populações também de modo matemático. Assim que um gene de uma característica era »

As prímulas-da-noite (*Oenothera*) foram consideradas por Hugo de Vries uma evidência de que a evolução ocorre em saltos súbitos. A maioria das espécies dessa flor é amarela, mas uma é rosa.

SÍNTESE MODERNA

identificado, podia-se verificar sua abundância em uma população – e como ela mudava de uma geração a outra. Entre os pioneiros nesse campo estavam o matemático britânico Godfrey Hardy e o médico alemão Wilhelm Weinberg. Em 1908, trabalhando de modo independente, eles provaram matematicamente que – em uma grande população – nada na herança sozinha faria a frequência de genes mudar. A evolução só ocorreria se algo perturbasse o equilíbrio genético. A ideia de que a variação genética permanece constante na ausência de fatores influenciadores ficou conhecida como equilíbrio de Hardy-Weinberg.

Esse princípio tornou possível quantificar as mudanças na frequência de genes de uma geração para outra. Por exemplo, um gene que determinou a cor da pelagem poderia ter formas diferentes (alelos) para marrom e branca. Digamos que uma população comece com proporções iguais de 50% para marrom e 50% para branco. Após várias gerações, se as frequências do gene fossem 30% para marrom e 70% para branco, a população teria evoluído. Isso poderia significar que a seleção natural favorecia a pelagem branca.

Efeitos combinados

Em 1915, Harry Norton descobriu que mesmo um gene com uma minúscula vantagem poderia causar uma grande mudança em uma população por seleção natural. Em 1918, o geneticista e estatístico britânico Ronald Fisher foi um passo além. Sabendo que os genes interagem de modos complexos, ele mostrou como os efeitos combinados de muitos

O urso-polar ilustra bem a adaptação de uma espécie a seu ambiente. Seu pelo espesso isola e camufla, fornecendo uma vantagem ao caçar presas.

deles podem responder pela variação suave e contínua – no tamanho do corpo, por exemplo, ou em tons de pigmentação –, criando assim as pequenas diferenças necessárias para que a seleção natural de Darwin funcionasse. O trabalho de Fisher fez muito para derrubar a crença de que as teorias de Mendel e Darwin eram incompatíveis. Outro com papel

As frequências dos genes mudam com o tempo, por seleção ou evolução não adaptativa

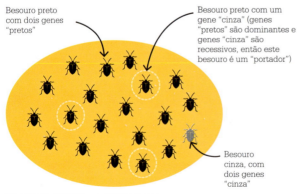

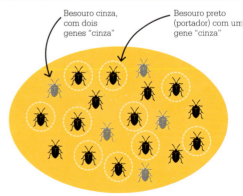

Besouro preto com dois genes "pretos"

Besouro preto com um gene "cinza" (genes "pretos" são dominantes e genes "cinza" são recessivos, então este besouro é um "portador")

Besouro cinza, com dois genes "cinza"

Besouro preto (portador) com um gene "cinza"

Besouro cinza, com dois genes "cinza"

População original: em vinte besouros, cada um com dois genes que determinam a cor, há cinco genes "cinza".

Muitas gerações depois: vinte dos quarenta genes que determinam a cor na população agora são "cinza".

> A seleção natural depende de uma sucessão de acasos favoráveis.
> **Ronald Fisher**

central na reconciliação das duas escolas de pensamento foi Sergei Chetverikov. Ele se concentrou no significado da mutação genética – genes novos resultantes, por exemplo, de erros na replicação de DNA –, embora ele preferisse a expressão "variação genética". Ele descobriu que, apesar de não gerarem automaticamente novas espécies como De Vries pensara, as mutações podiam ter influência de maneiras mais sutis. Algumas eram benéficas ou prejudiciais, em maior ou menor grau. Muitas eram também recessivas – termo cunhado por Mendel para alelos que, combinados a alelos dominantes, não se manifestam como características, mas quando ocorrem pareados expressam seu efeito. Isso tudo implicava que a variação genética dentro de populações era na verdade bem mais ampla que qualquer um – até Darwin – tinha imaginado, tornando muito maior o potencial da evolução.

Evolução não adaptativa

A seleção natural não é o único mecanismo para mudança genética em uma população. Outros fatores também têm impacto – novas mutações e migração (a transferência de genes de uma população para outra), entre eles. Outro fator é a deriva genética, um processo descrito em 1931 por Sewall Wright. Como cada geração herda uma amostra de genes de seus genitores, e como a sobrevivência e a reprodução de um indivíduo muitas vezes se devem ao acaso, esses fatores podem causar pequenas mudanças na frequência dos genes. Em populações muito reduzidas, a mudança pode ser significativa em poucas gerações. Populações minúsculas, como as de ilhas, podem sofrer uma rápida evolução apenas devido ao acaso.

Migração, mutação e deriva são todos processos aleatórios. Em contraste, a seleção depende tanto das características do organismo quanto do ambiente em que ele vive. É o único mecanismo evolutivo que responde a contento pela adaptação – algo que pode ser visto em todo o mundo natural. Isso, em si mesmo, é uma poderosa evidência da seleção natural darwiniana.

Uma nova síntese

Perspectivas novas de como a evolução funciona culminaram, em 1937, com a publicação de *Genetics and the Origin of Species*, do biólogo russo-americano Theodosius Dobzhansky. Ele sintetizou os conceitos principais já compreendidos: que a evolução ocorria gradualmente com pequenas mudanças genéticas, conduzidas em grande parte por seleção natural, e também que novas espécies surgiam porque populações ficavam isoladas em termos reprodutivos – tão distintas geneticamente que só podiam acasalar em seu grupo. Nos anos 1940, a velha ideia do saltacionismo já tinha sido abandonada em favor dessa teoria mais ampla. Ela ficou conhecida – em uma expressão cunhada por Julian Huxley em 1942 – como a "síntese moderna". ∎

A tartaruga-gigante-de-galápagos é um exemplo de mudança evolutiva rápida que pode ocorrer em pequenas ilhas, resultando em características extremas.

A unidade da evolução

O trabalho de Ronald Fisher e outros geneticistas populacionais focou o modo com que genes específicos podem ser favorecidos ou exauridos por seleção natural, assumindo assim que os genes são as unidades significativas da evolução. Essa abordagem ajuda a explicar a forma complexa com que a constituição genética de toda uma população muda de uma geração a outra. Isso foi levado ao extremo em 1976, na teoria do "gene egoísta", do biólogo evolutivo britânico Richard Dawkins, segundo o qual o comportamento de um organismo era ditado por seus genes. Alguns biólogos evolutivos, porém, como o americano nascido na Alemanha Ernst Mayr, diziam que uma visão da evolução centrada nos genes talvez não fosse a melhor. Para eles, a unidade de evolução importante é o organismo individual. Os genes não atuam isolados. É o indivíduo que responde às influências seletivas do ambiente e, afinal, contribui para a próxima geração.

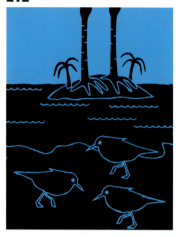

MUDANÇA DRÁSTICA OCORRE EM UMA POPULAÇÃO ISOLADA
ESPECIAÇÃO

EM CONTEXTO

FIGURA CENTRAL
Ernst Mayr (1904–2005)

ANTES
1859 *A origem das espécies*, de Charles Darwin, introduz a ideia de que as espécies evoluem por seleção natural.

Anos 1930 A teoria da síntese moderna explica a evolução como uma fusão da seleção natural de Darwin com a explicação da hereditariedade de Gregor Mendel.

1937 George Ledyard Stebbins Jr. descreve como novas espécies de plantas surgem por mutação cromossômica.

DEPOIS
1951 O paleontologista George Simpson descreve espécie como linhagem evolutiva que se mantém no tempo.

1976 *O gene egoísta*, do biólogo evolutivo britânico Richard Dawkins, populariza a evolução centrada no gene – seleção natural em nível genético.

A teoria da evolução por seleção natural, de Charles Darwin, exposta em *A origem das espécies*, explica como a vida aos poucos muda ao longo de muitas gerações. Mas ela só lança luz limitada sobre o processo de especiação – como novas espécies surgem de antigas.

Pequenas variações nas espécies indicam o que poderia acontecer. Em 1833, o zoólogo alemão Constantin Gloger notou que espécies de aves que cobrem grandes distâncias em latitude em geral têm penas mais escuras nas regiões tropicais quentes e úmidas que nas temperadas, mais frias e secas. Essa ideia, que foi chamada regra de Gloger, suscitou a possibilidade de que essas variantes geográficas pudessem ser novas espécies em formação. Tanto Darwin quanto o biogeógrafo britânico Alfred Russel Wallace acreditavam que a separação geográfica poderia ser a chave para produzir novas espécies, mas tinham dúvidas se seria sempre assim.

Darwin certamente pensou que o isolamento geográfico poderia ser a razão para a evolução em ilhas, o que é apoiado por análises de DNA atuais. Por exemplo, o parente mais próximo dos tentilhões-de-Galápagos são

O lobo-do-ártico e o lobo-madeira são duas raças de uma espécie, o lobo-cinzento. Embora diferentes, eles podem se cruzar, mas no futuro talvez se tornem espécies separadas.

DIVERSIDADE DA VIDA E EVOLUÇÃO 273

Ver também: Reprodução assexuada 178-179 ▪ As leis da hereditariedade 208-215 ▪ Cromossomos 216-219 ▪ Nomear e classificar a vida 250-253 ▪ Seleção natural 258-263 ▪ Mutação 264-265 ▪ Síntese moderna 266-271 ▪ Genes egoístas 277

Quando a população de uma espécie é dividida por uma barreira física, as duas populações recém-separadas evoluem de modos diversos – tais como por seleção ou deriva – e, assim, acabam se tornando espécies diferentes.

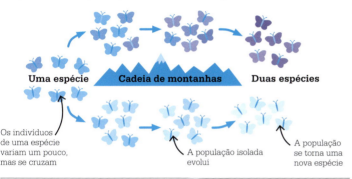

Uma espécie — Cadeia de montanhas — Duas espécies

Os indivíduos de uma espécie variam um pouco, mas se cruzam

A população isolada evolui

A população se torna uma nova espécie

---

espécies de aves do continente sul-americano e do Caribe. Pelo menos 2 milhões de anos atrás, membros de uma espécie ancestral voaram para o mar, colonizaram as ilhas Galápagos e aos poucos evoluíram como as aves que os ornitólogos descreveram como tentilhões-de-Galápagos. Análises de DNA mostraram também que populações animais divididas por cadeias de montanhas ou outras barreiras físicas também divergem em espécies separadas.

Isolamento reprodutivo

O isolamento geográfico apenas não basta para explicar o surgimento de novas espécies. Em 1942, o biólogo americano nascido na Alemanha Ernst Mayr apresentou um novo conceito de espécie biológica, segundo o qual os membros de uma espécie quase sempre procriam com os de seu próprio tipo e raramente hibridizam com outros. Mayr explicou que a especiação tem de envolver a evolução de novas características que previnam que alguns indivíduos de uma espécie acasalem com outros. Por exemplo,

um pássaro poderia desenvolver uma forma um pouco diferente de corte, não reconhecida por alguns membros de sua espécie como um mecanismo de isolamento reprodutivo. Mayr acreditava que isso era mais provável quando uma população se dividia ao longo de linhas geográficas. Uma vez que se isolam, as duas novas populações começam a evoluir de modos separados. Por fim, podem se tornar tão diferentes que, mesmo que indivíduos dos dois lados se encontrem, não poderão procriar; terão se tornado duas espécies separadas.

Evolução em plantas

Embora se considere que os efeitos graduais da separação geográfica têm papel dominante no surgimento de novas espécies em muitos grupos estudados, essa não é a única razão para a evolução. Nos anos 1930, o botânico americano George Ledyard Stebbins Jr. descreveu como novas espécies vegetais podem surgir rapidamente por mutações súbitas, e desenvolveu a ideia em *Variation and Evolution in Plants*, publicado em 1950. Muitas plantas sofrem multiplicações espontâneas do número de seus cromossomos, um processo chamado poliploidia. Nos animais, isso em geral se prova fatal, mas algumas plantas prosperam. A poliploidia evita que se cruzem com tipos parentais em intervalo de uma só geração. Ela é tão comum em plantas que pelo menos um terço das espécies com flor provavelmente evoluíram desse modo. ■

Conceitos de espécies

Durante séculos, os naturalistas definiram as espécies como formas de vida que partilhavam certas características físicas (morfologia). No século XVII, os biólogos já haviam notado que esse conceito morfológico é bastante limitado: os sexos podiam ter tamanho e cor diferentes e muitos animais mudam de forma ao se metamorfosear. No século XIX, Gloger, Darwin e outros chamaram a atenção para a variação natural em populações de animais que se cruzam – e como isso é a chave da evolução. O conceito de espécie biológica de Mayr – em que diferentes espécies são isoladas em termos reprodutivos – fez avançar um pouco essa abordagem da questão. Porém, mesmo assim não funciona em todos os casos, a exemplo de organismos que só se reproduzem de forma assexuada. A maioria dos biólogos hoje usa o conceito de espécie filogenética, que define uma espécie como um grupo de organismos que têm um ancestral comum com o qual partilham certos traços.

TODA CLASSIFICAÇÃO VERDADEIRA É GENEALÓGICA

CLADÍSTICA

EM CONTEXTO

FIGURA CENTRAL
Willi Hennig (1913–1976)

ANTES
1753, 1758 *Species plantarum* e *Systema naturae*, de Lineu, são o ponto de partida da classificação hierárquica e da nomenclatura das espécies.

1859 *A origem das espécies*, de Charles Darwin, fornece evidências das relações evolutivas entre as espécies.

1939 A classificação de Alfred Sturtevant das espécies de drosófilas segundo muitas características correlatas é precursora da taxonomia numérica, que se torna popular nos anos 1950 e 1960.

DEPOIS
1968 A teoria neutralista da evolução molecular, de Motoo Kimura, sustenta a ideia de que seria possível identificar quando as espécies divergiram na história evolutiva de um grupo.

Em *A origem das espécies*, Charles Darwin propôs uma classificação por relações evolutivas. Ele pensava que o melhor meio de descobrir tais relações era comparar traços observáveis de espécies diferentes, mas concedia que algumas características eram mais importantes que outras – e que algumas podiam ser enganadoras. A espinha óssea mostra de modo categórico que os vertebrados descendem de um ancestral comum, mas o mesmo não se pode dizer das asas, que evoluíram de modo independente em diferentes grupos de espécies – por exemplo, em aves, morcegos e insetos.

Os biólogos sabiam que a escolha das características usadas em taxonomia (classificação de espécies), assim como seu peso relativo, era subjetiva. Então, em 1939, o geneticista americano Alfred Sturtevant usou um sistema estritamente numérico para classificar espécies de drosófilas. Ele analisou 27 características de 42 espécies para descobrir quais traços se correlacionavam com outros, indicando possíveis relações genéticas. As 42 espécies se dividiam claramente em três grandes grupos. Sustentada por estudos posteriores, essa abordagem quantitativa à classificação por similaridade geral – conhecida como fenética – ganhou força. Com a invenção dos computadores, os biólogos dos anos 1950 puderam lidar com enormes quantidades de dados envolvidos em grupos taxonômicos

Membrana fina

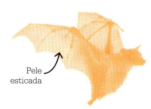
Pele esticada

Penas

As asas de espécies não relacionadas geneticamente são estruturas análogas: parecem similares, mas evoluíram separadamente. As asas de morcegos e aves evoluíram de "mãos" ósseas, mas as dos insetos são distintas dos membros.

DIVERSIDADE DA VIDA E EVOLUÇÃO 275

Ver também: Nomear e classificar a vida 250-253 ▪ A vida evolui 256-257 ▪ Seleção natural 258-263 ▪ Especiação 272-273 ▪ Extinções em massa 278-279

Neste cladograma de vertebrados terrestres vivos, as aves são classificadas como um subgrupo dos répteis, porque descendem dos dinossauros reptilianos e seus parentes vivos mais próximos são os crocodilos. Porém, a classe tradicional dos répteis modernos não inclui as aves.

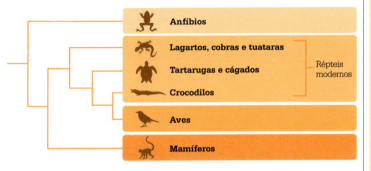

Terminologia cladística

Quando Willi Hennig descreveu seu sistema de classificação de organismos, criou muitos novos termos. Conforme a cladística ganhou aceitação, alguns deles foram adotados por biólogos e agora fazem parte do léxico taxonômico. Dois termos essenciais são "apomorfia" e "plesiomorfia". O primeiro é uma inovação evolutiva – uma característica (ou traço) ausente nos ancestrais que é útil na definição dos grupos. O segundo é uma característica conservada dos ancestrais que, assim, nos diz um pouco sobre as relações dentro do grupo. Os taxonomistas definem também os traços observando os "grupos externos" – ou seja, espécies com relação mais distante. As unhas das mãos, por exemplo, são uma apomorfia entre os primatas, exclusivas às espécies do grupo. Mas entre eles os pelos na pele são uma plesiomorfia, porque também se acham em "grupos externos" de mamíferos, como roedores e cães.

maiores. A técnica chegou ao auge em 1963, quando os biólogos Robert Sokal e Peter Sneath publicaram *Principles of Numerical Taxonomy*.

Classificação por origem

Embora as técnicas estatísticas de taxonomia numérica tenham se provado úteis, o método fenético não considera de modo explícito evidências de origem evolutiva. Porém, uma escola rival de classificação fez exatamente isso. Em 1950, o zóologo alemão Willi Hennig publicou um trabalho sobre o que chamou de sistemática filogenética. Ele começou assumindo que a evolução ocorre por separação dicotômica, em que uma espécie se divide em duas. Esses pontos de ramificação, que representam um ancestral comum hipotético, foram inferidos da observação de traços herdados. Segundo Hennig, todas as espécies descendentes de um ancestral comum – e o próprio ancestral – deviam ser classificadas em um grupo, ou "clado". A história evolutiva é mostrada graficamente no que é hoje chamado de árvore filogenética, ou cladograma. O método de Hennig, a cladística, é o sistema mais usado hoje, embasado em métodos mais sofisticados de análise de dados possíveis agora. Por exemplo, sequências múltiplas de DNA são um indicador mais confiável de origem que apenas a morfologia (forma e estrutura dos organismos). Porém, há problemas nesse método. As espécies nem sempre se separam dicotomicamente e algumas linhagens evoluem mais rápido que outras. Por exemplo, o ponto de ramificação da origem de todas as aves ocorre dentro da árvore evolutiva reptiliana, o que, pelo raciocínio cladístico, torna as aves um subgrupo dos répteis. Alguns afirmam, porém, que os aspectos distintivos que as aves desenvolveram em um período curto de tempo – como penas e bico sem dentes – justificam classificá-las como um grupo distinto dos répteis. Assim, apesar da adoção moderna de grupos cladísticos, outros grupos de classificação mais tradicional continuam populares. ■

A cladística foi motivada pela [necessidade] de eliminar a subjetividade e arbitrariedade na classificação.
Ernst Mayr
Biólogo americano, 1904–2005

A PROPRIEDADE DA EVOLUÇÃO QUE LEMBRA UM RELÓGIO
O RELÓGIO MOLECULAR

EM CONTEXTO

FIGURAS CENTRAIS
Emile Zuckerkandl (1922–2013),
Linus Pauling (1901–1994)

ANTES
1905 O físico nascido na Nova Zelândia Ernest Rutherford inventa uma técnica para datar rochas analisando seus isótopos químicos, adaptada depois para datar fósseis.

1950 Willi Hennig propõe um método de classificação por árvores evolutivas (cladística).

DEPOIS
1968 O biólogo japonês Motoo Kimura apresenta a teoria neutralista da evolução molecular, segundo a qual muito da variação genética surge por mutação em ritmo constante.

2000 Biólogos usam os termos "cronograma" e "árvore do tempo" para designar árvores evolutivas calibradas para mostrar as datas de pontos de ramificação.

Conforme a vida evolui, o DNA acumula mudanças ao ser mal copiado. Essas cópias, ou mutações, alteram a sequência dos componentes fundamentais do DNA. Em 1962, o biólogo Emile Zuckerkandl e o químico Linus Pauling descobriram sequências similares em espécies aparentadas. Em 1965, ajustando fósseis datados na árvore evolutiva da espécie estudada, puderam estimar a rapidez da mudança dessas sequências. Depois, Zuckerkandl e Pauling afirmaram que esse tipo de dado poderia ser usado para mostrar a taxa de mutação em um determinado período, que poderia então servir como um "relógio molecular" para descobrir quando duas espécies divergiram.

Constância do relógio
Para estimar o espaço de tempo desde a divergência, a taxa de mudança deve permanecer constante, mas os biólogos sabem que a seleção natural pode fazê-la aumentar. Então, o "relógio" precisa se basear em genes que mudam mais aleatoriamente, e não se guiar pela seleção. Em 1967, o bioquímico americano Emanuel Margoliash descobriu um gene desses: ele produz a proteína citocromo c, necessária às reações essenciais que liberam energia em praticamente toda forma de vida, de bactérias a plantas e animais. Ele produziu árvores evolutivas com base nas distâncias de mutação entre os genes de citocromo c em espécies diferentes. Uma versão aperfeiçoada da técnica ainda é usada e é crucial para entender o ritmo de ramificação das árvores evolutivas dos organismos. ∎

[…] um dos conceitos mais simples e poderosos da evolução.
Roger Lewin
Patterns in Evolution, 1997

Ver também: O que são genes? 222-225 ▪ O código genético 232-233 ▪ Sequenciamento de DNA 240-241 ▪ Espécies extintas 254-255 ▪ Seleção natural 258-263 ▪ Mutação 264-265

SOMOS MÁQUINAS SOBREVIVENTES
GENES EGOÍSTAS

EM CONTEXTO

FIGURA CENTRAL
Richard Dawkins (1941–)

ANTES
1859 Charles Darwin revela a teoria da evolução por seleção natural, em que os organismos se comportam de modos que beneficiam sua espécie.

1930 O geneticista britânico Ronald Fisher propõe um mecanismo para explicar a seleção de parentesco, em que animais sacrificam as próprias chances de vida pela sobrevivência de parentes.

DEPOIS
Anos 1980 O campo da memética, baseado na descrição dos memes por Richard Dawkins, tenta explicar como fenômenos culturais se difundem por seleção natural.

Anos 1990 Nasce a disciplina da epigenética. Ela estuda as estruturas bioquímicas adquiridas em vida que controlam a expressão dos genes e podem ser herdadas.

O conceito de "gene egoísta" é uma visão da evolução centrada no gene. Ela torna o gene – em vez do indivíduo ou espécie – a unidade da seleção na evolução. Darwin dizia que a seleção natural atuava sobre organismos individuais. Os bem adaptados a seu ambiente sobrevivem, reproduzem e aumentam a prevalência de seus traços úteis. Os menos bem adaptados têm chances menores de sobreviver e procriar, então traços prejudiciais ficam menos comuns.

Esta hipótese questiona a explicação original de Darwin de comportamentos animais evoluindo em prol de um grupo ou toda a espécie. Por exemplo, quando um suricato sentinela produz o som de alarme ao ver um predador, beneficia sua colônia, mas corre menos risco de ser ele próprio morto, pois os sentinelas ficam perto de uma toca. Se os sentinelas morressem por isso, a seleção natural favoreceria os suricatos que não dessem o alarme. Segundo a visão centrada no gene, comportamentos como o dos suricatos sentinelas evoluem porque

Os suricatos vivem em grupos de até 30 indivíduos. Um ou mais membros de cada grupo fica alerta, pronto a dar o alarme ao ver uma ameaça.

os membros do grupo partilham uma grande proporção dos mesmos genes. As adaptações criadas por seleção natural maximizam a prevalência dos genes, não dos indivíduos ou de uma espécie (embora esses sejam os resultados diretos). Richard Dawkins popularizou a ideia no livro *O gene egoísta*, de 1976. Egoísta, afirma Dawkins, porque atividades biológicas de todos os tipos surgem do imperativo químico de replicação do DNA. ∎

Ver também: As leis da hereditariedade 208-215 ▪ O que são genes? 222-225 ▪ Seleção natural 258-263 ▪ Mutação 264-265 ▪ Relações predador-presa 292-293

A EXTINÇÃO COINCIDE COM O IMPACTO

EXTINÇÕES EM MASSA

EM CONTEXTO

FIGURAS CENTRAIS
Luis Alvarez (1911–1988),
Walter Alvarez (1940–)

ANTES
1694 Edmund Halley propõe que o impacto de um cometa causou o dilúvio bíblico, mas é pressionado pelo clero a retratar-se.

1953 Allan O. Kelly e Frank Dachille aventam que os dinossauros foram exterminados pelo impacto de um asteroide.

DEPOIS
1990 Alan Hildebrand descobre que amostras da cratera Chicxulub mostram "metamorfismo de impacto", inclusive cristais de vidro chamados tectitos e quartzo "de impacto".

2020 Gareth Collins mostra que o asteroide mortífero atingiu o solo em um ângulo pouco inclinado, maximizando o possível tamanho da nuvem de detritos.

Durante a história da vida na Terra, houve vários grandes eventos de extinção em massa, bem evidenciados em registros fósseis. Eles foram muito estudados, mas o que mais desperta o interesse de cientistas e curiosos ocorreu cerca de 66 milhões de anos atrás, no fim do período Cretáceo. Nesse evento, três quartos das espécies da Terra – entre elas os dinossauros, com a exceção dos que evoluíram como aves – desapareceram em um piscar de olhos geológico. A possível causa da destruição da espécie foi debatida por muitos anos sem solução, devido à ausência de evidências físicas, até a publicação de um artigo em 1980 com novos achados geológicos. O físico americano Luis Alvarez e seu filho, o geólogo Walter Alvarez, afirmaram que esse evento de extinção em massa fora causado por

O asteroide que atingiu a Terra 66 milhões de anos atrás tinha cerca de 10 km de diâmetro. A probabilidade de impacto de outro asteroide desse tamanho é de uma vez a cada 100 milhões de anos.

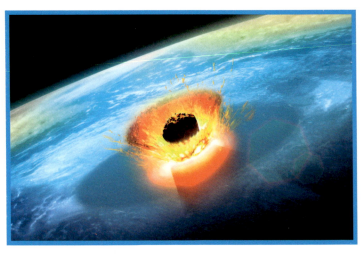

DIVERSIDADE DA VIDA E EVOLUÇÃO

Ver também: Fotossíntese 50-55 ▪ Espécies extintas 254-255 ▪ Especiação 272-273 ▪ Cadeias alimentares 284-285

Luis Alvarez recebeu o Prêmio Nobel de Física de 1968 por seu trabalho com partículas subatômicas. Em 1979, usando química nuclear, ele mediu os níveis de irídio em argila sedimentar.

um asteroide – um objeto grande e rochoso que orbita o Sol –, que havia atingido nosso planeta.

Poeira de irídio
A hipótese dos Alvarez se baseou na descoberta em Gubbio, na Itália central, de níveis muito altos do metal irídio em uma camada do rocha sedimentar de argila, correspondente à época da extinção dos dinossauros. A concentração de irídio era 30 vezes maior que a usual, e mais pesquisas verificaram o mesmo fenômeno em outras partes do mundo; na Dinamarca, o irídio na camada de argila era 160 vezes o do nível de ocorrência natural. Uma vez que os elementos do grupo da platina, como o irídio, são raros na crosta terrestre, deduziu-se que a argila resultava de poeira de um objeto extraterrestre. Uma possibilidade era ter vindo de uma supernova – a explosão de uma estrela. Verificou-se, porém, que a composição da argila era muito similar ao material de nosso próprio sistema solar, e uma supernova

ocorreria muito longe dele. A causa mais provável, assim, era o impacto de um grande asteroide. Uma colisão como essa geraria uma vasta nuvem de rocha pulverizada, com 60 vezes a massa do asteroide, que impediria a luz solar de chegar à superfície do planeta por vários anos. Isso eliminaria a fotossíntese, levando a um colapso catastrófico na cadeia alimentar e a uma extinção em massa.

Com os dados do irídio, calculou-se que o asteroide teria dez quilômetros de diâmetro. A cratera do impacto, porém, ainda não tinha sido achada. Então, em 1990, novas evidências confirmaram a origem do impacto em uma imensa cratera perto da cidade de Chicxulub, no México. Ela tinha o tamanho e a idade exata do culpado.

Erupções vulcânicas
A hipótese do asteroide foi recebida com ceticismo pelos que pensavam que o declínio dos dinossauros, além da mudança na flora terrestre na época, tinha sido gradual demais para se dever a um evento súbito. Segundo uma teoria rival persistente, enormes erupções vulcânicas do fim

[...] sonhamos encontrar novos segredos da natureza tão importantes e excitantes quanto os descobertos por nossos heróis científicos.
Luis Alvarez
Palestra ao receber o Nobel, 1968

A cratera de Chicxulub, criada pelo impacto de um asteroide, estende-se pelo golfo do México a partir da península de Yucatán. Sua borda é marcada por um anel de dolinas (depressões circulares), ou cenotes, termo originário da língua maia.

do período Cretáceo eram as responsáveis. Elas haviam criado um dos maiores acidentes geográficos de origem vulcânica do mundo – os Basaltos de Deccan, no centro-oeste da Índia – e poderiam ter transformado as condições de vida na Terra. Lançando gases sulfurosos na atmosfera, os vulcões poderiam ter acidificado os oceanos, e a emissão de dióxido de carbono causado um aumento nas temperaturas globais. Segundo outra teoria, o impacto do asteroide intensificou a atividade vulcânica.

Modelagens climáticas e ecológicas, porém, sustentam a hipótese do asteroide. Ela apresenta o cenário resultante de um longo inverno que teria tornado a Terra inabitável para dinossauros, mas os efeitos de aquecimento do vulcanismo teriam mitigado o resfriamento e talvez ajudado a recuperação ecológica. Sem o vulcanismo, ainda mais espécies teriam se extinguido. ▪

ECOLOGIA

INTRODUÇÃO

1718 — Richard Bradley descreve como **plantas e animais** dependem uns dos outros nas **cadeias alimentares**.

1799 — A **expedição** de Alexander von Humboldt à América do Sul lança as bases da **biogeobotânica**.

1916 — O conceito de **sucessão** dentro de uma comunidade local **de várias espécies** é proposto por Frederic E. Clements.

1925 — Alfred Lotka propõe um modelo da **relação simbiótica predador-presa**, duplicado de modo independente por Vito Volterra no ano seguinte.

1926 — Em *A biosfera*, Vladimir Vernadski explica como os **organismos** vivos **ativam a reciclagem** da matéria no ambiente.

1934 — Georgy Gause apresenta seu **princípio da exclusão competitiva**: se duas espécies competem, a mais fraca ou **se extingue ou se adapta**, de modo a não mais competir.

Embora a maior parte da biologia se ocupe do estudo dos organismos vivos – sua anatomia e fisiologia, e os próprios processos da vida –, uma de suas áreas importantes é a ecologia, que examina as complexas relações entre os organismos vivos e seu ambiente externo. A ecologia surgiu como um tópico distinto no Iluminismo, nos séculos xvii e xviii, no auge da revolução científica, quando os cientistas e filósofos naturais buscavam explicações racionais para os fenômenos da natureza.

A ideia de estudar os seres vivos em seu habitat natural não era nova: os naturalistas observavam e comentavam sobre as plantas, animais e o mundo em que viviam desde Aristóteles, no século iv a.C. Mas no século xviii, a abordagem científica metódica a tais observações começou a fornecer informações sobre as interações dos organismos e seu entorno.

Um dos primeiros cientistas a estudar esse aspecto da biologia foi Richard Bradley, que notou a interdependência entre diferentes organismos no que descreveu como cadeias alimentares. A proposta de estudar os seres vivos não como indivíduos, mas como integrantes de uma comunidade de organismos, ocupando um ambiente específico, não foi adotada de imediato pelos biólogos, e sua importância só foi totalmente reconhecida no século xx.

As viagens de exploradores como Alexander von Humboldt, Alfred Russel Wallace e Charles Darwin no século xix reacenderam o interesse por tal abordagem. Essas expedições revelaram uma enorme variedade de vida e mostraram como espécies diferentes evoluíram para se ajustar às condições geográficas – em especial climáticas – em que viviam.

Uma nova disciplina

Ao estabelecer a ligação entre as espécies e seu ambiente, a moderna disciplina da ecologia foi fundada. Estudando todos os organismos de um local específico – no que chamou de comunidade –, Frederic E. Clements mostrou como esses organismos reagem a condições e mudam com o tempo. Ele também descobriu que a composição da comunidade varia segundo a natureza física de seu entorno. Alfred Lotka e Vito Volterra examinaram ainda o comportamento de animais em uma

ECOLOGIA

Arthur Tansley apresenta o conceito de **ecossistemas** e da **interação** dentro deles entre os **organismos** vivos e seu ambiente **não vivo**.

O **nicho** de uma espécie – o **papel que ele desempenha** em seu ambiente – é definido por G. Evelyn Hutchinson em termos de **múltiplos fatores** que envolvem sobrevivência e reprodução.

A teoria da **biogeografia insular**, de Robert MacArthur e Edward Wilson, apresenta um **modelo de equilíbrio** entre a taxa de extinção e a taxa de chegada de espécies em **ecossistemas** insulares.

1935 — **1957** — **1967**

1941 — **1962** — **1974**

Raymond Lindeman descreve como a energia da **luz solar** flui através dos vários níveis – **níveis "tróficos"** – das cadeias alimentares.

Silent Spring, de Rachel Carson, alerta para o **impacto prejudicial da atividade humana** sobre os ecossistemas.

A **hipótese de Gaia**, de James Lovelock, propõe que o ecossistema do planeta Terra se comporta como um **superorganismo** autorregulado.

---

comunidade, observando a relação entre predadores e suas presas, e como essa relação simbiótica fazia suas populações flutuarem. Georgy Gause mostrou como a mais fraca de duas espécies que competem é forçada a se adaptar ou desaparecer. Um equilíbrio se estabelece na comunidade, G. Evelyn Hutchinson depois afirmou, quando cada espécie ocupa um nicho particular, de modo que espécies diversas coabitam em vez de competir em seu ambiente.

Ecossistemas

Novos conceitos sobre o ambiente surgiram aos poucos dessa noção de comunidades de organismos. Em seus textos, Vladimir Vernadski chamou de "biosfera" o ambiente total em que existem todos os seres vivos na Terra, e no qual os organismos interagem com o mundo não vivo, reciclando sem parar a matéria. Uma ideia similar de interação entre organismos e ambiente não vivo foi descrita por Arthur Tansley, mas em escala muito menor. Em vez de operar em nível global, ele imaginava que essas interações se dividiam em áreas distintas, chamadas ecossistemas.

Com a ideia de ecossistema estabelecida, o foco se voltou para o funcionamento desses sistemas como unidades autônomas e para o comportamento dos organismos dentro deles. Juntando os pontos em 1941, Raymond Lindeman retomou a noção de cadeias alimentares, explicando como a energia da luz solar flui nessas cadeias por meio de todos os organismos de um ecossistema.

Ambientalismo

Talvez a teoria mais abrangente de um ecossistema seja a hipótese de Gaia, de James Lovelock, dos anos 1970. Segundo essa teoria, a Terra inteira – não só a biosfera – é um ecossistema completo no qual os organismos vivos e o ambiente interagem o tempo todo e que, quando tomado em conjunto, se comporta de certo modo como um superorganismo individual. As ideias de Lovelock tiveram grande influência no crescente movimento ambientalista, iniciado nos anos 1960. Uma das pioneiras foi Rachel Carson, cujo livro *Silent Spring*, de 1962, descreve o impacto danoso que a atividade humana tem tido sobre o delicado equilíbrio dos ecossistemas da Terra. Nesta era de mudança climática global, seu trabalho continua a inspirar. ∎

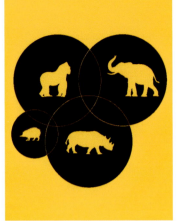

TODOS OS CORPOS TÊM ALGUMA DEPENDÊNCIA UNS DOS OUTROS
CADEIAS ALIMENTARES

EM CONTEXTO

FIGURA CENTRAL
Richard Bradley (1688–1732)

ANTES
Século IX O estudioso árabe Al-Jahiz descreve as cadeias alimentares no *Livro dos animais*.

1717 Antonie van Leeuwenhoek nota que camarões comem "animálculos", hadoques comem camarões e bacalhaus comem hadoques.

DEPOIS
1749 O botânico sueco Lineu delineia duas cadeias alimentares em seu conceito de "economia da natureza".

1927 O zóologo inglês Charles Elton escreve sobre cadeias alimentares e ciclos alimentares em *Animal Ecology*.

2008 O paleobiólogo alemão Jürgen Kriwet mostra que o conteúdo do estômago de um tubarão extinto revela uma antiga cadeia alimentar: o tubarão comia anfíbios, que comiam peixes.

Como a vida interage consigo mesma para obter alimento? As primeiras ideias sobre cadeias alimentares, que documentaram a hierarquia da alimentação de diferentes animais em um habitat, datam do século IX. Porém, o primeiro a teorizar o conceito com mais detalhes foi o botânico britânico Richard Bradley, no fim do século XVII, durante o Iluminismo. Bradley não tinha formação científica, mas gostava de plantas e escreveu muito sobre horticultura. Ele notou que insetos ou suas larvas se alimentavam de plantas de jardim, que cada espécie vegetal tinha sua própria gama de pragas e que esses insetos e larvas, por sua vez, eram presas de

A hierarquia alimentar de diferentes organismos em um habitat é mostrada nas cadeias alimentares. Os organismos são agrupados em categorias que incluem produtores, consumidores e decompositores, que se alimentam em todos os níveis da cadeia. Quase todos os produtores, também chamados autótrofos, fazem seu próprio alimento usando a fotossíntese.

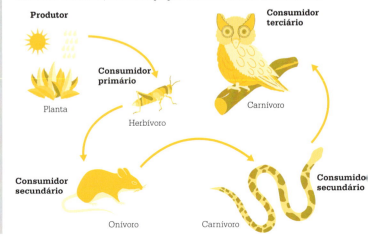

Ver também: Fotossíntese 50-55 ▪ Sucessão de comunidades 290-291 ▪ Relações predador-presa 292-293 ▪ Princípio da exclusão competitiva 298 ▪ Ecossistemas 299 ▪ Níveis tróficos 300-301 ▪ Nichos 302-303

predadores, como aranhas e aves. Em *Novos avanços em plantio e jardinagem*, de 1719–1720, ele propôs que todos os animais dependem uns dos outros para se alimentar, em uma cadeia contínua.

Produtores e consumidores

As cadeias alimentares modernas colocam as plantas como produtoras, na base da cadeia alimentar. Elas contêm clorofila e usam a energia do Sol para converter dióxido de carbono e água em açúcares, um processo conhecido como fotossíntese e que tem o oxigênio como subproduto. Esses organismos fotossintéticos, que incluem algas e bactérias além das plantas verdes, fabricam seu próprio alimento, e sem eles bem pouco poderia existir. Eles servem de pasto ou são consumidos de outras formas por consumidores primários herbívoros, como o gado, coelhos e lagartas. Estes são as presas dos carnívoros (comedores de carne) – os consumidores secundários –, entre eles raposas, corujas e cobras. Mais acima na cadeia alimentar, predadores cada vez maiores capturam e consomem os menores, com animais sem predadores (mas talvez com parasitas) ocupando o nível superior – os predadores alfa. A cada estágio, a energia é transferida de um elo ao seguinte. A cadeia se perpetua quando suas plantas e animais morrem. Os decompositores desmancham os corpos e qualquer resíduo, como os dejetos, e os reciclam em matérias--primas, disponibilizando-as aos produtores da próxima geração da cadeia.

Redes alimentares e simbiose

Em 1768, o clérigo e naturalista holandês John Bruckner verificou que as cadeias alimentares não existem isoladas e que os organismos de diferentes cadeias alimentares interagem, formando uma "rede alimentar", descrita depois por Charles Darwin como uma "rede de relações complexas".

Dentro de uma cadeia ou rede alimentar, o número de indivíduos de uma espécie específica em uma área geográfica é chamado "população", e

Os mosquitos nos lembram que não estamos tão alto na cadeia alimentar como pensamos.
Tom Wilson
Escritor e comediante canadense

quando duas ou mais populações estão ligadas a uma área particular por, digamos, vegetação, tornam-se parte de uma comunidade. Dentro da comunidade, as espécies de cada cadeia alimentar podem interagir de vários modos. Alguns comem outros – predação –, mas há mais tipos de interação. Esta pode ser benéfica para as duas partes – mutualismo – ou um organismo pode se beneficiar da relação à custa do outro, o hospedeiro, e até matá-lo, no caso de parasitismo. Quando uma espécie obtém benefícios de outra sem prejudicá-la nem ajudá-la, há o comensalismo ∎

Cadeia alimentar no fundo do oceano

Em 1976, foi descoberta no fundo do oceano Pacífico uma cadeia alimentar extraordinária, que obtinha energia não do Sol, mas do interior da Terra. As fontes hidrotermais de mar profundo são aberturas no leito oceânico, como gêiseres, em que a água marinha é aquecida pelo magma. Algumas expelem água a mais de 400 °C. Os dois tipos de fontes – fumarolas negras e brancas – se caracterizam por seu conteúdo mineral. As negras possuem sulfetos, convertidos em energia por bactérias em um processo chamado quimiossíntese. Esses organismos estão na base de uma cadeia alimentar incomum de mar profundo, que inclui vermes tubulares gigantes, mexilhões e camarões cegos, todos dependentes de bactérias para se alimentar. Uma criatura especialmente estranha – o verme-de-pompeia – fica com sua extremidade dianteira em água a confortáveis 22 °C e a cauda, protegida pela felpa de uma bactéria simbiótica, em água da fonte a 80 °C.

As fontes hidrotermais contêm organismos que sobrevivem sem luz solar, sob pressões extremas e em água quente, rica em minerais.

ANIMAIS DE UM CONTINENTE NÃO SÃO ACHADOS EM OUTRO
BIOGEOGRAFIA VEGETAL E ANIMAL

EM CONTEXTO

FIGURAS CENTRAIS
Alexander von Humboldt
(1769–1859)
Alfred Russel Wallace
(1823–1913)

ANTES
Século IV a.C. Aristóteles descreve plantas e animais que vivem em alguns lugares, mas não em outros.

1749–1788 O conde de Buffon publica *Histoire naturelle*, em 36 volumes, com sua teoria da variação de espécies.

DEPOIS
1967 Os ecologistas americanos Robert MacArthur e Edward O. Wilson desenvolvem seu modelo matemático de biogeografia insular.

1975 O biogeógrafo húngaro Miklos Udvardy propõe dividir os reinos biogeográficos em províncias menores.

Era sabido que nem todas as formas de vida existem nos mesmos lugares, mas até o século XVIII poucos tentaram explicar o porquê. Nos anos 1780, o botânico e taxonomista sueco Lineu (Carl Linnaeus), muito influenciado pela Bíblia cristã, aventou que toda a vida se originava de uma "ilha paradisíaca" em que cada espécie se adaptou a um habitat particular. Com o fim do grande dilúvio, essa diversidade de plantas e animais tinha se espalhado por toda a Terra. O polímata francês conde de Buffon adotou métodos científicos ao estudar distribuições de fósseis e animais. Buffon descreveu como regiões de ambiente similar, mas

ECOLOGIA

Ver também: Nomear e classificar a vida 250-253 ▪ Seleção natural 258-263 ▪ Especiação 272-273 ▪ Princípio da exclusão competitiva 298 ▪ Ecossistemas 299 ▪ Impacto humano sobre ecossistemas 304-311 ▪ Biogeografia insular 312-313

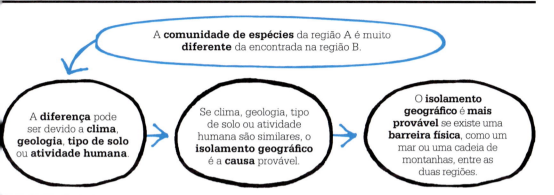

isoladas, tinham grupos comparáveis, mas distintos, de mamíferos e aves (a chamada lei de Buffon). Ele propôs que, com o tempo, a adaptação ambiental causava uma variação biogeográfica. Por exemplo, ele conjecturou que todos os elefantes descendiam de mamutes siberianos peludos que migraram do norte da Ásia e se adaptaram a novas condições ambientais. Assim, os elefantes perderam a pelagem na Índia para se adaptarem às florestas quentes e os elefantes africanos desenvolveram orelhas grandes para dissipar o calor das savanas.

A expedição de Humboldt

O geógrafo e naturalista prussiano Alexander von Humboldt lançou as bases da biogeografia (o estudo das distribuições geográficas de animais e plantas) em 1799–1804, durante uma expedição a América do Sul, México e Caribe. Com o botânico Aimé Bonpland, Humboldt analisou uma enorme quantidade de dados e demonstrou a inter-relação de geografia, clima, organismos vivos e atividade humana. Eles coletaram 5.800 espécies vegetais (3.600 antes desconhecidas pela ciência ocidental) e tomaram medidas de localização,

altitude, temperatura, umidade e outros parâmetros geográficos para explicar os fatores que definem quais plantas crescem onde.

Em 1807, Humboldt publicou o famoso *Tableau physique*, um diagrama com o corte transversal das zonas climáticas e de vegetação das montanhas equatoriais dos Andes, com base nos dados que coletou na expedição aos montes Chimborazo e Antisana, no atual Equador. Em 1811, ele também descreveu e nomeou três tipos de vegetação mexicana: *tierra caliente*,

com florestas sempre-verdes ou decíduas, *tierra templada*, de florestas temperadas de carvalhos e pinheiros-carvalhos, e *tierra fría*, com florestas de pinheiros e abetos. Essas definições foram muito aperfeiçoadas, mas revelam a percepção de Humboldt de como a distribuição geográfica das comunidades vegetais varia segundo fatores como altitude, solo e clima.

Humboldt verificou que zonas e plantas similares eram achadas em partes diferentes do mundo. Ele analisou seus dados e registrou as »

A vegetação mexicana foi classificada pela primeira vez em cinturões de altitude por Humboldt, e seu sistema é usado ainda hoje, com a adição da *tierra helada* (terra gelada), que inclui plantas alpinas.

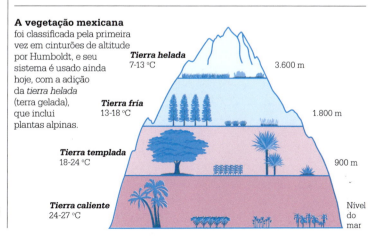

BIOGEOGRAFIA VEGETAL E ANIMAL

conclusões em sua obra principal, *Kosmos* (1845–1862).

Desde Humboldt, outros estudos examinaram fatores como latitude, isolamento, aspecto, evolução e atividade humana, que afetam a distribuição geográfica das plantas (fitogeografia). O botânico alemão Adolf Engler destacou a geologia como um fator. Com o botânico alemão Oscar Drude, Engler editou *Die Vegetation der Erde* (A vegetação da Terra) em 1896–1928; foi a primeira obra sistemática sobre fitogeografia global.

Zoogeografia

Após a obra pioneira de Humboldt sobre distribuição vegetal, muitos contribuíram com o novo campo da zoogeografia (estudo das distribuições de animais). Em sua viagem no HMS *Beagle* em 1831–1836, Darwin estudou a distribuição de espécies insulares, pesquisa que usaria depois para desenvolver suas ideias sobre seleção natural e evolução. Ele notou que muitos animais eram achados só em um e habitat e não em outros similares – por exemplo, algumas aves das ilhas Falkland (Malvinas) e as tartarugas-gigantes de Galápagos.

> Devo me empenhar em descobrir como as forças da natureza atuam umas sobre as outras e de que maneira o ambiente geográfico exerce influência sobre animais e plantas.
> **Alexander von Humboldt**
> Carta a Karl Freiesleben (1799)

Em 1857, o ornitólogo britânico Philip Sclater apresentou um artigo à Sociedade Lineana de Londres em que dividia o mundo em seis regiões biogeográficas, com base na vida das aves. Ele assinalou que havia mais em comum entre as espécies de aves da, como ele chamou, Paleoártica (distantes áreas temperadas da Europa e da Ásia) do que entre essa região e as vizinhas da África subsaariana e do sul da Ásia. Isso indicava que a Paleoártica tinha uma fauna distinta, não compartilhada com as regiões ao seu redor.

A contribuição de Wallace

O biólogo e geógrafo britânico Alfred Russel Wallace era a maior autoridade sobre distribuições de animais no século XIX. Em suas expedições, ele anotava cada espécie de animal e planta em cada local visitado. Na segunda expedição, coletou mais de 125 mil espécimes animais, descrevendo mais de 5 mil espécies novas para a ciência.

Wallace também observou o comportamento de alimentação, acasalamento e migração dos animais. Nos anos 1850, percebeu como a biogeografia podia sustentar suas ideias sobre evolução, e buscava paralelos e variações nas formas de vida ao explorar áreas diferentes.

Em *The Malay Archipelago*, Wallace notou um agudo contraste entre animais das partes noroeste e sudeste das ilhas. As espécies de Sumatra e Java pareciam-se mais com as da Ásia continental, enquanto as da Nova Guiné e das Celebes eram mais similares aos animais australianos. Ele encontrou marsupiais nas Celebes, por exemplo mas não mais a oeste que isso. Descobertas como essas ajudaram a dar forma às ideias de Wallace sobre

Alfred Russel Wallace

Alfred Russel Wallace nasceu em 1823 em Monmouthshire, no Reino Unido. Deixou a escola aos catorze anos e teve várias ocupações antes de embarcar em duas grandes expedições: à bacia Amazônica, em 1848–1852, e ao arquipélago Malaio (nas atuais Indonésia e Filipinas), em 1854–1862, onde estudou e coletou animais e plantas.

Na expedição malaia, Wallace desenvolveu sua teoria da seleção natural, de modo independente de Charles Darwin, para explicar a evolução. Em 1858 enviou seu artigo a Darwin, cujo próprio trabalho sobre o tema foi então apresentado, com o de Wallace, à Sociedade Lineana de Londres. Além de naturalista excepcional, Wallace era um dedicado ambientalista, reformador social e defensor dos direitos femininos e da reforma agrária. Morreu em 1913.

Obras principais

1869 *The Malay Archipelago*
1870 *Contributions to the Theory of Natural Selection*
1876 *The Geographical Distribution of Animals*
1880 *Island Life*

ECOLOGIA

As seis regiões zoogeográficas de Wallace, com as adições modernas da Oceania (as ilhas do oceano Pacífico) e da Antártida, são hoje descritas como domínios.

*Hoje chamada Afrotropical

a origem das espécies: em especial, que novas espécies surgiam onde as populações de seus ancestrais eram separadas pelo aparecimento de barreiras montanhosas ou oceânicas.

Na primeira publicação abrangente sobre zoogeografia, *The Geographical Distribution of Animals*, Wallace usou dados das próprias explorações e as evidências de Sclater e outros para traçar as fronteiras das regiões zoogeográficas do mundo (ver acima). O limite entre as regiões Oriental e Australiana de Wallace (chamado Linha de Wallace) serpenteia do oceano Índico até o mar das Filipinas – atravessando os estreitos de Lombok, entre as ilhas Lombok e Bali, e de Macáçar, entre Bornéu e as Celebes. A linha marca o limite abrupto na distribuição de muitas plantas e animais que Wallace notara antes.

Tectônica de placas

No início do século XX, o geofísico alemão Alfred Wegener percebeu as estranhas distribuições de alguns fósseis vegetais e animais. Por exemplo, o réptil *Cynognathus*, do Triássico, era encontrado na costa do Brasil e na de Angola, na África central, milhares de quilômetros distantes. Um segundo exemplo descrito por Wallace era a samambaia com sementes *Glossopteris*, do início do Permiano, no Uruguai, Namíbia, Madagascar, sul da Índia, Antártida e Austrália.

Wegener acreditava que os continentes eram ligados em um supercontinente (que chamou de Pangea) e que depois se separaram, movendo-se lentamente pela Terra. Sua teoria da "deriva continental", de 1915 (hoje chamada tectônica de placas), só foi confirmada nos anos 1960, mas foi um importante avanço na biogeografia fóssil (paleobiogeografia).

Aplicações modernas

Ao indicar mudanças na distribuição das espécies, a biogeografia fornece informações vitais sobre os efeitos da mudança climática global. Por exemplo, verificou-se que, em 2017, as zonas de vegetação de Humboldt já estavam 215 a 266 m mais acima no monte Antisana, marcando um importante aquecimento no clima. A biogeografia também revela mudanças na migração e época de acasalamento dos animais. Tal conhecimento contribui para medidas de conservação das espécies. ∎

Biogeografia oceânica

Os oceanos do mundo apresentam desafios únicos aos biogeógrafos, que lutam para superar obstáculos tecnológicos à exploração desses vastos espaços. A 1.000 m de profundidade não há luz natural, e a pressão da água só não esmaga os submersíveis mais sofisticados. O dinamismo das águas oceânicas também é um problema: os limites entre águas quentes e frias – e com alta e baixa salinidade – mudam de ano para ano e conforme as estações.

O zoneamento mais abrangente até hoje de todas as regiões biogeográficas dos oceanos é a classificação Global Open Oceans and Deep Seabed (GOODS), publicada pela Unesco em 2009.

A GOODS identifica 30 comunidades de espécies pelágicas (de mar aberto), 38 bentônicas (de leito marinho) e 10 de fontes hidrotermais. Ela busca ser um guia para a salvaguarda da biodiversidade marinha, incluindo a definição de áreas de proteção e planejamento de pesca, mas é uma obra em construção e precisará ser aperfeiçoada.

A Fossa das Marianas, o leito marinho mais profundo da Terra, está entre duas placas tectônicas e raramente é explorada.

A INTERAÇÃO DE HABITAT, FORMAS DE VIDA E ESPÉCIES
SUCESSÃO DE COMUNIDADES

EM CONTEXTO

FIGURA CENTRAL
Frederic E. Clements
(1874–1945)

ANTES
1863 O botânico austríaco Anton Kerner publica um estudo sobre a sucessão de plantas na bacia fluvial do Danúbio.

DEPOIS
1916 O botânico americano William S. Cooper estuda como plantas, na bacia dos Glaciares, no Alasca, colonizam solo recém-exposto após o recuo das geleiras.

1926 Henry A. Gleason se opõe à ideia de comunidade clímax, afirmando que cada espécie de uma comunidade responde de modo individual a condições ambientais.

1939 O botânico britânico Arthur Tansley propõe que, mais que uma simples comunidade clímax, há vários "policlímax" influenciados pelo clima e outros fatores ambientais.

Em ecologia, uma comunidade é um grupo de espécies diferentes que vivem no mesmo habitat. A sucessão designa o processo de mudança temporal em uma comunidade, como uma ilha vulcânica nua ao ser colonizada pela vida – conforme cada espécie cresce, modifica o habitat, ajudando o desenvolvimento de espécies posteriores. Em 1825, o naturalista Adolphe Dureau de la Malle cunhou esse termo ao ver como uma sucessão de espécies vegetais brotava onde uma floresta fora derrubada, e perguntou: "A sucessão é uma lei geral da natureza?". Embora a sucessão tenda a se concentrar nas comunidades de plantas e no modo como alteram seu ambiente, os microrganismos, fungos e animais que as acompanham também mudam no processo.

Sucessão primária
Em 1899, o botânico americano Henry Chandler Cowles deu seguimento ao trabalho de Dureau de la Malle estudando comunidades de dunas de areia nas praias do lago

As espécies pioneiras são as primeiras a colonizar ambientes inóspitos, como superfícies rochosas ou arenosas. Elas incluem líquens ou plantas que exigem poucos nutrientes e que adicionam matéria orgânica ao solo ao se decompor. Por fim, elas são substituídas por gramíneas, arbustos e árvores.

ECOLOGIA

Ver também: Biogeografia vegetal e animal 286-289 ▪ Reciclagem e ciclos naturais 294-297 ▪ Ecossistemas 299 ▪ Impacto humano sobre ecossistemas 304-311 ▪ Biogeografia insular 312-313 ▪ A hipótese de Gaia 314-315

> A vegetação de uma área é o mero resultado de dois fatores – a imigração flutuante e fortuita de plantas e um ambiente igualmente flutuante e variável.
>
> **Henry A. Gleason**
> Ecologista americano (1882–1975)

Michigan, nos EUA. Ele propôs a noção de sucessão primária, que descreve como as plantas chegam à terra sem vegetação prévia, depois mudam e se desenvolvem em etapas com tamanho e complexidade crescentes, conforme novas espécies vegetais superam as mais antigas e o solo se altera devido à erosão e às ações da biota. Se a água acumula formando uma lagoa, por exemplo, e não é perturbada por muitos anos, o habitat aos poucos se torna um bosque, em uma série de etapas – plantas aquáticas, plantas de brejo, gramíneas, arbustos e árvores. A lagoa, na verdade, se converte em solo que sustenta vegetação terrestre. O estágio final da sucessão, descrito primeiro por Clements, é a comunidade clímax. Em 1916, ele aventou que uma comunidade clímax é composta das plantas mais bem-adaptadas ao clima regional, como uma floresta intocada de árvores antigas e de folhas largas em clima temperado. É tentador considerar a vegetação clímax estável, mas pouco na natureza se mantém sempre igual. Clements comparava a comunidade vegetal a um organismo vivo, que cresce, amadurece e decai. Ele também descreveu o ecossistema inteiro como um "superorganismo".

Sucessão secundária

Quando uma comunidade é perturbada ou danificada, como uma floresta derrubada ou queimada, inicia-se a sucessão secundária, que por definição é a recolonização de uma comunidade.

Como Dureau de la Malle observou, quando uma árvore de floresta cai, o solo é banhado de luz, então sementes que normalmente seriam anuladas pela sombra do dossel de folhas conseguem germinar, e as plantas do sub-bosque florescem, assim como arbustos e árvores do subdossel; isto é, até que as outras árvores assumam de novo. ■

Após incêndios florestais no Parque Nacional de Yellowstone, nos EUA, a sucessão secundária se apresenta. A *Pinus contorta* é adaptada ao fogo, e sua pinha (acima) se abre e libera as sementes quando sua rosina é derretida

As ilhas de Krakatoa

As três ilhas remanescentes de Krakatoa, na Indonésia, foram efetivamente esterilizadas pela erupção vulcânica de 1883, e sua recolonização é um exemplo de sucessão primária. Dois meses após a erupção, não existia vida visível, mas logo depois algas verde-azuladas cresceram na costa, enquanto ainda havia lava nua no interior das ilhas. Após três anos, o litoral estava coberto de musgos, gramíneas, samambaias e plantas costeiras tropicais, com umas poucas gramíneas no interior. Após 13 anos, surgiram coqueiros e casuarinas perto da praia e gramíneas cobriam as áreas do interior, com casuarinas isoladas. No 23º ano, árvores cresciam em todos os lugares e, após 47 anos, uma densa floresta se espalhava. Acredita-se que só em mais de mil anos as três ilhas alcançarão uma diversidade de vegetação clímax similar à das terras próximas. Porém, na ativíssima ilha vulcânica de Anak Krakatoa, as erupções frequentes destruíram parcialmente a vegetação muitas vezes, então cada recuperação é um exemplo de sucessão secundária.

UMA COMPETIÇÃO ENTRE ESPÉCIES DE PRESA E PREDADOR
RELAÇÕES PREDADOR-PRESA

EM CONTEXTO

FIGURAS CENTRAIS
Alfred J. Lotka (1880–1949),
Vito Volterra (1860–1940)

ANTES
1910 Alfred J. Lotka propõe um dos primeiros modelos matemáticos para ajudar a prever flutuações populacionais em grupos predador-presa.

1920 O matemático soviético Andrey Kolmogorov aplica o modelo original de Lotka a interações planta-herbívoro.

DEPOIS
1973 O biólogo americano Leigh van Valen propõe a hipótese da Rainha Vermelha para explicar a "corrida armamentista" constante entre predadores e presas.

1989 Os ecologistas matemáticos Roger Arditi e Lev R. Ginzburg apresentam as equações de Arditi--Ginzburg, que incluem o impacto da proporção entre predador e presa.

O predador é um organismo vivo que come outro, e a presa é o organismo que o predador come. Sua relação, em que duas espécies interagem no mesmo ambiente, se desenvolve com o tempo, conforme as gerações de cada espécie impactam uma à outra. Nesse processo, a seleção natural favorece adaptações físicas, fisiológicas e comportamentais que as tornam predadores mais eficientes e presas que se defendem melhor.

As duas espécies estão, na verdade, em uma "corrida armamentista evolutiva". Isso influencia o sucesso e, assim, a sobrevivência de cada uma delas e a adaptação de suas populações. Se o número de presas aumenta, há mais comida para os predadores, então sua população também cresce. O número maior de predadores, porém, leva a população de presas a diminuir, e, após pouco tempo, o número de predadores também cai. Essas flutuações nas populações de predador e presa ocorrem às vezes em ciclos reconhecíveis, que podem durar meses ou até anos.

Matemática e ecologia
As flutuações populacionais regulares, conhecidas como oscilações, foram formalizadas primeiro nos anos 1920 pelos matemáticos Alfred J. Lotka, americano, e Vito Volterra, italiano, que apresentaram, quase ao mesmo tempo mas de modo independente, um par de equações, hoje chamadas equações de Lotka--Volterra. Elas descreviam as mudanças nas relações entre as populações de predadores e presas, e foram incluídas primeiro por Lotka em seu livro *Elements of Physical Biology*, em 1925. Volterra publicou suas conclusões um ano depois. O modelo Lotka-Volterra, porém, supunha um ambiente constante. Ele assumia que a presa

O Paradoxo da Sustentação: para que a vida de um organismo continue, a de outro tem de ser interrompida.
Mokokoma Mokhonoana
Escritor sul-africano

ECOLOGIA 293

Ver também: Espécies extintas 254-255 ▪ Seleção natural 258-263 ▪ Cadeias alimentares 284-285 ▪ Princípio da exclusão competitiva 298 ▪ Sucessão de comunidades 290-291 ▪ Ecossistemas 299 ▪ Nichos 302-303

O guepardo e a gazela estão presos em uma corrida armamentista evolutiva. Os guepardos correm rápido o suficiente para apanhar as gazelas, que são mais ágeis para mudar de direção na fuga.

sempre encontra comida suficiente, os predadores têm apetite ilimitado e nunca deixam de caçar, e o ambiente não tem impacto em nenhuma das espécies.

Testagem da teoria

Os ciclos predador-presa baseiam-se em uma relação alimentar entre duas espécies. Como os predadores consomem sua presa, há risco de que extingam a fonte que os mantém vivos, mas, se forem um pouco menos eficientes em apanhá-las, as populações da presa podem se recuperar, enquanto o número de predadores cai. As equações de Lotka-Volterra indicavam que, embora os ciclos predador-presa sejam interrompidos por movimentos aleatórios, sempre voltam ao ritmo normal, e um novo ciclo começa. Mas quanto tempo esses ciclos potencialmente infinitos poderiam durar ainda não foi esclarecido.

Liderada pelo professor alemão Bernd Blasius, uma equipe de pesquisadores de universidades do Canadá e da Alemanha testou se os ciclos predador-presa são sustentáveis em uma comunidade real observando organismos minúsculos de água doce chamados rotíferos (o predador) se alimentando de algas (a presa). Pesquisas anteriores tinham se limitado a poucos períodos do ciclo, mas nesse experimento, que durou dez anos, observaram-se oscilações populacionais em cinquenta ciclos e cerca de trezentas gerações de rotíferos. Em 2019, a equipe confirmou o conceito de ciclos predador-presa autogerados de longo prazo. Porém, apesar das condições constantes, períodos irregulares curtos interromperam as oscilações regulares, sem influências exteriores discerníveis. A pesquisa sobre variados fatores externos que poderiam estar envolvidos continua em curso, mas o estudo provou a capacidade dos ciclos predador-presa de voltar ao estado original após perturbações aleatórias. ∎

O lobo-cinzento não vivia na ilha Royale antes do fim dos anos 1940. Ele chegou cruzando o gelo do inverno ou nadando em outras épocas do ano.

Os lobos da ilha Royale

A ilha Royale, nos Grandes Lagos dos EUA, é o lar de duas espécies cuja vida é indissociável: o lobo-cinzento (predador) e o alce (presa). Desde 1958, eles são observados de perto – este é o estudo contínuo de um sistema predador-presa mais longo do mundo. O modelo Lotka-Volterra está sendo usado para tentar descrever as flutuações populacionais das duas espécies, mas a dinâmica é complicada demais. Além da predação pelos lobos, outros problemas, como invernos rigorosos, falta de alimentos e surtos de carrapatos, tiveram impacto sobre a população de alces. Embora isso cause queda no número de lobos, outros fatores também tiveram sua parte, como o envelhecimento da população, o parvovírus canino e uma deformidade na espinha causada por cruzamentos consanguíneos. Em 2012, o lobo-cinzento estava prestes a se extinguir, até que um lobo vindo do Canadá renovou o pool genético. Em suma, o aumento e a queda nas populações de lobos e alces na ilha Royale são imprevisíveis.

A MATÉRIA VIVA ESTÁ EM CONSTANTE MOVIMENTO, DECOMPOSIÇÃO E RECONSTRUÇÃO

RECICLAGEM E CICLOS NATURAIS

EM CONTEXTO

FIGURA CENTRAL
Vladimir Vernadski
(1863–1945)

ANTES
1699 O naturalista inglês John Woodward percebe que a água contém "algo" essencial ao crescimento vegetal.

1875 O geólogo austríaco Eduard Suess apresenta o termo "biosfera", para designar "o lugar na superfície da Terra onde a vida reside".

DEPOIS
1928 O zoólogo russo Vladimir Beklemishev alerta que o futuro da raça humana está ligado à preservação da biosfera.

1974 O cientista britânico James Lovelock e a bióloga americana Lynn Margulis propõem a hipótese de Gaia, a ideia de que a Terra se comporta como um organismo vivo.

A Terra contém dois tipos de matéria: viva e não viva. Organismos, ou matéria viva, não existem isolados de seu ambiente. Durante a vida, eles tomam materiais de seu entorno e liberam produtos residuais, e ao final dela morrem e apodrecem. Os organismos são feitos dos mesmos tipos de átomos que existem na matéria não viva, e tais componentes – como os átomos de carbono e nitrogênio – são "reciclados" entre vivos e não vivos por processos químicos. A quantidade total de cada um não muda, mas eles são combinados e recombinados em uma variedade de modos.

ECOLOGIA 295

Ver também: Respiração 68-69 ▪ Reações de fotossíntese 70-71 ▪ Ecossistemas 299 ▪ Impacto humano sobre ecossistemas 304-311 ▪ A hipótese de Gaia 314-315

Vladimir Vernadski

Nascido em São Petersburgo, na Rússia, em 1863, Vladimir Vernadski foi aluno de Vassili Vassilievtch Dokuchaev, o fundador da ciência do solo, na universidade local. Ele obteve o mestrado em mineralogia, geologia e química em 1887. Depois passou três anos na França, Itália e Alemanha estudando cristalografia. De 1890 a 1911, Vernadski deu palestras sobre cristalografia e mineralogia na Universidade Estatal de Moscou, tornando-se seu professor em 1898.

Após a Revolução Russa, Vernadski investigou o potencial da radiatividade como fonte de energia e estudou o papel dos organismos vivos na conformação da Terra. Em 1928, fundou e dirigiu o Laboratório Biogeoquímico da Academia de Ciências de São Petersburgo. Morreu em Moscou em 1945, aos 81 anos.

Obras principais

1924 *Geoquímica*
1926 *A biosfera*
1943 "A biosfera e a noosfera"
1944 "Questões de bioquímica"

Um dos primeiros cientistas a explorar a natureza da vida em relação à Terra foi o geoquímico russo Vladimir Vernadski, que cunhou o termo "biogeoquímica" para designar o estudo dos ciclos químicos da Terra e descrever como são influenciados pelos seres vivos. Sua monografia *A biosfera*, de 1926, atraiu atenção; o título se refere à área, na superfície do planeta, em que há vida, em terra ou nos oceanos. A Terra é feita de quatro "esferas" ou subsistemas: a biosfera, a atmosfera (os gases que a envolvem), a hidrosfera (a água na superfície da Terra, em sua atmosfera e no subsolo) e a litosfera (a camada rochosa externa da Terra). Segundo Vernadski, os organismos vivos dão forma à biosfera, e vários ciclos naturais são centrais a essa concepção.

O ciclo do carbono

O carbono, o quarto elemento mais abundante no Universo, é o pilar químico básico da vida como a conhecemos. Na Terra, ele é o tempo todo reciclado, e seu ciclo tem dois elementos: rápido e lento. O ciclo lento do carbono envolve seu armazenamento de longo prazo em rochas – cada ciclo pode durar de 100 milhões a 200 milhões de anos. O carbono sai da atmosfera sob a forma de um ácido carbônico fraco, que cai como chuva e erode quimicamente as rochas. Os rios carregam os carbonatos liberados para o oceano, onde são assimilados no corpo de organismos marinhos, que caem no leito marinho ao morrer. Ao longo de milhões de anos, a matéria morta é comprimida e forma rochas sedimentares carboníferas.

Esse processo responde por cerca de 80% do carbono nas rochas; os outros 20% ocorrem sob a forma de material orgânico em folhelho (rocha sedimentar de grão fino) ou como petróleo, carvão ou gás criados por calor e pressão. Quando esses combustíveis fósseis são extraídos e queimados, o carvão volta para a atmosfera. O oceano absorve o dióxido de carbono e também o libera na atmosfera, fazendo isso num ritmo um pouco mais rápido que as rochas. »

296 RECICLAGEM E CICLOS NATURAIS

O ciclo rápido do carbono envolve o movimento do carbono que ocorre em todos os organismos vivos da Terra. Ele é medido não em milhões de anos, mas na duração de uma vida. Quando os organismos vivos respiram, absorvem oxigênio da atmosfera e liberam energia, água e dióxido de carbono. As plantas e o fitoplâncton (microrganismos marinhos) utilizam o dióxido de carbono como matéria-prima para a fotossíntese – processo que usa energia do Sol para criar açúcares para energia (e oxigênio como resíduo). Os animais comem fitoplâncton, plantas e/ou outros animais, e morrem, fornecendo alimento para alguns animais, fungos e bactérias. O carbono aprisionado é transferido a esses decompositores, e depois ao solo; parte é perdida por respiração celular. Uma parcela do carbono armazenado é queimada em incêndios de árvores ou arbustos, convertendo-se em dióxido de carbono liberado na atmosfera. No outono e inverno, no hemisfério norte, muitas plantas perdem as folhas, e os níveis de dióxido de carbono na atmosfera sobem devido à queda na fotossíntese. Na primavera, novas folhas crescem e esse nível cai. É como se as plantas e o fitoplâncton da Terra fossem seus pulmões.

> Você vai morrer, mas o carbono não; a vida dele não termina com você. Ele vai voltar ao solo, e lá uma planta com o tempo poderá levá-lo para cima, mandando-o mais uma vez a um ciclo de vida vegetal e animal.
> **Jacob Bronowski**
> Matemático britânico-polonês
> (1908–1974)

O ciclo do carbono descreve o modo com que os átomos de carbono são continuamente circulados entre as partes vivas e não vivas dos ecossistemas, por meio de uma série de processos complexos.

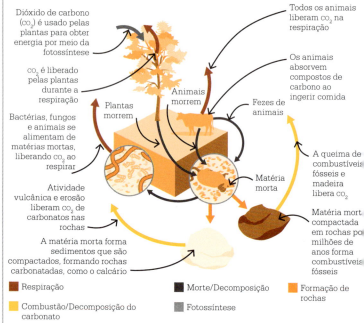

O ciclo do nitrogênio

Descoberto em 1772 pelo médico escocês Daniel Rutherford e nomeado em 1790 pelo químico francês Jean-Antoine Chaptal, o nitrogênio constitui cerca de 78% da atmosfera da Terra e é essencial à vida. Ele é um importante elemento dos componentes básicos dos organismos vivos: DNA, RNA e proteínas. O nitrogênio é um gás inerte (não reativo), então tem de ser convertido em outra forma, como amônia, nitratos ou nitrogênio orgânico (ureia) para que os organismos vivos possam usá-lo.

O nitrogênio da atmosfera pode ser "fixado" em formas mais úteis no solo ou nas leguminosas (ver ao lado), pela ação de raios ou de bactérias fixadoras de nitrogênio. Ele também pode ser liberado no solo pelas rochas mais abaixo. Outras plantas podem então obter nitrogênio do solo por meio das raízes, na forma de compostos de nitrogênio simples, inorgânicos, chamados nitratos.

O ciclo continua com animais obtendo nitrogênio ao comer plantas ou outros animais. Quando as plantas e animais morrem e apodrecem, os decompositores, como bactérias e fungos, convertem uma parte substancial do nitrogênio da matéria orgânica morta em amônia no solo. A amônia é convertida em nitratos em um processo chamado

ECOLOGIA

nitrificação, descoberto em 1877, pelos químicos Jean-Jacques Schloesing e Achille Müntz.

A nitrificação requer oxigênio, então acontece em correntes de água bem-oxigenadas, no oceano ou nas camadas superficiais do solo. Primeiro, dois grupos de microrganismos, bactérias e arqueias, oxidam a amônia, convertendo-a em nitritos ao combiná-la com oxigênio. Depois, outras bactérias oxidam os nitritos em nitratos. O nitrogênio pode então ser absorvido pelas plantas na forma de nitratos no solo.

A última etapa do ciclo, o processo de desnitrificação, foi revelada em 1886 pelos químicos franceses Ulysse Gayon e Gabriel Dupetit. Eles descobriram que bactérias desnitrificantes no solo convertem nitritos e nitratos em nitrogênio atmosférico, que é liberado no ar. Uma pequena parcela do nitrogênio atmosférico está em forma de óxido de nitrogênio, que constitui a poluição do ar, parte dele como óxido nitroso, um gás de efeito estufa. A etapa final remove o nitrogênio fixado em ecossistemas e o devolve à atmosfera – a quantidade produzida se equilibra mais ou menos com a que é fixada no início do ciclo.

Síntese da amônia

Em 1563, o oleiro francês Bernard Palissy defendeu o uso de esterco (uma fonte de nitrogênio) em lavouras, uma prática que remonta aos tempos antigos. Porém, o fornecimento dos fertilizantes naturais é limitado, e em 1913, os químicos alemães Fritz Haber e Carl Bosch desenvolveram um processo para fixar artificialmente o nitrogênio atmosférico e produzir amônia. O gás pode ser usado para fabricar nitrato de amônio, um dos fertilizantes artificiais mais comuns. Estes têm sido essenciais para ajudar a alimentar a crescente população

O escoamento de fertilizante com nitrato cria altas concentrações de nitratos, fazendo as algas proliferarem. Isso esgota o oxigênio na água, e outros organismos aquáticos não conseguem sobreviver.

mundial, mas há um lado negativo. O escoamento dos fertilizantes artificiais faz o nitrato se acumular em lençóis freáticos, contaminando a água potável e causando o crescimento excessivo de algas, que esgotam o oxigênio e bloqueiam a luz em sistemas aquáticos. John H. Ryther foi o primeiro cientista a alertar para esse fenômeno, em 1954. O impacto dessa e de outras atividades humanas sobre ciclos naturais tem sérias consequências para a vida na Terra. ∎

Leguminosas, como ervilhas e feijões, e o trevo têm nódulos nas raízes onde há bactérias fixadoras de nitrogênio.

Fixação do nitrogênio

O nitrogênio tem de ser reduzido, ou fixado, para ser usado por plantas ou animais. A maior contribuição natural para a fixação é dos microrganismos, em especial bactérias do solo. Isso foi identificado em 1838 pelo químico francês Jean-Baptiste Boussingault, fundador da primeira estação de pesquisa agrícola. Ele descobriu que as plantas leguminosas podiam fixar seu próprio nitrogênio, mas não soube explicar como. Em 1901, o microbiologista e botânico holandês Martinus Beijerinck verificou que isso era feito por microrganismos em nódulos radiculares – órgãos especializados presentes principalmente em leguminosas. Tanto as bactérias de solo como as de nódulos produzem amônia, que a planta converte em moléculas orgânicas com nitrogênio, como os aminoácidos e o DNA. A descoberta explicou o mecanismo subjacente à rotação de culturas, uma prática agrícola em que uma cultura não leguminosa plantada em um campo onde antes foram cultivadas leguminosas resulta numa colheita maior.

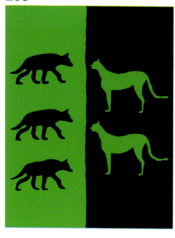

UM VAI OCUPAR O ESPAÇO DO OUTRO
PRINCÍPIO DA EXCLUSÃO COMPETITIVA

EM CONTEXTO

FIGURA CENTRAL
Georgy Gause (1910–1986)

ANTES
1904 O biólogo Joseph Grinnell esboça o princípio da exclusão competitiva.

1925–1926 Os matemáticos Alfred Lotka e Vito Volterra usam equações para analisar a dinâmica de espécies que competem pelos mesmos recursos.

DEPOIS
1958 O ecologista Robert MacArthur explica a ação da exclusão competitiva entre um grupo de espécies de pássaros canoros com exigências alimentares similares.

1967 MacArthur e Richard Levins usam a teoria das probabilidades e as equações de Lotka-Volterra para descrever como espécies coexistentes interagem quando há fatores como adaptação ao nicho e imigração envolvidos.

Quando duas espécies competem pelos mesmos recursos, aquela com vantagens físicas ou comportamentais suplanta a outra. A espécie em desvantagem morre ou se adapta para não precisar competir de modo direto. Esse princípio da exclusão competitiva foi chamado de lei de Gause, por causa do microbiologista russo Georgy Gause, que, nos anos 1930, fez experimentos de laboratório para provar sua validade. Ele cultivou duas espécies do protozoário *Paramecium*, alimentando-as com uma quantidade constante de comida. Ambas prosperaram quando as cultivou em recipientes separados, mas, quando ele as pôs juntas, a que podia recolher comida mais depressa se reproduziu mais rápido e dominou totalmente. Por fim, a outra espécie pereceu por fome.

A competição é a força motriz subjacente à seleção. Os indivíduos e espécies mais adaptados a seu ambiente prosperam; os menos adaptados não. Embora essa ideia tenha sido originalmente proposta por Charles Darwin e Alfred Russel Wallace em meados do século XIX, os experimentos de Gause foram os primeiros a provar que o princípio era válido – pelo menos em uma situação.

É difícil demonstrar a exclusão competitiva em ambientes naturais porque há muitas variáveis. Por exemplo, os predadores podem manter populações de espécies concorrentes de presa abaixo dos níveis em que as fontes de alimento se tornem fatores a limitá-las – de modo que os competidores são capazes de coexistir. ■

Esquilos-vermelhos foram substituídos por esquilos-cinzentos na maior parte do Reino Unido porque os cinzentos têm mais êxito ao competir por comida e habitat.

Ver também: Cadeias alimentares 284-285 ▪ Relações predador-presa 292-293 ▪ Níveis tróficos 300-301 ▪ Nichos 302-303

ECOLOGIA 299

AS UNIDADES BÁSICAS DA NATUREZA NA TERRA
ECOSSISTEMAS

EM CONTEXTO

FIGURA CENTRAL
Arthur Tansley (1871–1955)

ANTES
1872 O botânico alemão August Griesbach classifica os padrões de vegetação no mundo em relação ao clima.

1899 Henry Cowles propõe que a vegetação se desenvolve em etapas, depois referidas como sucessão ecológica.

1916 Frederic E. Clements propõe a ideia de comunidade clímax.

DEPOIS
1942 O ecologista americano Raymond Lindeman leva além a ideia de Tansley de um ecossistema, incluindo todos os processos físicos, químicos e biológicos em um dado espaço.

1969 O ecologista americano Robert Paine propõe o conceito da espécie-chave, que ocupa uma posição crítica em uma cadeia alimentar natural.

Ecossistema é o nome dado a uma comunidade de organismos vivos que interagem entre si e com os componentes não vivos de um ambiente específico, que pode ir de uma poça a um oceano. A ideia foi apresentada pelo botânico britânico Arthur Tansley em 1935.

Há muito os botânicos reconheciam que os padrões de vegetação ao redor do mundo refletem em fatores como o clima. Em 1899, o botânico americano Henry Cowles descreveu como as plantas colonizam dunas de areia em etapas ou sucessões de tamanho e complexidade crescentes, e em 1916 seu colega Frederic E. Clements desenvolveu a ideia de "comunidades" naturais. Segundo ele, todas as plantas de um ambiente eram um organismo completo.

Tansley, porém, afirmava que as plantas e animais presentes em certo lugar não são uma comunidade, mas apenas uma associação aleatória de indivíduos. Inspirado nos sistemas físicos e termodinâmicos, ele propôs que o que os unifica são os fluxos de energia. A natureza, ele pensava, é uma rede de ecossistemas que espalham energia entre matéria viva e não viva. Por exemplo, a energia do Sol entra no ecossistema pela fotossíntese das plantas e depois se espalha quando os animais as consomem e comem uns aos outros. Esse conceito gerou um método para estudar a complexa e imprevisível variedade da vida. A ideia de Tansley de ecossistema está no cerne da moderna ecologia, ajudando ainda mais os cientistas a entender a desconcertante interconectividade da natureza. ■

[...] não podemos separar [os organismos] de seu ambiente especial, com o qual formam um sistema físico.
Arthur Tansley

Ver também: Biogeografia vegetal e animal 286–289 ▪ Sucessão de comunidades 290–291 ▪ Níveis tróficos 300–301 ▪ Impacto humano sobre ecossistemas 304–311

REDES PELAS QUAIS A ENERGIA FLUI

NÍVEIS TRÓFICOS

EM CONTEXTO

FIGURA CENTRAL
Raymond Lindeman
(1915–1942)

ANTES
1839 Charles Darwin descreve uma cadeia alimentar insular após visitar o arquipélago de São Pedro e São Paulo, pequenas ilhas brasileiras no meio do oceano Atlântico.

1913 O zoólogo americano Victor Shelford produz uma das primeiras redes alimentares ilustradas.

1926 Vladimir Vernadski propõe que as substâncias químicas são recicladas entre matéria viva e não viva.

1935 Arthur Tansley desenvolve o conceito de ecossistema.

DEPOIS
1953 Os ecologistas americanos Eugene e Howard Odum exploram, em *The Fundamentals of Ecology*, como os diversos níveis de um ecossistema interagem.

O conjunto de processos químicos em organismos vivos que convertem alimento em energia são chamados de metabolismo. Os organismos precisam de uma fonte original de energia para ativar o processo metabólico, e na maioria dos ecossistemas esse fluxo inicial de energia vem do Sol. Os produtores, como plantas e algas, usam a fotossíntese para captar energia da luz solar para fazer alimento, e essa energia é passada aos consumidores, como animais e fungos, que comem os produtores. Há exceções à regra, como organismos que oxidam ferro, hidrogênio, monóxido de carbono, nitrito de amônia e magnésio.

Matérias como ar, água e minerais do solo são recicladas. Em contraste, a energia "flui" através dos organismos subindo a cadeia alimentar em patamares chamados "níveis tróficos". Esse processo foi demonstrado pela primeira vez em um artigo de 1942 do ecologista americano Raymond Lindeman.

Lindeman realizou muito de seu trabalho de campo inicial no Cedar Bog Lake, hoje Reserva Científica do Ecossistema de Cedar Creek, da Universidade de Minnesota, como parte de seu ph.D. Ele estudou a vida dentro e ao redor de um lago, acompanhando as etapas clássicas da sucessão, com a passagem gradual de lago a pântano e a mata. Lindeman descreveu como a comunidade do lago não podia ser considerada de modo isolado, já que tudo – organismos vivos em diferentes cadeias alimentares e componentes não vivos do ambiente – está ligado por ciclos de nutrientes e fluxos de energia.

O artigo de Lindeman foi de início rejeitado por ser teórico demais, mas seu mentor, G. Evelyn Hutchinson, estava convencido de que ele merecia um público maior. Ele

O bote pneumático usado por Raymond Lindeman e seus colegas para coletar organismos no Cedar Bog Lake, em Minnesota. Os dados obtidos ali fundamentaram sua tese de doutorado.

ECOLOGIA

Ver também: Metabolismo 48-49 ▪ Fotossíntese 50-55 ▪ Cadeias alimentares 284-285 ▪ Reciclagem e ciclos naturais 294-297 ▪ Ecossistemas 299

A energia da luz solar é captada pelos **produtores** (plantas, fitoplâncton e algumas bactérias).

90% da energia é usada para crescimento e respiração, ou perdida como calor para o ambiente.

10% da energia é armazenada no corpo do produtor e passa ao nível seguinte quando…

consumidores primários (herbívoros) comem os produtores.

90% da energia é usada para ativar o crescimento, a movimentação e o aquecimento.

10% da energia é armazenada no corpo e passa ao nível seguinte quando…

consumidores secundários (carnívoros) comem os herbívoros.

90% da energia é usada para crescimento, movimentação e aquecimento.

10% da energia é armazenada no corpo e passa ao nível seguinte quando…

consumidores terciários (predadores alfa) comem carnívoros.

Quando a energia é passada de um nível trófico ao seguinte, só 10% dela é transferida.

---

pressionou pela publicação, e o artigo "The Trophic-Dynamic Aspect of Ecology" apareceu na *The Ecologist* em 1942, poucos meses após a morte prematura de Lindeman, por cirrose, aos 27 anos. O artigo demonstrou um meio de avaliar a quantidade de energia acumulada em cada nível trófico de um ecossistema, hoje referida como produtividade. Usando o ecossistema do pântano de Cedar Creek como exemplo, também revelou que, conforme a energia é transferida de um nível trófico para o seguinte, cada organismo recebe uma pequena quantidade dela. Em cada nível trófico, alguma energia é perdida como resíduo ou convertida em calor quando o organismo respira. Só cerca de 10% da energia é transferida de cada nível trófico ao seguinte, cadeia alimentar acima, quando um organismo come outro. Isso levou à "lei dos 10%" – usada para entender o fluxo de energia – e à visão no mundo todo de que o artigo de Lindeman foi de importância essencial para a ciência da ecologia. ■

Pirâmides ecológicas

Desenvolvidas primeiro por Lindeman e pelo zoólogo britânico G. Evelyn Hutchinson, as pirâmides ecológicas mostram as relações entre organismos vivos em diferentes níveis tróficos. Em geral, a base larga é ocupada por produtores, a camada seguinte por consumidores primários, e assim por diante, subindo a pirâmide.

Os três tipos de pirâmide baseiam-se em números, energia ou biomassa (quantidade total de um organismo em um habitat, expressa como peso ou volume). Algumas pirâmides são invertidas, como a de biomassa oceânica, em que o zooplâncton tem uma biomassa maior que a do fitoplâncton.

As pirâmides só funcionam para cadeias alimentares simples, não para redes alimentares mais complexas. Elas não consideram as variações de clima e estações, e não incluem decompositores. Mas elas mostram como os organismos se alimentam em diferentes ecossistemas e a eficiência da transferência de energia, e ajudam a monitorar a condição do ecossistema.

Uma pirâmide de números mostra quantos organismos existem em cada nível trófico, de produtores, na base, a predadores alfa, no topo.

O NICHO DE UM ORGANISMO É SEU OFÍCIO
NICHOS

EM CONTEXTO

FIGURA CENTRAL
G. Evelyn Hutchinson (1903–1991)

ANTES
1917 Joseph Grinnell define nicho como um habitat que permite a uma espécie específica prosperar. Os habitats apropriados a uma espécie podem ficar "vagos" devido a barreiras geográficas.

1927 Charles Elton propõe que o papel de um organismo na cadeia alimentar é tão importante para seu nicho quanto seu habitat.

DEPOIS
1968 David Klein descreve como mudanças no nicho causaram a queda populacional de renas em uma ilha.

1991 Paul Harvey e Mark Pagel cunham o termo "conservadorismo de nicho", referente à tendência das espécies a manter necessidades de nicho similares ao longo do tempo.

O conceito de nicho, ou lugar de uma espécie em seu ecossistema, é central à ecologia. No início do século XX, o biólogo americano Joseph Grinnell explicou o nicho como o habitat em que uma espécie era capaz de prosperar. Depois o ecologista britânico Charles Elton expandiu a ideia de nicho, incluindo o papel de um organismo em seu ambiente, ou suas "relações com alimento e inimigos". Os animais podiam ocupar nichos similares em regiões

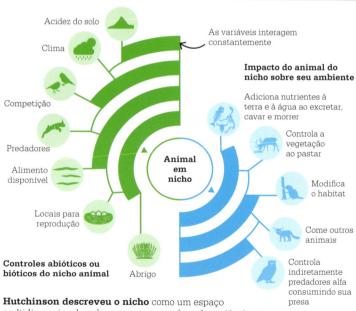

Controles abióticos ou bióticos do nicho animal

Hutchinson descreveu o nicho como um espaço multidimensional, onde uma gama complexa de variáveis ou dimensões bióticas (vivas) e abióticas (não vivas) interage constantemente com um organismo, permitindo-lhe prosperar.

ECOLOGIA

Ver também: Cadeias alimentares 284-285 ▪ Relações predador-presa 292-293 ▪ Princípio da exclusão competitiva 298 ▪ Ecossistemas 299

As araras-azuis-grandes, da região do Pantanal brasileiro, são uma espécie especialista, que depende de apenas três espécies de árvore para a maior parte de sua alimentação e nidificação.

diversas, por exemplo, hienas--malhadas da África tropical e raposas-do-ártico têm lugares similares na cadeia alimentar e são animais que tanto caçam como aproveitam carcaças.

Espaço multidimensional

Em 1957, o ecologista americano G. Evelyn Hutchinson apresentou uma nova visão da complexidade dos nichos por meio da análise de aspectos químicos, físicos e geológicos, além de biológicos, do ambiente. Lawrence Slobodkin resumiu o conceito de nicho de Hutchinson como um "hiperespaço multidimensional altamente abstrato". Um nicho é mais que um lugar ou papel: é um atributo da espécie, não seu ambiente, com interações complexas com outros organismos e variáveis não vivas, de clima, acidez da água, geologia e solo a fluxos de nutrientes.

Se as condições do habitat correspondem ao nicho de uma espécie, uma população dessa espécie prospera. Porém, se isso se alterar, por exemplo se a água em que a espécie habita mudar de acidez ou for colonizada por um novo predador, ela enfrentará a extinção. Hutchinson também mostrou que

um nicho exclusivo reduz a competição. Nichos similares de organismos diferentes no mesmo local produzem competição por recursos e podem forçar as espécies a se adaptar para ocupar um nicho diferente, ou enfrentar a extinção – como definido pelo princípio da exclusão competitiva. Os nichos podem ser grandes, habitados por generalistas como guaxinins, ratazanas e pombos, ou estreitos, ocupados por especialistas, como a arara-azul-grande (*Anodorhynchus hyacinthinus*). Essa espécie se extinguiria se as três espécies de árvores que são cruciais a seu nicho fossem retiradas do ecossistema.

Nichos como indicadores

Qualquer animal ou planta que ocupe um nicho ultraespecializado é vulnerável a mudança ambiental. Hoje os nichos são ainda mais essenciais para a previsão de respostas ecológicas a mudanças ambientais rápidas, em especial as causadas por destruição de habitats ou mudança climática. ■

O nicho de um animal pode ser definido em grande parte por seu tamanho e hábitos alimentares.
Charles Elton

G. Evelyn Hutchinson

Considerado por muitos o pai da moderna ecologia, Hutchinson nasceu no Reino Unido em 1903 e graduou-se em zoologia na Universidade de Cambridge. Ele lecionou na África do Sul e, em 1928, foi para a Universidade Yale, nos EUA, onde passou o restante da vida acadêmica, tornando-se cidadão americano em 1941. O grande interesse de Hutchinson era a limnologia, estudando sistemas ecológicos de água doce na Ásia, África e América do Norte. Ele examinou o que determina o número de espécies em cada ecossistema específico. Com seus alunos (entre eles o ecologista americano Robert MacArthur), criou o primeiro modelo matemático abrangente para prever a riqueza de espécies. Hutchinson foi um grande biólogo teórico e de campo e professor. Foi pioneiro da paleoecologia, o estudo das relações entre animais e plantas fósseis e seus ambientes, e um dos primeiros a prever o aquecimento global. Morreu em 1991.

Obras principais

1957 *Concluding Remarks*
1957–1993 *A Treatise on Limnology* (4 volumes)

A GUERRA HUMANA À NATUREZA É INEVITAVELMENTE UMA GUERRA CONTRA SI PRÓPRIO

IMPACTO HUMANO SOBRE ECOSSISTEMAS

EM CONTEXTO

FIGURA CENTRAL
Rachel Carson (1907–1964)

ANTES
1948 O químico suíço Paul Müller recebe o Prêmio Nobel por seu trabalho sobre o DDT como um pesticida eficaz.

DEPOIS
1969 O toxicologista francês René Truhaut cunha o termo "ecotoxicologia" para o estudo dos efeitos tóxicos de poluentes naturais ou sintéticos.

1970 Os EUA criam a Agência de Proteção Ambiental.

1988 Nos EUA, o zóologo Theo Colborn revela que os animais da região dos Grandes Lagos passam substâncias químicas sintéticas a sua prole.

2019 O cientista dinamarquês Frank Rigét estuda as tendências de poluentes orgânicos persistentes na vida animal e vegetal de água doce e salgada do Ártico.

Em 1962 foi lançado um livro que chamaria a atenção para o impacto humano negativo sobre a ordem natural das coisas. Publicado de início em três partes na revista *The New Yorker*, contestava as visões e valores científicos estabelecidos, e dava asas a um novo movimento ambiental. Chamado *Silent Spring*, era de autoria de uma bióloga marinha que buscava tornar a ciência acessível e relevante para todos.

Os efeitos dos pesticidas

Rachel Carson tinha escrito muito sobre oceanos e vida marinha, incluindo o premiado *The Sea Around Us* (1951), mas em seu penúltimo livro, *Silent Spring*, voltou-se para os pesticidas sintéticos e seu mau uso. A inspiração veio de uma carta de janeiro de 1958 da amiga Olga Huckins, cujo santuário de aves em Powder Point, em Duxbury, Massachusetts, ladeava uma fazenda que era pulverizada com uma mistura de óleo combustível e o composto diclorodifeniltricloretano (DDT). Muitas das aves tinham morrido. Carson foi visitá-la e, quando estava hospedada lá, um

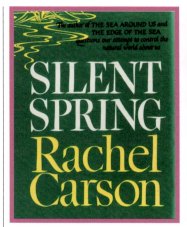

Carson se inspirou nos versos "As juncas do lago estão murchas,/ E nenhum pássaro canta", do poeta britânico John Keats, para o título de *Silent Spring* (Primavera silenciosa).

avião pulverizador passou. Na manhã seguinte, foi ao estuário com Huckins em um bote e encontrou peixes e crustáceos mortos ou morrendo, com o sistema nervoso aparentemente comprometido. Esse evento levou Carson a questionar o uso indiscriminado dessas substâncias, em especial o DDT.

Na época, o DDT era o pesticida

Rachel Carson

Nascida em 1907, Rachel Carson cresceu em Springdale, na Pensilvânia. Ela se graduou em biologia na Faculdade Feminina da Pensilvânia em 1929, depois estudou no Laboratório Biológico Marinho de Woods Hole e obteve o mestrado em zoologia na Universidade Johns Hopkins. Carson foi encarregada de escrever roteiros de rádio pelo Escritório de Pesca dos EUA, redigiu artigos para o *Baltimore Sun* e depois foi editora-chefe do Serviço de Pesca e Vida Selvagem dos EUA. Ela se tornou escritora em tempo integral após o sucesso de seus três livros sobre biologia marinha. Com *Silent Spring*, seu foco mudou, e passou a alertar o público sobre os efeitos de longo prazo do uso de pesticidas. Apesar dos ataques da indústria química, ela se manteve firme e as leis mudaram nos EUA. Carson morreu em 1964 após uma longa batalha contra o câncer, mas sua obra continua a inspirar novas gerações de cientistas ambientais, ativistas e legisladores em todo o mundo.

Obra principal

1962 *Silent Spring*

ECOLOGIA 307

Ver também: Polinização 180-183 ▪ Cadeias alimentares 284-285 ▪ Relações predador-presa 292-293 ▪ Reciclagem e ciclos naturais 294-297 ▪ Níveis tróficos 300-301 ▪ Biogeografia insular 312-313 ▪ A hipótese de Gaia 314-315

Os campos são pulverizados com **inseticida** para **matar as pragas das culturas**.

Abelhas, besouros e outros **polinizadores** também são **mortos**.

A **ausência de insetos** para **polinizar** as culturas resulta em **fome**.

"[...] o ser humano é uma parte da natureza, e sua luta contra a natureza é inevitavelmente uma luta contra si próprio."

de aplicação mais comum para o controle de insetos em todo o mundo. De início ele foi usado para matar os insetos que transmitiam malária, tifo, peste bubônica e outras doenças às tropas aliadas e a civis na Segunda Guerra Mundial. Quando as hostilidades cessaram, tornou-se o pesticida preferido de fazendeiros e controladores de pragas porque tinha fabricação barata e permanecia ativo por muito tempo no ambiente. O DDT foi depois classificado com outros poluentes nocivos e duradouros como um poluente orgânico persistente (POP). O que Carson revelou foi que essa persistência tinha efeito profundo não só sobre os insetos-alvo como em outros seres da vida selvagem.

O DDT continua no ambiente por anos. Ao ser ingerido, não é quebrado, permanecendo no corpo do animal, em especial nos tecidos adiposos. Quanto mais DDT é ingerido, mais a quantidade no corpo cresce – processo chamado bioacumulação. Conforme a substância tóxica passa de um animal ao seguinte na cadeia alimentar, sua concentração aumenta – ocorre a magnificação trófica.

Carson não foi a primeira pessoa a questionar a segurança do DDT.

O **pesticida** DDT interfere no metabolismo do cálcio das aves de rapina e, assim, em sua capacidade de produzir ovos com casca dura, fazendo com que se quebrem ao serem chocados.

Em 1945, o naturalista americano Edwin Way Teale, que se tornaria um mentor de Carson, alertou sobre o uso indiscriminado do DDT. No mesmo ano, Clarence Cottam, diretor do Serviço de Pesca e Vida Selvagem dos EUA, afirmou que era essencial ter cautela ao usá-lo, pois seu efeito em seres vivos ainda não era totalmente compreendido.

Em 1958, as consequências ambientais do uso do DDT começaram a ser reconhecidas quando o cientista Derek A. Ratcliffe, da Estação Experimental de Monks Wood, em Cambridgeshire, registrou um número anormal de ovos quebrados em ninhos de falcão-peregrino. Levantamentos no Reino Unido e nos EUA revelaram que suas populações estavam despencando desde o fim da Segunda Guerra Mundial. Pesquisas nos anos 1960 do toxicologista canadense David B. Peakall mostraram que o DDT fica tão concentrado no nível superior da cadeia alimentar que a casca dos ovos de aves de rapina estava ficando mais fina, e as próprias aves os quebravam ao tentar chocá-los.

Rachel Carson soou então o alerta. *Silent Spring* tornou-se um ponto de virada na consciência »

O mais alarmante dos ataques humanos ao ambiente é a contaminação do ar, da terra, dos rios e do mar com materiais perigosos e até letais.
Rachel Carson

308 IMPACTO HUMANO SOBRE ECOSSISTEMAS

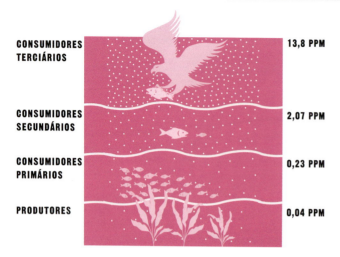

CONSUMIDORES TERCIÁRIOS	13,8 PPM
CONSUMIDORES SECUNDÁRIOS	2,07 PPM
CONSUMIDORES PRIMÁRIOS	0,23 PPM
PRODUTORES	0,04 PPM

A concentração de DDT aumenta a cada degrau acima na cadeia alimentar, com maior impacto sobre os organismos mais no alto. Nos produtores, o veneno só representa 0,04 ppm (partes por milhão), mas, quando se trata dos consumidores terciários, os níveis são altos o bastante para ter efeitos tóxicos.

ambiental, apesar da considerável reação da indústria química americana. Só uma década depois, porém, os políticos e administradores se puseram ao lado dos cientistas. Em 1972 o DDT foi afinal banido dos Estados Unidos, e muitos outros países os seguiram.

Mercúrio orgânico

Em maio de 1956, uma estranha doença começou a afetar o sistema nervoso central de pessoas e animais em Minamata, no Japão. Os gatos locais tinham convulsões, apelidadas de "doença da dança dos gatos", e os corvos caíam do céu. Houve 2.265 vítimas humanas, a maioria fatais. A causa foi um mistério até 1958, quando o neurologista Douglas McAlpine disse que os sintomas eram similares aos de envenenamento por mercúrio orgânico. Um trabalho científico de detetive revelou a seguir que o culpado era o metilmercúrio (uma forma extremamente venenosa de mercúrio) dos dejetos industriais lançados na baía de Minamata por uma indústria química. O mercúrio havia entrado na cadeia alimentar e estava concentrado na carne de peixes e crustáceos consumidos pelos locais. Em 1959, o governo japonês reconheceu a causa da "doença de Minamata", mas só em 1972 a empresa responsável foi advertida, e por fim foi obrigada a pagar mais de 86 milhões de dólares em compensações. Os processos e reivindicações se estenderam por décadas.

Chuva ácida

No século XVII, o escritor inglês John Evelyn escreveu que o ar de Londres era tão corrosivo que os mármores de Arundel, uma coleção de esculturas gregas antigas, deviam ser levados para Oxford. Mas foi o químico escocês Robert Angus Smith que cunhou o termo "chuva ácida" ao relacionar as atividades humanas à acidez da água da chuva nas cidades industriais britânicas e ao publicar seus achados em 1872.

Quando os combustíveis fósseis queimam em centrais elétricas e fábricas, ou em carros, o dióxido de enxofre e o óxido de nitrogênio são liberados na atmosfera. Esses gases reagem com a água e outras substâncias, formando ácido sulfúrico e ácido nítrico. Quando a chuva ácida cai, entra nos corpos de água, tornando-os mais ácidos e

O Parque Nacional de Karkonoski, no sudoeste da Polônia, foi muito prejudicado pela chuva ácida nos anos 1980. Uma fonte foi a poluição por centrais elétricas que queimavam combustíveis fósseis.

ECOLOGIA 309

Magnificação trófica

Após entrar em uma cadeia alimentar, os poluentes orgânicos persistentes (POPs) aumentam nos tecidos dos animais conforme passam de um nível ao seguinte. Esse processo é chamado magnificação trófica.

A concentração de um pesticida como o DDT é medida em partes por milhão (ppm). Se um pesticida em um lago tem a concentração de 0,000003 ppm, por exemplo, pode ser absorvido ou adsorvido (acumulado na superfície) por algas aquáticas e concentrado a 0,04 ppm. As ninfas-de--efemérides comem as algas, e o pesticida chega ao nível de 0,5 ppm em seus tecidos. Pequenos peixes comem muitas ninfas, então o número sobe para 2 ppm em cada peixe. Uma garça apanha e come vários peixes e acaba com 25 ppm de pesticida em seus tecidos. Da base ao topo dessa cadeia alimentar de água doce, a quantidade de pesticida aumentou cerca de 10 milhões de vezes. Quando o POP atinge os predadores alfa, a quantidade pode se tornar tão tóxica que esses animais experimentem redução da fertilidade ou até morrem.

Exemplos notáveis de POPs incluem os pesticidas organoclorados, como o DDT e o clordano; dioxinas (compostos altamente tóxicos) produzidas quando o lixo das cidades é queimado; PCBs emitidos por indústrias elétricas e de construção; metilmercúrio de produção química; e tributilestanho de tintas náuticas. Todos são perigosos para a vida selvagem e a saúde humana – os seres humanos estão no topo de muitas cadeias alimentares.

tóxicos para muitos animais aquáticos. Ela também afeta o pH do solo. Esses efeitos acabam passando por toda a cadeia alimentar.

Em 1881, o geólogo norueguês Waldemar Brøgger aventou que o ácido nítrico (um ácido mineral muito corrosivo) em neve contaminada poderia ter se originado no Reino Unido. Só em 1968 o agrônomo sueco Svante Odén traçou a conexão entre as emissões da queima de combustíveis fósseis em um país (o Reino Unido) e os lagos "mortos" e danos em florestas em outro (Suécia). Nesse caso, a chuva ácida não eliminou só uma parte da cadeia alimentar, com o DDT matando as aves de rapina; ela aniquilou toda a cadeia alimentar, do plâncton (algas) em lagos aos predadores aquáticos, como o salmão e a truta-do-ártico.

Ameaças no Ártico

Alguns cientistas consideram o Ártico um sorvedouro químico, relatando que a área é cada vez mais contaminada com substâncias e poluentes de outras regiões. Em

Os níveis de mercúrio das populações canadenses de ursos-polares estão entre os mais altos do mundo, como revelou um relatório de 2018 do Conselho Ártico.

2006, pesquisadores do Instituto Polar Norueguês revelaram que retardantes de chamas industriais chamados éteres difenílicos polibromados (PBDEs) estavam presentes no tecido adiposo de ursos-polares. Essas substâncias tornam itens domésticos menos inflamáveis, e cerca de 95% de seu uso na época ocorria na América do Norte. Descobriu-se que os PBDES tinham um efeito negativo nas glândulas hormonais e funções cerebrais dos ursos-polares. O relatório confirmava trabalhos anteriores que revelaram que substâncias letais, como mercúrio da queima de carvão e bifenilos policlorados (PCBs) – usados pesadamente desde os anos 1950 aos » 1970 como fluidos refrigerantes e isolantes –, tinham sido achados em ursos-polares, orcas, focas e aves marinhas.

Os poluentes são carregados por correntes marinhas, ventos que »

IMPACTO HUMANO SOBRE ECOSSISTEMAS

Espécies-chave

Alguns animais têm tanto impacto em um ecossistema que a saúde deste é determinada pela presença ou ausência deles. Trata-se de espécies-chave, termo introduzido em 1969 pelo ecologista americano Robert Paine. Ele realizou sua pesquisa prática em piscinas naturais, em rochas da costa do Pacífico. Ele eliminou de uma área as estrelas-do-mar de uma espécie que se alimenta em especial de moluscos, destacando-as das rochas e atirando-as no oceano. Outra área foi deixada como controle, com estrelas-do-mar. Paine descobriu que, quando havia estrelas-do-mar, a diversidade das espécies era muito maior, então declarou-as espécie-chave.

Paine também identificou as lontras-marinhas como espécie-chave, observando que elas mantêm as populações de ouriços-do-mar sob controle e, assim, influenciam as de *kelp* (algas marinhas). Sua pesquisa mostrou que a eliminação de certas espécies por impacto humano pode ter consequências profundas e imprevistas no ambiente.

As lontras-marinhas foram declaradas espécie-chave por Paine ao estudar o sumiço delas da costa do Pacífico devido ao comércio de peles.

rumam para o norte ou rios que fluem para o oceano Ártico, onde são absorvidos pelo plâncton e, depois, são tão concentrados pela cadeia alimentar que alguns ursos-polares – predadores alfa (que se alimentam em especial de focas) – ficam expostos a níveis nocivos.

Pesquisas revelaram cerca de 150 compostos perigosos presentes na rede alimentar do Ártico, e, segundo o cientista ambiental Robert Letcher, um dos autores de um estudo do Conselho Ártico de 2018, "o número e os tipos de contaminantes continuam a se ampliar".

Microplásticos

Produzido em massa pela primeira vez no século XX, o plástico revelou-se um dos poluentes mais insidiosos. A série da BBC, *Blue Planet II*, de 2017, aumentou a preocupação com a quantidade de plásticos presente nos oceanos, em especial as enormes concentrações em "ilhas de lixo" no centro de correntes oceânicas circulares chamadas giros oceânicos. Essas revelações tornaram-se ainda mais pungentes em 2019, quando, ao

Os microplásticos são criados pela fragmentação de produtos plásticos maiores, que aos poucos se quebram em pedaços menores por processos de desgaste natural.

quebrar um recorde com um submersível na Fossa das Marianas – a fossa oceânica mais profunda do mundo –, a tripulação encontrou uma sacola plástica e embalagens de doces cerca de 11 km abaixo da superfície do oceano Pacífico. A maior preocupação, porém, são os microplásticos.

Os microplásticos – fragmentos de menos de 5 mm – incluem esferas plásticas adicionadas a produtos de saúde e beleza e fibras sintéticas de *fleeces* e outros tecidos descartadas por máquinas de lavar domésticas. Os sistemas de filtragem não conseguem retê-las, e elas são lançadas no mar e distribuídas pela coluna de água, chegando até o leito oceânico. Em 2020, uma equipe australiana relatou o envio de submarinos robôs a 3 mil m de profundidade para obter amostras do leito marinho na costa do sul da Austrália. A equipe

ECOLOGIA 311

descobriu que poderia haver até 14 milhões de toneladas de microplásticos sobre o leito marinho no mundo todo, movimentadas por correntes. Estas são como correias transportadoras que levam os poluentes dos estuários e cânions submarinos da costa para o mar profundo, onde eles se concentram em "*hotspots* de microplásticos". Mas nem todas as partículas ficam no leito marinho.

Em 2013, o ecotoxicologista britânico Matthew Cole descobriu que o zooplâncton (organismos microscópicos aquáticos) estava ingerindo as minúsculas partículas plásticas. Assim, os microplásticos entram na cadeia alimentar, impedindo que o zooplâncton se alimente de modo adequado. Os cientistas ainda não sabem o impacto que os microplásticos terão ao avançar na cadeia alimentar, em especial nos predadores alfa, como orcas, tubarões e seres humanos, embora estejam praticamente em todo lugar na Terra.

O ar das grandes cidades é poluído com microplásticos, e eles também apareceram em regiões montanhosas remotas e em grande parte intocadas, como os Pireneus, entre a Espanha e a França. Em 2018, pesquisadores franceses e escoceses analisaram amostras de chuva, poeira e neve coletadas por cinco meses na estação meteorológica de Bernadouze, a 1.300 m de altitude e a 120 km da cidade mais próxima. Eles descobriram que uma média de 365 partículas plásticas minúsculas caem a cada dia em um coletor de 1 m². Os pesquisadores estimam que elas venham de pelo menos 100 km de distância e provavelmente de muito mais longe. Seus achados indicam que, onde quer que uma pessoa esteja no mundo, inalará microplásticos – mesmo no topo do Everest, a montanha mais alta do mundo. Em 2020, pesquisadores da Universidade de Plymouth, no Reino Unido, descreveram a análise de amostras de neve e riachos de diversos locais no monte Everest. Eles descobriram microplásticos a mais de 8 mil km de altitude, no "Balcony", uma parada de descanso logo abaixo do cume. Na maior parte, eram de fibras sintéticas de roupas e equipamentos de alpinistas.

Preocupações atuais

Apesar das revelações de Rachel Carson no início dos anos 1960, a história perturbadora dos poluentes de fabricação humana e de seu impacto nos ecossistemas e na saúde das pessoas prossegue, inclusive o DDT. A exposição ao DDT tem sido ligada a câncer, infertilidade, aborto e diabetes em humanos. Apesar da proibição global em 2001 para todos os usos, exceto o controle de malária, o DDT e os produtos de sua decomposição continuam no ambiente. Em 2016, o Departamento de Agricultura dos Estados Unidos encontrou níveis detectáveis em alimentos como queijo, cenouras, aipo e salmão. ∎

> Os humanos são certamente a espécie-chave predominante e serão os maiores perdedores se as regras não forem compreendidas.
> **Robert Paine**
> Ecologista americano

As larvas-rabo-de-rato podem sobreviver em condições de poluição. Seu sifão posterior lhes permite respirar ar enquanto se alimentam sob a água.

Espécies indicadoras

Assim como os canários eram usados para alertar os mineiros de gases venenosos, os ecologistas observam espécies indicadoras na natureza para determinar o grau de poluição de um habitat. Alguns líquens, por exemplo, são sensíveis ao ar poluído, e só crescem onde o ar é puro. Invertebrados aquáticos, como as larvas de efemérídas e tricópteros, são sensíveis à poluição na água doce, enquanto a larva-rabo-de-rato, da mosca-da-flor, pode prosperar mesmo em água muito poluída, como lagoas de tratamento de esgoto. As espécies indicadoras de bioacumulação são organismos que acumulam poluentes em seus tecidos, mas são resistentes aos efeitos danosos. Elas podem ajudar a revelar poluentes presentes em níveis muito baixos. Moluscos bivalves, como as amêijoas e os mexilhões, são com frequência monitorados por pesquisadores porque sua grande distribuição geográfica e sua limitada mobilidade os levam a ser bons indicadores de bioacumulação local. Várias espécies de algas também são úteis como espécies indicadoras de bioacumulação de metais pesados e pesticidas.

A DIVISÃO DA ÁREA POR DEZ DIVIDE A FAUNA POR DOIS
BIOGEOGRAFIA INSULAR

EM CONTEXTO

FIGURAS CENTRAIS
Robert MacArthur (1930–1972),
Edward O. Wilson (1929–2021)

ANTES
1835 Charles Darwin nota variações em tartarugas-gigantes e aves de uma ilha para outra no arquipélago de Galápagos.

1880 Alfred Russel Wallace percebe que ilhas isoladas são laboratórios naturais para o estudo da adaptação animal.

1948 Eugene Munroe, um lepidopterólogo canadense, descobre no Caribe que a diversidade das borboletas se relaciona ao tamanho da ilha.

DEPOIS
2006 Os biólogos canadenses Attila Kalmar e David Currie estudam aves em 346 ilhas oceânicas e mostram que o clima, além do isolamento e tamanho da ilha, afeta a diversidade de espécies.

Uma **ilha** é um **ecossistema isolado** por um habitat contrastante que a cerca.

Quanto **maior a ilha**, **mais espécies** ela é capaz de comportar.

A **distância** a um habitat similar povoado dita **quantas espécies** colonizam uma ilha.

Sua área e seu grau de isolamento determinam a diversidade de espécies de uma ilha.

Um habitat cercado por outro – em geral, menos diverso – é chamado de "ilha", deserto. A biogeografia insular examina as causas de variação nos níveis de diversidade de espécies em tais ilhas.

Em 1967, *The Theory of Island Biogeography*, dos biólogos Robert MacArthur e Edward O. Wilson, forneceu um modelo matemático dos fatores que afetam a complexidade dos ecossistemas insulares oceânicos. Eles propuseram que em toda ilha havia um equilíbrio entre a taxa de chegada (imigração) de novas espécies e a taxa de extinção das existentes.

A imigração depende em grande parte da distância da ilha ao continente ou a outras ilhas que possam suprir novas formas de vida. Se ela está perto do continente, as espécies novas chegam com mais frequência do que se ela estivesse muito distante. A taxa de imigração também é afetada pela duração do isolamento, área, adequação do habitat, correntes oceânicas e clima. Os recém-chegados estabelecem populações viáveis em maior grau se a ilha tiver uma gama diversa de habitats e micro-habitats.

ECOLOGIA 313

Ver também: Cadeias alimentares 284-285 ▪ Biogeografia vegetal e animal 286-289 ▪ Relações predador-presa 292-293 ▪ Princípio da exclusão competitiva 298 ▪ Ecossistemas 299 ▪ Níveis tróficos 300-301 ▪ Nichos 302-303

O equilíbrio de espécies, ou número estável de espécies, em uma ilha ocorre quando a taxa de imigração (afetada pela proximidade do habitat de outras espécies) e a taxa de extinção (afetada pelo tamanho da ilha) ficam iguais.

MacArthur e Wilson afirmaram que uma ilha habitável mas pouco ocupada tem baixa extinção porque há menos espécies a serem extintas. Conforme mais espécies chegam, a competição por recursos aumenta, até que as taxas de imigração e extinção se equalizam.

Por fim, MacArthur e Wilson explicaram o "efeito espécie-área": ilhas maiores, com maior variedade de habitats, têm taxas de extinção mais baixas e uma mistura maior de espécies que as ilhas menores. A riqueza da diversidade se manterá mesmo que as próprias espécies variem com o tempo.

Em 1969, Wilson e seu aluno Daniel Simberloff registraram as espécies de seis ilhas de mangue nas Florida Keys, nos EUA. Eles fumigaram a vegetação para remover todos os invertebrados, em especial insetos, aranhas e crustáceos. Por um ano, anotaram as espécies que voltavam para tabular a recolonização: as ilhas mais próximas do continente foram recolonizadas mais rápido, confirmando o princípio mais importante da teoria de MacArthur e Wilson.

O modelo aperfeiçoado

O biólogo americano James Brown estudou as ilhas de floresta montana na Grande Bacia da Califórnia e Utah em 1970–1978. Ele mostrou que as espécies voadoras são mais propensas a colonizar ilhas que outras espécies. John Wylie e David Currie propuseram, em 1993, a teoria espécie-energia, em que a energia disponível, por exemplo a solar, também afeta a diversidade. A teoria modificada de MacArthur e Wilson embasa ainda hoje a conservação de habitats insulares e sua diversidade. ▪

O tordo-madeira migra com frequência para trechos de floresta ou outras "ilhas", como o Central Park de Nova York.

A ilha Barro Colorado

O represamento de um rio panamenho em 1914 criou o lago Gatun e, dentro dele, a ilha Barro Colorado, uma área de floresta tropical com 15,6 km². Gerida pelo Instituto Smithsoniano como reserva natural, é uma das áreas mais estudadas da Terra. Os biólogos coletaram dados inestimáveis sobre invertebrados, vertebrados e plantas da ilha, e sua colonização e extinção. Por exemplo, 45 casais reprodutores de aves tinham desaparecido da ilha em 1970. Um possível fator de algumas perdas de espécies era o tamanho da ilha. Ela era pequena demais para sustentar seus predadores alfa – pumas e jaguares. Sem predadores para controlá-los, o número de onívoros de tamanho médio, como quatis, bugios e gambás, disparou, e eles comeram mais ovos e filhotes de aves. Essa "liberação de mesopredadores" afetou algumas pequenas aves de floresta, porque muitas não voam sobre a água nem mesmo curtas distâncias, e seus números na ilha não puderam ser repostos por imigração do continente.

GAIA É O SUPERORGANISMO COMPOSTO DE TODA A VIDA
A HIPÓTESE DE GAIA

EM CONTEXTO

FIGURA CENTRAL
James Lovelock (1919–)

ANTES
1789 O geólogo escocês James Hutton cunha o termo "superorganismo".

Anos 1920 Vladimir Vernadski descreve como a composição da atmosfera da Terra foi criada e é mantida por processos biológicos.

1926 O fisiologista americano Walter Cannon introduz o termo "homeostase".

DEPOIS
2016 O *Trace Gas Orbiter* é enviado a Marte para verificar a presença, em sua atmosfera, de metano e outros gases que poderiam evidenciar atividade biológica no planeta.

2019 A Associação Meteorológica Mundial alerta que a Terra pode aquecer de 3 a 5 °C até o fim do século se as emissões de gás de efeito estufa mantiverem a taxa atual.

A hipótese de Gaia é uma proposta ambiciosa que busca mostrar que a biosfera da Terra – a região em que toda a vida existe – é autorregulada. A biosfera mantém as condições, como temperatura e composição química, que permitem haver vida.

Essa teoria foi concebida pelo cientista britânico James Lovelock nos anos 1970. Ele considerou como, diferente de um planeta morto, a Terra tem uma atmosfera com oxigênio e pequenas quantidades de gás metano, ambos os gases produzidos por processos biológicos. A composição da atmosfera da Terra não só foi criada, como também é mantida por organismos vivos, em um circuito retroalimentado. No ciclo do carbono, por exemplo, conforme a biomassa das plantas aumenta, a quantidade de dióxido de carbono no ar cai e a de oxigênio cresce. Mais plantas para comer levam a um aumento da biomassa animal, que absorve mais oxigênio e libera mais dióxido de carbono, então a longo prazo a quantidade dos dois gases no ar tende a permanecer estável.

Lovelock propôs que esse tipo de processo era muito similar aos circuitos de retroalimentação da homeostase, mecanismo que mantém a temperatura interna do corpo, o nível de água e a composição química ideais. Ao lado de Lynn Margulis, descreveu vários mecanismos de retroalimentação em que a vida interage com as rochas, minerais e água do mar, além do ar, para manter a biosfera em homeostase. Isso inspirou a dupla a descrever o planeta como um superorganismo – um conjunto de formas de vida em interação que, tomadas em conjunto, se comportam

Os oceanos, as massas de terra e a atmosfera terrestres trabalham juntos como um organismo vivo segundo a hipótese de Gaia. Esta imagem da Terra foi obtida pela sonda espacial *Galileo*.

ECOLOGIA

Ver também: Os primórdios da química orgânica 61 ▪ Homeostase 86-89 ▪ Reciclagem e ciclos naturais 294-297 ▪ Impacto humano sobre ecossistemas 304-311

O equilíbrio do Mundo das Margaridas

James Lovelock (1919–)

Nascido no Reino Unido em 1919, Lovelock começou a trabalhar no Instituto Nacional de Pesquisa Médica, em Londres, em 1941, após se graduar em química. Duas décadas depois, participou de uma equipe da Nasa que projetava sondas espaciais, entre elas uma para detectar vida em Marte. Nos anos 1960 e início dos 1970, Lovelock começou a desenvolver a hipótese de Gaia.

Publicada em 1974, a hipótese de Gaia tornou Lovelock famoso, e ele aperfeiçoou a ideia nos vinte anos seguintes. No século XXI, voltou a atenção para a ciência climática, tornando-se um defensor relutante da energia nuclear como forma de reduzir as emissões de carbono, uma atitude que o contrapôs a muitas pessoas atraídas por seu trabalho em Gaia.

Obras principais

1974 *Atmospheric Homeostasis by and for the Biosphere: The Gaia Hypothesis* (com coautoria de L. Margulis)
1984 *The Greening of Mars*
2019 *Novacene: The Coming Age of Hyperintelligence*

---

em alguns aspectos como um organismo individual. Eles chamaram sua hipótese de Gaia, inspirados no nome da antiga deusa grega da Terra, e publicaram um artigo em 1974.

Mundo das Margaridas e além

Lovelock simplificou a hipótese com o Mundo das Margaridas, um planeta virtual com um circuito de retroalimentação básico. O planeta é povoado por duas espécies de margaridas. As pretas crescem no frio e suas pétalas escuras absorvem o calor do sol do planeta. As brancas refletem o calor e prosperam onde é quente. As pretas aprisionam calor, aquecendo o planeta, e as brancas fazem o oposto. As pretas se espalham pelos polos do planeta, e as brancas formam um cinturão ao redor das regiões equatoriais, mais quentes. Se o número de margaridas brancas cresce, o planeta esfria, criando condições para que as pretas expandam seu espaço. Isso, por sua vez, aquece o planeta, e as brancas aumentam de novo. Esse ciclo de aquecimento e resfriamento se repete até ser atingido o equilíbrio, em que a temperatura do Mundo das Margaridas flutua em um intervalo pequeno. A hipótese de Gaia foi abraçada por muitos, mas alguns se queixavam de que carecia de rigor ou provas. Embora ela nunca tenha integrado a corrente dominante, sua abordagem, que considera o planeta como um todo, hoje se inclui em muito da pesquisa sobre mudança climática – com alguns afirmando que o impacto dos humanos ao queimar combustíveis fósseis e liberar grandes quantidades de dióxido de carbono na atmosfera é só um exemplo recente da vida afetando o planeta. ∎

OUTROS GRANDES DA BIOLO

NOMES
GIA

OUTROS GRANDES DA BIOLOGIA

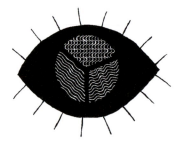

Mais homens e mulheres contribuíram para o desenvolvimento da biologia que seria possível mencionar neste livro. A lista a seguir relaciona algumas outras figuras que desempenharam papéis cruciais. Ela inclui pioneiros como Avicena, Leonardo da Vinci, Robert Hooke e Mary Anning, que – apesar do acesso apenas a tecnologias básicas – fizeram avanços em seus estudos por meio do método científico. Com o advento da microscopia de boa qualidade no século XIX, biólogos como Jan Purkinje, Sergei Winogradsky e Dorothy Crowfoot Hodgkin desenvolveram a microbiologia. A partir do fim do século XX, a genética esteve na vanguarda da biologia, com Janaki Ammal, Flossie Wong-Staal e Tak Wah Mak entre os que contribuíram com descobertas revolucionárias.

ARISTÓTELES
c.384–322 a.C.

Fundador da anatomia comparada, o filósofo grego Aristóteles observou com atenção as dietas, habitats e ciclos de vida dos animais e usou a dissecação para aprender anatomia. Ele descreveu mais de quinhentas espécies e criou a primeira classificação dos animais. Algumas de suas dez principais categorias estavam erradas, mas seu sistema era notável para a época e quase não foi contestado até o século XVIII.
Ver também: Fisiologia experimental 18-19 ▪ Anatomia 20-25 ▪ Nomear e classificar a vida 250-253

AVICENA
c. 980–1037 d.C.

Avicena (em árabe, Ibn Sina) foi um polímata persa. Ele criou um sistema holístico de medicina, que combinava dieta, medicina e fatores psicológicos e físicos no tratamento de pacientes. Sua obra mais influente – *O cânone da medicina*, uma enciclopédia de cinco volumes que abarcava anatomia humana, diagnóstico de doenças e medicação – tornou-se o manual médico padrão no mundo islâmico e na Europa até o século XVII.
Ver também: Anatomia 20-25 ▪ Drogas e doenças 143

LEONARDO DA VINCI
1452–1519

Nascido na Itália, o polímata renascentista Leonardo da Vinci tornou-se um grande artista, escritor, matemático, engenheiro, inventor e anatomista. De 1507 em diante, Da Vinci dissecou cerca de trinta cadáveres humanos. Ilustrador anatômico insuperável e hábil dissecador, estudou também como as partes do corpo funcionam. A partir do coração de um boi, fez um modelo de vidro do principal vaso coronário, a aorta, e mostrou como o sangue flui pela válvula aórtica usando uma solução de água e sementes de gramíneas. Definiu os ventrículos (cavidades) do cérebro derramando cera derretida neles. Em 1513, abandonou seu projeto anatômico, apesar de ter criado centenas de desenhos detalhados e anotados, incrivelmente precisos, do corpo humano.
Ver também: Anatomia 20-25 ▪ Circulação do sangue 76-79

FRANCESCO REDI
1626–1697

O médico, parasitologista e poeta italiano Francesco Redi foi o primeiro biólogo a distinguir ectoparasitas de endoparasitas (os que vivem sobre hospedeiros e dentro deles, respectivamente) e descreveu cerca de 180 espécies de parasitas. No século XVII, acreditava-se que as larvas surgiam na carne por geração espontânea. Em 1668, Redi derrubou a teoria com experimentos que mostraram que elas nasciam de ovos postos por moscas.
Ver também: Nomear e classificar a vida 250-253 ▪ Cadeias alimentares 284-285

ROBERT HOOKE
1635–1703

O polímata inglês Robert Hooke foi um dos maiores cientistas do século XVII e

OUTROS GRANDES NOMES DA BIOLOGIA

detalhou muitas descobertas biológicas cruciais em seu histórico *Micrographia* (Pequenos desenhos), de 1665. Microscopista hábil, Hooke foi um dos primeiros a ver organismos microscópicos e descobriu e nomeou células vegetais bem antes de sua função ser entendida. Ele deduziu que as células vegetais de madeira fossilizada haviam sido antes partes de organismos vivos, preservadas por terem sido impregnadas com minerais. Além disso, conjecturou que alguns organismos devem ter se extinguido – uma visão radical no século XVII.

Ver também: Anatomia 20-25 ▪ A natureza celular da vida 28-31 ▪ Espécies extintas 254-255

JAN SWAMMERDAM
1637–1680

Em 1658, o microscopista holandês Jan Swammerdam foi o primeiro a descrever as hemácias. Ele também usou técnicas inovadoras para estudar a anatomia animal e descobriu, em lagartas, estruturas (hoje chamadas discos imaginais) que se tornavam membros e asas em borboletas e mariposas adultas. Isso provou que os insetos passam por metamorfoses e que ovo, larva, pupa e forma adulta são etapas do desenvolvimento dos insetos. Ele também usou rãs para mostrar que a estimulação nervosa causa contração muscular. Muitos de seus achados constam nos dois volumes de seu *Livro da natureza* (1737–1738).

Ver também: Anatomia 20-25 ▪ Circulação do sangue 76-79

MARIA MERIAN
1647–1717

A entomologia teve grandes avanços com o trabalho sobre desenvolvimento dos insetos, inclusive a metamorfose, da naturalista alemã Maria Merian. Em 1679–1683, ela publicou *Lagartas: sua maravilhosa transformação e estranha dieta de flores*, em dois volumes, nos quais ilustrações mostram com rigor científico cada espécie de mariposa e borboleta ao lado das plantas de que se alimentam, além de um texto descritivo. Em 1705, após uma expedição de dois anos na América do Sul, outra obra significativa – *A metamorfose dos insetos do Suriname* – foi publicada.

Ver também: Anatomia 20-25 ▪ Nomear e classificar a vida 250-253

GILBERT WHITE
1720–1793

Um dos primeiros ecologistas, o pároco White observou o comportamento e as interações de plantas e animais no mundo natural por mais de quarenta anos. Ele foi pioneiro no estudo de fenômenos naturais sazonais (fenologia), registrando as datas de floração das plantas e da chegada de aves migratórias. White compreendeu os papéis até dos organismos mais simples e explicou as cadeias alimentares. Descreveu algumas espécies pela primeira vez, como a felosa-musical (*Phylloscopus trochilus*), a felosa-assobiadeira (*P. sibilatrix*) e a felosa-comum (*P. collybita*), que ele distinguiu pelos cantos diversos.

Ver também: Nomear e classificar a vida 250-253 ▪ Cadeias alimentares 284-285

JOSEPH BANKS
1743–1820

Uma expedição a Terra Nova e Labrador em 1766 permitiu ao botânico britânico Sir Joseph Banks coletar e descrever muitas plantas e animais desconhecidos à ciência ocidental, como o hoje extinto arau-gigante, que ele pensou ser um pinguim. Na expedição do capitão James Cook à América do Sul, Pacífico Sul, Austrália e Nova Zelândia (1768–1771), Bank coletou 30 mil espécimes de plantas, entre eles mais de mil espécies não descritas. Por 41 anos, Banks foi presidente da Real Sociedade, a principal organização científica de Londres.

Ver também: Nomear e classificar a vida 250-253 ▪ Biogeografia vegetal e animal 286-289

ROBERT BROWN
1773–1858

O pioneiro botânico escocês Robert Brown coletou quase 4 mil espécies de plantas em 1801, em uma expedição à Austrália. Seu trabalho incluiu a primeira descrição detalhada do núcleo celular, contribuições ao entendimento da polinização e fertilização, e a distinção entre gimnospermas (coníferas e plantas relacionadas) e angiospermas (plantas com flor). Ele descobriu o hoje chamado movimento browniano (movimento aleatório de partículas microscópicas suspensas em gás ou líquido). Ao examinar grãos de pólen em água, viu partículas minúsculas, que agora se sabe serem organelas, ejetadas do pólen em um movimento aleatório e agitado. Ele mostrou que partículas não vivas minúsculas, como a poeira de rochas, também se movem do mesmo modo.

Ver também: A descoberta dos gametas 176-177 ▪ Polinização 180--183 ▪ Fertilização 186-187

JAN EVANGELISTA PURKINJE
1787–1869

O médico tcheco Jan Purkinje foi o primeiro a usar um micrótomo, instrumento para fazer fatias muito finas de tecido para exame microscópico. Ele descreveu como o olho humano percebe a atenuação da cor vermelha mais rápido que a da azul quando a intensidade da luz diminui (efeito Purkinje). Descobriu grandes células nervosas (células de Purkinje) no cerebelo e os tecidos fibrosos (fibras de Purkinje) que levam impulsos elétricos a todas as partes do coração. Em 1839, fundou o primeiro departamento e instituto dedicado à fisiologia no mundo.

Ver também: O músculo coronário 81 ▪ Visão da cor 110-113 ▪ Células nervosas 124-125

MARY ANNING
1799–1847

Nascida na pobreza, a paleontologista autodidata britânica Mary Anning coletava fósseis de estratos rochosos jurássicos em falésias locais para ganhar dinheiro. Em 1810, ela desencavou o primeiro ictiossauro corretamente descrito; depois descobriu dois plesiossauros quase completos e desenterrou o primeiro pterossauro fora da Alemanha. Seus achados forneceram fortes evidências à teoria da extinção e ajudaram assim a mudar as ideias sobre a história da Terra. Em 2010, a Real Sociedade de Londres a descreveu como uma das dez mulheres britânicas que mais influenciaram a história da ciência.

Ver também: Nomear e classificar a vida 250-253 ▪ A vida evolui 256-257

JOSEPH HOOKER
1817–1911

Colecionador prolífico e um importante botânico britânico do século XIX, Hooker participou de expedições à Antártida, Índia, Himalaia, Nova Zelândia, Marrocos e Califórnia. A obra *Genera plantarum*, em três volumes (1862–1883), de Hooker e seu colega botânico britânico George Bentham, foi a compilação mais completa de plantas da Terra na época, incluindo 7.569 gêneros e mais de 97 mil espécies de plantas com sementes.

Ver também: Nomear e classificar a vida 250-253 ▪ Biogeografia vegetal e animal 286-289

ILYA MECHNIKOV
1845–1916

Em 1882, Mechnikov montou um laboratório em Messina, na Sicília. Enquanto estudava estrelas-do-mar, o imunologista russo descobriu a fagocitose, o método em que o sistema imune usa células móveis, como os leucócitos, para encapsular e destruir patógenos nocivos. Por seu trabalho, ele recebeu o Prêmio Nobel de Fisiologia ou Medicina de 1908.

Ver também: Teoria microbiana 144-151 ▪ Os vírus 160-163 ▪ Resposta imune 168-171

KARL VON FRISCH
1886–1982

O zoólogo austríaco Frisch dividiu o Prêmio Nobel de Fisiologia ou Medicina de 1973 com Konrad Lorenz e Nikolaas Tinbergen (ver à direita) por explicar as "danças" das abelhas ao voltar para a colmeia, com as quais elas comunicam às outras a distância e direção de fontes de alimento. Estudando as abelhas por cinquenta anos, Frisch também demonstrou que elas podem ser treinadas para distinguir sabores e odores diversos e que usam o sol como bússola.

Ver também: Visão da cor 110-113 ▪ Comportamento inato e adquirido 118-123 ▪ Armazenamento de memória 134-135

JANAKI AMMAL
1897–1984

A botânica e conservacionista indiana Janaki Ammal trabalhou com o citologista britânico Cyril Darlington no estudo de cromossomos de uma vasta gama de plantas. O trabalho deles lançou luz sobre a evolução vegetal e em 1945 eles publicaram *The Chromosome Atlas of Cultivated Plants*. O primeiro-ministro indiano Jawaharlal Nehru convidou Ammal a reorganizar o Levantamento Botânico da Índia em 1951. Ela desenvolveu várias espécies híbridas cultiváveis, como uma cana-de-açúcar adaptada ao clima indiano, evitando a necessidade de importá-la.

Ver também: Cromossomos 216-219

NIKOLAAS TINBERGEN
1907–1988

O maior interesse do biólogo britânico Tinbergen, nascido nos Países Baixos, era a etologia, o estudo do comportamento animal. Ele fez vários estudos pioneiros sobre o comportamento de aves, vespas e peixes esgana-gato. Em 1973, ele, o etólogo alemão Konrad Lorenz e Karl von Frisch (ver à esquerda) dividiram o Prêmio Nobel de Fisiologia ou Medicina por seu trabalho separado sobre comportamento geneticamente programado em animais.

Ver também: Comportamento inato e adquirido 118-123 ▪ Armazenamento de memória 134-135

DOROTHY CROWFOOT HODGKIN
1910–1994

Na Universidade de Cambridge, no Reino Unido, a química britânica Dorothy Hodgkin foi pioneira no uso

OUTROS GRANDES NOMES DA BIOLOGIA

de raios X para analisar a estrutura de moléculas de proteínas biológicas, como a pepsina. Ela lecionou e pesquisou desde 1934 na Universidade de Oxford e foi a primeira a descrever a estrutura atômica da penicilina, em 1945, e da vitamina B12, em 1955. Hodgkin recebeu o Prêmio Nobel de Química por suas descobertas em 1964. Determinar a estrutura da insulina era um grande desafio, mas ela o venceu em 1969, 34 anos após ter visto sua primeira imagem em raios X.
Ver também: Antibióticos 158-159 ▪ A dupla hélice 228-231

NORMAN BORLAUG
1914–2009

De 1944 a 1960, o agrônomo americano Borlaug foi encarregado pelo Programa Mexicano de Agricultura da Fundação Rockefeller de melhorar as colheitas de trigo. Ele induziu mutações genéticas para criar culturas resilientes, entre elas uma forma anã de trigo resistente a doenças e com alto rendimento, que não quebrava sob o peso das próprias espigas. A produção de trigo mexicana triplicou. Sucessos similares de Borlaug no sul da Ásia com arroz e trigo salvaram milhões de pessoas da fome. Ele foi chamado de "pai da revolução verde" e recebeu o Prêmio Nobel da Paz de 1970 por seu trabalho no abastecimento global de alimentos.
Ver também: Polinização 180-183 ▪ O que são genes? 222-225 ▪ Mutação 264-265

GERTRUDE ELION
1918–1999

A farmacologista Gertrude Elion introduziu uma abordagem mais moderna e racional para desenvolver drogas, um trabalho em parceria com o médico e pesquisador de medicina George Hitchings. Em 1950, ela fez sua grande descoberta inicial – um medicamento para tratar leucemia. Depois, desenvolveu terapias antivirais para tratar herpes-zóster e catapora, ajudando a abrir caminho para o fármaco AZT, contra Aids. As patentes de 45 drogas que salvam ou mudam vidas levam o nome de Elion; ela e Hitchings receberam o Prêmio Nobel de Fisiologia ou Medicina de 1988 por seu trabalho.
Ver também: Metástase do câncer 154-155 ▪ Os vírus 160-163 ▪ Vacinação para prevenir doenças 164-167

JOE HIN TJIO
1919–2001

O agrônomo indonésio pesquisou cromossomos vegetais em Saragoça, na Espanha, e no Instituto de Genética da Universidade de Lund, na Suécia, onde, em 1955, inventou um novo modo de contar cromossomos. Acreditava-se que os humanos têm 48 cromossomos, mas Tjio provou que o número é 46. Esse avanço tornou possível entender o vínculo entre cromossomos anormais e doenças e levou à descoberta de que um cromossomo adicional causa a síndrome de Down.
Ver também: As leis da hereditariedade 208-215 ▪ Cromossomos 216-219

DAVID ATTENBOROUGH
1926–

Famoso divulgador do mundo natural, o naturalista britânico Attenborough levou a flora e a fauna do planeta a milhões de pessoas em documentários como *Life on Earth*, em 1979, e *The Private Life of Plants*, em 1995. Em programas como *Climate Change: The Facts* (2019), ele alertou seu público global para a destruição ambiental, a extinção de espécies e a mudança climática. Em 2003, tornou-se patrono do World Land Trust, que visa preservar a biodiversidade e os ecossistemas.
Ver também: Relações predador-presa 292-293 ▪ Impacto humano sobre ecossistemas 304-311

SYDNEY BRENNER
1927–2019

As moléculas do DNA, chamadas nucleotídeos, têm, cada uma, um dos quatro tipos de base nitrogenada. Nos anos 1950, o biólogo molecular sul-africano Brenner provou teoricamente que as instruções do DNA à célula para a fabricação de proteínas são transmitidas em uma sucessão de códons (grupos de três bases) e que cada códon tem uma combinação diversa de três bases. Ele, Francis Crick e dois outros confirmaram isso experimentalmente em 1961.

Com os geneticistas Robert Horvitz, americano, e John Sulston, britânico, Brenner recebeu o Prêmio Nobel de Fisiologia ou Medicina de 2002. Eles usaram nematódeos para explicar como os genes programam a morte das células para manter o número ideal delas no corpo. Brenner também mostrou como os genes podiam regular o desenvolvimento dos órgãos.
Ver também: O que são genes? 222-225 ▪ A dupla hélice 228-231

MARTHA CHASE
1927–2003

A bióloga americana Martha Chase trabalhou no Laboratório de Cold Spring Harbor, em Nova York, com o geneticista Alfred Hershey. Em 1952, nos experimentos Hershey-Chase,

eles confirmaram que o DNA – não uma proteína, como se pensava – é o material genético da vida. Hershey recebeu o Prêmio Nobel de Fisiologia ou Medicina de 1969 pela descoberta, mas Chase foi omitida, apesar de ser coautora do artigo que a descrevia.
Ver também: O que são genes? 222-225 ▪ O código genético 232-233

CARL WOESE
1928–2012

O microbiologista americano Woese redesenhou a árvore taxonômica da vida com seu trabalho pioneiro sobre microrganismos. Até os anos 1970, pensava-se que toda a vida pertencia a duas linhagens: eucariontes (incluindo todas as plantas, animais e fungos) e procariontes (bactérias e outros organismos microscópicos). Woese e seu colega biólogo americano George Fox analisaram o RNA ribossômico de microrganismos e descobriram que os procariontes consistem em dois grupos distintos – bactérias verdadeiras (eubactérias) e arqueobactérias (arqueias). Eles afirmaram em 1977 que as arqueias são tão distintas das bactérias quanto das plantas e animais. Em 1990, Woese propôs dividir toda a vida em três domínios: Archaea, Bacteria e Eukaryota.
Ver também: Nomear e classificar a vida 250-253 ▪ Especiação 272-273 ▪ Cladística 274-275

TU YOUYOU
1930–

A farmacologista chinesa pesquisou aplicações modernas da medicina tradicional de seu país na Academia de Medicina Tradicional Chinesa. Em 1971, usou um extrato não tóxico de *Artemisia* para eliminar os parasitas (*Plasmodium spp.*) responsáveis pela malária em animais. Ela chamou a substância de *Qinghaosu*, ou artemisinina. Em testes clínicos do extrato em 1972, 21 pacientes humanos se curaram da malária. Drogas baseadas em artemisinina levaram à sobrevivência e melhoria da saúde de incontáveis doentes de malária. Em 2015, Tu recebeu o Prêmio Nobel de Fisiologia ou Medicina.
Ver também: É possível criar substâncias bioquímicas 27 ▪ Drogas e doenças 143

SUSUMU TONEGAWA
1939–

Em 1971, o microbiologista e imunologista japonês Tonegawa descobriu que os genes do linfócito B, um leucócito que produz anticorpos, são movimentados, recombinados e excluídos. Nos vertebrados, isso permite que um número limitado de genes forme milhões de tipos de anticorpo que podem combater patógenos no sistema imune. Tonegawa recebeu o Prêmio Nobel de Fisiologia ou Medicina de 1987 por seu trabalho.
Ver também: Resposta imune 168-171 ▪ O que são genes? 222-225

STEPHEN JAY GOULD
1941–2002

A teoria do equilíbrio pontuado foi desenvolvida pelo paleontologista e biólogo evolutivo Gould, com o paleontologista Niles Eldredge, ambos americanos. Eles propuseram que a maioria das evoluções de espécies (especiações) ocorre em rápidos surtos entre longos períodos de lentíssima mudança evolutiva. Gould e Eldredge citaram como evidência de especiação explosiva os fósseis do folhelho Burgess – jazidas de fósseis de fauna do período Cambriano no Canadá. A teoria dividiu opiniões entre os biólogos evolutivos.
Ver também: Nomear e classificar a vida 250-253 ▪ Espécies extintas 254-255 ▪ A vida evolui 256-257

CHRISTIANE NÜSSLEIN-VOLHARD
1942–

A geneticista do desenvolvimento alemã ajudou a resolver um dos grandes mistérios da biologia: como os genes em um ovo fertilizado formam o embrião. Ela usou drosófilas, cujos embriões se desenvolvem muito rápido, e trabalhou com o americano Eric Wieschaus, também geneticista do desenvolvimento. Eles inventaram a mutagênese de saturação, um processo em que se produz mutações em genes adultos e se observa o impacto na prole. Em 1980, Nüsslein-Volhard e Wieschaus já haviam identificado os genes que levam as células das moscas a formar embriões. Eles receberam o Prêmio Nobel de Fisiologia ou Medicina de 1995 por seu trabalho.
Ver também: Desenvolvimento embriológico 196-197

LARRY BRILLIANT
1944–

O epidemiologista americano contribuiu em importantes projetos de saúde nos países em desenvolvimento, entre eles o Programa Nacional Intensificado de Erradicação da Varíola na Índia, da OMS, em 1972–1976. Em 1978, foi cofundador da Fundação Seva, para tratar deficientes visuais em nações em desenvolvimento. Em 2020, os médicos da entidade já tinham recuperado a visão de 5 milhões de pessoas.

OUTROS GRANDES NOMES DA BIOLOGIA 323

Ver também: Vacinação para prevenir doenças 164-167

TAK WAH MAK
1946–

O "santo graal da imunologia" foi descoberto pelo imunologista sino-canadense Mak em 1983, quando identificou o DNA que codifica os receptores de células T humanos. Esses receptores são complexos de proteínas na superfície dos linfócitos T (um tipo de leucócito e parte do sistema imune adquirido). Cada receptor reconhece uma substância estranha específica (antígeno) no corpo e se liga a ela. A descoberta de Mak permitiu a modificação genética de células T para uso em imunoterapia.

Ver também: Metástase do câncer 154-155 ▪ Resposta imune 168-171 ▪ Engenharia genética 234-239

FLOSSIE WONG-STAAL
1946–2020

A bióloga molecular sino-americana Flossie Wong-Staal liderou em 1985 a equipe que clonou o vírus da imunodeficiência humana (HIV), o retrovírus que causa a Aids. Ela determinou a função dos genes do HIV, ajudando a entender como ele engana o sistema imune e permitindo o desenvolvimento de testes sanguíneos para detectar o vírus – um passo significativo no combate à Aids.

Ver também: Os vírus 160-163 ▪ Resposta imune 168-171 ▪ O código genético 232-233

ELIZABETH BLACKBURN
1948–

A bioquímica e bióloga molecular australiano-americana Elizabeth Blackburn interessou-se pelos telômeros, as "tampas" que previnem danos nas pontas dos cromossomos quando uma célula se divide. Em 1982, com o geneticista britânico-americano Jack Szostak, provou que o DNA distinto de um telômero impede que ele se quebre. Em 1984, com a bióloga molecular americana Carol Greider, Blackburn descobriu a enzima telomerase, que é crucial na reposição dos telômeros e, assim, protege os cromossomos e retarda o envelhecimento das células. Blackburn, Greider e Szostak receberam em 2009 o Prêmio Nobel de Fisiologia ou Medicina.

Ver também: Enzimas como catalisadores biológicos 64-65 ▪ Cromossomos 216-219 ▪ Sequenciamento de DNA 240-241

LAP-CHEE TSUI
1950–

Em 1989, com o geneticista americano Francis Collins e o bioquímico canadense Jack Riordan, o geneticista sino-canadense Tsui isolou o gene do cromossomo 7, responsável em parte pela fibrose cística. O gene produz a proteína reguladora da condutância transmembrana da fibrose cística. Uma vez conhecida a localização do gene, tornou-se possível desenvolver estratégias de exame pré-natal focando a mutação que causa fibrose cística.

Ver também: Cromossomos 216-219 ▪ O que são genes? 222-225 ▪ Mutação 264-265

SUSAN GREENFIELD
1950–

A neurocientista britânica Susan Greenfield pesquisou as funções e distúrbios cerebrais, como as doenças de Alzheimer e Parkinson. Em 2013, cofundou uma empresa de biotecnologia que descobriu uma neurotoxina capaz de causar a doença de Alzheimer. Ela alertou também que o uso excessivo de tecnologias de tela poderia modificar a estrutura cerebral em jovens.

Ver também: Comportamento inato e adquirido 118-123 ▪ Organização do córtex cerebral 126-129

FRANCES ARNOLD
1956–

Em 1993, a bioquímica americana desenvolveu a técnica da evolução dirigida, que acelera a seleção natural de enzimas, introduzindo muitas mutações. Entre as mutações, ela descobriu novas enzimas que poderiam ser usadas para acelerar ou provocar reações químicas. A técnica tem aplicações que vão da farmacêutica a combustíveis renováveis. Por seu trabalho, em 2018 Arnold se tornou a quinta mulher a receber o Prêmio Nobel de Química.

Ver também: Enzimas como catalisadores biológicos 64-65 ▪ Como as enzimas funcionam 66-67

SARA SEAGER
1971–

A astrofísica canadense desenvolveu modelos teóricos de condições atmosféricas em exoplanetas (planetas que orbitam outras estrelas, não o Sol). Em 2013, ela criou um modelo matemático para estimar o número de planetas habitáveis. Conhecido como equação de Seager, seu modelo incorpora dados sobre a presença ou ausência de gases de bioassinatura (gases produzidos por formas de vida) em atmosferas planetárias.

Ver também: Respiração 68-69 ▪ A vida evolui 256-257

GLOSSÁRIO

Abiótico Não vivo; geralmente usado em relação a componentes não vivos de um ecossistema (como clima e temperatura).

Ácido abscísico Hormônio que regula processos, como a dormência de uma semente, no ciclo de vida de uma planta.

Ágar Substância gelatinosa extraída de algas vermelhas.

Aminoácidos Os componentes básicos das moléculas de proteína.

Antera No estame da flor, parte que produz pólen.

Anticorpo Substância química produzida pelo sistema imune (ou sistema imunológico) que se liga a uma molécula-alvo específica (antígeno) de células estranhas, ajudando o corpo a destruí-las.

Antígeno Molécula da superfície celular a que o anticorpo se liga.

Antiviral Em medicina, tipo de medicamento usado para tratar infecções virais.

Átomo A menor parte de um elemento que tem as propriedades químicas desse elemento.

Autoincompatibilidade Característica de flores incapazes de polinizar a si próprias para reprodução.

Auxina Hormônio vegetal que controla o modo com que brotos e raízes crescem, por exemplo, em resposta à luz ou gravidade.

Bactéria Tipo de microrganismo unicelular.

Bentônico Relativo ao fundo de um corpo de água.

Biogeografia Estudo da distribuição geográfica de plantas e animais e da mudança dessa distribuição com o tempo.

Biota Conjunto de seres vivos que habitam um ambiente (fauna e flora).

Biótico Relativo a organismos vivos ou resultante deles.

Cadeia alimentar Série de organismos, cada um dos quais é comido pelo seguinte.

Cálice Parte externa da flor, formada por um anel de sépalas. O cálice cobre as pétalas quando em botão.

Carbono O principal elemento químico das moléculas orgânicas, que são os componentes básicos dos organismos.

Carnívoro Qualquer animal que coma carne. Também usado para designar mamíferos da ordem *Carnivora*.

Carpelo Parte reprodutora feminina da flor, formada por ovário, estilo e estigma. Também chamado pistilo.

Célula A menor unidade com existência própria de um organismo.

Ciclo de Calvin Processos químicos da fotossíntese que não dependem da luz e que envolvem a fixação de dióxido de carbono em moléculas orgânicas.

Citocinina Tipo de hormônio vegetal envolvido no crescimento celular de brotos e raízes.

Clorofila Pigmentos verdes encontrados nos cloroplastos, que lhes permitem absorver energia luminosa e realizar fotossíntese.

Cloroplastos Organelas com clorofila dentro de células vegetais, onde se formam açúcares durante a fotossíntese.

Coesão Processo que cria aderência entre moléculas iguais.

Colesterol Substância semelhante à gordura encontrada em toda célula animal. É vital para o funcionamento normal do corpo, mas caso se acumule muito no sangue pode causar problemas, como doenças coronárias.

Comunidade Todas as espécies encontradas em um habitat específico.

Conservadorismo de nicho O grau com que as espécies mantêm seu nicho ao longo do tempo.

Corola Anel de pétalas da flor.

Cultura Conjunto de células desenvolvidas em um ambiente controlado com fins de estudo ou análise, por exemplo, bactérias cultivadas em um laboratório.

Dicogamia Quando as células reprodutoras masculinas e

GLOSSÁRIO 325

femininas de uma flor amadurecem em momentos diferentes para garantir polinização cruzada.

Difusão Movimento de partículas de uma região de alta concentração para uma de baixa concentração.

Dioica Espécie vegetal com flores unissexuadas em que masculinas e femininas ocorrem em plantas diferentes.

Diversidade Medida da variedade de espécies em um ecossistema ou comunidade biológica.

DNA (ou ADN) O ácido desoxirribonucleico é uma molécula grande em forma de dupla hélice que contém informação genética.

Dormência Estado em que os processos físicos de um organismo são desacelerados ou suspensos por um período, em geral, para conservar energia até as condições serem favoráveis ao crescimento e desenvolvimento.

Ecossistema Comunidade de animais e plantas, e o ambiente físico que partilham.

Elétron Partícula subatômica com carga elétrica negativa.

Endosperma Tecido que armazena alimento e envolve o embrião nas sementes de plantas que dão flor.

Energia química Energia armazenada em substâncias e liberada por uma reação química. Por exemplo, a energia armazenada na comida é liberada pelo metabolismo do corpo.

Enzima Molécula, normalmente uma proteína, que acelera uma reação química em um organismo vivo.

Espécie Grupo de organismos que têm características similares e podem ser cruzados para produzir descendentes férteis.

Estame Parte reprodutora masculina da flor, que inclui a antera produtora de pólen e, em geral, seu filamento ou haste de suporte.

Estigma Parte feminina da flor que recebe o pólen antes da fertilização. O estigma fica na ponta do pistilo.

Estômato Poro microscópico na superfície das partes aéreas das plantas (folhas e caules) que permite a transpiração.

Etileno Gás incolor de hidrocarboneto (um composto orgânico de hidrogênio e carbono), usado na fabricação de polietileno.

Exobiologia Ramo da biologia que trata da possibilidade, origem e natureza da vida no espaço e em outros planetas.

Fermentação Tipo de respiração química que é anaeróbica (não usa oxigênio) e pode produzir ácidos, álcool ou dióxido de carbono como resíduos.

Filamento Haste que sustenta a antera na flor.

Fitocromo Tipo de substância encontrada em plantas, fungos e bactérias que detecta a luz.

Fitogeografia Ramo da botânica que estuda a distribuição geográfica das plantas.

Fitormônios (reguladores do crescimento vegetal) Compostos que favorecem e influenciam o crescimento das plantas.

Fixação do carbono Processo em que organismos vivos convertem dióxido de carbono em compostos orgânicos.

Floresta tropical Floresta caracterizada por árvores sempre verdes e por altas taxas anuais de chuva.

Fluido intersticial Fluido que ocupa os espaços entre as células no corpo.

Fonte hidrotermal Abertura na crosta terrestre no fundo oceânico que é uma saída para água superaquecida, rica em vários minerais.

Fosfolipídio Tipo de substância lipídica (gordurosa) que forma as membranas plasmáticas.

Fotorreceptor Tipo de célula especializada, fotossensível, que forma a camada retiniana na parte interna dos olhos dos animais.

Fotossíntese Processo pelo qual as plantas usam a energia solar para criar moléculas de alimento a partir de água e dióxido de carbono, produzindo oxigênio como resíduo.

Fototropismo Crescimento de parte da planta em direção à luz ou afastando-se dela. Fototropismo positivo significa crescimento em direção à luz.

Gametas Células reprodutoras sexuais dos organismos – o esperma ou pólen masculino e o óvulo feminino.

Genoma Conjunto completo de genes, ou informação hereditária, de um organismo vivo.

Geotropismo Resposta das plantas à gravidade. Por exemplo, um broto que cresce para cima (contra a gravidade) tem geotropismo negativo.

Giberelinas Hormônios vegetais envolvidos no controle de muitos aspectos do crescimento e desenvolvimento, como provocar o fim da dormência nas sementes e botões de flor.

Guias de néctar Marcas ou desenhos em uma flor que guiam os polinizadores ao néctar.

Hidrófilo Material que tem afinidade com a água.

Hidrofóbico Material que repele a água.

Humor Na medicina antiga, líquido do corpo que se pensava determinar a saúde e o temperamento de uma pessoa. Os quatro humores eram: sangue, fleuma, bile amarela e bile negra.

Imigração Movimento de uma espécie ou organismo para um novo ecossistema ou região geográfica.

Inorgânico Substância química que não é uma molécula complexa contendo carbono.

Invertebrado Animal sem coluna vertebral.

Íon Átomo ou grupo de átomos que perdeu ou ganhou um ou mais de seus elétrons, ficando com carga elétrica.

Lepidopterólogo Pessoa que estuda e coleta borboletas e mariposas.

Liberação de mesopredadores Teoria ecológica que descreve o crescimento exagerado na população de mesopredadores quando há declínio no número de predadores alfa em um ecossistema.

Limnologia Estudo de ecossistemas de água doce.

Lipídio Substância gordurosa ou oleosa, insolúvel em água, com várias funções no corpo, como a formação de tecido adiposo, membranas plasmáticas (fosfolipídio) e hormônios esteroides.

Mesopredador Predador de nível médio, que é tanto predador quanto presa.

Metabolismo Soma de todos os processos químicos que ocorrem no corpo.

Micróbio Organismo microscópico, ou microrganismo.

Molécula Grupo de dois ou mais átomos unidos por ligações químicas fortes.

Monécia Espécie vegetal com flores masculinas e femininas separadas que nascem na mesma planta.

Monocultura Método de plantio que envolve cultivar um só tipo de planta, em geral, em uma grande área.

Montano Relativo à floresta, um tipo de mata de áreas montanhosas.

Nectário Glândula da planta que secreta néctar.

Nicho O espaço e papel específicos de uma espécie em um ecossistema. Espécies diferentes de um ecossistema nunca ocuparão o mesmo nicho.

Núcleo Centro de controle da célula eucariótica, onde seus genes são armazenados em moléculas de DNA. A palavra "núcleo" também designa a parte central do átomo.

Nucleotídeo Subunidade fundamental de um ácido nucleico (DNA, RNA). Consiste em um açúcar, fosfato e uma base nitrogenada.

Onívoro Animal que come tanto plantas quanto animais.

Organela Estrutura dentro da célula que realiza uma tarefa específica, como produzir moléculas de proteína ou liberar energia do açúcar.

Orgânico Derivado de organismos vivos ou um composto baseado em átomos de carbono e hidrogênio.

Organismo Ser vivo.

Osmose Movimento da água através de uma membrana parcialmente permeável, de uma solução de baixa concentração para outra de alta.

Paleoecologia O estudo de ecossistemas passados por meio de registros geológicos e fósseis.

Pandemia Surto de doença que afeta um número muito grande de pessoas em todo o mundo.

Pasteurização Processo que usa o aquecimento moderado de alimentos, como leite ou vinho, para eliminar patógenos como bactérias, sem alterar seu sabor.

GLOSSÁRIO 327

Patógeno Qualquer microrganismo que cause doença.

Pelágico Relativo às águas de oceano aberto, ou ao que vive nelas, sem contato direto com a costa ou o leito oceânico.

Pistilo Haste das flores que liga o estigma ao ovário.

Plasma A parte fluida do sangue da qual todas as células foram removidas; contém proteínas, sais e vários outros nutrientes e produtos residuais.

Pólen Pequenos grãos, formados na antera de plantas com semente, que contêm as células reprodutoras masculinas da flor.

Polinização cruzada Transferência de pólen das anteras da flor de uma planta para o estigma da flor de outra planta.

Predador Animal que caça outros animais para se alimentar.

Predador alfa Predador no topo da cadeia alimentar, que não é presa de nenhuma outra espécie.

Presa Animal caçado por outros animais.

Proteína Substância complexa, composta de cadeias de aminoácidos, que existe em todos os organismos vivos e é necessária ao crescimento, a reparos e a muitos outros processos vitais.

Proteína de canal Proteína que forma um canal na membrana plasmática, permitindo a moléculas e íons atravessá-la.

Proteína de transporte Molécula de proteína incorporada na membrana plasmática e que realiza transporte ativo.

Protozoários Organismos tipicamente microscópicos, com uma só célula e núcleo bem-definido, encerrado por uma membrana.

Pseudocopulação Em flores, polinização que ocorre quando insetos masculinos são induzidos a copular com uma parte de uma flor que imita um inseto feminino.

Química atmosférica Também chamada química pneumática; estudo da composição da atmosfera (da Terra ou de outros planetas).

Redução Reação química em que uma substância perde oxigênio. Durante a redução, os átomos ganham elétrons.

Respiração Processo químico em que há liberação de energia nas células a partir de moléculas de alimento.

Ribozima Molécula de RNA que atua como uma enzima.

Riqueza de espécies Número de espécies diferentes representadas num local ou comunidade ecológica específicos.

Ritmo circadiano Ciclo biológico de 24 horas que rege os processos dia/noite do corpo. Informalmente, o relógio corporal.

RNA (ou ARN) O ácido ribonucleico é uma molécula similar ao DNA. As moléculas de RNA copiam a informação genética do DNA para que possa ser usada para fazer moléculas de proteína.

Semipermeável Que permite a algumas substâncias atravessar, mas bloqueia outras. As membranas plasmáticas são semipermeáveis. Também referido como "parcialmente permeável".

Sépala Parte do cálice.

Tectônica de placas Estudo do movimento dos continentes e do modo com que o leito oceânico se expande.

Transporte ativo Transporte de moléculas ou íons através da membrana de uma célula que usa energia de respiração.

Vacina Parte morta, modificada ou inativa de um patógeno que é deliberadamente introduzida no corpo para provocar imunidade a esse patógeno.

Vertebrado Animal com espinha dorsal (coluna vertebral).

Vírus Partícula parasitária, não celular, que contém DNA ou RNA e infecta as células de organismos vivos. Os vírus se reproduzem fazendo as células hospedeiras fabricarem cópias suas. Alguns vírus causam doenças, mas a maioria não.

Xilema Tecido vegetal feito de vasos microscópicos que transportam água e minerais das raízes às folhas e podem se tornar lenhosos para sustentação.

Zoogeografia Ramo da zoologia que estuda a distribuição geográfica dos animais.

Zoologia Ramo da biologia que estuda o reino animal.

ÍNDICE

Números de página em **negrito** remetem a tópicos principais dos capítulos.

A

abelhas 123, 182-183, 307
acetila, grupo 69
acetilcolina 131
ácido abscísico 100-101
ácido nucleico 37, 61, 161-162, 221
actina 132-133
açúcar no sangue 84, 88-89, 95, 97
açúcar, translocação em plantas 102-103
adaptação 193, 265, 271, 277, 282, 287, 292, 298, 312
Addicott, Frederick 100
adenina 229, 230-232, 241
adenovírus 160
adrenais, glândulas 84, 88, 95
adrenalina 84, 89, 95, 131
Adrian, Edgar 130
afasia 114-115
afídeos 102-103, 175, 179
água
  contaminada 148
  fotossíntese 52-53
  transpiração das plantas 75, 82-83
Aids/HIV 171
Alberto Magno 120
albinismo 224
alcaptonúria 224
Alcméon de Crotona 18, 22, 109
álcool 62-66
Aldini, Giovanni 108
alelos 265, 269-271
algas 52, 55, 291, 297, 309, 311
Al-Jahiz 284
Al-Razi 124
Alvarez, Luis 249, **278-279**
Alvarez, Walter 249, **278-279**
Alzheimer, Alois 129
amadurecimento de frutos 101
ambientalismo 283
amido 30, 55, 60, 64
amilase 64, 65
aminoácidos 35, 60, 65, 99, 207, 222-223, 225, 232, **233**, 240-241
Ammal, Janaki **318**
amônia, síntese da **297**
anáfase 189
anatomia 16, 18-19, **20-25**
anatomia comparada **25**
ancestral comum 249, 252, 261, 265, 273-275

anemia 57, 91
anemia falciforme 91
animais
  alteração genética **238-239**
  anatomia 24, 25
  biogeografia **296-299**
  biogeografia insular **312-313**
  cadeias alimentares **284-285**
  células 30
  classificação/denominação 22, 25, **250-253**, 257, **274-275**
  comportamento 106-107, 120-123, 134-135
  consciência **26**
  evolução 260-263, 265, 268-271, 272-273
  impacto humano **306-311**
  reprodução 178-179
  respiração 68
  uso de ferramentas 107, **136-137**
Anning, Mary 316, **318**
anteras 181
antibióticos 141, 151, **158-159**, 237
anticoncepcionais 96
anticorpos 157, 167, 170-171
antígenos 43, 156, 157, 169, 170
antissepsia 140-141, 149, **152-153**
antraz 149-150, 158, 166
apomixia 179
apomorfia 275
aprendizado social 137
aquecimento global 314
Arber, Werner 66, 236
Archaea 253, 322
  ver também arqueias
Arditi, Roger 292
Aristóteles 16, 18, 26-27, 33, 48, 58, 98, 108-109, 120, 142, 184, 196, 250-251, 282, 286, **316**
Arnold, Frances **321**
arqueias 38, **41**, 253, 297
arqueobactérias 39
artérias 23, 77-80, 91
Ártico, ameaças ao 306, **309-310**
artrite 94, 239
artrite reumatoide 94
árvores evolutivas 276
assexuada, reprodução 174-175, **178-179**, 202, 273
asteroides 249, **278-279**
atmosfera da Terra 35, 39, 295, 314-315
ATP (trifosfato de adenosina) 68
Attenborough, David **319**
Austin, Colin "Bunny" 200
autocondicionamento 122-123
autofertilização 213-214
autopolinização 183
autorregulação
  biosfera 283, **314-315**

homeostase 75, 88-89, 283
auxina 100-101
Avery, Oswald 221, 228, 232
Avicena 78, **316**
axônios 125, 130-131

B

Bacon, Francis 137
bactérias 37, 41, 140, 160, 163, **253**
  antibióticos 141, **158-159**, 237
  DNA 221, 241-242, 245
  engenharia genética 207, **236-239**
  genes 206, 221, 227, 244
  principais tipos **147**
  teoria microbiana **146-151**
Baer, Karl Ernst von 174, 177, 184, **185**
Bancroft, Edward 108
Banks, Joseph **317**
Banting, Frederick 84, 94, 96
Barnard, Christiaan 76, 81
Barnes, Charles 52
Barrangou, Rodolphe 244
barriga de aluguel 203
Bartholin, Thomas 25
Basch, Samuel Siegfried Karl von 81
bases 207, 222-223, 225, 229-233, 239, 241
Bassi, Agostino 147
Bateson, William 216, 260, 269
Bavister, Barry 201
Bayliss, William 85, 88, 95-96
Beadle, George 206, 222, **223**, 224-225, 232
Beaumont, William 59
Beijerinck, Martinus 161, 297
Beklemishev, Vladimir 294
Beneden, Edouard van 193
Benson, Andrew 71
Benzer, Seymour 224
Berg, Paul 236-238
beribéri 57, 60
Bernard, Claude 74-75, 86, **87**, 88, 94
Bernstein, Julius 117
Berthold, Arnold 74-75, 84, **85**, 86, 94
Berzelius, Jöns Jakob 27, 64
bexiga 19, 98
biogeografia insular 272-273, 283, 286, **312-313**
biogeografia
  insular **312-313**
  vegetal e animal 282, **286-289**
biogeoquímica 295
biomassa 301, 314
bioquímicas, substâncias **27**

biosfera 283, **294-297**, 314-315
Black, Joseph 52, 61
Blackburn, Elizabeth **321**
Blackman, Frederick 70
Blasius, Bernd 293
blastema 32-33
blástula 197
bloqueado, gene **225**, 239
Blundell, László 156
Blyth, Edward 262-263
Bois-Reymond, Emil du 106, 108, 116, **117**
Boll, Franz 110
Boltwood, Bertram 254
Bonnet, Charles 174-175, 178, **179**
Bonpland, Aimé 287
Borlaug, Norman **319**
Borthwick, Harry 101
Bosch, Carl 297
Boussingault, Jean-Baptiste 297
Boveri, Theodor 155, 186, 206, 210, 216, **217-218**, 220, 226
Bowman, William/cápsula de Bowman 98
Boyer, Herbert 207, 228, 232, **236-238**, 245
Boysen-Jensen, Peter 100
Bradley, Richard 282, **284-285**
Brenner, Sydney 233, **319**
Briggs, Robert 194, 202
Brilliant, Larry **320**
Broca, Paul/área de Broca 106, 109, 114, **115**, 126, 128-129
Brodmann, Korbinian/áreas de Brodmann 107, 109, 114, 126-128, **129**
Brøgger, Waldemar 309
Brown, James 313
Brown, Robert 30, 188, **317**
Brown-Séquard, Charles-Édouard 94
Bruckner, John 285
Buchner, Eduard 47, 62-63, 65-66
Buffon, conde de 256-257, 262, 286-287
Burnet, Frank Macfarlane 141, 168, **169-170**

C

cadeia de transporte de elétrons 70-71
cadeias alimentares 52, 55, 279, 282-283, **284-285**, 299, **300-301**, 302, 307-311
Cagniard de la Tour, Charles 62
Cain, Arthur 263

ÍNDICE 329

Calcar, Jan Stephan van 24
Calvin, Melvin/ciclo de Calvin 47, **70-71**
camadas germinativas 184, **185**, 196
Camerarius, Rudolf Jakob 180
Campbell, Keith 175, 202, **203**
câncer 33, 167, 170, 195, 225, 239, 243-245, 265, 311
  metástase 140, **154-155**
Cannon, Walter 86, 88-89, 94, 314
capilares 25, 74, 79, **80**
Caplan, Arthur L. 203
capsídeo 162-163
carboidratos 35, 43, 60-61
carbono 35, 46, 47, 60-61
carbono, ciclo do 294, **295-296**
carbono, fixação do 70-71
cariótipos 220
carnívoros 284-285
carpelo 181, 183
Carpenter, Alfred 136
Carrel, Alexis 33
Carson, Rachel 283, **306**, 307-308, 311
Cary, William 176
catalisadores, enzimas como 47, **64-65**, 67
catapora (varicela) 163, 171
Caventou, Joseph-Bienaimé 54
caxumba 163
Cech, Thomas 36
celular, organização **197**
celular, respiração 40, 43, 49, 296
celular, teoria 17, **31**, 32, 87, 124
células
  câncer **154-155**
  células-tronco **194-195**
  complexas **38-41**
  desenvolvimento embrionário **196-197**
  e vida **28-31**
  genes 214, 223
  homeostase 86-87
  resposta imune **168-171**
  vírus 162-163
células-alvo 97
células B 168-171
células de lugar 134
células-filhas 189, 193, 218, 229
células nervosas ver neurônios
células somáticas 191-192, 218
células somáticas, transferência nuclear 202-203
células T 169-171
células T auxiliares (células Th) 170
células-tronco 175, **194-195**, 203, 244
centrômeros 189, 193
centrossomos 189, 192
cerebelo 109
cérebro
  armazenamento de memória **134-135**
  e comportamento 106, **109**
  e fala 106, **114-115**, 126
  organização do córtex 107, **126-129**
  pássaros **137**

receptores sensoriais **112**
sinapses **130-131**
Cesalpino, Andrea 82
Chain, Ernst 159
Chang, Min Chueh 200
Chaptal, Jean-Antoine 296
Chargaff, Erwin/regra de Chargaff **230**
Charnier, Madeleine 220
Charpentier, Emmanuelle 244, **245**
Chase, Martha **319-320**
Chatton, Edouard 38, 253
chave-fechadura, modelo 64, 66-67
Chetverikov, Sergei 271
Cholodny, Nikolai 100
chuva ácida **308-309**
chuva e plantas **83**
cianobactéria 40-41, 52, **55**, 163
ciclo da água 83
ciclo do ácido cítrico **69**
ciclos naturais **294-297**
cinetina 101
circuitos de retroalimentação negativa 89
circuitos retroalimentados 314-315
circulação sistêmica 77, 79
circulatório, sistema 18-19, 74, **76-79**, 80, 90, 109
cirurgia 152-153
citocinas 170
citocinese 193
citocinina 101
citosina 229, 230-232, 241
citotóxicas, células 170
cladística 249, 253, **274-275**, 276
classificação das espécies 248, **250-253**, **274-275**
Clements, Frederic E. 282, 290, **291**, 299
clima
  e diversidade das espécies 312
  plantas e chuva **83**
Cline, Martin 244
clonagem 175, 179, 194, 200, **202-203**
clorofila 52, 54-55, 70-71, 285
cloroplasto 40-41, 70-71
coagulação do sangue 89, 157, 219
coenzima A 68-69
Cohen, Stanley N. 207, 228, 232, 236, **237**, 245
Colborn, Theo 306
Cole, Matthew 311
cólera 146, 148, 150, 166
colesterol 43
Collins, Francis **142-143**, 207
Collins, Gareth 278
Colombo, Matteo 80
combustão 49, 53
combustíveis fósseis 295, 308-309
comensalismo 285
comida
  alteração genética **238-239**
  digestão **58-59**, 64
  grupos alimentares **60**
  metabolismo **48-49**, 64
comportamento 106, **109**, **118-123**
  adquirido 106-107, **120-123**,

134-135, 137
  inato 106, **120-123**, 136
comunidade clímax 290-291
comunidades 282-283, 285, **290-291**
concepção **176-177**
  assistida **198-201**
condicionamento 122-123, 134-135
cones 111, 113
consumidores 284, **285**, 301, 308
contágio 146-147, 164
controle motor voluntário 109, 127-128
Cook, James 57
Cooper, William S. 290
cor, visão de 106-107, **110-113**
coração
  circulação sanguínea 74, **76-79**, 80, 90
  doenças 60, 195, 245
  músculo **81**, 132
  transplantes 76, 81, 171
corpo caloso 128
Correns, Carl 213, 216
córtex cerebral 107, 109, **126-129**
córtex motor 127-128
córtex somatossensorial 127-128
córtex visual 113, 127, 128
cortisona 94
Cottam, Clarence 307
Couper, Archibald 61
Courtois, Bernard 143
Covid-19 146, 151, 163, 171, 239
Cowles, Henry Chandler 290, 299
criação 248-249, 256-257, 260-261
Crick, Francis 36, 190, 207, 221, **228-231**, 232, 240, 264
CRISPR-Cas9 244-245
cristalografia de raios X 66, 90-91, 141, 162, 230
cromátides 188-189, 217
cromossomos 32-33, 111, 155, 175, 186, 189-193, 206-209, 212-215, **216-219**, 220, **226 227**, 228, 232, 243, 263, 265, 272
cromossomos sexuais 206, 218-220
cruzamento 211-213, 226
cultivo 210
Currie, David 312-313
Cushny, Arthur 74-75, 98, **99**
Cuvier, Georges 22, 25, 248, 254, **255**

D

Dachille, Frank 278
Dale, Henry 131
Dalton, John 61, 110
Danieli, James 42
Darwin, Charles 16, 22, 25, 42, 82, 100, 120-123, 136, 180, 183, 193, 211, 214-215, 223, 248-249, 252-257, 260, **261**, 262-265, 268-274, 277, 282, 285, 288, 298, 300, 312

Darwin, Francis 82, 100
datação radiométrica 254-255
Davidson, Donald 26
Davson, Hugh 42
Dawkins, Richard 249, 271-272, **277**
DDT 306-308, 311
decompositores 285
Delpino, Federico 180, 183
demência 129
dendritos 125, 130-131
Denis, Jean-Baptiste 156
Denny, Frank 100
desativação de partes do corpo 18-19
Descartes, René 16, **26**, 84, 111
diabetes 84, 94-95, **96**, 237-238
diálise 98, **99**
difração de raios X 229-230
difteria 158, 167, 171
digestão 31, 46, 47, **58-59**, 60, 64-65, 67, 88
dinossauros 278-279
Dinsdale, Thomas 165
Dioscórides 143
dióxido de carbono
  exalação 49, 68, 91
  fotossíntese 46-47, **52-55**, **70-71**
  respiração 68-69
diploides, células 192-193
dissecação 18-19, 22-25
distrofia muscular 244
divisão celular 17, 28, 30-31, **32-33**, 190, 213, 216-217, 223, 226, 229, 265
  meiose 175, **190-193**, 218
  mitose 175, **188-189**, 218
Dixon, Henry 83
DNA 33, 36, 39, 215, **221**, 296
  amplificação **239**
  células complexas 40-41
  clonagem **202-203**
  comparação de amostras **241**, 253
  edição de genes 244-245
  engenharia genética **236-239**
  estrutura 162, 190, 207, **228-231**, 232, 240, 264
  genes 225, 232-233
  meiose 192-193
  mitose 188
  mutações 264-265, 271, 276
  Projeto Genoma Humano **242-243**
  sequenciamento 207, 232-233, **240-241**, 275
  vírus 162-163
Dobzhansky, Theodosius 211, 263, 268, **271**
doenças
  antibióticos 141, **158-159**
  antissepsia 140-141, **152-153**
  base Naturel 142
  células 32-33
  drogas e **143**
  engenharia genética 237-239
  genéticas 215, 224, 243-245
  hormônios 97
  ligadas ao sexo **219**

330 ÍNDICE

metástases de câncer **154-155**
nutrição 56-57
teoria microbiana 140-141, **144-151**
vacinação **164-167**
vírus **160-163**
Doisy, Edward 96
Dolly, ovelha 202-203
dominantes, traços 212-213, 215
domínios, sistema de 250, 253
dormência 101
Dostrovsky, Jonathan 134
Doudna, Jennifer 207, 244, **245**
Driesch, Hans 175, 185, **194-195**, 196-197
drogas **143**
drogas imunossupressoras 171
Duchenne de Boulogne, Guillaume--Benjamin-Amand 116, 132
Duclaux, Émile 65
Dumas, Jean-Baptiste 177
Dumortier, Barthélemy 28
Dupetit, Gabriel 297
Dureau de la Malle, Adolphe 290-291
Dutrochet, Henri 29, 82

E

ebola 163, 167
Eccles, John 130
ECG (eletrocardiograma) 81
ecologia 282-283
ecossistemas 283, **299**, 300-301, 312-313
  impacto humano em **304-311**
ectoderma 185, 197
edição genética **244-245**
Edwards, Robert 175, 198, **199**, 200-201
efeito estufa, gases de 297, 314
efetores 87, 89
egípcios antigos 22, 56, 140, 142, 154, 158
Ehrenberg, Christian 262
Ehrlich, Paul 158, 168-170
Eijkman, Christiaan 60
Einthoven, Willem 81
eletrofisiologia 116-117
Elion, Gertrude **319**
Elmqvist, Rune 81
El-Sharkawy, Mabrouk 52
Elton, Charles 284, 302
embriões 174, 180, **184-185**, 187, 191, 194-195, 227, 245
  células-tronco 195
  desenvolvimento embrionário 175, **196-197**
  fertilização in vitro **198-201**
Emerson, Robert 70
encaixe induzido, teoria do 67
endócrino, sistema 84, 88-89, **94-97**
endoderma 185, 197
endosperma 180

endossimbiose 17, **40-41**
endoteliais, células 80
energia
  ecossistemas 299
  e criação da vida 37
  fotossíntese 54-55
  metabolismo 48-49, 64
  níveis tróficos **300-301**
  respiração 68-69
Engelmann, Theodor 55
engenharia genética 66, 195, 200, 207, 225, 232, **234-239**, 245
Engler, Adolf 288
envelope, proteínas do 162-163
enzimas 31, 36, 47, 62, **64-67**, 69, 206-207, 224-225, 232
  de restrição 66
  engenharia genética 236-239
  inibidores enzimáticos **67**
Enzmann, Ernst Vincenz 201
epigênese **184-185**, 196
epigenética 277
épocas da Terra 257
Erasístrato 18
Erlanger, Joseph 124
Esau, Katherine 103
escaneamento, técnicas de 22, 25
escarlatina 158
escorbuto 56-57, 60
especiação **272-273**
espécie-energia, teoria 313
espécies
  biogeografia **286-289**
  biogeografia insular **312-313**
  cladística **274-275**
  classificação/denominação 210-211, 248, **250-253**
  espécies-chave **310**
  evolução 268
  extinções em massa **278-279**
  extintas **254-255**
  indicadoras **311**
  leis da hereditariedade **210-215**
  nichos **302-303**
  princípio da exclusão competitiva **298**
  seleção natural **260-263**
esperma/espermatozoides174, **176-177**, 178, 180, 184, 190-191, 193, 198, 200, 210, 213-214, 217-218, 220, 222
  fertilização **186-187**
estames 180-181, 183, 213
estigmas 180-182, 213
estímulos
  e comportamento 122-123, 134
  e memória 134-135
  homeostase 87, 89
estômatos 71, 82-83
estratos rochosos 254-255
etanol 63
etileno 100-101
etologia 122-123
eubactéria 39
eucariontes 17, 38, **39-40**, 41
Eukaryota 253, 322
Euler, Ulf von 89

Evans, Martin 195
evolução 22, 25, 107, 120, 179, 192, 211, 214-215, 248-249, 252-254, 255, **256-257**, 274-277, 282, 288
  especiação **272-273**
  mutação **264-265**
  não adaptativa **271**
  plantas com flor **183**
  seleção natural **258-263**
  síntese moderna 249, 260, **266-271**
evolução convergente 253
exclusão competitiva, princípio da 282, **298**, 303
excreção 46, 48-49
  rins e 74, 95, **98-99**
extinção 248, **254-255**, **278-279**, 282, 293, 303
  taxa de 312-313
extinções em massa 249, 255, **278-279**
extraembrionárias, células 195

F

Fabbroni, Giovanni 124
Fabricius, Hieronymus 78, 196
fagócitos 168, 170
fala 106, **114-115**, 126-128
farmacologia 140, 143
febre aftosa 161
febre amarela 161
fenda sináptica 130
fenética 274-275
fenótipos 214-215
Ferchault de Réaumur, René-Antoine 59, 64
fermentação 31, 47, 58, **62-63**, 64-66, 68, 148, 150, 152
ferramentas, uso por animais 107, **136-137**
Ferrier, David 128
fertilização 174, 176-178, 180-183, **186-187**, 193-195, 212-214, 218, 222
  in vitro **198-201**
fertilizantes 297
fibrose cística 215, 243-245
fígado 89, 97
filogenética, conceito de espécie 273
filogenéticas, árvores 275
Fischer, Emil 47, 64, **66-67**, 240
Fisher, Edna 136
Fisher, Ronald 249, 260, 268, **270-271**, 277
fitocromos **101**
fitogênese 30
fitogeografia 288
Fleming, Alexander 141, 151, 158, **159**
Flemming, Walther 32, 175, 188, **189**, 190, 216-217
floema 102, **103**

flogisto 53-54
flor, plantas com **180-183**
Florey, Howard 159
Flourens, Jean Pierre 84, 106, **109**
fluxo de massa, teoria do 102-103
fMRI (ressonância magnética funcional) 126, 129
fogo, uso do 137
Fol, Hermann 187
folhas 52, 54, 82-83
folhetos embrionários ver camadas germinativas
fontes hidrotermais 285
fósseis 239, 248, **254-255**, 257, 261, 276, 278, 289
fotoautótrofos 52, 55
fotorreceptores 112-113
fotossíntese 39, 46-47, **50-55**, **70-71**, 75, 83, 101-102, 279, 285, 299
fototropismo 100-101
Fox, George 38
fragmentação 179
Franklin, Rosalind 141, 160, **162**, 207, 228-230
Franz, Shepherd 126
frenologia 114
Fresnel, Augustin Jean 111
Frisch, Karl von 122-123, 182, **318**
frutas cítricas 56-57, 60
fumo 154
Funk, Casimir 56, 60
Funke, Otto 91

G

Gaia, hipótese de 283, 294, **314-315**
Galeno 16, 18, **19**, 22-24, 27, 58, 76, 77-78, 81, 90, 106, 109, 142, 146
Gall, Franz Joseph 114
Galvani, Luigi 106, **108**, 116, 132
gametas **176-177**, 187, 193
Gane, Richard 101
Garrod, Archibald 222, 224
Gasser, Herbert Spencer 124
gástricos, fluidos 58-59, 64
gastrulação 196, 197
Gause, Georgy 282-283, **298**
Gayon, Ulysse 297
gêmulas 193
gênero 250, 252
genes/genética 32, 179, 206-207, 210, 214-215, **222-225**
  clonagem **202-203**
  cromossomos 190, 207, **216-219**, 220
  desenvolvimento embrionário 197
  DNA **240-241**
  e câncer 155
  evolução **268-271**, 272, 277
  frequências dos 270, 271
  gene egoísta 249, **277**
  hereditariedade **210-215**, 221
  mutação 249, 264-265, 271, 276

ÍNDICE 331

particulados 268
população **269-271**
Projeto Genoma Humano **242-243**
"saltadores" 206-207, **226-227**
seleção natural 263
genética populacional **269-271**
genética, alteração 207, 236
genético, código 207, 231, **232-233**
genótipos 215
geotropismo 101
geração espontânea **148**, 149
germes, propagação de **151**
germinação 101
germinativas, células 191-193
germoplasma, teoria do **191-193**
Gesner, Conrad 250-252
Gey, George 188
giberelina 100-101
Gifford, Ernest 40
Gilbert, Walter 36
Ginzburg, Lev R. 292
Girault, Louis 198
giros 128
glândulas 84, 89, 95-97
Gleason, Henry A. 290-291
glicogênio 88-89
glicólise 68
glicoproteína 43
glicose 49, 55, 63, 66, 89, 96-97, 99, 157
glóbulos brancos ver leucócitos
glóbulos vermelhos ver hemácias
Gloger, Constantin 272-273
glomérulos 98-99
glucagon 97
Golgi, Camillo 109, 124-125, 128-129
Goodall, Jane 107, **136-137**
Gorter, Evert 42
Gould, John 261
Gould, Stephen Jay **320**
Grassmann, Hermann 112
Greenfield, Susan **321**
gregos antigos 22-23, 108-109, 140, 142, 158, 206, 210, 254
Grendel, François 42
Griesbach, August 299
Griffith, Frederick 206, **221**
Grinnell, Joseph 298, 302
grupos sanguíneos 141, **156-157**, 171
guanina 229-232, 241
Gudernatsch, Friedrich 96
Gurdon, John 188

H

Haas, Georg 99
Haber, Fritz 297
habitats 283, 290-291, 302-303
Haeckel, Ernst 194, 250, 253
Haldane, J. B. S. 35, 67
Hales, Stephen 74-75, **82-83**
Halsted, William 152
Ham, Johan 176
Hanson, Jean 107, 132, **133**

haploides, células 193
Hardy, Godfrey 270
Harington, Charles 96
Hartig, Theodore 102
Hartsoeker, Nicolaas 177, 184, 198
Harvey, Paul 302
Harvey, William 18, 25, 59, 74, 76, **77**, 78-79, 80-81, 90, 98, 174, 176, 184
Hatch, Marshall 70
Hayflick, Leonard **33**
Hebb, Donald 134-135
Heidenhain, Rudolph 99
Heinroth, Oskar 122
Helmholtz, Hermann von 106-107, 111-113
Helmont, Jan Baptista van 46, **52**, 53, 58
hemácias 32, 76, 80, 90-91, 156-157
hemisférios do cérebro 115, 127
hemofilia 219, 238, 243
hemoglobina 75-76, **90-91**, 157
Hench, Philip 94
Hendricks, Sterling 101
Henking, Hermann 220
Hennig, Willi 249, 253, 274, **275**, 276
hepatite A 167
herança "dura" 222-223
herbívoros 284-285, 292
hereditariedade 206-207, 248
  comportamento inato 121
  cromossomos 190-191, **216-219**, 226-227
  determinação do sexo **220**
  DNA **221**, **240-241**
  em humanos 215
  genes 206, **222-225**, 264
  leis da **208-215**, 216, 256, 265, 268, 272
  meiose **190-193**
  papel do núcleo 187
  Projeto Genoma Humano **242-243**
  seleção natural **258-263**
Herófilo 18, 23
Hertwig, Oscar 174, 186, **187**, 193, 222
Hesketh, John 52
híbridos 181, 186, 210, 212
hidra 178-179
hidrogênio 35, 60-61
higiene 140-141, 148, **152-153**
Hildebrand, Alan 278
Hill, Robert 70-71
Hilleman, Maurice 164, 167
hipocampo 134-135
Hipócrates/Juramento de Hipócrates 109, 140, **142**, 152, 154, 210
hipotálamo 89, 95, 127
HLA (antígenos leucocitários humanos) 171
Hodgkin, Alan 42, 116-117
Hodgkin, Dorothy Crowfoot **318-319**
Hofmeister, Franz 240
Holliger, Philip 36
Holmes, Francis O. 161
homeostase **86-89**, 94, 97, 314
homólogos 219
homúnculo 174, 177, 184

Hooke, Robert 17, 28, 29-30, 32, 38, 188, 254, **316-317**
Hooker, Joseph **318**
Hoppe-Seyler, Felix 27, 74-75, 90, **91**
hormônios 74-75, **84-85**, 86, 88-89, **92-97**, 200
hormônios do crescimento 236-238
hormônios sexuais 97
Horsley, Victor 95
Horvath, Philippe 244
HPV (papilomavírus humano) 167
humanos
  atividade 283, 287-289, 297, **304-311**, 315
  hereditariedade 215
Humboldt, Alexander von 282, 286, **287-288**
Hume, David 26
humores 140, 142-143, 154
Hünefeld, Friedrich Ludwig 91
Huntington, doença de 215
Hutchinson, G. Evelyn 283, 300-302, **303**
Hutton, James 314
Huxley, Andrew 42, 107, 116-117, 132-133
Huxley, Hugh 107, **132-133**
Huxley, Julian 214, 264, 268, 271
Huxley, Thomas 268

I

Ibn al-Khatib 146
Ibn al-Nafis 19, 48, 76, 78
Ibn Khatima 146
Ibn Sina ver Avicenna
ilhotas de Langerhans 96
Imhotep 142
imigração de espécies 312-313
impressão 121-122
impressão genética 241
impulsos nervosos elétricos 106-107, **108**, **116-117**, 124-125, 130-133
imune, sistema 141, 151, **164-167**, **168-171**
  adquirido 168-171
  inato 168-169
imunodeficiência combinada grave 168
in vitro, fertilização (FIV) 175-176, **198-201**
infecção
  antibióticos 141, **158-159**
  antissepsia 140-141, **152-153**
  leucócitos 157
  resposta imune **168-171**
  teoria microbiana **146-151**
influenza 146, 163, 167
Ingenhousz, Jan 46, 53
inibidores competitivos e não competitivos 67
injeção intracitoplasmática 198
inseminação artificial 198

insetos, polinização por 180-183, 307
instintos 122
insulina 84, 88-89, 94, 96-97, 226, 237-238, 240
inteligência 16, 23, 26, 114-115, 120, 126
íntrons 238
iodo, deficiência de 57
iPS, células 194-195
irídio 279
isolamento geográfico 272-273, 287
isolamento reprodutivo 273
Ivanovski, Dimitri 151, 160-161

J

Jabir ibn Hayyan 143
Jacob, François 226-227
Jacobson, Ken 42
Janssens, Frans Alfons 226
Jeffreys, Alec 241
Jenner, Edward 141, 149, 164-166
Jeon, Kwang 41
Jerne, Niels 168-170
Johannsen, Wilhelm 214-215, 222, 224
Jokichi, Takamine 84
Joly, John 83

K

Kalmar, Attila 312
Kandel, Eric 107, **134-135**
Katz, Bernard 42, 116
Kaufman, Matt 195
Kekulé, Friedrich August 27, 61
Kelley, Deborah 37
Kelly, Allan O. 278
Kendall, Edward 94
Kennedy, Eugene 68
Kennedy, John 102
Kerner, Anton 290
Kettlewell, Bernard 263
Kimura, Motoo 274, 276
King, Thomas 194, 202
Kircher, Athanasius 146-147
Klein, David 302
Klein, Eva 168
Knoll, Max 163
Koch, Robert 62, 140, 142, 146, **149-151**, 152, 158
Kolff, Willem 98, 99
Kölliker, Rudolf Albert von 190
Kolmogorov, Andrey 292
Kölreuter, Joseph 181, 186, 210
Komppa, Gustaf 27
Koshland, Daniel 67
Krakatoa **291**
Krebs, Hans Adolf/ciclo de Krebs 47-48, 68, **69**

332 ÍNDICE

Kriwet, Jürgen 284
Krogh, August 80
Kühne, Wilhelm 47, 64, **65**
Kützing, Friedrich Traugott 62

L

lactase 65
Lamarck, Jean-Baptiste 192, 248, 255-256, **257**, 260
Landois, Leonard 156
Landsteiner, Karl 141, **156-157**, 170
Lashley, Karl 126
láudano 143
Lavoisier, Antoine 46, 48-49, 53, 68
Leakey, Louis 136
Leder, Philip 207, 222, 233
Lederberg, Joshua 168
Leeuwenhoek, Antonie van 17, 28-29, 62, 132, 147, 174, **176-177**, 178-179, 184, 186, 198, 284
Legallois, Julien Jean César 109
Lehniger, Albert 168
Leonardo da Vinci 16, 254, **316**
Leroy, Georges 120
Letcher, Robert 310
leucemia 33
leucócitos 90, 157, 169
levedura 31, 47, 62-63, 65, 148
Levene, Phoebus 221, 228
Levins, Richard 298
Liebig, Justus von 46-47, 60, **61**, 63, 65
límbico, sistema 127
Lind, James 46, **56-57**, 60
Lindeman, Raymond 283, 299, **300-301**
Lineu (Carl Linnaeus) 178, 180, 210, 248-250, **251**, 252, 257, 262, 274, 284, 286
linfático, sistema 25, 155
linfócitos 169
linguagem 109, 114-115, 128, 135
linha germinativa 175, 191, 193, 265
Link, Johann Heinrich Friedrich 29
Linn, Stuart 66
lipídios **42-43**, 60, 61
Lipmann, Fritz 68-69
lisozima 66, 159
Lister, Joseph 140-141, 149, 152, **153**
Lister, Joseph Jackson 30
lobo
  frontal 109, 127-128
  occipital 127-128
  parietal 127-128
  temporal 127-128
Loewi, Otto 107, 130, **131**
Lohmann, Karl 68
Lorenz, Konrad 122
Lotka, Alfred J. 282, **292-293**, 298
Lovelock, James 283, 294, 314, **315**
Lower, Richard 156
Lucrécio 176
Ludwig, Carl 98-99

lutar ou fugir 88-89
luz
  fotossíntese 52, 53-55, 71
  visão da cor **110-113**
  solar 39, 46, 54-55, 57, 70-71, 101, 279, 300-301

M

MacArthur, Robert 286, 298, 303, **312-313**
MacLeod, Colin 221
Magendie, François 60
magnificação trófica 307, **309**
Magnus, Heinrich 48
Malpighi, Marcello 25, 74, 79, **80**, 82, 98-99
Malthus, Thomas 261, 263
Mangold, Hilde 196
marca-passos 81
Marcus, Rudolph 70-71
Margoliash, Emanuel 276
Margulis, Lynn 17, 38-39, **40-41**, 294, 314-315
Marler, Peter 120
Marte, vida em 314-315
Maskell, Ernest 102
Mason, Thomas 102
Matteucci, Carlo 116-117
Matthaei, Heinrich 222, 233
Maupertius, Pierre 210
Maximow, Alexander 194
Maxwell, James Clerk 112-113
Mayer, Adolf 160-161
Mayer, Julius Robert von 55
Mayr, Ernst 249, 268, 271-272, **273**, 275
McAlpine, Douglas 308
McCarty, Maclyn 221
McClintock, Barbara 206-207, 226, **227**
McClung, Clarence 220
McDowell, Samuel 178
McMahan, Elizabeth 136
Mechnikov, Ilya **318**
medula óssea 170, 244
meio ambiente
  e variação 210, 214-215, 223, 257, 271, 287
  impacto humano **304-311**
meiose 175, **190-193**, 218, 219-220, 226
membrana plasmática **42-43**
memes 277
memória 107, 127-129, **134-135**
  de curto prazo 135
  de longo prazo 135
  processual 26, 135
Mendel, Gregor 181, 206, **210**, 211-218, 224-225, 249, 256, 264- 265, 268-269, 271-272
menstrual, ciclo 96-97, 199
mercúrio 143, 308-309

Mereschkowski, Konstantin 40
Merian, Maria **317**
Mering, Joseph von 95
Meselson, Matthew 231
mesencéfalo 126
mesoderma 185, 197
metabolismo 37, 47, **48-49**, 64, 69, 224-225
metáfase 188-189
metástase **154-155**
Meyer, Hans 42
miasmas, teoria dos 146-147
micróbios **146-151**, 236-237
microplásticos **310-311**
microscópios 25, **30**, **163**, 177
  eletrônicos **163**
mielina, bainhas de 127
Miescher, Friedrich 221, 228
Miller, Carlos 101
Miller, Stanley 17, 34, **35**, 36-37
Milner, Brenda 134
Minkowski, Oskar 95
miofibrilas 132-133
miosina 132-133
mitocôndria 39, 40, 68
mitocondrial, DNA 203
mitose 32, 175, **188-189**, 190, 193, 218
Mittler, Thomas 102
mofo 158-159, 224-225
Mohl, Hugo von 32, 54
Monera 253
Monod, Jacques 226-227
Montagu, Mary 165
morfina 143
morfogênese **196-197**
Morgan, Campbell de 140, 154, **155**
Morgan, Thomas Hunt 32, 190, 206, 216, **218-219**, 226, 263
mosaico do tabaco, vírus do 141, 160-163
mudança climática 279, 283, 289, 303, 314-315
Müller, Paul 306
Mullis, Kary 239
Münch, Ernst 75, **102-103**
Mundo das Margaridas **315**
Munroe, Eugene 312
Müntz, Achille 297
músculos
  cardíaco 132
  contração 107, **132-133**
  esqueléticos 132
  liso 132
  sinais nervosos **108**
  mutação 155, 218-219, 225, 248-249, 261, **264-265**, 268, 271-272, 276

N

Nägeli, Carl von 102
necrose 161
Needham, John 148

néfrons 99
nervos laríngeos 18-19
nervoso central, sistema 125
nervoso, sistema 84, 96, 107, **116-117**, 124-125, 128
  contrações musculares **132-133**
neurônios 109, 112, **116-117**, **124-129**, 130, 134-135, 194
  motores 125
  sensoriais 125
neurotransmissores 89, 107, 125, **130-131**, 133-134
Newton, Isaac 110-111
nichos 283, 298, **302-303**
Nicolau de Cusa 52
Nicolson, Garth 17, **42-43**
Niedergerke, Rolf 107, 132, 133
Niel, Cornelis van 70
Nightingale, Florence 152
Nilsson-Ehle, Herman 215, 269
Nirenberg, Marshall 207, 222-232, **233**
nitrogênio
  ciclo do 294, **296-297**
  fixação do **297**
noradrenalina 89
Northrop, John 67
Norton, Harry 270
Nossal, Gustav 168
núcleo celular 28, 29-30, **39**, 187-189, 192-193, 213
nucleotídeos 228-229, 230, 232
Nüsslein-Volhard, Christiane 196, **320**
nutrição
  circulação sanguínea 74, 80
  grupos alimentares 56, **60**
  nutrientes essenciais 46, **56-57**
  plantas 52, 53

O

O'Keefe, John 134
oceanos
  biogeografia **283**
  cadeia alimentar **285**
  poluição 309-311
Odén, Svante 309
Odum, Eugene 300
Odum, Howard 300
olhos
  cor 215, 218, 265
  visão da cor 106-107, **110-113**
Oliver, George 95
Oparin, Alexander 34-35
ópio 143
organelas 30, 39-40, 70
Organização Mundial da Saúde (OMS) 158, 164-165, 167
Orgel, Leslie 36
osmose **43**, 82-83, 102-103
Ostwald, Wilhelm 64
Ottenberg, Reuben 156
ovários 84, 95, 97, 180-181
Overton, Ernest 42

ÍNDICE 333

ovos/óvulos
 clonagem 202-203
 fertilização 174, **186-187**, 194-196
 FIV **198-201**
 hereditariedade 210, 212-214, 217-218, 222
 reprodução 174, 176-178, 184-185, 190-191, 193
ovulação 97, 199, 201
oxigênio
 circulação sanguínea 76, 78-80, 89, 157
 compostos orgânicos 61
 fotossíntese **52-55**, **70-71**
 hemoglobina 75, 90-91
 inalação 49, 68
 procariontes 39
 respiração 68-69

P

Pacini, Filippo 148, 164
Pagel, Mark 302
Paine, Robert 299, 310-311
paleontologia **254-255**
Paley, William 26
Palissy, Bernard 297
Palmer, George 111
pâncreas 65, 84-85, 88-89, 95-97, 226, 237
Pander, Christian 184-185
pangênese 193, 206, 210
Paracelso 140, **143**
parassimpático, sistema nervoso 97
paratireoides, glândulas 95
pares agonistas 132
Parkinson, doença de 194, 239
partenogênese 178-179, 187
parto 147-148
pássaros, cérebro de **137**
Pasteur, Louis 31, 34, 47, 62, **63**, 64-66, 141-142, 146, **148-151**, 152-153, 158, 160, 164, 166-167
pasteurização **63**, 148
patógenos 151, 161, 163, 167-171
Pauling, Linus 67, 229-230, 249, **276**
Pavlov, Ivan 59, 85, 120, 122-123, 134
Payen, Anselme 64
Peakall, David B. 307
Pelletier, Pierre-Joseph 54
penicilina 141, 158-159
pepsina 64-65, 67
peptídicas, ligações 240
Persoz, Jean-François 64
Perutz, Max 90-91
pesticidas 306-308, 311
PETase 67
Phillips, David Chilton 66
Pincus, Gregory 200
pineal, glândula 84, 127
pirâmides ecológicas **301**
piruvato 68-69
pituitária, glândula 84, 95, 97, 200

placas, tectônica de **289**
plantas
 alteração genética **238-239**
 biogeografia 282, **296-299**
 cadeias alimentares **284-285**
 células 29-30
 ciclos naturais 294-297
 classificação/denominação 250-253
 evolução 264-265, 269, 272, **273**
 fitormônios 75, **100-101**
 fotossíntese 46-47, **50-55**, **70-71**, 75, 102
 leis da hereditariedade **210-215**, 224, 226
 polinização **180-183**
 reprodução 174, 178-183, 186
 respiração 68
 sucessão de comunidades **290-291**
 translocação **102-103**
 transpiração 74-75, **82-83**
 vírus 160-162
plaquetas 90, 157
plasma 90-91, 157
plasmídeos 237-238
plasticidade sináptica 134-135
plásticos, poluição por 67, **310-311**
Platão 134, 142, 256, 260
Plencix, Marcus 142, 146
plesiomorfia 275
pluripotentes, células-tronco 195-196
pneumonia 158
pólen 212-214
polimerase, reação em cadeia da (PCR) 239
polinização 175, **180-183**, 207
 controle **213**
 cruzada 181-183
poliomielite 141, 162-165
polipeptídeos 233
pólipos 179
poluente orgânico persistente (POP) 306, 309
poluição **306-311**
poluição industrial 308
pools genéticos **269**, 293
populacionais, flutuações 261-262, 292-293
populações 285
potencial de ação **116-117**, 130-131
predador-presa, relações 282, 285, **292-293**
pré-histórica, vida **254-255**
pressão sanguínea 81
Prévost, Jean-Louis 177
Priestley, Joseph 46, 53
procariontes 38, **39**, 40-41
produtores 284, **285**, 301, 308
prófase 188-189
Projeto de 100.000 Genomas **243**
Projeto Genoma Humano 37, 207, 219, 228, 232, 239-241, **242-243**
prosencéfalo 126-129
proteínas
 aminoácidos 233
 carbono 61

 enzimas como 64, 66-67
 genes 206-207, 223, 225, 232, 237, 244
 HLA 171
 membrana plasmática 42-43
 músculos 132
 nutrição 60
 sequenciamento 222, 233, 240-241
 síntese 134
 vírus 162-163
Protista 253
Prout, William 56, 58, **60**
pulmões **76-79**, 89-91
pulmonar, circulação 77-80
Purdy, Jean 198, 201
Purkinje, Jan Evangelista 116, 126, 130, **317-318**

Q-R

química orgânica 27, 34-35, 47, **61**
quimiossíntese 285
Rabl, Carl 190-191, 217-219
radioterapia 154-155
Rainha Vermelha, hipótese da 292
raiva 141, 150, 160, 164, 166-167, 171
raízes 82-83
Ramón y Cajal, Santiago 107, 112-113, 124, **125**, 128-130, 134
Ratcliffe, Derek A. 307
Ray, John 120, 252
Réamur, René de 179, 210
receptores 87, 89, 125, 162-163, 170
 sensoriais 89, **112**, 125
recessivos, traços 212-213, 215
reciclagem 282, **294-297**
redes alimentares **285**
Redi, Francesco **316**
regeneração 179
Reichstein, Tadeusz 94
reinos 250, 252-253
relógio molecular 249, **276**
Remak, Robert 28, 32-33, 184-185
reposição de hormônios, terapia de 95
reprodução ver assexuada, reprodução; polinização; sexuada, reprodução
 seletiva 236, 261
 vegetativa 178
residuais, produtos 39, 46, 48-49, 52, 55, 58, 64, 70, 74-75, 78, 80, 86, 89, 91, 98-99, 285, 294
respiração 48-49, **68-69**, 89, 109
retina 110, **112-113**
Rh (rhesus), sistema de grupos sanguíneos 157
ribossomos 36
Rigét, Frank 306
rins 19, 74-75, **98-99**, 171
RNA 34, 36-37, 162-163, 221, 228, 238, 240, 296
Robertson, J. D. 42

 robótica 132
Rokitansky, Karl 33
romanos 22-23, 108-109, 146, 158, 178
rombencéfalo 126-127
rotação de culturas 297
Roux, Wilhelm 190-191, 194-195
Ruini, Carlo 25
Ruska, Ernst 163
Russell, Michael 34, 37
Rutherford, Daniel 296
Rutherford, Ernest 276
Ruysch, Frederik 80
Ryther, John H. 297

S

Sabin, Albert 165
Sachs, Julius von 55
saliva 58, 59
Salk, Jonas 141, **164-165**
saltacionismo 265, 269
Sanger, Frederick 207, **240-241**, 242
sangue
 capilares 74, **80**
 células 194
 circulação 18-19, 74, **76-79**, 81, 98, 109, 157
 componentes **157**
 hemoglobina **90-91**
 homeostase 87-88
Santorino, Santorio 46, 48, **49**, 86
sarampo 164, 167
sarcômeros 132-133
Saussure, Théodore 54
Schenk, Samuel Leopold 199
Schimper, Andreas 40
Schleiden, Matthias 17, 29-32, 38, 42, 188
Schloesing, Jean-Jacques 297
Schwann, Theodor 16, 17, 28, 29-30, **31**, 32-33, 38, 42, 58, 62, 64, 80, 87, 188
Sclater, Philip 288
Seager, Sara **321**
secretina 85, 88, 95
Séguin, Armand 143
seiva 75, 82-83, 102-103, 160-161, 179
seleção clonal 168-169
seleção natural 25, 120-121, 179, 183, 193, 214-215, 248, 252, 256-257, **258-263**, 264-265, 268-269, 270-272, 277, 288, 292, 298
sementes 178, 181, 186
Semmelweis, Ignaz 147-148, 152
Senebier, Jean 46, 54
Senning, Åke 81
sensorial, experiência 120
sexo, determinação do 206, **220**
sexuada, reprodução 174-175, **176-178**, **179**, **180-183**, 192-193, 210
 fertilização **186-187**
sexual, desenvolvimento 84-85

334 ÍNDICE

sexual, seleção 263
Sharpey-Schafer, Edward 75, 84, 86, 94, **95**, 96-97
Shelford, Victor 300
Sheppard, Philip 263
Sherrington, Charles 130
Siebold, Karl von 178
Simberloff, Daniel 313
simbiose 285
simpático, sistema nervoso 89, 97
Simpson, George 272
sinapses 107, 125, 129, **130-131**, 133-135
Singer, Seymour 17, **42-43**
síntese artificial **27**, 37, 61
síntese moderna 249, 260, 264, **266-271**, 272
Skoog, Folke 101
Slack, Roger 70
Slobodkin, Lawrence 303
Smith, James 30
Smith, Philip Edward 200
Smith, Robert Angus 308
Smith, William 254-255
Sneath, Peter 275
Snow, John 146, 148
Sokal, Robert 275
somatostatina 238
Sonenberg, Nahum 134
soro sanguíneo 156-157
Spalding, Douglas 106, 120, **121**, 122
Spallanzani, Lazzaro 46-47, 58, **59**, 174, 177, 186
Spemann, Hans 196
Sperry, Roger 114
Sprengel, Christian Konrad 174-175, 180, **181**, 182-183
Stahl, Franklin 230
Stanley, Wendell 161
Starling, Ernest 85, 88, 94-96
Stebbins Jr., George Ledyard 272
Steitz, Thomas 36
Steno, Nicolas 74, **81**, 254
Stensen, Niels ver Steno, Nicolas
Steptoe, Patrick 175, 198, 200, **201**
Stevens, Leroy 195
Stevens, Nettie 206, **220**
Stocking, Ralph 40
Strasburger, Eduard 28, 52, 82, 177, 189
Sturtevant, Alfred 216, 219, 274
substância branca 127
substância cinzenta 127
substratos 66-67
sucessão 282, **290-291**
  primária **290-291**
  secundária **291**
Suess, Eduard 294
sulcos 128
Sumner, James 64, 66-67
Sutton, Walter 206, 210, 216, **217**, 218, 220, 226
Swammerdam, Jan 76, 80, 108, 124, **317**
Szent-Györgyi, Albert 56

T

Tak Wah Mak **321**
tálamo 127
talassemia 90-91
Tansley, Arthur 283, 290, **299**, 300
Tatum, Edward 206, 222-223, **224-225**, 232
taxonomia 248-249, **250-253**, 257, 274-275
tecido estriado 132
tecidos, renovação/reparo dos 64, 203
telencéfalo 109, 127-128
telófase 189
telomerase 33
telômeros 33
temperatura corporal 67, 87- 89
teoria microbiana 31, 64, 140-142, **144-151**, 152-153
terapia antissentido 245
terapia de linhagem germinativa **245**
terapia genética 168, 207, 244-245
testículos 84-85, 95, 97, 177
tétano 167, 171
tetracromatismo **111**, 113
Thomson, James 195
tiamina 57
timina 229, 230-232, 241
timo 197
Tinbergen, Nikolaas 122-123, **318**
tireoide, glândula 57, 84, 95-97
tiroxina 96
Tjio, Joe Hin **319**
tomografia computadorizada 154
totipotentes, células 194-195
traços 121, 181-182, 186, 192-193, 212-215, 223, 248, 262, 275
transcriptase reversa 160
transfusões de sangue 156-157
transplantes de órgãos 76, 81, 195
  rejeição **171**
Trembley, Abraham 174-175, **178-179**
Trentin, John 160
tricromática, teoria 106, **111-112**
tripsina 65, 67
tróficos, níveis 283, **300-301**
tronco cerebral 109
Truhaut, René 306
Tschermak, Erich von 213
Tsui, Lap-Chee **321**
Tu Youyou **320**
túbulos renais 99
tumores 140, 154-155, 160, 195
Turing, Alan 197
Twort, Frederick 160

U

Udvardy, Miklos 286
Unger, Franz 211

unipotentes, células 195
urease 64, 66-67
ureia 27, 61, 143
ureteres 19
Urey, Harold 17, 34, **35-36**
urina 98-99
Ussing, Hans 98

V

vacinações 141, 149-150, 160, 163, **164-167**, **171**
  em anel 167
vago, nervo 131
Valen, Leigh van 292
variação contínua 215
variação nas espécies 179, 181, 210-215, 218, 248-249, 260-269, 273, 276, 286, 312
variáveis da homeostase 87
varíola 141, 146, 164, 165-167
varíola bovina 149, 165-166
variolização **165**
Varrão, Marco Terêncio 146, 160
vasos sanguíneos 19, 25, 74, 78-80, 89
veias 77-79, 91
venenos 143
Venter, Craig 17, 34, 37, **242-243**
vento, polinização pelo 183
Vernadski, Vladimir 282-283, 294, **295**, 300, 314
Vesálio, André 16, 18-19, **22**, 23-25, 58-59
via neural 87, 127
vida
  denominação e classificação **250-253**
  evolução **256-257**
  natureza celular **28-31**, 188
  origem comum 233, 252-253, 274-275
  produção de **34-37**
Virchow, Rudolf 17, 31, **32-33**, 150-151, 154, 175, 188, 192, 194
vírus 141, 146, 151, **160-163**, 167, 168, 170, 233, 237-238, 241-242, 244-245
visão da cor **110-113**
vitalismo 27, 58
vitaminas 56-57, 60
Vitrúvio 146
vivissecção 18-19, 23
Vogt, Cécile 129
Vogt, Oskar 129
Volta, Alessandro 108
Volterra, Vito **198**, 282, 292-293
Vries, Hugo de 210, 213, 216, 218, 223-224, 248-249, 260, **264-265**, 268-269, 271
vulcânicas, erupções 279

W

Wald, George 110
Waldeyer, Wilhelm von 217
Wallace, Alfred Russel 260, 262-263, 268, 272, 282, 286, **288**, 289, 298, 312
Wallin, Ivan 40
Waring, Philip 100
Watson, James 190, 207, 221, **228-231**, 232, 240, 264
Webber, Herbert 202
Weinberg, Wilhelm 270
Weismann, August 175, 190-191, **192**, 193, 217-219, 222-223
Went, Frits W. 75, **100-101**
Wernicke, Carl/área de Wernicke 114-115
White, Gilbert **317**
Whittaker, Robert 250
Wiener, Alexander S. 157
Wieschaus, Eric 196
Wild, Sonja 136
Wilkins, Maurice 229-230
Willia, Thomas 114
Wilson, Edmund 220
Wilson, Edward O. 120, 286, **312-313**
Woese, Carl 38, 250, 253, **320**
Wöhler, Friedrich 16-17, **27**, 34, 61, 66, 143
Wolff, Caspar Friedrich 184
Wolpert, Lewis 175, 196, **197**
Wong-Staal, Flossie **321**
Woodall, John 56
Woodward, John 294
Woodward, Robert 61
Wright, Sewell 271
Wylie, John 313

XYZ

Xenófanes de Cólofon 254
xilema, vasos do 82-83, 103

Yabuta, Teijiro 100
Yamanaka, Shinya 196
Young, Thomas 110, **111**, 112-113

zigotos 202-203
Zondek, Bernhard 200
Zuckerkandl, Emile 249, **276**

CRÉDITOS DAS CITAÇÕES

As citações seguintes são atribuídas a pessoas que não são a figura central do tópico.

VIDA

28 O verdadeiro átomo biológico
George Henry Lewes, *The Physiology of Common Life*, vol. 2, 1860

34 A vida não é um milagre
Harold Urey, químico americano

ALIMENTO E ENERGIA

48 A vida é um processo químico
Antoine Lavoisier, químico francês

50 As plantas têm a capacidade de corrigir o ar ruim
Jan Ingenhousz, químico holandês

58 A conversão de víveres em virtudes
Ambrose Bierce, *Dicionário do Diabo*, 1911

61 Não há um elemento melhor em que basear a vida
Neil deGrasse Tyson, astrofísico americano

64 As células são fábricas químicas
Eduard Buchner, químico alemão

70 A fotossíntese é o pré-requisito absoluto para toda a vida
Professor K. Myrbäck, discurso ao receber o Nobel, 1961

TRANSPORTE E REGULAÇÃO

84 Mensageiros químicos levados pela corrente sanguínea
Ernest Starling, fisiologista britânico

86 As condições constantes poderiam ser chamadas de equilíbrio
Walter Cannon, fisiologista americano

90 Ar combinado ao sangue
Antoine Lavoisier

92 Óleos no maquinário rangente da vida
Martin H. Fischer, médico teuto-americano

98 Os mestres químicos de nosso meio interno
Homer William Smith, *Lectures on the Kidney*, 1943

CÉREBRO E COMPORTAMENTO

116 A faísca ativa a força neuromuscular
Luigi Galvani, anatomista italiano

118 Instinto e aprendizado andam de mãos dadas
P. H. Gray, "Spalding and his influence on developmental behaviour", 1967

132 Uma teoria completa de como o músculo se contrai
Jean Hanson, biólogo britânico

136 O objeto é agarrado com duas patas
Edna Fisher, naturalista americana

SAÚDE E DOENÇA

144 Os micróbios terão a última palavra
Louis Pasteur, químico francês

158 Um micróbio para destruir outros micróbios
Selman Waksman, bioquímico ucraniano

160 Uma informação ruim embalada em proteína
Sir Peter Medawar, biólogo britânico

164 Não haverá mais varíola
Edward Jenner, médico britânico

CRESCIMENTO E REPRODUÇÃO

178 Alguns organismos dispensam a reprodução sexuada
Hermann Muller, fisiologista americano

180 Uma planta, como um animal, tem partes orgânicas
Nehemiah Grew, botânico inglês

188 A célula-mãe se divide igualmente entre os núcleos filhos
Edmund Wilson, zoólogo americano

196 Genes do controle principal
Edward B. Lewis, geneticista americano

198 A criação da maior felicidade
Robert Winston, embriologista britânico

202 Dolly, o primeiro clone de um animal adulto
Ian Wilmut, biólogo britânico

HEREDITARIEDADE

208 Ideias de espécie, herança e variação
William Bateson, geneticista britânico

216 A base física da hereditariedade
Walter Sutton, biólogo americano

220 O elemento X
Hermann Henking, biólogo alemão

221 O DNA é o princípio transformador
Theodosius Dobzhansky, geneticista ucraniano-americano

222 Um gene, uma enzima
George Beadle, biólogo americano

228 Duas escadas espirais entrelaçadas
Professor A. Engström, discurso ao receber o Nobel, 1962

234 Uma operação de cortar, colar e copiar
Susan Aldridge, *The Thread of Life*, 1996

240 A sequência da besta
George Gamow, físico russo-americano

242 O primeiro esboço do livro da vida humana
Francis Collins, geneticista americano

244 Tesoura genética: uma ferramenta para reescrever o código da vida
Comitê de Química do Nobel, 2020

DIVERSIDADE DA VIDA E EVOLUÇÃO

258 Os mais fortes vivem e os mais fracos morrem
Charles Darwin, naturalista britânico

266 A seleção natural propaga mutações favoráveis
Egbert Leigh Jr., ecologista evolutivo

274 Toda classificação verdadeira é genealógica
Charles Darwin

276 A propriedade da evolução que lembra um relógio
Motoo Kimura, biólogo japonês

278 A extinção coincide com o impacto
Walter Alvarez, geólogo americano

ECOLOGIA

286 Animais de um continente não são achados em outro
Conde de Buffon, naturalista francês

292 Uma competição entre espécies de presa e predador
Alfred Lotka, matemático americano

298 Um vai ocupar o espaço do outro
Joseph Grinnell, biólogo americano

300 Redes pelas quais a energia flui
G. Evelyn Hutchinson, ecologista americano

302 O nicho de um organismo é seu ofício
William E. Odum, biólogo americano

312 A divisão da área por dez divide a fauna por dois
Philip Darlington, zoogeógrafo americano

AGRADECIMENTOS

Dorling Kindersley gostaria de agradecer a Alexandra Black, Kathryn Henessy, Victoria Heyworth-Dunne, Janet Mohun, Gill Pitts, Hugo Wilkinson e Miezan van Zyl pela assistência editorial; a Ann Baggaley pela revisão; a Helen Peters pela indexação; a Mridushmita Bose, Mik Gates, Anita Kakar, Debjyoti Mukherjee, Anjali Sachar e Vaibhav Rastogi pela assistência em design; a Sachin Gupta, Ashok Kumar e Vikram Singh pela assistência em CTS; a Sumita Khatwani pela assistência em pesquisa de imagens; à designer de capas sênior Suhita Dharamjit, à coordenadora editorial de capas Priyanka Sharma e à editora executiva de capas Saloni Singh.

CRÉDITOS DAS IMAGENS

A editora gostaria de agradecer às seguintes pessoas e instituições pela gentil permissão de reproduzir suas fotos: (abreviaturas: a: em cima; b: embaixo; c: no centro; d: na direita; e: na esquerda; t: no topo)

19 **Alamy Stock Photo:** Classic Image (be). 22 **Alamy Stock Photo:** The Print Collector / Oxford Science Archive / Heritage Images (be). 23 **Alamy Stock Photo:** AF Fotografie (cda). 25 **Alamy Stock Photo:** Album / British Library (be). **Wellcome Collection:** De humani corporis fabrica libri septem / André Vesálio (bd). 27 **Alamy Stock Photo:** Pictorial Press Ltd. (cd). 29 **Alamy Stock Photo:** The Print Collector / Ann Ronan Picture Library / Heritage-Images (cda). **Science Photo Library:** OMIKRON. 30 **Wellcome Collection:** Science Museum, Londres (be). 31 **Alamy Stock Photo:** ARCHIVIO GBB (td). 32 **Alamy Stock Photo:** Everett Collection Historical (cd). 35 **UCSD:** Stanley Miller Papers, Special Collections & Archives, UC San Diego (td). 36 **NASA:** JPL-Caltech / University of Toledo / NOAO (td). 37 **Dreamstime.com:** Nyker1 (td). 41 **Boston University Photography:** (te). **Universidade de Bergen, Noruega:** (td). 43 **Alamy Stock Photo:** Nigel Cattlin (cbe). 48 **Alamy Stock Photo:** The Granger Collection (bd). 49 **Alamy Stock Photo:** Granger Historical Picture Archive (td). 52 **Alamy Stock Photo:** Granger Historical Picture Archive (be). 53 **Alamy Stock Photo:** The Granger Collection. 55 **Alamy Stock Photo:** Tim Gainey (tc). **Getty Images / iStock:** Elif Bayraktar (cdb). 57 **Bridgeman Images:** Christie's Images / Vista de Moorea. John Cleveley, o Jovem (1747-1786). Água-tinta colorida à mão. Impressa em 1787. 43,2 × 60,9 cm. A ilha de Moorea, na Polinésia Francesa; uma das ilhas de Barlavento; parte das ilhas da Sociedade, dezessete quilômetros a noroeste do Taiti; oceano Pacífico (cea). 59 **Alamy Stock Photo:** The Print Collector / Oxford Science Archive / Heritage Images (be). 60 **Getty Images / iStock:** Aamulya (be). 63 **Alamy Stock Photo:** World History Archive (bc); Hi-Story (td). 65 **Alamy Stock Photo:** The History Collection (td). **Getty Images:** Science Photo Library / Molekuul (be). 67 **Alamy Stock Photo:** Science Photo Library / Juan Gaertner (ceb). 69 **Alamy Stock Photo:** ARCHIVIO GBB (be). 70 **Alamy Stock Photo:** Science History Images (bd). 77 **Alamy Stock Photo:** Chronicle (td). 78 **Alamy Stock Photo:** AF Fotografie (bn-be). 81 **Alamy Stock Photo:** Granger Historical Picture Archive (cd). 83 **Alamy Stock Photo:** Steve Bloom Images / Nick Garbutt (cdb). 85 **Alamy Stock Photo:** The History Collection (cda). 87 **Alamy Stock Photo:** Science History Images (cb). **Wellcome Collection:** Cliché Valéry (td). 88 **Getty Images:** LightRocket / Jorge Fernández (td). 91 **Alamy Stock Photo:** Granger Historical Picture Archive (td). **Getty Images:** Corbis Documentary / Micro Discovery (bc). 95 **Wellcome Collection:** Sir Edward Albert Sharpey-Schafer. Foto de J. Russell & Sons (td). 96 **Getty Images:** SPL / ADAM GAULT (ceb). 97 **Getty Images:** Mint Images (be). 98 **Wellcome Collection:** Real Sociedade (Reino Unido) (td). 99 **Rijksmuseum Boerhaave:** (ceb). 100 **Alamy Stock Photo:** Alex Hinds (bc). 103 **Shutterstock.com:** D. Kucharski K. Kucharska (cea). 108 **Science Photo Library:** SCIENCE SOURCE (td). 111 **Science Photo Library:** COLIN CUTHBERT (cea). 113 **Cajal Legacy, Instituto Cajal (CSIC), Madri:** (td). 115 **Alamy Stock Photo:** Dan Grytsku (cda). **Wellcome Collection:** Retrato de Pierre-Paul Broca / Wellcome Collection (be). 117 **Alamy Stock Photo:** The Picture Art Collection (td). 120 **Alamy Stock Photo:** Heritage Image Partnership Ltd. / Historic England Archive (cdb). **Getty Images:** AFP / SAM PANTHAKY (td). 122 **Getty Images:** The LIFE Picture Collection / Nina Leen (be). 123 **Alamy Stock Photo:** Panther Media GmbH / Trischberger Rupert (td). 124 **Wellcome Collection:** Ramón y Cajal, Santiago, 1852-1934 (bd). 125 **Alamy Stock Photo:** Pictorial Press Ltd. (td). 128 **Alamy Stock Photo:** Volgi Archive (be). 129 **Alamy Stock Photo:** GL ARCHIVE (be); Signal Photos (td). 130 **Science Photo Library:** PROF S. CINTI (td). 131 **Wellcome Collection:** (td). 133 **King's College London Archives:** KDBP/95 (be). 135 **BluePlanetArchive.com:** Howard Hall (bd). 136 **Alamy Stock Photo:** Steve Bloom Images (bd). 137 **Alamy Stock Photo:** Auscape International Pty Ltd. / Jean-Paul Ferrero (ceb); Nature Picture Library / Ben Cranke (cda). 143 **Alamy Stock Photo:** Heritage Image Partnership Ltd. / © Fine Art Images (cd). 146 **Getty Images / iStock:** duncan1890 (td). 147 **Alamy Stock Photo:** inga spence (cda). 148 **Alamy Stock Photo:** Everett Collection Historical (cda). 149 **Alamy Stock Photo:** Stocktrek Images, Inc. (td). 151 **Getty Images / iStock:** wildpixel (te). 153 **Alamy Stock Photo:** Vince Bevan (c). **Wellcome Collection:** Turner, A. Logan 1865-1939 (be). 155 **Alamy Stock Photo:** Stocktrek Images, Inc. / National Institutes of Health (cb). **The Royal Society:** (td). 158 **Getty Images / iStock:** nkeskin (bc). 159 **Getty Images:** The LIFE Picture Collection / Alfred Eisenstaedt (cd). 161 **Science Photo Library:** Norm Thomas (cea). 162 **Alamy Stock Photo:** Pictorial Press Ltd. (be). 163 **Alamy Stock Photo:** Science History Images (td). 165 **Alamy Stock Photo:** ClassicStock / H. Armstrong Roberts (ceb). 166 **Alamy Stock Photo:** Photo12 / Ann Ronan Picture Library (bd). 167 **Alamy Stock Photo:** dpa picture alliance (ceb). 169 **Science Photo Library:** Steve Gschmeissner (bd). 171 **Getty Images:** Popperfoto (be). 176 **Alamy Stock Photo:** Science History Images / Photo Researchers (bd). 177 **Wellcome Collection:** Science Museum, Londres (cdb). 179 **Alamy Stock Photo:** Nigel Housden (cb). **naturepl.com:** Konrad Wothe (tc). 181 **Alamy Stock Photo:** The Picture Art Collection (td). 183 **123RF.com:** Rudmer Zwerver (te). 184 **Wellcome Collection:** Hartsoeker, Nicolas, 1656-1725 (bc). 185 **Alamy Stock Photo:** Quagga Media (td). 186 **Dreamstime.com:** Seadam (bc). 187 **Alamy Stock Photo:** Pictorial Press Ltd. (td). 189 **Alamy Stock Photo:** The History Collection (cda). 192 **Alamy Stock Photo:** FLHC57 (te). 194 **Getty Images / iStock:** fusaromike (bc). 197 **Getty Images:** Colin McPherson (td). 199 **Alamy Stock Photo:** Trinity Mirror / Mirrorpix (td). 200 **Alamy Stock Photo:** KEYSTONE Pictures USA (ceb). 201 **Alamy Stock Photo:** Qwerty (be). 202 **Alamy Stock Photo:** jeremy sutton-hibbert (bc). 203 **Alamy Stock Photo:** Geraint Lewis (be). 210 **Alamy Stock Photo:** FLHC 52 (be); Science History Images / Photo Researchers (td). 211 **Getty Images / iStock:** jatrax (cda). 213 **Alamy Stock Photo:** Matthew Taylor (cdb). 215 **Alamy Stock Photo:** calado (te). **Getty Images:** Kevin Frayer (bd). 217 **University of Kansas Medical Center:** (td). **Science Photo Library:** POWER AND SYRED (te). 218 **Dreamstime.com:** Jahoo (be). 219 **Alamy Stock Photo:** Heritage Images / Historica Graphica Collection (ceb). 220 **Shutterstock.com:** kanyanat wongsa (cdb). 223 **Getty Images:** Archive Photos / Pictorial Parade (td). 224 **Alamy Stock Photo:** Friedrich Stark (be). 226 **Getty Images:** EyeEm / Lee Dawkins (cdb). 227 **Alamy Stock Photo:** World History Archive (be). 229 **Alamy Stock Photo:** CSU Archives / Everett Collection (cdb). 230 **Alamy Stock Photo:** Science History Images (td). 233 **Alamy Stock Photo:** Science Photo Library / Laguna Design (ceb). 237 **Getty Images:** Corbis Historical / Ted Streshinsky Photographic Archive (td). 239 **Alamy Stock Photo:** Science History Images (bc). **Dreamstime.com:** Petro Perutskyy (te, tc). 240 **Alamy Stock Photo:** Keystone Photos (cdb). 242 **Alamy Stock Photo:** Science Photo Library / Steve Gschmeissner (bc). 245 **Alamy Stock Photo:** BSIP SA / RAQUET H. (ceb). 251 **Alamy Stock Photo:** Classic Image (td). 252 **Alamy Stock Photo:** The Natural History Museum (td). 253 **Alamy Stock Photo:** Buschkind (te). 256 **Dreamstime.com:** Helen Hotson (bd). 257 **Getty Images:** Universal Images Group / Hoberman Collection (cda). 261 **Alamy Stock Photo:** Heritage Image Partnership Ltd. (td). **Dreamstime.com:** Jesse Kraft (be). 262 **Alamy Stock Photo:** blickwinkel (td). 263 **Alamy Stock Photo:** Jason Jones (td). **Science Photo Library:** DR P. MARAZZI (te). 265 **Alamy Stock Photo:** Tom Salyer (cdb). 269 **Dreamstime.com:** Udra11 (be). 270 **naturepl.com:** Danny Green (td). 271 **Dreamstime.com:** Donyanedomam (cd). 272 **Dreamstime.com:** Jim Cumming (bc, bd). 274 **Dreamstime.com:** Alle (cb). **naturepl.com:** Piotr Naskrecki (bc). 277 **123RF.com:** Gleb Ivanov (bd). 278 **Alamy Stock Photo:** Science Photo Library / Mark Garlick (bd). 279 **Getty Images:** Bettmann (cea). 285 **Science Photo Library:** NOAA (cdb). 288 **Alamy Stock Photo:** GL Archive (be). 289 **NOAA:** (cdb). 291 **Alamy Stock Photo:** Martin Shields (cd); Stocktrek Images, Inc. / Richard Roscoe (be). 293 **naturepl.com:** Anup Shah (bc). **Rolf O. Peterson:** (ceb). 295 **Alamy Stock Photo:** SPUTNIK (td). 297 **Alamy Stock Photo:** Segundo Pérez (td). **Getty Images / iStock:** NNehring (ceb). 298 **Dreamstime.com:** Thomas Langlands (cdb). 300 **Yale University Peabody Museum of Natural History:** (cd). 303 **Alamy Stock Photo:** Peter Llewellyn RF (cea). **Getty Images:** Bettmann (td). 306 **Alamy Stock Photo:** Granger Historical Picture Archive (bd); Universal Art Archive (td). 307 **Getty Images:** BrianEKushner (be). 308 **Science Photo Library:** Simon Fraser (td). 309 **Getty Images / iStock:** Lynn_Bystrom (te). 310 **Alamy Stock Photo:** Cavan Image / Christophe Launay (td). **Getty Images / iStock:** GomezDavid (te). 311 **Alamy Stock Photo:** blickwinkel (ceb). 313 **Alamy Stock Photo:** AGAMI Photo Agency / Brian E. Small (cd). 314 **NASA:** NASA / JPL / USGS (bc). 315 **Alamy Stock Photo:** NEIL SPENCE (td).

Todas as outras imagens © Dorling Kindersley
Para mais informações ver: www.dkimages.com
All other images © Dorling Kindersley
For further information see: www.dkimages.com

Conheça todos os títulos da série:

 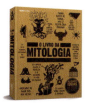